Terminologie(s) et traduction

Comité scientifique :
Sonia Berbinski (Université de Bucarest)
Jordi Bover i Salvadó (TERMCAT, Barcelona)
Dan Dobre (Université de Bucarest)
Francis Grossmann (Université de Grenoble)
Georges Kleiber (Université de Strasbourg)
Eva Lavric (Université d'Innsbruck)
Henrik Nilsson (Centre National de Terminologie de Suède
– Terminologicentrum TNC, Solna,
président de l'Association Européenne
de Terminologie)
Henri Portine (Université Bordeaux III, France)
Emmanuelle Simon (Université de Poitiers)
Agnès Tutin (Université de Grenoble)
Anca-Marina Velicu (Université de Bucarest)

Volume à comité de lecture

English proofreading:
B. Papp, Eszter (Károli University of the Reformed Church,
Budapest, Hungary)
Cosmin Băduleţeanu (University of Bucharest, Romania)

Anca-Marina Velicu & Sonia Berbinski (dir.)

Terminologie(s) et traduction

Les termes de l'environnement
et l'environnement des termes

Information bibliographique publiée par « Die Deutsche Bibliothek »
« Die Deutsche Bibliothek » répertorie cette publication dans la
« Deutsche Nationalbibliografie » ; les données bibliographiques
détaillées sont disponibles sur le site http://dnb.ddb.de.

Le volume apparaît sous le haut patronage
de l'Agence Universitaire de la Francophonie
et avec l'appui de l'Association Européenne de Terminologie.
Toute notre gratitude pour l'appui moral et matériel accordé

Volume placé sous la caution scientifique de REALITER

ISBN 978-3-631-74643-1 (PRINT)
E-ISBN 978-3-631-76966-9 (E-PDF)
E-ISBN 978-3-631-76967-6 (EPUB)
E-ISBN 978-3-631-76968-3 (MOBI)
DOI 10.3726/b14740

© Peter Lang GmbH
Internationaler Verlag der Wissenschaften
Berlin 2018
Tous droits réservés.

Peter Lang – Berlin Bern Bruxelles New York
Oxford Warszawa Wien

Cette publication est protégée dans sa totalité par copyright.
Toute utilisation en dehors des strictes limites de la loi
sur le copyright est interdite et punissable sans
le consentement explicite de la maison d'édition.
Ceci s'applique en particulier pour les reproductions,
traductions, microfilms, ainsi que le stockage et le traitement
sous forme électronique.

Imprimé en Allemagne.

www.peterlang.com

Table des matières

L'environnement : une question (aussi) de termes... 9

Termes de l'environnement
Terminologie de l'environnement : études terminologiques

Anca-Marina VELICU
Tri sélectif : vrai ou faux pléonasme ? Considérations 'écolinguistiques' sur la terminologie du recyclage en français et en roumain..................19

Christine MARTINEZ
L'écologie urbaine est-elle si transparente/interprétable qu'elle le semble ?............45

Maria LEO
L'étymologie du formant éco et son expansion dans le domaine environnemental..................61

Zoran NIKOLOVSKI
Les recommandations terminologiques en français dans le domaine de l'environnement..................75

Chiara PREITE & Daniela DINCĂ
Dynamique terminologique des sources d'énergie renouvelable (domaine français-italien-roumain)..................93

Ioana Anca DINCĂ
Compiler un glossaire terminologique français-roumain des espèces envahissantes : les principaux écueils à surmonter..................113

Cristina PETRAȘ
Nommer la fraude dans la publicité écologique : greenwashing, écoblanchiment, verdissement d'image... Quelle expression en roumain ?..................137

Tantely Harinjaka RAVELONJATOVO
Enjeux de la constitution de corpus spécialisé sur l'environnement en malgache..................159

Khemissa LAIB
L'environnement et la culture du recyclage : regard culturel et philosophique 173

Carmen FIANO – Agnese Daniela GRIMALDI
Environmental Protection in NATO Military Operations: A Terminological Study 187

Terminologie de l'environnement et traduction spécialisée

Kazumi NAKAO
Terminologie du nucléaire : traduction et vulgarisation entre français et japonais 201

Lucia VIȘINESCU
Recherche terminologique en vue du sous-titrage en roumain d'un documentaire français sur le réchauffement climatique (pédagogie par le projet) 225

Environnement des termes
Environnement discursif/ textuel des termes

Eva LAVRIC
La « couche moyenne » des discours de spécialité 243

Sonia BERBINSKI
Marqueurs de l'approximation et discours de l'environnement : en-deçà et au-delà des termes 271

Eszter B. PAPP & Ágota FORIS
Environment of terms: terminological questions of preparing and translating technical documentation 295

Teodora OLENICI
Égratignures, éraflures, écorchures et leurs équivalents roumains : collocations et contextes comme révélateurs conceptuels 305

Environnement lexicographique/ terminographique des termes

Tegau ANDREWS, Gruffudd PRYS, Dewi BRYN JONES and Delyth PRYS
Crossing between environments: the relationship between terminological
dictionaries and Wikipedia 323

Ioana-Rucsandra DASCĂLU
L'environnement diachronique des termes scientifiques
(étude lexicographique) 345

Mehdi ZERZAIHI & Mohamed HASSOUN
Prototype d'une base de données terminologique scientifique trilingue
arabe/français/anglais 355

Environnement institutionnel des termes
(infrastructure du travail terminologique)

Henrik NILSSON
Être ennuyeux : nouvelles perspectives sur la responsabilité
terminologique du traducteur dans le contexte européen 371

Imanol URBIETA
Mission, activités et produits du Centre de Terminologie et
Lexicographie Basque UZEI 387

L'environnement : une question (aussi) de termes…

L'environnement est un domaine transversal au sujet desquels les décideurs nationaux, européens et internationaux, le milieu des affaires et l'opinion publique débattent et souvent se confrontent depuis longtemps, mais qui constitue une problématique plus que jamais actuelle. Sa terminologie se renouvelle constamment au fur et à mesure de l'apparition de nouveaux défis, ou au gré de l'émergence de réponses novatrices à d'anciennes menaces qui s'aiguisent à vue d'œil.

Rappelons d'abord que la mise en chantier et la réalisation effective de ce volume auront été placées sous le signe d'événements internationaux majeurs concernant la protection de l'environnement, à commencer par la 23e Conférence des Parties (COP 23) à la Convention Cadre des Nations Unies sur les Changements Climatiques (CCNUCC), qui a eu lieu du 6 au 17 novembre 2017, à Bonn, en Allemagne, sous la présidence, pour la première fois dans l'histoire, un petit État insulaire : les îles Fidji, et jusqu'à la Journée Mondiale de l'Environnement 2018, dédiée cette année à la lutte contre la pollution plastique et hébergée par l'Inde.

Nous avons délibérément joué sur les diverses acceptions du mot *environnement*, pour relier entre eux deux thèmes centraux : la terminologie de l'environnement (domaine référentiel prioritairement ciblé), d'une part, et l'environnement des termes (problématique linguistique et métalinguistique) de l'autre. Ce faisant, nous avons de fait suivi les directions ouvertes en écologie des langues (ou du langage – voir Haugen 1971, qui fait figure de texte fondateur) et en écolinguistique depuis un certain temps déjà (voir Fill et Mühlhäusler, eds 2001, et Fill, 2014, pour un état des lieux).

Le volume a un fort caractère pluri- et interdisciplinaire, regroupant à la même enseigne des recherches de langagiers (terminologues, réviseurs, traducteurs, …) et de linguistes (de diverses allégeances théoriques, allant de la TGT à démarche résolument onomasiologique et normative, à la socio-terminologie, à la théorie des portes de Theresa Cabré, à l'analyse de discours et/ou à la sémantique lexicale à la française), sans exclure les études à dominante culturelle ou interculturelle ni les ouvertures philosophiques.

À une époque où les avis des linguistes sont plus que jamais partagés sur le statut épistémologique et théorique du lexème/ mot – ainsi que le prouvent les nombreuses manifestations portant explicitement sur ce sujet, rien qu'en 2017[1] – nous tiendrons pour acquis que les *termes* (pour les concepts généraux), à l'instar des *appellations* (pour les concepts particuliers ou : uniques[2]), et à l'instar des *symboles* écrits non verbaux (valant tant de concepts généraux[3] que d'individus ou : concepts particuliers[4]) sont des *désignations lexicalisées* (stables en mémoire des locuteurs et faisant l'objet d'un consensus socio-culturel ou socio-professionnel), à la différence des énoncés définitoires et autres descriptions et périphrases qui en seront les désignations en combinatoire (plus ou moins) libre. Termes et appellations (en tant que désignations *verbales* stabilisées) sont en outre des *dénominations* (au sens de Kleiber 2001).

Autrement dit, du moins à l'horizon de ce volume, c'est l'*inventaire* (pour une langue et un domaine de spécialité donnés) et le *contexte*[5] *d'émergence et*

---

1 Le colloque « Le mot : syntaxe, morphologie et phonologie », organisé au mois de mai 2017 par *L'équipe de recherche sur le statut du mot dans le langage humain* à l'Université McGill, au Canada, dans le cadre du 85ᵉ Congrès de l'Association francophone pour le savoir (Acfas) se propose explicitement sinon de trouver un parfait consensus théorique, au moins d'aboutir à une meilleure compréhension de cette unité fondamentale, qui compte parmi les constructions les plus intuitives pour les locuteurs d'une langue (http://linguistlist.org/callconf/call-action.cfm?ConfID=272796) ; de ce côté-ci de l'Atlantique, « Roots V », colloque organisé en juin 2017 par les Départements de Linguistique de la Queen Mary University of London et respectivement de l'University College London aura débattu spécifiquement de la question de savoir si les « pures » racines (par hypothèse dépourvues de traits catégoriels) postulées par la Morphologie Distribuée (dont les hypothèses – voir Halle & Marantz 1993 – ont fini par être intégrées aux dernières versions de la grammaire générative chomskyenne – voir Chomsky 2001, 2008) sont ou non des mots/ lexèmes, et à quel point elles sont prédéterminées pour certains environnements syntaxiques.
2 Représentations mentales multimodales d'individus particuliers (au sens de la neurolinguistique connexionniste – voir Lamb 1999). La terminologie normative classique orientée concept oppose la notion de concept général non pas directement aux individus particuliers (niveau ontologique des objets du monde, niveau non seulement extralinguistique mais aussi voire surtout : extra-mental, extérieur à l'esprit du sujet en général), mais aux concepts particuliers (appelés aussi *concepts uniques*) – voir norme ISO 704/2000.
3 Ruban de Möbius pour signaler l'aptitude au recyclage, croix/ croissant rouge, €, £, $, ….
4 Le fameux Love Symbol #2 – imprononçable – choisi par Prince pour nom de scène en 1993 : ⚥.
5 Sur la portée du contexte dans l'analyse des termes, voir, entre autres, Raus 2013 et les références qui y sont citées.

d'emploi des termes qui font l'objet de recherches. Par contre, l'existence même de ces unités du lexique est censée être présupposée.

Les termes de l'environnement (études terminologiques sur l'environnement ou des domaines connexes – droit de l'environnement, sociologie de l'environnement, écologie...) représentent le noyau autour duquel s'organisent les douze premières études, distribuées en deus sous-sections : *Terminologie de l'environnement : études terminologiques* et *Terminologie de l'environnement et traduction spécialisée.*

Parmi les dix études terminologiques directement centrées sur l'environnement : deux textes faisant la belle part à la normalisation terminologique (Anca-Marina Velicu ; Zoran Nikolovski), trois études contrastives de micro-champs terminologiques (Chiara Preite et Dana Dincă ; Cristina Petraș ; Ioana-Anca Dincă), deux textes visant la sémantique des termes français de l'environnement (Maria Leo ; Christine Martinez), une analyse de corpus comparables malgache et respectivement français (Tantely Harinjaka Ravelonjatovo), une étude, en anglais, sur la terminologie anglaise relative à l'environnement employée dans les missions militaires internationales de l'OTAN, co-autorée par Carmen Fiano et Agnese Daniela Grimaldi et enfin, mais pas en dernier lieu, un texte mettant la terminologie du recyclage en perspective à la fois culturelle et philosophique (Khemissa Laib).

Le rapport à la norme terminologique se fait voir également dans la contribution de Zoran Nikolovski, qui analyse les recommandations terminologiques du *Journal officiel* de la République française présentées par la base de données terminologiques *FranceTerme*, rassemblant les néologismes les plus récents en fait d'environnement.

La dynamique de l'emploi des termes de l'environnement dans divers types de discours (officiels ou publicitaires) ainsi que quelques questions de jurisprudence relative à ce domaine sont analysées dans les contributions de Dincă & Preite et de Cristina Petras. Si les premières auteures mettent en évidence les ressemblances ou, selon le cas, les différences dans la définition terminologique ou contextuelle des concepts désignés par les termes français-italiens-roumains analysés, Cristina Petraș est plutôt préoccupée des incidences discursives des fraudes liées au trucage des normes écologiques, insistant sur la diversité des intervenants impliqués (journalistes, officiels, représentants de la marque, responsables politiques). Les principaux écueils dans la compilation d'un glossaire terminologique bilingue sur le thème (très pointu) des espèces envahissantes font l'objet de la contribution de Ioana-Anca Dincă.

L'écologie, sous ses diverses formes, linguistiques ou civilisationnelles, se trouve au cœur des articles bien documentés et argumentés de Maria Leo et de Christine Martinez. Que ce soit l'analyse des collocations constituant le bagage terminologique de la « ville durable » (Martinez) ou la néologie très productive dans le domaine (Leo), les thématiques abordées s'ouvrent à des réflexions sémantico-discursives et terminologiques.

Deux autres études, l'une portant sur une analyse de corpus comparables malgaches et respectivement français (Tantely Harinjaka Ravelonjatovo) et l'autre, sur la terminologie et la culture algérienne du recyclage dans la lignée (entre autres) de François Dagognet, (Kemissa Laib), ouvrent, sur des questions terminologiques souvent très techniques, d'intéresssantes perspectives culturelles et interculturelles. L'étude, en anglais, de la terminologie des missions internationales de l'OTAN, co-autorée par Carmen Fiano et Agnese Daniela Grimaldi a une forte composante interdisciplinaire (terminologie militaire, terminologie des organisations internationales, anglais-langue véhiculaire, termes de l'environnement).

La théorie et la pratique de la traduction spécialisée (textes sources thématiquement rattachés au domaine de l'environnement) entre dans les préoccupations de Kazumi Nakao et de Lucia Visinescu. Perspectives, types d'approches et thématiques différentes, mais même souci du détail. Kazumi Nakao se pose des questions d'une part sur les choix que le traducteur de terminologies doit faire, en insistant sur la nécessité d'une bonne analyse des concepts et des relations sémantiques établies entre les termes, et, d'autre part, sur la fidélité par rapport au texte de spécialité. Elle souligne le fait que la traduction des termes de spécialité est le résultat de la négociation du sens que le traducteur entreprend avec les autres acteurs de la terminologisation : les autorités « qui définissent les termes, qui en font la normalisation, et qui en imposent certains emplois ». L'approche proposée par Lucia Visinescu est de nature plutôt didactique. Son article traite de l'exploitation de textes comparables dans le cadre d'un projet de recherche terminologique intégrée étudiants-enseignants aboutissant au sous-titrage en roumain d'un documentaire français sur le réchauffement climatique.

L'environnement des termes, seconde problématique autour de laquelle est structuré ce volume de contributions, réunit des études portant sur le discours de spécialité comme environnement sémiotique des termes (Eva Lavric, Sonia Berbinski, Eszter B. Papp & Ágota Foris, Teodora Olenici), trois articles portant sur la lexicographie/terminographie des mots de l'environnement (Tegau Andrews, Gruffudd Prys, Dewi Bryn Jones And Delyth Prys, Rucsandra Dascalu, Mehdi Zerzaihi) et deux réflexions sur le contexte d'émergence et d'implantation des termes, en l'occurrence sur le cadre institutionnel européen, national, régional, sur l'aménagement terminologique et les politiques linguistiques (Henrik Nilsson du Centre de Terminologie Suédoise TNC, Président de l'Association Européenne de Terminologie ; Imanol Urbieta, économiste et Directeur du Centre de Terminologie et Lexicographie Basque à Saint Sébastien, Communauté autonome basque, Espagne).

La nécessité de construire un discours « environnemental » pour la terminologie, qui puisse en assurer le fonctionnement, est soulignée dans les articles de Eva Lavric et de Sonia Berbinski. Pour ce faire, Eva Lavric propose le concept de « couche moyenne » capable de faire le pont entre la terminologie proprement dite et le langage général lequel, par la « fréquence et [par des] emplois spécifiques » arrive à se spécialiser. L'auteure surprend le fait que chacun de ces domaines, mise à part sa terminologie, dispose de moyens linguistiques typiques qu'il emprunte au langage général, mais qu'il s'approprie à travers des fréquences et des emplois qui lui sont propres ; de sorte qu'il est impossible de décrire – ou d'enseigner – la langue de spécialité en question sans en tenir compte.

Sonia Berbinski cible son étude sur l'expression et le fonctionnement de l'approximation dans les langages de spécialité, en l'occurrence le discours portant sur l'environnement en général et particulièrement sur l'écologie. En tant que lieu de la clarté et de la concision, le discours de spécialité essaie d'éviter, autant que possible, l'imprécis et le flou. Lorsque l'approximation se fait voir dans ce type de discours, elle aura des rôles spécifiques, marquant surtout des intervalles de variables qui tournent autour d'une unité de mesure, d'un indice de pollution, etc. supposant une limite à atteindre en plus ou en moins. Entreprenant une brève analyse quantitative, l'auteure remarque la différence de fréquence des marqueurs d'approximation dans les textes officiels et dans les documents de vulgarisation.

La perspective du terminologue responsable des politiques linguistiques européennes traverse les contributions de Nilsson et Urbieta. Henrik Nilsson fournit des informations très importantes concernant les dernières tendances en terminologie/ terminographie contemporaine, les organisations (dont l'AET) et les banques de données terminologiques nationales et européennes, ainsi que les principaux réseaux terminologiques européens. Il insiste également sur la définition de l'idée même de responsabilité terminologique, en général, et de la responsabilité terminologique du traducteur, en particulier. Imanol Urbieta présente certaines particularités de l'euskera (ou : langue basque), qui ont conditionné la normalisation de cette langue, ainsi que l'activité et les objectifs d'UZEI (Centre de Terminologie et Lexicographie Basque), la seule entité qui travaille directement avec tous les organismes basques de normalisation.

Issu d'un débat particulièrement porteur sur un sujet se ressourçant dans la multidisciplinarité, et l'interculturalité, le volume proposé invite à une lecture active et attentive tous ceux qui s'intéressent, de loin ou de près, à la (ou aux) terminologie(s), à la traduction, aux langues en général et à leur environnement – qui, selon Haugen déjà, serait, en première instance, constitué par leurs usagers – dont font également partie nos lecteurs-cibles ....

Références

Cabré, Maria Theresa (2000) – « Terminologie et linguistique : la théorie des portes », *Terminologies Nouvelles* N° 21, Agence de la Francophonie et Communauté française de Belgique, pp. 10–15, http://www2.cfwb.be/franca/termin/charger/rint21.pdf (déchargé le 20 février 2017).

Chomsky, Noam (2001) – « Derivation by phase », in: *Ken Hale: A life in language*, ed. Michael Kenstowicz, pp. 1–52. Cambridge, MA: MIT Press.

Chomsky, Noam (2008) – « On phases », in: *Foundational issues in linguistic theory*, eds. Robert Freidin, Carlos P. Otero, and Maria Luisa Zubizarreta, pp. 133–166. Cambridge, MA: MIT Press.

Fill, Alwin ; Mühlhäusler, Peter (eds, 2001) – *The Ecolinguistic Reader. Language, Ecology and Environment*, London and New York: Continuum.

Gaudin, François (2003) – *Socioterminologie, une approche sociolinguistique de la terminologie*, Bruxelles : Duculot De Boeck.

Halle, Moris and Marantz, Alec (1993) – « Distributed Morphology and the Pieces of Inflection », in: Hale, Keneth and Samule J. Keyser 1993 (eds) – *The View from Building 20*, Boston: the MIT Press, chap. 3.

Haugen, Einar Ingvald (1971) – « The Ecology of language », *The Linguistic Reporter* 13, 1, p. 19–26.

Kleiber, Georges (2001) – « Remarques sur la dénomination », *Cahiers de praxématique* [En ligne], 36 | 2001, document 1, mis en ligne le 01 janvier 2009, consulté le 18 mars 2017. URL : http://praxematique.revues.org/292.

ISO 704/2000 – *Travail terminologique – Principes et méthodes*, 2ème édition.

Lamb, Sydney M. (1999) – *Pathways of the Brain. The Neurocognitive Basis of Language*, Amsterdam/ Philadelphia: John Benjamins Publishing Company.

Marantz, Alec (1997) « No Escape from Syntax: Don't Try Morphological Analysis in the Privacy of Your Own Lexicon, » *University of Pennsylvania Working Papers in Linguistics*: Vol. 4 : Iss. 2, Article 14. Available at: http://repository.upenn.edu/pwpl/vol4/iss2/14.

Raus, Rachele (2013) – « Terminologie, traduction et discours », *La terminologie multilingue*, Bruxelles, De Boeck Supérieur, « Traducto », 2013, p. 7–9. URL : http://www.cairn.info/la-terminologie-multilingue--9782804175313-page-7.htm.

Steffensen, Sune Vork & Fill, Alwin (2014) – « Ecolinguistics: the state of the art and future horizon », *Language Sciences* 41 (*The Ecologie of language and science*, Special Issue), p. 6–25.

Wüster, Eugen (1979) *Einführung in die allgemeine Terminologielehre und terminologische Lexikographie*, 1e éd., Vienne : Springer ; 1985, 2e éd., København : The LSP Centre, Unesco Alsed Lsp Network, Copenhagen School of Economics ; 1991, 3e éd., Bonn : Romanistischer Verlag.

Anca-Marina Velicu & Sonia Berbinski

Termes de l'environnement
Terminologie de l'environnement :
études terminologiques

Anca-Marina VELICU

Université de Bucarest

Tri sélectif : vrai ou faux pléonasme ? Considérations 'écolinguistiques' sur la terminologie du recyclage en français et en roumain[1]

Abstract: This paper will focus on the couple of French terms *tri sélectif/ collecte sélective*, and their Romanian equivalents: in both cases, it is *colectare selectivă*, since *#triere selectivă* is virtually unattested in Romanian language, at least not as designations having to do with waste management and recycling. While often rejected as a pleonasm (among others: Allinne 1998, Sahiri 2013), the former French term (*tri sélectif*) is well documented on sites for citizen's expression and participation, as well as in official texts, including EU texts. And if the relation between *tri (des déchets)* and *tri sélectif* is obviously treated as synonymy relation by most writers that reject *tri sélectif* (recommended term, rejected term), *tri sélectif* and *collecte selective* seem to be associate terms (designating distinct concepts) rather than synonyms (designating one and the same concept).

In Romanian, official texts, including EU texts only attest the direct equivalent of French *collecte*, so the term *tri sélectif* shall only have an indirect translation, by agentive modulation, since the agent of the *tri* (Engl. 'sorting') – an individual generating or enterprise producing the waste – is not the agent of the *collecte* (Engl. 'collection)' – an enterprise or institution that ultimately manages waste, either for recycling purposes or for reduction purposes. The problem of the terminological equivalence is so far remaining unsolved.

Keywords: *tri* (sorting), *collecte sélective* (selective waste collection), *recycling, descriptive terminology, normative terminology, terminological equivalence, translational equivalence*

L'article reprend en gros le contenu de la communication présentée en plénière du colloque « Terminologie(s) et Traduction. Les termes de l'environnement et l'environnement des termes » (Bucarest, 13–14 novembre 2017). Notre intervention était alors à situer dans le contexte du recours dont la Commission européenne

---

[1] Sauf si spécifié autrement, tous les liens évoqués dans cet article ont été consultés pour la dernière fois lors de la révision d'auteur postérieure aux suggestions des relecteurs (dans le courant du mois d'avril 2018).

avait saisi la Cour de justice de l'Union, contre la Roumanie, en avril 2017, pour ne pas avoir révisé et adopté son plan de gestion des déchets et son programme de prévention des déchets, recours qui faisait suite à une procédure d'infraction ouverte en septembre 2015 déjà. D'où le choix thématique ponctuel pour la terminologie du recyclage, en particulier pour le couple *tri sélectif/ collecte sélective* en français et leur(s) équivalent(s) roumain(s).

1. Considérations liminaires : ce qu'il y a d'écolinguistique dans cette recherche

L'intitulé de cette contribution annonce en outre une certaine perspective théorique sur les données d'observation dont il sera traité plus loin : l'approche écolinguistique.

« L'écologie du langage se laisse définir comme l'étude des *interactions* entre toute *langue* et son *environnement* » (Haugen 2001 : 57, traduction de notre main, nous soulignons). Dans cet article[2], considéré en général[3] comme texte fondateur de la discipline, le terme d'*écolinguistique* (que ce soit en tant qu'adjectif ou en tant que nom[4]) n'est pas attesté. Y sont en revanche définies la notion

---

2 Version revue et corrigée d'une communication présentée à la Conférence *Vers une Description des Langues du Monde*, qui a eu lieu à Burg Wartenstein, en Autriche, au mois d'août 1970, texte qui traitait de *l'écologie des langues* (noter le glissement du pluriel au singulier, pour la version imprimée). Une première version imprimée parut une année plus tard : Haugen, Einar Ingvald (1971) – « The Ecology of language », *The Linguistic Reporter* 13, 1, p. 19–26. Une seconde version sera incluse dans le volume du même nom (édité par Anwar S. Dill en 1972) – « une collection d'articles écrits à différents moments et sur des thèmes distincts encore que non sans rapport les uns aux autres », illustrant et étalant en fait toute la vie et l'œuvre de l'auteur, qui s'y montre « prêt à accepter que l'aspect linguistique n'est qu'une facette, une composante des phénomènes sociaux englobants et que, par conséquent, il est plus souvent influencé qu'il n'exerce lui-même d'influence » (extraits d'une des meilleures revues de ce livre, par Joshua A. Fishman (1973). Ici, nous nous référerons à la dernière reprise du texte, dans l'anthologie éditée par Alwin Fill et Peter Mühlhäusler, en 2001.

3 Dans un volume qui fait le point sur l'histoire de la discipline, à l'horizon des années '00 (Fill & Mühlhäuser éds, 2001) l'article d'Einar Haugen est pourtant indexé comme illustratif de l'usage métaphorique du terme *écologie* (premier texte dans le second chapitre du volume, intitulé « L'Écologie comme métaphore ») et non parmi les « textes précurseurs » de la mouvance écolinguistique ou textes apportant des précisions conceptuelles fondamentales (regroupés au chapitre 1, intitulé « Les racines de l'écolinguistique »).

4 Devenu alors, en anglais : *ecolinguistics*.

d'environnement d'une langue (en début d'article), ainsi que les questions pertinentes pour l'étude de l'écologie d'une langue (en guise de conclusions). Par ailleurs, l'auteur lui-même note que :

> (...) le nom du domaine est de peu d'importance en soi, mais (...) le terme d'*écologie du langage* recouvre une large palette de thèmes/ sujets/ centres d'intérêt où les linguistes peuvent collaborer avec toutes sortes d'autres experts en sciences de l'homme/ sciences sociales pour une meilleure compréhension de l'interaction entre les langues et leurs usagers. (*ibid.*, p. 59, n. tr.)

Les questions « écologiques » pertinentes pour l'étude d'une langue donnée (qui procèdent de ces « thèmes » d'intérêt interdisciplinaire en sciences de l'homme et de la société) seraient, selon Einar Haugen (*ibidem*, p. 65) :

i.   sa classification par rapport à d'autres langues (« réponse à fournir par la linguistique historique et descriptive »)
ii. ses usagers (« une question de démographie linguistique » : localisation, classes sociales, religion ou toute autre forme de regroupement pertinent)
iii. ses domaines d'usage (objet d'étude de la sociolinguistique : l'usage de la langue à l'étude est-il restreint d'une quelconque manière ou est-il à 100% non contraint ?) ;
iv. les langues concurrentes employées par ses usagers (dialinguistique : identifier le degré de bilinguisme et le degré de superposition de lectes pour un même locuteur/ une même catégorie de locuteurs) ;
v.   la variation interne : dialectologie (variantes régionales, sociales ou de contact) ;
vi. la nature de ses traditions écrites (une affaire de philologie : étude des textes écrits et de leurs rapports au discours oral) ;
vii. le degré de normalisation de sa forme écrite (unifiée et codée : objet d'étude de la linguistique prescriptive, normative : lexicographes et grammairiens traditionnels) ;
viii. le rôle des institutions (gouvernement, éducation, organisations privées) dans la réglementation et la propagation de la langue (glottopolitique, politiques linguistiques) ;
ix. les attitudes des usagers envers leur langue, en termes d'*intimité* et de *statut*, menant à un certain degré d'identification personnelle avec l'idiome (sujet d'étude de l'ethnolinguistique) ;
x.   le statut de la langue en question, dans une typologie de classification écologique, qui fasse voir où cet idiome en est actuellement et où il va, par rapport aux autres langues du monde.

Par *environnement d'une langue*, l'auteur entend non pas le « monde référentiel que la langue en question sert à désigner » (ce serait là l'environnement du lexique ou de la grammaire de cette langue, ou bien l'environnement des locuteurs de cette langue, et non de la langue en soi), mais bien plutôt « la société qui l'emploie comme l'un de ses codes » de communication, et, plus exactement, les locuteurs eux-mêmes, en tant qu'éléments constitutifs de cette société : « la langue n'existe *que dans l'esprit de ses usagers*, et ne fonctionne que pour mettre en rapport ces usagers entre eux et avec la nature, c.à.d. avec *leur* environnement social et naturel » (*ibidem*, nous traduisons, nous soulignons). L'environnement d'une langue est donc d'abord constitué par l'ensemble des représentations culturelles (tant cognitives qu'affectives) du sujet parlant, ainsi que par les autres langues que celui-ci maîtrise et pratique – le contact entre les langues étant en première instance envisagé dans sa dimension intra-locuteur, et ensuite seulement dans sa dimension objectivée, externe, sociale (interlocutive). Bien qu'il touche (en termes à la fois chomskyens et aristotéliciens) à la question des relations entre « compétence » et « performance », entre langue comme activité (*enérgeia*) et comme produit de cette activité (*ergon* – art. cit., p. 58), Haugen ne mentionne pas Chomsky, dans son article, (ni Aristote d'ailleurs) ; mais sa conception des rapports entre langue et locuteur, et la notion (décidément internalisée) d'environnement d'une langue qu'il propose ne sont pas incompatibles avec les hypothèses fondamentales de la GG sur la relation entre faculté de langage (langue-I) et langues particulières (langues-E). Le glissement du pluriel au singulier entre texte de la conférence et texte de l'article (voir note 2 supra) se laisse mieux comprendre sous cet éclairage.

L'idée que l'environnement d'une langue soit littéralement son locuteur est menée à son terme, dans la postérité de Haugen, par Salikoko Mufwene, qui, en se référant aux langues en danger, ira jusqu'à envisager la relation langue-locuteur comme cas particulier de relation symbiotique : la langue serait un parasite et le locuteur, son hôte. Cela étant, le facteur décisif, dans la survie des langues en danger, serait d'ordre d'abord et surtout socio-économique : pour sauver une langue, il faudrait aider ses locuteurs à parvenir à leurs fins (reconnaissance sociale, carrière, aisance matérielle) en s'en servant, car « les locuteurs n'utilisent plus les langues (…) dont l'usage n'est plus à leur avantage » (Mufwene 1998 : 142–143 – dans un texte où le terme d'*écolingusitique* n'est toujours pas employé).

La question de l'environnement d'une langue sera reprise et étoffée en termes (cette fois-ci explicitement) écolinguistiques, dans un article de Sune Vork Steffenson et Alwin Fill, de 2014, où il est distingué plusieurs types d'environnement, censés être tous pertinents (bien qu'étant mis en vedette à des degrés divers selon les diverses approches) :

i. l'environnement symbolique (coexistence de langues ou « systèmes symboliques » différents, dans un territoire donné),
ii. l'environnement naturel (relations du langage à son environnement biologique et écosystémique : topographie, climat, faune, flore etc.),

iii. l'environnement socioculturel (les forces qui façonnent la condition des locuteurs et des communautés linguistiques),
iv. l'environnement cognitif (de la faculté de langage, les autres facultés de perception et motrices des êtres humains : les capacités cognitives qui engendrent un comportement flexible, adapté, envisagées en tant que facteurs favorisant l'émergence de la faculté de langage)[5]. (Steffffenson & Fill 2014 : 7)

On ne manquera pas de remarquer que seul l'environnement cognitif (de la faculté de langage) correspondrait (plus ou moins) à l'environnement intra-locuteur d'une langue tel qu'appréhendé par Haugen, et que l'environnement symbolique est cette fois-ci entendu dans une logique décidément extensionnelle de langues externes (au sens de la distinction chomskyenne entre langues E et langues I), et plus guère comme contact de langues dans l'esprit d'un locuteur.

Nous n'allons plus nous attarder, au niveau de ces considérations liminaires, sur l'histoire de l'écolinguistique ou sur les concepts centraux à ce cadre de réflexion, ni n'entrerons dans une querelle de nomenclature (écolinguistique ? écologie des langues ? écologie du langage ?), nous limitant à renvoyer le lecteur intéressé à l'anthologie éditée par Alwin Fill et Peter Mühlhäusler, en 2001et à Lechevrel 2008 et 2009[6]. Pour avoir revu à la baisse et la portée de l'article de Haugen[7] et l'originalité même de la mouvance qui en tire ses origines (ravalée au rang d'épigone non déclarée de la sociolinguistique), Nadège Lechevrel a le mérite d'avoir retracé un tableau compréhensif des diverses directions de recherche reliant écologie et linguistique :

> Depuis le début des années quatre-vingt-dix, une communauté de chercheurs en linguistique se réclame d'une approche « écologique » de la linguistique. Par rapport au cadre de la linguistique « traditionnelle », l'approche est interactionnelle, intégrationnelle

---

5 Noter que, dans le texte commenté, on parle systématiquement d'écologie du langage, et que l'on y joue avec la double acception du terme de *langage* en anglais (faculté de langage, langue).
6 Mentionnées en bibliographie, ainsi qu'aux références qui y sont citées.
7 Dans une étude bibliométrique non exhaustive pour quatre langues européennes (l'anglais, le français, l'espagnol et l'allemand), où sont passées au peigne fin 120 publications, l'auteure se propose explicitement de répondre à la question de savoir « pourquoi a échoué l'œuvre séminale [pas de guillemets dans le texte, mais l'ironie est bien au rendez-vous] d'entraîner l'émergence d'un vrai champ de recherche unifié ou : d'un paradigme de recherche », et affirme un peu plus loin : « [b]ien que Haugen ait résolument défendu l'écologie du langage, il n'a pas réussi à avancer d'arguments vraiment persuasifs en faveur de cette approche », ou : « la communication de Haugen à l'époque argumenta en faveur d'une approche écologique du langage, mais ne proposa pas de cadre théorique du tout » (Lechevrel 2009 : 2 ; 8).

(Makkaï, 1993) et veut développer un modèle de la complexité pour rendre compte à tous les niveaux des interrelations entre les langues, les hommes et leur environnement. Le courant est en plein essor aux États-Unis (S. Mufwene à Chicago, les chercheurs du B. L. Center), au Canada (W. Mackey), en Australie (P. Mühlhäusler) et dans certains pays européens comme les pays germanophones (A. Fill, J. Døør et J. Bang) ou la péninsule ibérique (A. Bastardas-Boada). En France, de nombreux chercheurs s'y intéressent également mais seul L.-J. Calvet lui a consacré un ouvrage (Calvet, 1999). A. Fill (http://www-gewi.kfunigraz.ac.at/ed/project/eco.html, 1996) identifie les principaux centres de recherches écolinguistiques dans le monde ainsi que leurs principaux acteurs. Pour les centres, il compte Bielefeld (Allemagne), Graz (Autriche), Odense (Danemark), Adélaïde (Australie) et Chicago (U.S.A.), et pour les acteurs : J. Chr. Bang et J. Døør (Odense), R. Alexander (Vienne), A. Fill (Graz), P. Finke and W. Trampe (Bielefeld), M. A. K. Halliday (Sydney), P. Mühlhäusler (Adélaïde) et A. Makkai (Chicago). On remarque en outre une certaine fréquence des références à l'écologie des langues dans des recueils d'articles traitant le plus souvent du changement linguistique, des approches évolutionnaires, des créoles, des questions de politique et planification linguistiques et de la diversité des langues (multilinguisme, principalement). D'autres travaux encore présentent une orientation très différente en se développant autour d'une écolinguistique critique à l'intérieur de laquelle les discours environnementaux constituent l'objet principal d'analyse. (Lechevrel 2008 : 17)

Lechevrel 2008 propose en outre un classement tripartite des principales tendances en écolinguistique auquel nous allons rapporter, ici, la réponse à la question de savoir ce qu'il y a d'écolinguistique dans notre étude. Ces tendances sont discriminées en termes de thématiques, méthodologies et attitudes, et selon la manière dont elles se rapportent à l'écologie. L'auteure ne manque pas de préciser de *quelle* écologie il s'agit, au cas par cas – vu la polysémie du terme : science de la vie ? (*écologie* au sens premier) ; objet d'étude de celle-ci (*écologie* = « environnement ») ; mouvement écologiste ?) :

a) *linguistique de l'écologie* (qui vise notamment à l'analyse critique des discours traitant de questions environnementales) ;
b) *linguistique écologique* (caractérisée par l'emprunt et le transfert métaphorique de concepts des sciences de la vie, à l'étude des changements linguistiques – naissance, évolution et mort des langues) ;
c) *linguistique écologiste* (davantage doctrine politique que science, à attitude souvent prescriptive et dont les thèmes principaux restent la diversité des langues et les langues en danger).

En résumé, et compte tenu de ces catégories, notre recherche se rattachera à différents niveaux à l'étude de l'écologie du langage :

a. en ce qui concerne **l'objet de la recherche**
   i. l'analyse de textes/ discours traitant de tri/ collecte des déchets/ recyclage relève d'une *linguistique de l'écologie* (ou : *de l'environnement*) ;
   ii. les analyses prescriptives et qualifications de statut de la séquence *tri sélectif* en français contemporain (terme déconseillé en tant que pléonasme – analyses que nous nous attacherons justement à démonter) peuvent être entendues comme relevant, tacitement, d'une *linguistique écologiste* : en effet, parler (s'exprimer) avec propriété – avec rigueur et précision dans le choix des termes – c'est préserver non seulement l'esprit d'une langue donnée (ici, le français), et, de la sorte, contribuer à la préservation de la diversité linguistique, mais également préserver l'écologie du discours en général ;
b. en ce qui concerne la **méthodologie de la recherche** – la mise en vedette du rôle du **contexte** relève d'une « linguistique écologique » qui ne se rattache que par extension (et par métaphore) aux concepts de l'écologie-science de la vie ; seront en particulier pris en compte dans notre argument :
   i. le **rôle du contexte linguistique** dans l'accès au concept désigné par le terme :
      – contexte syntagmatique plus ou moins large (phrastique, textuel) ;
      – contexte paradigmatique (relations de la lexie complexe avec ses équivalents intra- et interlinguaux, relations entre acceptions différentes d'un seul et même composant de la lexie à l'étude, en-deçà de celle-ci) ;
   ii. l'apport du **contexte matériel extralinguistique** (description d'objets) à l'explication sinon à la définition du concept désigné (description du tri et de la collecte de déchets comme phases successives d'une même activité, à agents distincts ; typologie des poubelles : portée sémantique de la fameuse poubelle marron) ;
   iii. le **rôle du contexte socio-économique** dans la vie des termes en général ;
c. en ce qui concerne les **circonstances de la recherche** – le choix thématique pour la terminologie du recyclage n'aura pas été étranger au **contexte politique** international et roumain en 2017, comme précisé d'entrée de jeu.

2. De la propriété des termes relatifs à la propreté de l'environnement

Comme déjà annoncé, cette contribution portera sur le couple *tri sélectif / collecte sélective* en français et sur leurs équivalents roumains en matière de recyclage (dans les deux cas de figure, surtout *colectare selectivă*, le terme de ?#*triere selectivă* étant virtuellement non attesté dans notre langue, pour le domaine pertinent du moins, dans la communication officielle, et fort peu attesté par ailleurs).

À supposer que les deux séquences en français soient (à 100%) lexicalisées, c'est le terme de *collecte sélective* qui a le statut de « terme prescrit par la loi » (au sens de ISO 1620, 12616), puisque c'est lui que l'on retrouve y compris dans des articles de lois (voir notamment l'article L. 2224-16 du Code général des collectivités territoriales). Selon de nombreuses sources et de manière plus ou moins explicite (en général, sous forme de jugement clairement énoncé, dans des textes fonctionnels d'information du public et/ou sur des sites associatifs « verts » et autres sites de communication citoyenne, ainsi que dans les textes académiques d'orientation « stylistique normative »), ce serait là (à côte de *tri* tout court, ou : *tri des déchets* voire de : *tri écologique des déchets*), un vrai synonyme[8] recommandé de *tri sélectif*, qui ferait figure de terme déconseillé correspondant. Une analyse approfondie du système conceptuel-terminologique en place fera toutefois ressortir que tel n'est pas nécessairement le cas, et que les rapports entre les deux sont plutôt d'ordre associatif (désignations de concepts distincts donc, phases distinctes d'une même activité ou opérations distinctes d'une même procédure).

En fait de sources secondaires[9], on est le plus souvent dans une logique de mise en relation par défaut des deux syntagmes et de leurs têtes nominales (*tri*, *collecte*). Le TLFi n'enregistre pas d'acception ou de distribution pertinente pour le domaine de l'environnement (protection de l'environnement, recyclage) ni pour *tri*, ni pour *collecte*.

Le GDT (indications de statut valant avis de recommandation de l'OQLF) ne comporte, dans le domaine de la protection de l'environnement, que les entrées *tri* (synonyme *tri des déchets*[10] – désignations des « opérations consistant à *séparer* des déchets *en constituants,* préparant une certaine *homogénéité* », – n. s., à hyponymes suggérés selon l'instrument : *tri manuel/ tri automatique* (*tri balistique, tri magnétique*), *tri à la source* (daté 1987, et sans définition du concept désigné, mais accompagné d'une note : « s'effectue au lieu de production des déchets, que ce soit au foyer, au lieu de travail, etc. », et d'un synonyme sur la portée duquel nous reviendrons : *séparation à la source*) et *tri des déchets ménagers* (daté 1990 et non accompagné ni de note ni de synonyme, à équivalent

---

8   Ceux qui se hâtent de le recommander comme alternative « plus seyante » oublient toutefois de vérifier si les deux termes sont ou non « substituables et opposables trait par trait dans le même contexte » (Berbinski 2012 : 67) de manière systématique ou simplement accidentelle.
9   Dictionnaires, glossaires, banques ou bases de données terminologiques.
10 http://www.granddictionnaire.com/ficheOqlf.aspx?Id_Fiche=3399539.

anglais *sorting of household refuse*[11]). *Tri sélectif* n'y est pas mentionné. Par contre, *collecte sélective* (syn. *collecte sélective des déchets*) est bien recensé, lui, dans le même domaine, avec ses hyponymes (*collecte sélective séparée* vs *collecte sélective pêle-mêle*) – alors que le terme de *collecte* tout court n'est pas assigné au domaine de la protection de l'environnement, mais seulement aux domaines économique, commercial ou statistique (avec, dans ce dernier cas, dégroupement homonymique par sous-domaines : *collecte* synonyme de *collecte des données, collecte des renseignements, collecte des observations*, en fait d'échantillonnage, mais simple base d'une éventuelle collocation *collecte* (de données statistiques) en matière d'observation statistique :

Collecte (GDT)

Collecte de fonds (syn. *campagne de collecte de fonds, campagne de financement*), domaines : économique, philanthropique, politique (partis) ; autres synonymes : *collecte de dons, campagne de collecte de dons, campagne d'appel de fonds* ; termes déconseillés : *campagne de levée de fonds, levée de fonds* (Fiche=8871687)
Collecte (des marchandises), domaine : commerce, syn. *prise de livraison* (Fiche=17021447)
Collecte (de renseignements, de données) ; domaine: statistique, sous-domaine : échantillon statistique ; synonymes allégués : *collecte des renseignements, collecte des données, collecte des observations, collecte statistique* ; daté 1980 (Fiche=8454959)
Collecte (de données), domaine statistique, sous-domaine observation (Fiche=18098471), daté 1960

Noter également que, dans la même banque de données terminologiques, le terme de *collecte sélective des déchets à la source* (équivalent anglais indiqué : *waste segregation at source*) serait réservé au domaine de la sécurité nucléaire plutôt que directement à celui de la protection de l'environnent.

Au raz des textes, maintenant, à nouveau, en français, *tri sélectif* est surtout employé au singulier, dans le domaine du recyclage. Si le terme informatique de *tri* est susceptible, lui aussi d'emploi au pluriel (*les tris et les premières valeurs* : le tri croissant, le tri décroissant, …)[12], le terme de *tri sélectif*, dans le domaine du recyclage, ne semble pas pouvoir être employé au pluriel. La forme de pluriel

---

11 *Refuse* désigne, en anglais britannique, aussi bien les déchets organiques sans potentiel recyclable (*garbage*) que les déchets inorganiques solides à potentiel recyclable (*rubbish*). Voir : https://www.britannica.com/topic/refuse.
12 http://www.info-3000.com/access/cours/lecon26/lecon26.php.

tris sélectifs est cependant attestée dans le langage de la viticulture (sélection des vins à commander/ produire[13]) ou de la zootechnie (sélection des races[14]).

Les sites de communication citoyenne (1, 2), la presse en ligne (3) et les sites de marketing (4) fournissent d'amples attestations de la première séquence, en français, y compris dans des glossaires définissant le concept qu'elle est censée désigner (ce qui témoigne de sa perception comme terme complexe plutôt que comme collocation spécialisée – voir premier exemple) :

(1) Le *tri sélectif* consiste à *trier* et à *récupérer* les déchets *selon leur nature* : métaux, papier, verre, organique... pour faciliter leur *recyclage*. On l'appelle *tri à la source* lorsqu'il est fait avant une *collecte sélective* en porte à porte et *tri par apport volontaire* lorsqu'il s'effectue à l'aide de conteneurs spécifiques situés en déchèterie ou sur la voie publique.
(https://www.actu-environnement.com/ae/dictionnaire_environnement/definition/tri_selectif.php4)

(2) **Les différentes poubelles ou conteneurs de *tri sélectif***
On dispose de différentes poubelles à la maison pour trier ses déchets, à savoir : la **poubelle jaune**, la **poubelle verte**, la **poubelle bleue**, la **poubelle ordinaire** (couvercle marron, bordeaux).
(...) La **poubelle ordinaire** (couvercle marron ou marron) contient : des restes de repas ; des couches-culottes ; des pots de yaourts, etc., *tout ce qui n'est pas recyclable*.
(https://economie-d-energie.ooreka.fr/comprendre/tri-selectif)

(3) La capitale s'est lancée tardivement dans le *tri sélectif* : en 2002. Elle a depuis largement rattrapé son retard. Ainsi 91% des immeubles sont équipés d'au moins une « poubelle tri », et la collecte a lieu au moins deux fois par semaine depuis 2006. (Le Monde[15])

---

13 Après **plusieurs tris sélectifs** sévères basés sur le rapport qualité/prix, nous importons en gros un ou plusieurs vins ainsi sélectionnés (site disparu ; sélection de vins de France AFAC 2014, dernière consultation en octobre 2015)/ (...) [a] vendangé son vignoble en **plusieurs tris sélectifs** (http://www.vialard.com/newsletter/images/CLINET-2012-FR.pdf).

14 En faisant naître une cinquantaine de poussins, si vous avez au 7e mois, après *plusieurs tris sélectifs*, 10 poulettes et 4 ou 5 coquelets de très haut niveau, capable d'obtenir un 95 en concours, c'est que vous n'avez pas fait de sentiments et que votre souche tient la route pour la saison prochaine (http://bresse-gauloise-club-de-france.e-monsite.com/pages/conseils-d-elevage/conseils-pour-les-debutants-et-les-autres.html#LftELABO8BtV7uQK.99).

15 Voir : http://www.lemonde.fr/planete/article/2008/10/08/itineraire-d-un-dechet-parisien_1104337_3224.html#XGQqjmEQaRcVWZij.99.

(4) Pourquoi instaurer le *tri sélectif* ? (…) Comment bien choisir vos *poubelles de tri sélectif* ? (site Happy-Loop, dont le mot d'ordre/ slogan publicitaire est : *Les conteneurs qui donnent envie de trier*[16])

On retrouve également cette expression dans des textes officiels français – qu'il s'agisse de volumes publiés sur les sites d'agences nationales (exemples 5 à 7, compulsés dans le numéro 05 de la collection *Focales*, créée et gérée par l'Agence Française de Développement) ou de guides publiés sur les sites d'autres organismes publics d'envergure nationale (dont le CNRS ! – exemple 8) :

(5) Les Urenco mettent par ailleurs en œuvre des *programmes pilotes de tri sélectif* dans plusieurs villes, comme le programme 3R (Reduce – Reuse – Recycle) à Hanoi (…) (AFD 2010 : 79)
(6) l'insertion d'*une composante « tri sélectif » dans le projet* financé par la Banque mondiale à Quy-Nhon (*ibidem*)
(7) Le décret 174/2007 du 29/1/2007 réglemente l'introduction d'une taxe environnementale sur les déchets solides (…). Le produit de cette taxe est conservé par la province, et peut être utilisé (sur décision du conseil populaire) pour : l'incinération, la désinfection, l'enfouissement des déchets ; *l'aide au tri sélectif*, y compris campagnes d'information auprès de la population ; la construction des sites d'enfouissement, des centres de traitement et de recyclage. (*ibidem*, p. 83)
(8) Il est rappelé qu'un *tri sélectif* peut être opéré pour les différents types de déchets d'emballage vidés et rincés (Guide CNRS[17]/ INRA[18]/ INSERM[19], décembre 2001)

On la rencontre jusque dans des textes d'information pédagogique à l'usage des enseignants du secondaire, sur un site d'éducation scolaire sous la responsabilité du Ministère de l'Éducation Nationale (sigle affiché dès la page d'accueil) :

(9) **Enquête sur le tri sélectif des déchets**
École élémentaire des Machereaux à Bourges, académie d'Orléans-Tours

Les élèves ont réalisé une enquête sur **la composition des poubelles, le ramassage des déchets sélectifs et leur bio-dégradabilité.** La visite d'une déchetterie a permis de s'interroger sur les modes de traitement des déchets et d'étudier les emballages.

---

16 Voir : https://www.happyloop.fr/guide-complet-instaurer-tri-selectif-entreprise/.
17 Le Centre national de la recherche scientifique (CNRS) est un organisme public de recherche fondamentale (établissement public à caractère scientifique et technologique, placé sous la tutelle du Ministre chargé de la Recherche).
Voir : https://www.actu-environnement.com/ae/dictionnaire_environnement/definition/centre_national_de_la_recherche_scientifique_cnrs.php4.
18 Institut National de la Recherche Agronomique.
19 Institut National de la Santé et de la Recherche Médicale (organisme public de recherche – voir : https://www.inserm.fr/connaitre-inserm/missions).

> Niveau concerné : Une classe CM1/CM2
> Disciplines concernées : mathématiques, littérature, maîtrise de la langue
> Partenariat : service environnement de la Mairie, déchetterie
> *Expérimentation 2003/2004*[20]

Ou encore, dans des rapports du Gouvernement français (difficile de faire plus officiel – exemple 10) voire dans des textes réglementaires, en particulier locaux (administrations locales – exemple 11) :

> (10) En l'absence d'un tel mécanisme, les collectivités ne sont pas incitées à améliorer leurs performances de prévention et de *tri sélectif* (« Mission d'évaluation de politique publique. La gestion des déchets par les collectivités territoriales », Rapport interministériel, p. 28[21])
> (11) Une demande de subvention de l'ADEME[22] pour la mise en place du *tri sélectif* dans les immeubles anciens peut être demandée à la C.U.D[23]. (Communauté urbaine Dunkerque-Grand Littoral, Conseil Communautaire du 27 mars 2003, *Règlement de Collecte des déchets ménagers et assimilés*[24], p. 28, dans une section portant sur « l'aménagement des locaux de stockage et de la zone de ramassage »)

Si l'on peut raisonnablement douter de la pertinence des attestations sur des sites de communication citoyenne (1–2), voire sur des sites de presse en ligne ou des sites de marketing (3), l'emploi de l'expression dans le discours officiel, en France (exemples 5–11) n'est pas sans lui donner (pour le moins) un *air* de respectabilité jurant avec les jugements de la grammaire normative, qui y voit un pléonasme caractérisé (Allinne 1998), une périssologie (Sahiri 2013).

La formule de Frédéric Allinne – *Tout tri est une sélection et toute sélection est un tri* – particulièrement heureuse, et facile à retenir, il faut bien l'avouer, reprise et commentée par Léandre Sahiri (2013 : 329), citée sur le site des Éditions de l'Homme[25], voire sur Ékopédia et autres sites d'information du public sur des

---

20 Voir : http://eduscol.education.fr/cid48510/tri-des-dechets-et-recyclage.html#machereaux (souligné dans le texte).
21 Voir : https://www.economie.gouv.fr/files/files/directions_services/cge/Rapports/2015_05_22_epp_gestion-locale-dechets-menagers_rapport.pdf.
22 Agence de l'environnement et de la maîtrise de l'énergie.
23 Communauté urbaine de Dunkerque.
24 Document accessible sur : http://www2.ecoemballages.fr/fileadmin/contribution/pdf/collectivites-locales/labellisation/1_1_2_CU_Dunkerque.pdf. (désormais : CUD 2003).
25 http://editionshomme.qc.ca/etes-vous-a-labri-du-pleonasme/.

questions relatives à l'environnement et au recyclage (entre autres : La Grance Poubelle[26]), est vite devenue virale. Mais est-elle juste ?

D'autant que *tri sélectif* est également attesté dans les documents européens (sources primaires et secondaires – IATE) :

(12) (…) ce système [un système autrichien de collecte et de valorisation des déchets d'emballage qui respecte l'article 11 de la Verpackungsverordnung], instauré à côté du réseau communal, n'est pas compatible avec l'objectif du *tri sélectif* des déchets *à la source* (Journal officiel des Communautés européennes, C 331/8, FR, 224.11.2001)[27]

(13) Le Parlement européen (…) invite instamment les autorités croates à réévaluer l'efficacité du système actuel de protection de l'environnement — et notamment les aspects concernant le développement de stations d'épuration sur le littoral, le *tri sélectif* des déchets, les centres de valorisation thermique, l'élimination des décharges illégales —, et de renforcer la coordination entre l'ensemble des organismes responsables; demande également, dans ce contexte, la mise en place d'une campagne de sensibilisation visant à attirer davantage l'attention de l'opinion publique sur les questions d'environnement ; (…)
(Journal Officiel de l'Union européenne, C 247 E/10, 15.10.2009)

(14) Ramassage et *tri sélectif* des déchets (équivalent de : *selective* waste *sorting*, degré de fiabilité : 1, « fiabilité non-vérifiée ») (IATE, ID 141403, source primaire : Tenders OJ C 29/95 p. 6)

---

26 http://www.lagrandepoubelle.com/wikibis/dechet/tri_selectif.php
On peut ainsi y lire :

L'expression pléonastique **tri sélectif** est actuellement remplacée par la notion de « collecte sélective des déchets » ou celle de « tri écologique des déchets ».

Nous ne saurions ne pas relever le glissement parfaitement non pertinent d'un niveau d'analyse à l'autre, de « l'expression » (niveau du terme comme signe linguistique binaire signifiant/ signifié), à « la notion » (niveau du concept, ou, pour les esprits chagrins qui viennent de découvrir – dans le recherche terminologique et en terminographie bilingue – les charmes indiscrets de la sémasiologie de souche socio-terminologique : niveau des signifiés de ces expressions), les guillemets (vs gras) indiquant déjà le doute dans l'esprit de l'auteur de ces lignes, son hésitation entre usage (référentiel) et mention (usage métalinguistique). Le terme (aussi complexe et donc motivé qu'il soit) *n'est pas* le concept, mais le dénomme, y renvoie. Mais c'est là l'objet d'un autre article… On parle de notions, mais de fait on indique dans ce passage des synonymes à statut de variantes conseillées sinon recommandées (au sens de Gouadec 1994, statut relatif des termes).

27 Voir : http://curia.europa.eu/juris/document/document_print.jsf;jsessionid=9ea7d2dc30d6b1de86bdcc5e4832a28faf201c92d8b7.e34KaxiLc3qMb40Rch-0SaxyMbx90?doclang=FR&text=&pageIndex=0&docid=49122&cid=1175497.

(15) *tri sélectif à la source* (équivalent de *sorting at source*, fiabilité 3 – « terme fiable » – IATE, ID 112551, source primaire : GEneral Multilingual Environmental Thesaurus; Publication Year: 1999; Publication Month: August; Volume No: 5)

Noter que selon les indications de statut de la BDT européenne, si *tri sélectif à la source* (correspondant anglais recensé : *sorting at source* plutôt que : *selective sorting at source*, pourtant bien attesté dans les médias britanniques) est censé être un « terme fiable » (degré de fiabilité 3), *tri sélectif* ne serait qu'un terme à « fiabilité non-vérifiée » (degré de fiabilité 1)[28]. À la différence de l'usage national tant français (tel qu'illustré par l'usage juridique et officiel) et québécois (tel que recensé dans le GDT), *collecte sélective* est présenté comme terme à fiabilité seulement minimale, et *collecte sélective des déchets* (syn. *collecte séparative*), comme terme fiable (fiabilité (3)) :

IATE
Collecte sélective (d'immondices) fiabilité minimale (2) source AFNOR 1983, IATE ID: 1390587
Collecte sélective (fiabilité minimale (2), Conseil, IATE ID: 881479)
Collecte sélective des déchets, syn. collecte séparative (fiabilité (3) : termes fiable (pour les deux), IATE ID: 48914)

Dans cette perspective, il n'est pas dépourvu d'intérêt de noter que si en (17), qui procède du même *Règlement de Collecte des déchets ménagers et assimilés* que (11) ci-avant, on peut suspecter un cas de forme raccourcie (*tri sélectif* comme abrégé – plus ou moins *ad hoc* – de *tri sélectif à la source*), vu la proximité (immédiate) de l'intitulé de l'article, qui annonce des précisions sur le tri sélectif à la source (16), cette analyse n'est pas à extrapoler au contexte en (11), placé dans l'annexe 3 du document, au niveau d'un paragraphe relatif notamment aux déchets des ménages, étant donné que (16) et (17) proviennent d'une section du document qui concerne des déchets assimilables aux déchets ménagers, mais produits par des agents économiques ou institutionnels (pas de continuité thématique entre les contextes comparés) :

---

28 Les contextes relevés dans des sources primaires cependant suggèrent que la séquence *tri sélectif à la source* pourrait bien ne pas être complètement lexicalisée : à preuve la possibilité d'insertion d'un complément adnominal – *des déchets* – entre *tri sélectif* et *à la source*, en (12), le même qui vient s'adjoindre au terme de *tri sélectif* tout court, en (13) et en (14). Cela n'irait pas sans obliger à revoir à la baisse les jugements d'acceptabilité/ qualificatifs de statut de IATE. Par souci de simplification, nous traiterons néanmoins dans ce qui suit les deux séquences comme termes.

(16) [Intitulé d'article d'un règlement – droit administratif] : *Tri sélectif à la source* (CUD 2003, p. 14, Titre V – « les déchets assimilables aux déchets ménagers d'origine commerciale, artisanale ou provenant des établissements publics » –, Article 10)
(17) [Premier paragraphe du même article] *Principes du tri sélectif* (*ibidem*, Titre V, Article 10, paragraphe 10.1.)

Une autre interprétation de la relation entre *tri sélectif à la source* et *tri sélectif* (termes) consiste à voir dans le dernier l'hyperonyme du premier. Les données co-textuelles en (12) vs (13) peuvent étayer aussi cette hypothèse. En tout cas, que *tri sélectif* soit le synonyme terminologique (forme raccourcie) de *tri sélectif à la source* ou son hyperonyme (y compris entendu comme ayant été reconstruit *ex post facto* à partir du terme dénommant l'espèce la plus représentative, la plus saillante, de la classe), ce qui compte, en première instance, et à ce point de l'argument, c'est le fait même que la séquence *tri sélectif* soit attestée dans un texte réglementaire (texte juridique relevant du droit administratif).

Le paragraphe 10.1 comporte des renvois explicites même à des textes législatifs, ce qui encouragerait *a priori* à présumer que la terminologie employée soit empruntée à ces sources primaires. Pourtant, comme déjà signalé au début de cette section, la séquence à l'étude n'est pas attestée dans des textes de loi, ce qui vaut y compris des textes législatifs ici évoqués. Le terme de *tri sélectif* n'apparaît pas lui-même dans les lois citées, seul le terme de *tri* y est mentionné, à hauteur d'une occurrence dans chaque document seulement, et dans les deux cas de figure, en séquence énumérative partitive (phases d'activité) montrant qu'il ne s'agit pas d'un tri à la source, mais d'un tri en centre de tri voire directement en centre de traitement, un tri post-collecte donc :

(18) L'élimination des déchets comporte les opérations de *collecte, transport, stockage, tri et traitement* nécessaires à la récupération des éléments et matériaux réutilisables ou de l'énergie, ainsi qu'au dépôt ou au rejet dans le milieu naturel de tous autres produits dans des conditions propres à éviter les nuisances mentionnées à l'alinéa précédent. (Loi n°75–633 du 15 juillet 1975, Art. 2[29])
(19) Dans un délai de trois ans à compter de la publication du décret prévu à l'article 10-3, chaque département doit être couvert par un plan départemental ou interdépartemental d'élimination des déchets ménagers et autres déchets mentionnés à l'article L. 373-3 du code des communes.
Pour atteindre les objectifs visés aux articles 1er et 2-1, le plan (…) énonce les priorités à retenir compte tenu notamment des évolutions démographiques et économiques prévisibles:

---

29 Société française pour le droit de l'environnement.

- pour la création d'installations nouvelles et peut indiquer les secteurs géographiques qui paraissent les mieux adaptés à cet effet,
- pour *la collecte, le tri et le traitement des déchets* afin de garantir un niveau élevé de protection de l'environnement
- compte tenu des moyens économiques et financiers nécessaires à leur mise en œuvre. (Loi n°92–646, Art. 10.2[30])

Il faut remarquer que le contexte en (14) portait lui aussi sur du tri post-collecte, tandis que le contexte en (15), sur du tri à la source : les qualificatifs de statut terminologique proposés dans IATE semblent sensibles à cette distinction factuelle, favorisant l'usage de l'adjectif *sélectif* pour le scénario de tri à la source en priorité.

Quoi qu'il en soit, les passages du Règlement dunkerquois contenant les renvois aux lois dont procèdent les extraits en (18) et en (19), apportent, eux, des explications intéressantes pour l'analyse du concept de tri sélectif, car ils mettent en lumière ses relations à des concepts associés essentiels à la représentation du domaine – l'objet du tri (le déchet), l'agent du tri (à la source : le producteur du déchet), l'agent du traitement (en particulier, de l'élimination : agent non nommé dans le contexte sous (20) mais désigné par le terme générique d'*installations d'élimination des déchets* ailleurs dans le texte législatif en question) ; en outre, le passage reproduit sous (21) est significatif parce qu'il décrit la dynamique du tri, qui concerne de fait les seuls déchets non éliminés d'entrée de jeu comme inaptes à recyclage – déchets non soumis à séparation par catégories, mais destinés à être mis en décharge (synonyme de *décharge* : *site d'enfouissement*, ou encore : *installation d'élimination des déchets par stockage*) : dans l'idéal, cette part de déchets devrait être minime (les « déchets ultimes »). Comparer :

(20) La loi n°75–633 du 15 juillet 1975 a posé comme principe que toute personne qui produit ou détient des déchets est tenue d'en <u>assurer</u> ou d'en <u>faire assurer</u> l'élimination. (*ibidem*, nous soulignons)

(21) La loi n°92–646 a posé les principes suivants : réduction des déchets à la source <u>en retirant le plus possible de fractions valorisables des déchets produits</u> par les professionnels ; limitation de la <u>mise en décharge</u> aux seuls <u>déchets ultimes</u> ; mise en place de la redevance spéciale pour les <u>déchets assimilables aux déchets ménagers</u> en provenance des commerces, artisans ou établissements publics. (*ibidem*, nous soulignons)

---

30 https://www.legifrance.gouv.fr/affichTexte.do?cidTexte=JORFTEXT000000345400&categorieLien=id.

3. Analyse des relations entre tri et collecte, dans le domaine de la protection de l'environnement

Le concept de tri sélectif est défini mais pas nommé dans l'article L. 2224-16 du Code général des collectivités territoriales (que nous avions évoqué en début de § 2, à titre de source d'attestation législative exemplaire du terme de *collecte sélective* contre absence d'attestation du terme de *tri sélectif*). Seule y est nommée la collecte sélective, la relation entre tri (dénommé alors directement : *séparation de catégories de déchets*[31]) et collecte n'étant qu'au mieux suggérée.

> (22) Le maire peut régler la présentation et les conditions de la remise des déchets en fonction de leurs caractéristiques. Il fixe notamment les modalités de *collectes sélectives* et impose *la séparation de certaines catégories de déchets, notamment du papier, des métaux, des plastiques et du verre, pour autant que cette opération soit réalisable d'un point de vue technique, environnemental et économique.*[32]

Nous remarquerons la même tendance, en roumain, dans les textes législatifs : seule y est mentionnée la collecte sélective ou plutôt : séparée, et il n'y a virtuellement pas de spécification de la relation entre séparation et collecte, présentées comme coextensives, du seul point de vue du collecteur. Cette perspective est extrapolée au détenteur/ producteur des déchets, qui aurait non pas l'obligation de les sélectionner (en éliminant tout ce qui ne relève pas des catégories mentionnées : papier, métal, plastique, verre), puis de les séparer selon ces catégories (à visée de recyclage), mais l'obligation de les « collecter » (lire : d'en assurer l'entreposage sur les lieux, jusqu'à l'arrivé de l'agent professionnel de la collecte au sens strict : ramassage, enlèvement). Comparer :

> (23) ART. 14 (1) Pentru asigurarea unui grad înalt de valorificare, producătorii de deșeuri și deținătorii de deșeuri sunt obligați să *colecteze separat* cel puțin următoarele *categorii de deșeuri: hârtie, metal, plastic și sticlă*. (2) Operatorii economici care asigură colectarea și transportul deșeurilor prevăzute la alin. (1) au obligația de a asigura *colectarea separată* a deșeurilor prevăzute la alin. (1) și de *a nu amesteca* aceste deșeuri.
> (LEGE Nr. 211 din 15 noiembrie 2011 privind regimul deșeurilor EMITENT: PARLAMENTUL ROMÂNIEI PUBLICATĂ ÎN: MONITORUL OFICIAL NR. 837 din 25 noiembrie 2011, nous soulignons)

---

31 Il est grand temps de rappeler l'analyse terminologique du GDT (synonyme de *tri à la source* : *séparation à la source*).
32 Voir : https://www.legifrance.gouv.fr/affichCodeArticle.do?cidTexte=LEGITEXT 000006070633&idArticle=LEGIARTI000006390384&dateTexte=&categorieLien=cid.

ART. 14. (1) Afin d'assurer un haut degré de valorisation, les producteurs de déchets et les détenteurs de déchets sont obligés à *collecter séparément* pour le moins les *catégories de déchets* ci-après : *papier, métal, plastique et verre*. (2) Les opérateurs économiques qui assurent la collecte et le transport des déchets prévus à l'alinéa (1) sont dans l'obligation d'assurer la *collecte séparée* des déchets prévus à l'alinéa (1) et de *ne pas les mélanger*.
(Loi N° 211 du 15 novembre 2011 portant régime des déchets. Émetteur : Le Parlement de la Roumanie. Publiée dans : le *Moniteur Officiel* N° 837 du 25 novembre 2011, n. tr., n.s.)

Le maire français auquel il est fait référence dans l'exemple (22) est censé fixer les modalités de *collectes sélectives* (le pluriel signalant alors la possibilité de décalage temporel entre collecte de telle ou telle autre catégorie issue de la séparation, mais sans doute non la distinction entre collecte des recyclables et ramassage des ordures sans potentiel de recyclage aucun) opérées par des agents professionnels (éventuellement spécialisés pour une certaine catégorie de déchets). Et le détenteur ou producteur du déchet, dans tout cela ? Il devra pourvoir, lui, à la « présentation » et à la « remise » des déchets aux professionnels de la « collecte ». L'emploi de termes de la série *collecter/ collecte* aussi bien en référence à la « source » du déchet qu'en référence à l'agent – professionnel – de la collecte contribue à la confusion des notions, dans le texte de l'article de loi roumain correspondant.

Par ailleurs, comme déjà précisé dans la note

Le problème, pour le terminologue, lors de l'analyse conceptuelle, est que cette relation entre tri (séparation par catégories) et collecte s'avère ne pas être uniforme dans les faits. Il y a du tri avant la collecte comme il y en a après, et il en va de même de la sélection : une partie des déchets ne se qualifie d'entrée de jeu pas à faire l'objet de la séparation par catégories à potentiel recyclable (cette partie prendra la direction de la poubelle marron – voir exemple (2) supra), et seuls les déchets à potentiel recyclable feront l'objet du tri (séparation par catégories pertinentes : papier, verre, métal notamment).

Le tri et la collecte sont donc des étapes distinctes dans le cycle de vie des déchets : tri sélectif (à la source : ménage ou agent économique ou institutionnel ; opération appliquée aux seuls déchets à potentiel de recyclage, donc seulement à ce qui ne prend pas la direction de la poubelle marron, où sont jetés pêle-mêle les ordures jugées comme irrécupérables, en particulier organiques) ; puis : collecte (elle aussi) sélective (puisque ne concernant que la fraction de déchets préalablement triés, souvent collectés à tour de rôles) et séparative ou : séparée (puisque préservant les catégories issues du tri) ; transport ; enfin, traitement (en centre de traitement, où aura lieu, en général, une nouvelle sélection, suivie de l'élimination – éventuellement, par stockage – des items évalués à la source, comme pourvus de potentiel recyclable, mais en centre, comme après tout inappropriés à cette fin – et qui seront envoyés à la décharge ; sélection suivie aussi d'un nouveau tri de la part de déchets à potentiel recyclable finalement retenue, avec, au bout du parcours, des catégories encore plus homogènes, mieux adaptées au recyclage).

Cette dynamique sélection-élimination/ tri-séparation par catégories est à l'œuvre dans le cas de la collecte aussi, si l'on envisage le couple *collecte sélective séparée* vs *collecte sélective pêle-mêle* : que serait en effet la dernière, sinon la collecte (sans tri ou séparation préalable papier/ verre/ métal/ plastique) des seuls déchets évalués comme ayant du potentiel pour le recyclage, et sélectionnés à cette fin ? Déchets qui seront par la suite triés (séparés par catégories homogènes) *après* leur collecte et transport en centre de tri... :

> (24) [tri post collecte] Dans tous les cas, <u>les produits collectés</u> doivent être regroupés (centres de transfert), puis <u>triés (centres de tri)</u>, puis une <u>nouvelle sélection</u> des matériaux est opérée respectant une qualité minimum satisfaisant aux « prescriptions techniques minimales » (PTM), afin de pouvoir être utilisés par la suite dans des filières de recyclage. [Rapport, site du Sénat de la République Française][33]

4. Hypothèse explicative sémasiologique

Plutôt que de voir dans *tri sélectif* un pléonasme intolérable du type du *krach boursier*, ce qui irait croyons-nous à l'encontre de ce que suggèrent les données d'observation (en particulier, la fréquence du terme et la diversité et la pertinence typologique des attestations, en français contemporain, dans le discours de l'environnement), nous proposerons une solution sémantique du puzzle, une analyse du signifié compositionnel, de la conceptualisation de langue, à la lumière des explications concernant le concept défini par les spécialistes du domaine et par le législateur.

Le terme de *tri sélectif* actualiserait le sens C du verbe *trier* (selon le TLFi), du moins dans le lexique mental/ la langue interne des sujets parlants acceptant cette désignation comme non pléonastique (et qui semble à la fois nombreux et socio-culturellement significatifs, vu l'usage du terme dans des textes officiels, voire réglementaires) : *tri-*« répartition en plusieurs classes, sans rien éliminer » plutôt que *tri*-élimination (<*trier* A) ou que *tri*-sélection (<*trier* B, « retenir, choisir »). Le tri sur-caractérisé de *sélectif* n'impliquant (pour ces sujets parlants du moins) pas d'élimination ni de choix (ou : sélection), le concept de

---

[33] https://www.senat.fr/rap/o98-415/o98-4158.html, nous soulignons.

sélection pourrait (et en fait devrait) faire l'objet d'une désignation distincte (le cas échéant). C'est la *classe fourre-tout*, classe qui est *ce que les autres ne sont pas*, qui rendrait l'opération de classement « sélective », car une partie des entités de l'ensemble initial auront été exceptée d'emblée au classement, ou : déclassées (rôle de la fameuse poubelle marron).

Par contre, en roumain, les trois acceptions de l'étymon français ne sont plus clairement dissociées : DEX 2009 – dont l'entrée est reprise sous (25) – assortit la vedette *a tria* ('trier') d'une définition et de synonymes qui témoignent de cette contamination des acceptions. Trier, ce serait en effet « diviser selon certains critères... en séparant, en choisissant » (où séparation[34] et choix sont posés comme identiques ou pour le moins coextensifs), et les synonymes ajoutés à cette définition lexicographique reprennent et renforcent cette confusion des notions, n'étant pas non plus dissociés sémantiquement ; *trier* à la roumaine est posé comme disant pour l'essentiel la même chose que (le correspondant roumain direct de) *sélectionner*, qui dirait la même chose que (le correspondant roumain direct de) *classer* – à preuve, ces synonymes sont saisis à virgule intermédiaire plutôt que point-virgule, comme on s'attendrait au vu de la polysémie de l'étymon français du verbe *a tria*).

(25) TRIÁ, *triez*, vb. I. Tranz. A împărți un grup de obiecte sau de ființe pe categorii, după anumite criterii, separând, alegând; a selecționa, a clasa. [Pr.: *tri-a*] – Din fr. *trier*
('TRIER, je trie, verbe transitif. Diviser un groupe d'objets ou d'êtres par catégories, selon certains critères, en séparant, en choisissant ; sélectionner, classer [prononciation : tri-a] – du français *trier*')
(DEX 2009)

Les dictionnaires de néologismes (DN86 et MDN08) recensent la seule acception de « choisir, sélectionner » (*trier*-B du français, selon le TLF*i*). Et ce sont des dictionnaires particulièrement attentifs à l'usage...

---

34 Séparation entendue, en roumain, comme fait d'isoler ou d'exclure un élément ou un sous-ensemble, à partir d'un ensemble plus large, plutôt que dans une logique de division sur objectif de catégorisation (distinguer), à l'encontre du français. Le DEX 2009 propose en illustration les expressions idiomatiques littéralement traduites à : 'séparer une branche du tronc' (pour faire un certain usage de la branche, et non : enlever une branche sèche gênant l'arbre, branche que l'on jette sans autre par la suite), et respectivement à : 'séparer les grains de blé (que l'on gardera) d'avec la nielle des blés (à jeter)'. Ce sont là les pièges des langues naturelles employées comme langues de la description lexicographique ou terminographique...

L'acception C du verbe français (« classer »), n'est discriminée en tant que telle que dans un dictionnaire roumain assez peu populaire – et donc peu influent sur l'usage – le NODEX. Selon ce dictionnaire, ce serait là le sens premier du verbe roumain : « répartir en classes ou catégories [définition] ; classer, catégoriser [synonymes] » ; exemple illustratif : *a tria scrisorile* ('trier les lettres') ; le sens de « sélectionner » y est bien dissocié (comme sens second – « séparer un ou plusieurs éléments en le(s) choisissant, en le(s) prélevant sur un ensemble plus grand, selon certains critères » – critères du choix alors plutôt que de la catégorisation). C'est tout bon, seulement l'usage ne suit pas, ainsi que les autres dictionnaires (dont en particulier le DEX) et l'étude de corpus le montrent.

Rien d'étonnant donc à ce que le correspondant interlingual direct de *collecte* s'impose en roumain haut la main, non seulement dans le discours officiel (y compris non juridique et non législatif), mais encore sur les sites de vulgarisation, associatifs ou de communication citoyenne. Une recherche tous azimuts de la séquence *triere selectivă* n'aura abouti qu'à 216 résultats, dont les 20 premiers pertinents pour le domaine du recyclage (mais à 3 documents repris d'un site à l'autre) ; c'étaient surtout des textes traduits du français et/ou des textes de presse en ligne à style assez relâché (ressources peu fiables). Contre plus de 117.000 occurrences pour son concurrent *colectare selectivă* (recherche sur Google, avril 2018), terme dominant, à côté de *colectare separată*, tant dans le discours officiel oral (maire de Bucarest, cité dans la presse en ligne – voir (26)) que dans les textes écrits moins officiels (textes de vulgarisation sur des sites de fournisseurs de services et autres sites de marketing – (27), sites associatifs ou de communication citoyenne – (28)) :

(26) « În ce privește colectarea selectivî, vom acționa în paralel pe două direcții: pe de o parte, educația populației, începând de la copii și terminând cu seniorii, pentru că s-a dovedit că dacă reușim să le inoculăm celor mici ideea de comportament responsabil, ei îi vor influența, în timp, și pe cei mari din jurul lor, iar pe de altă parte să renunțăm la a ne mai baza exclusiv pe spiritul civic al oamenilor și *să-i recompensam pe cei care colectează selectiv* », a spus Firea. Ea a reamintit că Primăria Capitalei va demara, în scurt timp, la propunerea Green Group, un program de colectare selectivă a deșeurilor, care prevede că *în București vor fi instalate, pentru început, 50 de puncte de colectare a deșeurilor*, parte din ele complet automatizate, iar celelalte deservite de operatori, care vor prelua de la cetățeni deșeurile deja sortate, oferind în schimbul acestora *stimulente în numerar sau vouchere de reduceri* la marii retaileri.
(http://www.ziare.com/gabriela-vranceanu-firea/primar-bucuresti/firea-le-promite-bani-celor-care-colecteaza-selectiv-deseurile-sa-renuntam-sa-ne-bazam-exclusiv-pe-spiritul-civic-al-oamenilor-1463108, souligné dans le texte)

« En ce qui concerne la collecte sélective, nous agirons en parallèle sur deux plans : d'une part, l'éducation de la population, à commencer par les enfants et en terminant par les seigneurs, puisqu'il a été prouvé que si nous réussissons à inoculer aux petits l'idée de comportement responsable, ils vont exercer une influence sur les adultes dans leur entourage, et de l'autre, renoncer à compter uniquement sur l'esprit civique des gens, et *récompensons ceux qui font de la collecte sélective* », a déclaré Firea [l'actuel maire de Bucarest]. Elle a rappelé que la Mairie de la Capitale allait bientôt démarrer, à l'initiative de Green Group, un programme de collecte sélective des déchets, qui prévoyait l'installation, à Bucarest, pour commencer, de 50 *points de collecte des déchets*, tant automatisés que desservis par des opérateurs humains qui allaient reprendre de la part des citoyens des déchets déjà triés ('sortés'), en leur offrant en échange *de l'argent ou des coupons* [dans le texte : vouchers] *de réduction auprès des marchands au détail*. (n. tr.)

(27) **Best Multipet** este o companie românească dedicată **recuperării** și **valorificării** materialelor **reciclabile** (hârtie/carton, PET, PE, PP și aluminiu).
Iata, pe scurt, procesul tehnologic:
Colectare → Sortare → Depozitare → Procesare → Produse obținute → Unde se folosesc acestea
(http://www.bestmultipet.ro/servicii/colectare-selectiva-deseuri/ [sans diacritiques roumains dans le texte])

Best Multipet est une compagnie roumaine dédiée à la récupération et revalorisation des matériaux recyclables (papier, carton, PET, PPE, PP et alluminium)
Voila, en bref, le processus technologique:
Collecte → Tri → Entreposage → Traitement → Produits obtenus → Où [« à quoi »] ils sont employés (n. tr.)

(28) Află totul despre colectarea separată.
Urmărește cei patru pași pentru o colectare separată corectă: 1. IDENTIFICĂ (identifica deșeurile de ambalaje din locuința ta!) 2. PRESEAZĂ (presează deșeurile de ambalaje din plastic și metal sau cartoanele, ca să economisești spațiul!) 3. DEPOZITEAZĂ (depozitează deșeurile reciclabile SEPARAT de gunoiul menajer!) 4. DEPUNE (depune deșeurile colectate separat în containerele galben, vede și albastru!)
(http://www.colecteazaselectiv.ro/colectare-separata/)

Apprends tout sur la collecte séparée.
Suis les quatre pas suivants pour une collecte séparée correcte : 1. IDENTIFIE (identifie les déchets d'emballages de/ dès ta maison !) 2. PRESSE (presse les déchets d'emballages en plastique et en métal ou les cartons, afin d'économiser l'espace !) 3. ENTREPOSE (entrepose les déchets recyclables SÉPARÉMENT des ordures ménagères !) 4. DEPOSE (dépose les déchets collectés séparément dans les conteneurs jaune, vert et bleu !) (n. tr.)

Le terme français de *tri sélectif* devrait être rendu, systématiquement, par traduction indirecte (en modulation agentive : l'agent du tri – personne physique ou entreprise sources des déchets – n'étant typiquement pas l'agent de la collecte – entreprise ou institution chargée d'assurer, ultimement, leur traitement, sur objectif de recyclage ou, alternativement, de réduction). Les quelques calques attestés (que nous évoquerons ici sans illustrer, par déformation de formateur de traducteurs sans doute) ne représentent en tout cas pas, eux, une option à privilégier.

La question d'une équivalence terminologique (vs de traduction) français-roumain reste, elle, entière. Du moins tant que les statistiques des attestations restent ce qu'elles sont aujourd'hui.

Références sélectives

Alline, Frédéric (1998) – *Les Faux amis de l'anglais*, Paris : Belin.

Albrecht, David[35] ; Hocquard, Hervé[36] ; Papin, Philippe[37] (2010) – *Les acteurs publics locaux au cœur du développement urbain vietnamien*, Focales 05, Paris : Association Française de Développement (AFD), https://www.afd.fr/sites/afd/files/imported-files/05-Focales.pdf [AFD 2010].

Berbinski, Sonia (2012) – « Antonymie et langages de spécialité », Langage(s) et Traduction (Sonia Berbinski, Dan Dobre, Anca Velicu, éds), București : Editura Universității din București, p. 63-78.

Cabré, Maria Teresa (1998) – *La Terminologie. Théorie, méthode et applications*, Ottawa : Les Presses de l'Université d'Ottawa (original catalan 1992, version espagnole 1993). Traduit du catalan, adapté et mis à jour par Monique C. Cornier et John Humbley.

Coteanu, Ion (acad.), Seche, Luiza ; Seche, Mircea (coord., 2009) – *Dicționar explicativ al limbii române*, Academia Română, Institutul de lingvistică « Iorgu Iordan », București : Univers Enciclopedic Gold.

Dépecker, Loïc (2003) – *Entre signe et concept. Éléments de terminologie générale*, Paris : Presses Sorbonne Nouvelle.

Directive 2008/98/CE du Parlement européen et du Conseil du 19 novembre 2008 relative aux déchets et abrogeant certaines directives, ELI: http://data.europa.eu/eli/dir/2008/98/oj (dernière consultation le 7 novembre 2017).

Directiva 2008/98/CE a Parlamentului European și a Consiliului din 19 noiembrie 2008 privind deșeurile și de abrogare a anumitor directive, http://eur-lex.europa.

---

35 Consultant, CARO.
36 Chef de mission, CARO.
37 Professeur, École pratique des hautes études.

eu/legal-content/RO/TXT/HTML/?uri=CELEX:32008L0098&from=FR (dernière consultation le 7 novembre 2017).

Fill, Alwin ; Mühlhäusler, Peter (eds, 2001) – *The Ecolinguistic Reader. Language, Ecology and Environment*, London and New York: Continuum.

Fishman, Joshua A. (1973) – « *The Ecology of Language: Essays by Einar Haugen* (…). Reviewed by JOSHUA A. FISHMAN, Yeshiva University and Hebrew University », *AMERICAN ANTHROPOLOGIST* [75, 1973], p. 1078–1080, https://anthrosource.onlinelibrary.wiley.com/doi/full/10.1525/aa.1973.75.4.02a01140 (déchargé le 2 novembre 2017).

Gouadec, Daniel (1994) – *Terminoguide n°1 : données & informations terminologiques & terminographiques. Nature & valeurs*, Paris : La Maison du dictionnaire, p. 19–21 ; 73.

Haugen, Einar Ingvald (1971) – « The Ecology of language », *The Linguistic Reporter* 13, 1, p. 19–26.

Haugen, Einar Ingvald (1972) – « The Ecology of Language », *The Ecology of Language: Essays by Einar Haugen*, Stanford: Stanford University Press (Éditeur Anwar S. Dil), p. 325–339.

Haugen, Einar (2001) – « The Ecology of Language », *The Ecolinguistic Reader. Language, Ecology, Environment* (Fill, Alwin & Mühlhäusler, Peter eds), London and New York: Continuum, p. 57–66.

Hausman Franz Josef ; Blumenthal, Peter (2006) – « Présentation : collocations, corpus, dictionnaires », *Langue française*, N°150, 2006, p. 3–13.

doi : 10.3406/lfr.2006.6850.

url : /web/revues/home/prescript/article/lfr_0023-8368_2006_num_150_2_6850. Consulté le 25 octobre 2017.

Karsch, Barbara Inge (2015) – « Terminology work and crowdsourcing. Coming to terms with the crowd », 291–303, in: Kockaert, Hendrik J. & Frieda Steurs (eds), *Handbook of terminology*, Amsterdam: John Benjamins Publishing Company.

Lechevrel, Nadège (2008) – « L'écolinguistique: une discipline émergente? », *RÉLQ/QSJL*, Vol III, No 1, Automne/Fall 2008, p. 16–38.

Lechevrel, Nadège (2009) – « The intertwined histories of ecolonguistics and ecological approaches of language(s) », *Historical and theoretical aspects of a research paradigm. Symposium of Ecolinguistics-Ecology of Science*, University of Southern Denmark, Odense, Institute of Communication, June 11–12, 2006, <halshs-00413983>.

*** (2011) – Lege Nr. 211 din 15 noiembrie 2011 privind regimul deșeurilor EMITENT: PARLAMENTUL ROMÂNIEI PUBLICATĂ ÎN: MONITORUL

OFICIAL NR. 837 din 25 noiembrie 2011, http://www.mmediu.ro/beta/wp-content/uploads/2012/05/2012-05-17_LEGE_211_2011.pdf.

*** (1976) – « Loi n° 75–633 du 15 juillet 1975 relative à l'élimination des déchets et à la récupération des matériaux (J.O., 16-7-1975) », *Revue Juridique de l'Environnement*, n°3–4, 1976, Travaux du premier Congrès de la SFDE (Strasbourg, les 6, 7 et 8 mai 1975), p. 104–109, https://www.persee.fr/doc/rjenv_0397-0299_1976_num_1_3_1105.

Marcu, Florin; Maneca, Constant (1986) – *Dicționar de neologisme*, București : Editura Academiei [DN 86].

Marcu, Florin (2008) – *Marele dicționar de neologisme*, București : Saeculum Vizual [MDN08].

Oprea, Ioan et al. (2002) – *Noul dicționar explicativ al limbii române*, București-Chișinău: Litera Internațional.

Polguère, Alain (1959/ 2008) – *Lexicologie et sémantique lexicale. Notions fondamentales*, 2ᵉ édition, Montréal : Les Presses de l'Université de Montréal.

Sahiri, Léandre (2013) – *Le Bon usage de la répétition dans l'expression écrite et orale*, Saint Denis : Mon petit éditeur.

Steffensen, Sune Vork & Fill, Alwin (2014) – « Ecolinguistics: the state of the art and future horizon », *Language Sciences* 41 (*The Ecologie of language and science*, Special Issue), p. 6–25.

Christine MARTINEZ

Institut de Linguistique Appliquée

Université de Varsovie

L'écologie urbaine est-elle si transparente/ interprétable qu'elle le semble ?

Abstract: Ecology is a very current domain that presents many lexical creations, which is why it seems necessary to analyze these lexical units to avoid confusion. We would like to present some collocations around « sustainable city » as well as the profile of these lexical expressions used daily in the French media. A discursive approach to some collocations (Sablayrolles 2000, 2011; Sablayrolles & Mejri, 2011; Tutin & Grossmann, 2002; Tutin, 2005) gives us a better understanding of these new terms. It is by observing the course in context of the neologisms of the ecological domain that we can seize the contributions of semes; some have an administrative / official origin, others appear « vulgarly » in the media. We will try to explain what happens « in and through the media » (Moirand, 2007: 4; 157) for the lexicon called « ecological ».

Keywords: *collocation, context, linguistic evolution, media, seme*

1. Introduction

Tout a commencé lorsque nous avons noté une différence sémantique et pragmatique en voyant la suite *espace vert* dans un quotidien en ligne, avec une acception distincte de celle à laquelle nous étions habituée (exemple (2) ci-après). En effet, comme pour tout Français, un *espace vert* est pour nous aussi, par défaut, un jardin ou un espace public végétalisé, tels des parcs publics, squares ou parcs urbains, entres autres (exemple (1)). Or, l'*espace vert* émergeant du contexte (2) n'était pas (ou : plus exactement) cela. Cet extrait mettait en exergue un champ sémantique divergent – écologique. Pour mieux saisir les différences, nous proposons d'emblée les deux extraits :

(1) Buttes Chaumont
En matière d'*espaces verts* et de panoramas, on trouve difficilement mieux que cet immense parc napoléonien, perché sur les hauteurs du nord parisien[1].

---

1 Exemple tiré du site *Sortir à Paris* : www.timeout.fr/, le 3 novembre 2014.

> (2) Pomponnettes, fraisier, ficus, houx… : ce vendredi, à l'heure du déjeuner, l'*espace vert* entre le théâtre et le musée des Beaux-Arts de Dunkerque, qui vient d'être décapé pour laisser la place au marché, a subitement retrouvé un peu de chlorophylle. Pas pour un quelconque troc aux plantes : à l'appel d'EELV (Europe Écologie Les Verts), quelques militants, sympathisants et amis de la nature y ont recréé « un jardin durable et néanmoins éphémère »[2].

En (1) le syntagme *espaces verts* apparaît dans un contexte classique, puisqu'il s'agit des Buttes Chaumont, un *parc* – « espace public végétalisé » donc ; en outre, chacun sait que les Buttes Chaumont est un parc de la ville de Paris. L'exemple (2) se différencie du précédent, comme nous venons de le signaler, par le champ sémantique : *EELV (Europe Écologie Les Verts)* – l'actuel parti écologiste français), *militants, sympathisants et amis de la nature* (définition presque parfaite des écologistes), et *jardin durable* (adjectif *durable* signalant l'apparition d'un sème écologique, venu se greffer au substantif *jardin*). Cette hésitation nous a incitée à nous pencher sur l'opacité sémantico-pragmatique de telles séquences, afin d'éliminer les ambiguïtés sémantiques *in situ*.

2. De l'apparition d'une collocation en discours au terme (ou vice-versa)

Au début, *développement durable* fut un terme juridico-administratif qui est passé à un emploi général très présent dans le discours sur l'environnement et dans le discours politique. La notion de développement durable est entrée en usage avant d'avoir été acceptée par l'Académie française et avant de faire l'objet d'une définition dictionnairique. Le terme apparaît en 1980, une définition en est proposée par la Commission mondiale sur l'environnement et le développement en 1987, dans le rapport de Brundtland[3] :

> (3) Le genre humain a parfaitement les moyens d'assumer un développement durable, de répondre aux besoins du présent sans compromettre la possibilité pour les générations à venir de satisfaire les leurs. (*Rapport Brundtland. Avant-propos*, § I. 3.)

Précisons que Brundtland est le nom donné au rapport officiel publié par la Commission des Nations Unies sur le l'Environnement et le Développement (*World Commission on Environment and Development, WCED*), rapport portant

---

2 Exemple tiré du quotidien en ligne, *La voix du Nord* : www.lavoixdunord.fr, le 31 novembre 2014.
3 Rapport de 349 pages, consultable en ligne sur le site gouvernemental : http://www.diplomatie.gouv.fr/fr/sites/odyssee-developpement-durable/files/5/rapport_brundtland.pdf, consulté le 10 mars 2017.

le nom de sa présidente, Gro Harlem Brundtland, et est intitulé *Notre avenir à tous* (*Our Common Future*). Le caractère gras du terme *officiel* sied parfaitement au contexte administratif puisque la collocation[4] a été créée pour répondre à un besoin administratif, pour nommer une nouvelle problématique qui est apparue lors de constats sur le « mauvais état »[5] de l'environnement. L'apparition de la notion désignée en français par le terme de *développement durable* entraîne la création, en France, en 2002, du ministère de l'Écologie et du Développement durable qui vient se greffer au ministère déjà existant de l'Environnement qui datait, lui, depuis 1971. Mais c'est seulement le 18 mai 2007 que le ministère de l'Écologie, du Développement durable et de l'Énergie[6] voit le jour. Il est résultat de la fusion du ministère de l'Écologie et de l'Équipement, fusion décidée par le président de la République française, de l'époque, Nicolas Sarkozy, après qu'il se soit engagé, envers Nicolas Hulot[7], à respecter le *pacte écologique*[8].

L'Académie française offre une seule occurrence de *développement durable*, à l'occasion du discours prononcé lors de la remise des *Grands prix des fondations de l'Institut de France* et elle date du 11 juin 2008 – la voici :

(4) Aux institutions froides que l'État moderne a créées pour relayer la charité privée succèdent des notions neuves au vocabulaire encore mal fixé : le *développement*

---

4   Pour affirmer que nos expressions lexicalisées sont des collocations, nous nous sommes basée sur les recherches d'Agnès Tutin et Francis Grossmann qui déclarent qu'une collocation est « une cooccurrence lexicale privilégiée de deux éléments linguistiques entretenant une relation syntaxique », et insistent sur le fait que certains mots « tendent à apparaître ensemble » (2002 : 7-8).
5   Nous nous permettons de guillemèter ce syntagme pour en souligner le caractère ironique, sachant que l'environnement est en réel danger, causé par le réchauffement climatique.
6   Qui, actuellement, est le ministère de la Transition écologique et solidaire.
7   Nicolas Hulot est journaliste-reporter, animateur-producteur de télévision (émissions Ushuaïa), écrivain français mais surtout est connu en tant que militant écologiste. Il est engagé dans la protection de l'environnement et sensibilise le grand public à l'écologie. Il a créé en 1990 la Fondation Ushuaïa, qui devient la Fondation Nicolas Hulot en 1995, puis la Fondation pour la nature et pour l'homme en 2011. Candidat aux élections présidentielles de 2012, il est battu par Eva Joly. Il est Depuis le 17 mai 2017, il est ministre de la Transition écologique et solidaire. Pour plus de détails, consulter le site de la fondation de Nicolas Hulot : http://www.fondation-nicolas-hulot.org/.
8   Il s'agit d'une charte environnementale établie par la Fondation Nicolas Hulot, pour mettre au jour le problème de la destruction de notre planète. L'objectif du *pacte écologique* est de placer les *enjeux écologiques* et climatiques au cœur de la politique.

durable, l'investissement responsable ou solidaire, le mécénat social, le filtre éthique. Mais il faut aussi introduire la notion, très ancienne et très moderne, du don, et c'est pourquoi je parlerais plus volontiers du retour de la philanthropie.

Notons que c'est l'unique occurrence comportant la collocation *développement durable* et depuis 2008 aucune mis à jour n'a été effectuée ni aucun complément n'a été ajouté par l'Académie française.

La définition de la notion de développement durable est née grâce à un assemblage ; or, le terme de *développement durable*, avant même d'être une entrée, que nous nommerons indécise, est attesté dès le 22 mai 1991, dans le discours de politique générale[9] du premier ministre français Édith Cresson.

> (5) La question de l'environnement est vitale : les grands risques planétaires – effet de serre, réduction de la couche d'ozone, déforestation – doivent être impérativement maîtrisés. Dans notre pays, la qualité de l'eau, le traitement efficace des déchets, la préservation de notre nature et de nos paysages sont les conditions nécessaires d'un *développement durable*[10].

Ensuite, l'accroissement de l'occurrence du terme de *développement durable* est notable, tout comme la création de sites Internet consacrés à cette notion. Divers dictionnaires et/ou sites spécialisés ou non proposent leurs définitions du concept, tel le portail www.verdura.fr (expert du sujet) selon qui

> (6) le *développement durable* a pour vocation de réconcilier l'homme, la nature et l'économie, à long terme et à une échelle mondiale. La finalité du développement durable est d'assurer le bien-être de tous êtres humains qui vivent aujourd'hui et vivront demain sur la Terre, en harmonie avec l'environnement dans lequel ils évoluent[11].

Dès l'ouverture du site, l'objectif est spécifié : informer et sensibiliser « tous les citoyens, professionnels, scolaires, … », aux enjeux du *développement durable* ; puis www.verdura.fr explique que

> (7) le *développement durable* est un atout majeur et incontournable de la vision et du fonctionnement de la société : il permet d'envisager un modèle de société démocratique, viable à long terme, qui saurait réconcilier activité économique performante, développement humain, protection et préservation des ressources naturelles[12].

---

9 Discours disponible en ligne sur Le Figaro.fr : http://www.lefigaro.fr/politique/le-scan/2014/04/08/25001-20140408ARTFIG00081-en-1991-le-discours-de-politique-generale-d-edith-cresson.php, consulté le 27 juin 2017.
10 Extrait tiré du quotidien *Le Figaro* en ligne : www.lefigaro.fr/, le 12 avril 2016.
11 Définition publiée sur le site dans la partie *Encyclopédie*, consulté le 28 novembre 2016.
12 *Ibidem*.

Il conseille et informe ses lecteurs depuis 2008, de nombreux articles y sont consultables, et rien que sur ce site, il y a 837 occurrences du terme de *développement durable* entre juin 2014 et novembre 2017. Le site du ministère de la Transition écologique et solidaire présente 1381 résultats pour la même période. Les variations notables du nombre d'occurrences sont dues à la spécialisation du premier site et au type du second, c'est-à-dire officiel/administratif – pour ce cas-ci gouvernemental.

Le site http://www.notre-planete.info/, consacré à la planète et l'environnement[13], conjointement avec le site gouvernemental *France terme*[14] de la République française[15], nous permet d'affirmer que *développement durable* fait partie des termes qui sont

> recommandés par la Commission générale de terminologie et de néologie. À ce titre, ils sont publiés au Journal officiel de la République française ; ils ne sont d'usage obligatoire que dans les administrations et les établissements de l'État, mais ils peuvent servir de référence, en particulier pour les traducteurs et les rédacteurs techniques.

Ce terme est entré au Journal officiel le 12 avril 2009.

Le langage administratif est cependant restreint, les médias sont beaucoup plus créatifs. Nous pouvons le constater ne serait-ce qu'avec la croissance des entrées au Journal officiel ; en vingt mois, il y a eu un apport de seize termes officiels, quel est donc le nombre de créations non officielles ? Il est impossible de répondre à cette question, d'ailleurs Danielle Corbin (1987 : 40) a dit qu'« […] il est vain de vouloir dater l'apparition d'un mot […]. Ce que l'on peut dater, c'est son actualisation discursive, ce n'est pas son entrée dans la langue ». Nous pouvons donc affirmer qu'il est vain de vouloir compter les créations, ce qui compte pour nous c'est la *référence actuelle* du mot (puis terme) comme le disaient Mortureux (2011 : 10, 115), Moeschler et Auchlin (2014 : 187).

2.1. Quelques propositions de références actuelles

La référence actuelle – le sens précis dans un discours donné, se différencie de la référence virtuelle – la signification dans la langue (selon les linguistes précités).

---

13 Site, actif depuis 2001, qui affirme être *le 1er média web indépendant en environnement, écologie, nature, sciences de la Terre et développement durable*.
14 Consultable sur <URL> : http://www.culturecommunication.gouv.fr/.
15 Ce dernier propose un *Vocabulaire du développement durable* consultable en ligne, réalisé à l'occasion de la COP 21 (novembre-décembre 2015), http://www.culture-communication.gouv.fr/content/download/128033/1401513/version/1/file/Vocabulaire-dév%20durable_enligne.pdf, consulté le 29 octobre 2017.

Notre paradigme *développement durable* présente trois visées distinctes dans trois discours distincts : écologique (8), médiatique (9) et économique (10).

(8) Le *développement durable* est une expression dont la définition la plus explicite demeure notre capacité à satisfaire nos besoins présents sans compromettre ceux des générations futures, ceci à l'échelle planétaire bien évidemment[16].

(9) Le *développement durable* est avant tout destiné à faire durer le développement. Et qu'est-ce que le développement, dans son acception courante ? C'est l'idée que la croissance matérielle est la base essentielle du progrès de l'humanité vers plus de bien-être ; avec pour corollaire le concept de « trickle down », à savoir que la croissance de la production matérielle est, de facto, profitable à plus ou moins long terme à toute la population[17].

(10) Le *développement durable*, pour les entreprises, consiste à pérenniser leur métier tout en produisant mieux, c'est-à-dire en conciliant performance économique, respect de l'environnement et des individus[18].

Nous constatons que l'expression lexicalisée est non seulement usitée dans des contextes divergents, mais qu'elle est aussi, à présent, adressée à des lecteurs hétéroclites : la vulgarisation est claire, les visées aussi. La référence actuelle diverge de la référence virtuelle que nous avons vue *supra*, néanmoins, un trait commun persiste : la durée, qui émerge des contextes grâce à : *générations*, *long terme* et *pérenniser*.

Notre étude sera illustrée d'un corpus médiatique de collocations en prise directe sur la forme et/ou le contenu du terme de *développement durable*.

3. La fausse simplicité de *ville durable*

Dès l'acceptation et la diffusion du terme de *développement durable* par le public et les médias, les collocations avec l'adjectif *durable* proliféreront à qui mieux mieux. Notre corpus se restreint aux collocations dont la cooccurrence est la plus haute, et dont certaines vont s'avérer être des alliances néologiques d'une notion générale, par exemple : *ville durable*, qui englobe un champ sémantique renfermant d'autres néologismes comme *urbanisme durable*, *cité durable*, *territoire durable*, *quartier durable* ou *mobilité durable*, *transport durable*.

Les acceptions de ces néologismes dépendent du contexte dans lequel l'interlocuteur va les rencontrer, *de facto*, du discours dans lequel ils se situent.

---

16 Extrait tiré de www.notre-planete.info, le 12 avril 2016, qui reprend (presque *verbatim*) le passage, devenu viral, du Rapport Brundtland.
17 Extrait tiré de www.agrobiosciences.org/?sommaire, le 12 avril 2016.
18 Extrait tiré de www.sequovia.com/, le 4 juin 2016.

Lors de l'analyse de nos collocations, nous nous sommes rendu compte que différents aspects se dévoilaient ; la signification de la base prenait en effet une nouvelle dimension, souvent imprédictible *a priori*[19], à la faveur du collocatif et du contexte plus large.

3.1. Les quasi-synonymes de ville durable en usage

Le nombre de créations lexicales avec *durable* est en constante progression ; avec les expressions composées nom + adjectif *durable*, une terminologie nouvelle se présente. Les termes témoignent de l'usage, par conséquent, chaque création génère des néologismes inédits et originaux.

Voici quelques expressions quasi synonymiques autour de *ville durable* :

- *aménagement urbain*
- *durabilité urbaine*
- *éco-cité* ou *écocité* ou *éco Cité* ou *écoCité*
- *réinvention urbaine*
- *ville intelligente*
- *ville verte*

Illustrons l'apport spécifique du collocatif et précisons pourquoi *ville durable* ou *ville verte* sont les séquences les plus répandues :

Création lexicale	Base	Collocatif	Référence actuelle	Nouveau sème apporté par le collocatif
ville durable	ville	*durable*	ville aménagée et gérée selon des objectifs et des pratiques de **développement durable** qui appellent l'engagement de l'ensemble de ses habitants	– trait temporel
ville écologique	ville	*écologique*	la ville *écologique* doit **réduire** son **empreinte écologique** et donc de ne pas entraver le maintien de la biodiversité. Les carburants des transports en commun doivent avoir un **faible impact sur l'environnement**.	– réduction des impacts sur l'environnement

---

19 C'est-à-dire à partir de la seule référence virtuelle (ou : signification lexicale) de cette base, en-deçà de la collocation en cause.

Création lexicale	Base	Collocatif	Référence actuelle	Nouveau sème apporté par le collocatif
ville intelligente	ville	*intelligent*	une ville **intelligente** est une ville **novatrice** qui utilise les technologies de l'information et de la communication et d'autres moyens pour **améliorer** la qualité de vie, l'efficacité de la gestion urbaine et des services urbains ainsi que la compétitivité tout en **respectant** les besoins des générations actuelles et futures dans les domaines économique, social et de l'environnement[20]	– trait humain – innovation – trait méliloratif – respect

Les collocatifs différencient les trois collocations, cependant, entre *ville durable* et *ville intelligente* – à la faveur du sème commun [+respect] (inhérent de la définition du développement durable) – il subsiste une relation de jonction sémantique, avec une possible inclusion de traits (Apresjan, 1980 : 297–300). Les traits : [+humain] – inhérent à l'adjectif *intelligent*, [+innovation] (*novatrice*), [+méliloratif] (*améliorer*), parachèvent en revanche l'exclusion de *ville intelligente* par rapport à *ville durable* et à *ville écologique*. *Ville durable* est le terme administratif, *durable* est l'hyperonyme des autres collocatifs, car il englobe toute l'idéologie *écologique*, mais il n'est pas celui qui circule le plus, *ville verte* a un impact plus important sur le destinataire, comme nous l'avons vu sur les sites des villes et capitales.

Ajoutons que pendant nos recherches nous avons remarqué que l'adjectif *intelligent* remplaçait de plus en plus l'adjectif *vert*, surtout dans le milieu urbain : nous retrouvons ainsi une *ville intelligente*[21], collocation officiellement inexistante. En novembre 2012, le Ministère de l'Écologie et du Développement durable et de l'Énergie (actuellement ministère de la Transition écologique et solidaire) affirme en effet qu'

---

20 Tiré du site : https://itunews.itu.int/fr/5383-Quest-ce-quune-ville-intelligente-et-durable.note.aspx, consulté le 28 février 2016.
21 Qui n'est rien d'autre que la traduction française de l'expression anglaise *smart city*.

(11) *il n'existe pas*, aujourd'hui, *de ville intelligente* (« smart city ») à proprement parler. Cela dit, l'introduction des TIC dans la ville ouvre la voie à de nouvelles fonctionnalités, de nouvelles manières de gérer, de gouverner et de vivre la ville qui façonneront les villes de demain.

Or, la création circule dans les médias. Par ailleurs, en avril 2014, à peine deux ans plus tard, le même ministère déclarera qu'

(12) alors que des projets commencent à émerger en France, soutenus notamment par les programmes des investissements d'avenir, la Commission européenne a décidé de faire de la thématique « *villes* et communautés *intelligentes* » (smart cities and communities) une de ses priorités en matière de recherche et d'innovation[22].

3.1.1. Au fait, c'est quoi exactement une ville intelligente ?

Pour qu'une *ville* soit *intelligente*, il faut qu'elle associe les TIC (technologies de l'information et de la communication) et la protection de l'environnement, le fameux *développement durable*. Illustrons avec la page officielle du grand groupe leader de l'énergie Schneider Electric qui déclare, sous l'intitulé « La smart city : la ville devient intelligente », qu'

(13) [a]ujourd'hui, seulement 2% de la surface de la terre sont occupés par les villes. Or, d'ici 2050, elles accueilleront 70% de la population mondiale et seront à l'origine de 80% des émissions de CO_2. [...]
Dans un tel contexte, un nouveau concept émerge progressivement : celui des « smart cities ». Des villes modernes, capables de mettre en œuvre des infrastructures (d'eau, électricité, gaz, transports, services d'urgence, services publics, bâtiments, etc.) communicantes et durables pour améliorer le confort des citoyens, être plus efficaces, tout en se développant dans le respect de l'environnement[23] ;

et souligne la portée des caractères du respect de l'environnement et de la durabilité des infrastructures. La *référence actuelle* de la collocation comporte des sèmes nouveaux, ajoutés à l'adjectif *intelligent* (dont nous connaissons la *référence virtuelle*[24]), en l'occurrence les sèmes de l'écologie, de la durabilité, du respect de l'environnement.

---

22 Pour plus de détails voir http://www.developpement-durable.gouv.fr/spip.php?page=search&recherche=ville+intelligente, consulté le 22 septembre 2016.
23 Tiré du site de Schneider Electric : https://www.schneider-electric.fr/sites/france/fr/solutions-ts/enjeux-de-l-energie/Smart-City.page, consulté le 4 juin 2016.
24 *Qui a la faculté de connaître et comprendre* [...], tiré du Robert (2015 : 1350) ; dans la même définition, une collocation avec *intelligent* est signalée : *Téléphone intelligent*, cependant l'acception (de l'adjectif *intelligent*) que cette collocation est censée illustrer est : « possède des moyens propres de traitement et une certaine autonomie de

3.1.2. Ville verte ou écocité ?

Malgré son manque d'officialisation, la séquence *ville verte* est largement employée ; le terme enregistré au Journal officiel depuis février 2012 est *écocité*, dont la définition est

> (14) [v]ille aménagée et gérée selon des objectifs et des pratiques de développement durable qui appellent l'engagement de l'ensemble de ses habitants[25].

Selon le ministère de la Transition écologique et solidaire[26],

> (15) [l']['] enjeu des *EcoCités*[27] est de soutenir la croissance et l'attractivité des villes, de les rendre plus respectueuses de leur milieu, moins consommatrices d'énergie ou d'espace périurbain, tout en répondant aux attentes de leurs habitants actuels et futurs. Plus globalement, la démarche s'inscrit dans la lutte contre l'artificialisation des sols, la pollution de l'air et le réchauffement climatique.

Le premier passage cité est une définition typiquement dictionnairique, le second s, une explication. La définition relève de la *référence virtuelle* alors que l'explication relève de la *référence actuelle*, celle qui dépend du discours. La référence actuelle de *écocité* est préhensible sur les pages des villes qui souhaitent démontrer leurs engagements écologiques[28] :

> (16) *ÉcoCité du Grand Lyon* : signature de la convention locale du programme « Ville de demain » en octobre 2013
> Le lundi 28 octobre 2013, le Grand Lyon, la Région Rhône-Alpes, la Caisse des dépôts Rhône-Alpes, la SPL Lyon Confluence et Grand Lyon Habitat ont signé la convention locale « Ville de demain » qui fixe le cadre financier de l'apport du programme Investissements d'avenir au projet ÉcoCité du Grand Lyon.
> Par cette convention, l'État apporte son soutien financier à 10 projets innovants pour un montant total de 3,8 millions d'euros.
> Le programme investissement d'avenir et le projet *ÉcoCité du Grand Lyon*

---

fonctionnement en rapport au système informatique auquel il est connecté » ; aucun sème donc, en relation avec l'environnement ou l'écologie.

25 *Vocabulaire du développement durable*, disponible en ligne, http://www.culture-communication.gouv.fr/content/download/128033/1401513/version/1/file/Vocabulaire-dév%20durable_enligne.pdf, consulté le 22 janvier 2016.
26 Tiré du site gouvernemental du ministère de la Transition écologique et solidaire, le 22 janvier 2016.
27 Noter la variabilité orthographique. De fait on rencontre *écocité* (terme formé par accolement) *éco-cité* (à trait d'union) et *EcoCité* qui est vraisemblablement une « marque déposée » de l'Administration française.
28 Nous proposons uniquement la page Internet de Lyon, cependant Grenoble, Paris, Montpellier, Strasbourg (entre autres) ont des *programmes écologiques* semblables.

En 2012, le projet *EcoCité du Grand Lyon* est retenu dans le cadre du programme d'Investissements d'avenir « Ville de demain », qui demandait à la fois de démontrer la démarche stratégique durable de l'agglomération et de proposer, sur un périmètre précis, des projets innovants, démonstrateurs et exemplaires de la ville de demain.

Pour la ville de Lyon, la référence actuelle est liée à la *signature de la convention locale « Ville de demain »*, à l'*obtention d'un soutien financier*, et au *projet local*. Une référence actuelle commune entre le contexte lyonnais et celui du ministère de la Transition écologique et solidaire, qui est le *soutien* de l'*attractivité* de la/des ville/s ; en effet, le ministère explique en quoi consiste le fait d'être une *écocité*, en quelque sorte comment obtenir le label *écocité*.

3.2. Autour de *mobilité durable*

Avec cette collocation nous rencontrons le même phénomène que pour *ville durable* ; effectivement, *mobilité durable* génère de nouvelles créations lexicales telles que :

- transport durable
- transport vert, transport plus vert
- *Vélib'* qui a plus ou moins son équivalent polonais *Veturilo*[29]
- *Autolib'* qui est un système de voitures électriques en libre-service sur le modèle du *Vélib'*[30]
- voiture électrique
- voiture hybride

ou encore :

- sécurité durable
- promenade verte.

Vélib' est un mot valise, issu de l'amalgame de *vélo* et *liberté* ; il a été créé, en juillet 2007, pour favoriser les *transports durables/écologiques* à l'époque dits (modes de) transports alternatifs. En effet, vu le nombre croissant de voitures circulant à Paris (ce qui entraîne un taux de pollution important), le gouvernement avait

---

[29] Pour plus d'informations voir le site officiel du *Vélib'* : http://www.velib.paris/, consulté le 25 janvier 2016.
[30] Tout récent système (2011) de partage de voiture électrique au sein de la ville de Paris et son agglomération qui serait moins polluant que les voitures dites ordinaires car électriques. Système basé sur l'autopartage ou co-voiturage qui se développe peu à peu. Pour plus de détails voir le site officiel de l'*Autolib'* : https://www.autolib.eu/fr/, consulté le 25 janvier 2016.

décidé de s'inspirer de Copenhague qui a été l'initiateur du système *Bycykler København* (en 1990), et créa les *Vélib'*. Son succès a encouragé de nombreuses villes françaises et européennes à le suivre, à Lyon il y a le *Vélo'v*, le *Cristolib* à Créteil, le *Bicing* à Barcelone, les *Veturilo* à Varsovie, entre autres.

L'ambiguïté et l'absence de transparence du paradigme *sécurité durable* nécessite une explication. Le trait écologique de la collocation se situe dans l'assemblage de la base nominale *sécurité* et du collocatif-adjectif *durable* ; dans ce cas-ci, le sème écologique vient se greffer au lexème *sécurité*, car il s'agit d'utiliser des matériaux moins nuisibles pour l'environnement afin d'assurer la sécurité des citadins, et par exemple, construire des dos d'âne[31] plutôt que des feux de signalisation dont la consommation d'énergie est permanente.

L'usage et la circulation, dans la presse, des expressions néologiques avec l'adjectif *durable* sont la preuve de ce que ces créations lexicales/ collocations ont été acceptées et sont présentes au quotidien. D'ailleurs, le syntagme *mobilité durable* est publié dans le Journal officiel : il y est entré en décembre 2013 et son acception est de « [r]ecours à des modes de déplacement compatibles avec les objectifs du développement durable »[32].

3.3. *Propre*, quasi-synonyme d'*écologique* ?

Le modèle syntaxique reste identique, toutefois, le collocatif choisi est *propre*. Celui-ci est souvent associé à son sens premier, c.-à-d., « qui n'est pas sale ». Les collocations dont la *référence actuelle* ou signifié discursif comporte un sème venant se greffer à l'adjectif *propre* – c.-à-d. « écologique, qui ne pollue pas l'environnement, ne cause pas de déchets supplémentaires endommageant durablement l'environnement »[33] –, sont rares. Le cas échéant, le contexte jouera un rôle important dans l'interprétation de ces collocations et notamment dans l'émergence du trait sémantique [+écologique] et dans son accessibilité (ou : transparence). Quelques exemples attestés dans le discours des médias :

---

31 Un dos d'âne est un ralentisseur destiné à faire ralentir la vitesse des automobilistes, installé aux endroits accidentogènes, autrefois appelé gendarme couché, ce terme étant aujourd'hui désuet.
32 Tiré du *Vocabulaire du développement durable* en ligne http://www.culturecommunication.gouv.fr/, consulté le 25 octobre 2016.
33 D'après le dictionnaire de cooccurrences *Antidote 8*, version 5.1, [Logiciel], Montréal, Druide informatique, 2015.

(17) Ville propre
« Big Apple » est devenue aujourd'hui l'une des mégapoles les plus « propres » des États-Unis[34].

(18) Énergie propre
véhicule à énergie propre (hybride ou électrique)[35].

(19) Véhicule propre
Une pastille verte pour les véhicules propres[36].

(20) Transport propre
…choix des matériaux de construction, augmentation du nombre de repas végétariens, fourniture d'électricité 100% renouvelable, flotte de transport propre – permettent, sur le papier, de faire baisser la facture climatique…[37]

(21) Mobile propre[38]

Le dernier syntagme a attiré notre attention, *Mobile propre* étant le titre d'un article du Figaro qui vantait les propriétés des *Fairphones* ; soulignons que dans l'article en question, le syntagme *mobile propre* n'est pas repris, tandis que l'appellation *Fairphone/s* (nom de marque) l'est (à profusion)[39] ; la combinaison lexicale n'a, peut-être, pas encore remporté le succès voulu, vu que son taux d'occurrence reste insignifiant au niveau des médias en ligne. Les autres collocations de la série sont en revanche plus souvent attestées dans les médias, même si l'instabilité de l'expression est, quelquefois, certifiée par les guillemets.

4. En guise de conclusion

En décortiquant les créations lexicales-collocations *in situ*, nous avons vu que les nouveaux sèmes qui venaient se greffer sur le collocatif et/ou sur la base engendraient de nouvelles significations de la collocation prise comme un tout.

---

34 Exemple tiré du quotidien suisse Le Temps en ligne : www.letemps.ch, le 7 décembre 2009.
35 Exemple tiré du quotidien Le Nouvel Observateur en ligne : www.tempsreel.nouvelobs.com, 25 avril 2013.
36 Exemple tiré du quotidien Le Figaro en ligne : www.lefigaro.fr, 4 février 2015.
37 Exemple tiré du quotidien Le Monde en ligne : www.lemonde.fr, 17 août 2017.
38 Exemple tiré du quotidien Le Figaro en ligne : www.lefigaro.fr, 30 novembre 2015.
39 Plus intéressant encore, ainsi que nous l'a fait remarquer Anca-Marina Velicu, cette collocation semble propre au français, puisqu'en anglais on ne retrouve pas de *clean smartphone* (avec le sens écologique voulu, mais seulement au sens propre : *clean smartphone screen* par exemple), et que d'ailleurs, le calque de l'appellation *Fairphone* aurait plutôt donné « téléphone équitable ».

Nous avons noté qu'au fur et à mesure de sa circulation sur le Web et des manipulations journalistiques, une même collocation pouvait changer de signifié compositionnel, à l'exemple de *espaces verts*. La manipulation se fait par le choix du discours que le journaliste-énonciateur épouse. Il opte pour une stratégie discursive suivant la visée qu'il souhaite atteindre et selon le destinataire ciblé.

Nous avons vu que certaines de ces créations étaient devenues officielles, à l'exemple d'*écocité*, ou de *mobilité durable* mais à l'encontre de *ville durable*. Nous avons établi que l'attestation itérée d'une collocation dans et par les médias était une preuve de son admission dans le lexique des usagers, et que le contexte concourait à une meilleure appréhension et interprétabilité, tandis que l'absence de champ sémantique entraînait une opacification.

L'actualisation du référent par *habitus discursif* s'imposait. Le trait [+écologique] émerge du signifié compositionnel et du contexte, cependant, un décalage entre signifiant et signifié demande une rapide analyse par le lecteur, le locuteur et/ou l'interlocuteur ; Jean-François Sablayrolles (1993 : 225) nomme ce cas de figure la *semi-motivation* : étant donné la richesse du signifié, le signifiant devient *producteur de sens*. Par conséquent, l'avantage de telles créations lexicales (dans le domaine écologique) est qu'elles offrent un éventail de « prêt-à-parler ».

Pour finir, nous aimerions ajouter que le chemin effectué par nos collocations nous aura servi à démontrer que « l'usage a toujours raison, même quand il a tort » comme le prône Jean-René Klein (2006 : 673), et que certaines collocations tendent vers la terminologie, et d'autres vers la vulgarisation.

Références

Auchlin, Antoine et Moeschler, Jacques (2014) – *Introduction à la linguistique contemporaine*, Paris : Armand Colin.

Apresjan, Jurij D. (1980) – *Semantyka leksykalna. Synonimiczne środki języka*, Wrocław: Ossoliński.

Corbin, Danielle (1987) – *Morphologie dérivationnelle et structuration du lexique*, Tübingen : Linguistische Arbeiten.

Klein, Jean-René (2006) – « Quelques réflexions sur la dynamique lexicale du français au début du XXIe siècle », *Langues et littératures modernes – Moderne taal en litterkunde*, Belgique : Éditions Revue belge de philologie et d'histoire, p. 673–685.

Mejri, Salah et Sablayrolles, Jean-François (2011) – « Présentation : Néologie, nouveau modèles théoriques et NTIC », *Langages* 3/183, *La néologie*, Paris : Éditions Armand Colin, p. 3–9.

Moirand, Sophie (2007) – *Les discours de la presse quotidienne, observer, analyser, comprendre*, Paris : PUF.

Mortureux, Marie-Françoise (2011) – *La lexicologie, entre langue et discours*, 2e édition, Paris : coll. Armand Colin.

Sablayrolles, Jean-François (1993) – « La double motivation de certains néologismes », *Faits de langues* 1, Le Mans : Éditions Peter Lang, p. 223–226.

Sablayrolles, Jean-François (2000) – *La néologie en français contemporain. Examen du concept et analyse de productions néologiques récentes*, Paris : Honoré Champion.

Sablayrolles, Jean-François (2011) – « De la néologie syntaxique à la néologie combinatoire », *Langages* 3/183, *La néologie*, Paris : Armand Colin p. 39–50.

Tutin, Agnès et Grossmann, Francis (2002) – « Collocations régulières et irrégulières : esquisse de typologie du phénomène collocatif », *Revue française de linguistique appliquée*, VII/1, Paris : Éditions Publications linguistiques, p. 7–25.

Tutin, Agnès (2005) – « Le dictionnaire de collocations est-il indispensable ? », *Revue française de linguistique appliquée*, X/2, Paris : Éditions Publications linguistiques, p. 31–48.

Maria LEO

Università di Bari, Italie Lablex

L'étymologie du formant *éco* et son expansion dans le domaine environnemental

Abstract: The Greek Language has left a print within the French idiom through a lot of affix-like roots, which support the creation of neologisms. Among the neologisms, the formant « eco » is nowadays widely used in the environmental field, in order to specify an ecological feature. This paper deals with words born from this affix, by emphasizing simultaneously, through a diachronic and synchronous analysis, that the new environmental terms have enriched the old meaning with new ones. The aim of this article is, therefore, to demonstrate how the first ecology meaning has changed, while absorbing new ones like, for example, that of « sustainable development ».

Keywords : *éco, économie, écologie, écodéveloppement, développement durable*

Appelée, à juste titre, « l'école du genre humain », la Grèce a excellé dans tous les domaines : art, éloquence, histoire, poésie, philosophie, science, etc. ; en effet, « [t]out ce qui nous vient des Grecs rappelle la mémoire d'un peuple distingué par son génie, (…) devenu le modèle et le bienfaiteur des autres nations » (Morin et d'Ansse de Villoison 1809 : vii). Le français et bien d'autres langues vivantes ont conservé « à l'imitation de celle des Romains, quantité de mots grecs » (Morin et d'Ansse de Villoison 1809 : IX) à tel point qu'il est possible d'affirmer que « les langues de tous les peuples civilisés sont atteintes par le grec » (Darmesteter 1877 : 274). Le grec ancien est une langue morte, et pourtant le « vocabulaire venu du grec » (Cellard 1998 : 6) ne cesse d'accroître dans la langue française, notamment par le biais de certains préfixes récurrents. Arsène Darmesteter (1877 : 234–235) met l'accent sur ce phénomène en soulignant : « [t]antôt on prend simplement des mots grecs qu'on habille à la française, […] [t]antôt de radicaux grecs […] on tire des dérivés nouveaux à l'aide de suffixes. Tantôt enfin on combine des mots grecs, suivant les principes de la composition grecque ».

La langue française renferme environ quatre cents racines grecques, et plus de deux mille mots français « sont issus de ces racines » (Cellard 1998 : 6). Ces éléments de formation sont porteurs de sens et « de réalités historiques : ils conservent, inscrits dans leur forme et leurs signifiés, l'histoire des contacts entre peuples et civilisations, et l'évolution des techniques et des modes de pensée » (Biville 1985 : 5).

Parmi ces racines grecques notre attention est retenue ici par le formant *éco-*. En fait, depuis une bonne trentaine d'années, on rencontre une pléthore de mots commençant par cet élément de composition savante, qui tous se rattachent (ultimement) à une étymologie commune, à savoir au vocable grec ancien *oikos*, signifiant 'maison'.

Le morphème *éco-*, utilisé comme quasi-préfixe (ou : préfixoïde) dans le lexique spécialisé et aussi, de plus en plus, dans le lexique courant, annonce généralement le caractère économique ou bien écologique d'une chose désignée par le terme-base (souvent un mot français susceptible d'usage autonome) ; toutefois, ce sens tend à s'éclipser quand ce quasi-préfixe s'adjoint à des lexèmes ayant eux-mêmes déjà trait à la notion de « protection de l'environnement ».

Le sens actuel du formant susmentionné s'éloigne alors peu à peu de son étymologie. Notre propos est d'examiner la signification des termes composés avec *éco-* pour étudier l'expansion de ce morphème en français contemporain. Alors même que le formant *éco-* donne naissance à des termes afférant à des champs très différents, nous n'approfondirons ici que l'analyse de termes qui concernent l'environnement. Après avoir donné une définition étymologique de l'élément de composition *éco-*, nous examinerons les termes qui s'adjoignent à ce quasi-préfixe, pour voir si le lien entre les deux éléments est aussi évident dans tous les cas de figure.

C'est surtout l'*étymologie* de ces termes – dont la plupart sont des néologismes – qui retiendra notre attention, dans la mesure où elle permet un meilleur éclairage de leur sens profond (« vrai sens ») et donc aussi de leur sens actuel ; du reste, le mot même d'*étymologie* (dans son acception première, en tant que désignation d'une science, la science étudiant l'origine des mots[1]) vient du grec *etumologia,* de *etumos* signifiant « vrai », et de *loggia* au sens de « discours ».

Notre corpus d'analyse est constitué de dix termes appartenant au domaine de l'environnement et repérés dans *Le Petit Robert* en ligne. Leur étude est menée à partir d'une enquête sur leur formation et leur signification actuelle (approche à la fois diachronique et synchronique). Il sera possible ainsi de réfléchir sur la productivité du morphème *éco-* et sur le sens qu'il acquiert dans les différentes combinaisons.

---

1 Le terme d'*étymologie* dans notre phrase correspond, lui, au sens second (dérivé) de l'entrée lexicale polysémique, et désigne directement l'origine ou : les rapports de filiation faisant l'objet d'étude de cette science.

L'étymologie du formant éco et son expansion dans le domaine environnemental 63

1. Étymon d'*éco*/*éco*- comme étymon

En guise d'introduction à l'analyse étymologique de cet élément de composition, nous citerons la définition[2] qu'en propose Alain Rey (2006 : 703) dans son *Dictionnaire historique de la langue française* :

> ÉCO – est un élément tiré du grec *oikos* « maison, habitat », mot très important du groupe indoeuropéen, à rapprocher du latin *vicus* « bourg », « quartier » (→ vicaire, voisin), ou du sanskrit *vis-pati-* « clan ». Ces mots s'appliquaient à l'origine, dans les langues indoeuropéennes, à des clans regroupant plusieurs familles.
> *Éco-* entre dans la formation de substantifs avec les sens de « maison, choses domestiques », ou, plus souvent, avec celui de « milieu naturel, habitat », d'après *écologie*.

La définition met en relief l'importance de cet élément provenu du groupe indoeuropéen et en rapproche deux mots latin et sanskrit désignant respectivement une location (« bourg » ou « quartier ») et un groupe social (« clan »).

Du grec ancien *oikos*, au sens de « maison », cet élément désigne d'abord l'endroit où l'on habite, puis la maison commune à tout le clan, signifiant ensuite l'ensemble des familles. Il faut aussi tenir compte de la portée des branches de la descendance sémantique de l'*oikos* qui envisagent la « maison » comme un « habitat » et les « choses domestiques » comme une dimension du « milieu naturel ».

Cet étymon grec est à la fois à l'origine des mots *économie* et *écologie* – ces deux grandes sciences dont le but était d'organiser, d'entretenir, de construire et de rebâtir. À ce propos, Jacques Cellard (1998: 31) explique que la relation entre *économie* et *écologie* est très étroite puisque les deux termes indiquent des rapports sociaux en relation avec la nature, plus précisément avec l'ensemble des systèmes vivants.

> ÉCO, *oikos*, « maison au sens large » ; à l'origine, maison commune à tout le clan, puis « ensemble des familles ». D'où *économe*, « celui qui règle sagement les dépenses de la maison », d'où *économie-1*, *économique*, *économiser*, *économat* et (appareil) *économiseur*. Par extension, *économie-2*, « ensemble des transactions marchandes d'un pays etc. », d'où *économiste*, *économétrie*, etc. Également, *écologie* (ensemble des moyens qui rendent la maison-terre habitable), d'où *écologique*, *écologiste*. De même, avec une autre extension, *œcuménique* (ou *écuménique*). Du gr. *métoikos*, « celui qui a changé de pays », […] *métèque*.

L'origine hellénique du quasi-préfixe *éco* renvoie avant tout au sens de « maison », puis, par extension, le formant héritera le sens des composés dont il participe, en particulier (et dans l'ordre) *économie* et *écologie*. Ces termes-ci sont de fait des

---

2   Nous entendons par là, évidemment : *définition étymologique* (en prise directe sur le signifié), et non définition du concept (au sens de la terminologie classique).

emprunts, et non des formes nouvelles, n'ayant pas été créées par composition savante sur le terrain du français : selon le TLFi[3], le premier est (du moins dans son acception initiale) un emprunt au grec ancien directement (ce fut donc en grec ancien que le mot composé *oikonomia* aura été créé, à partir du nom *oikos*, « maison » et du verbe *nemo*, signifiant « distribuer, gérer, administrer » – voir Mirón Pérez 2004 pour étymologie du grec *oikonomia*), le second est en revanche un emprunt à l'allemand moderne (où aura opéré la composition savante Öko- < gr. *oikos+ logie* < gr. *logia*). Nous y reviendrons sous § 2 infra.

À partir de ce couple de syllabes, les termes se sont multipliés, surtout ceux renvoyant à une signification écologique – termes qui, d'un point de vue strictement linguistique (étymologique), envisagent l'environnement sous l'aspect d'un habitat commun, étant donné que la Terre est considérée comme une maison à préserver et à protéger. De ce fait, le formant *éco-* assume le sens de « qui a le moins d'effets négatifs possibles sur l'environnement ». De plus, depuis peu de temps, un autre concept apparaît, à savoir celui « qui s'inscrit dans une perspective de développement durable ».

Par conséquent, on pourrait affirmer que ce formant d'origine grecque soit lui-même un *métèque*, une particule qui quitte sa « maison » d'origine (c'est bien le cas de le dire !), et émigre dans plusieurs autres domaines. L'analogie avec *économie* est à l'œuvre dans le composé savant *écologie* (enfin, dans son étymon allemand), l'analogie avec *écologie*, dans toute la série de termes relatifs à l'environnement (dont les dix termes de notre corpus – voir § 4. infra).

Avant de commencer l'étude de notre corpus, il semble opportun de débuter par une analyse du terme d'*écologie* et de l'expression *développement durable* – auxquels se rapportent (thématiquement sinon du point de vue formel) tous les termes que nous étudierons dans les pages qui suivent.

2. Le terme d'*écologie*

Ce mot a été forgé en 1866 par le zoologiste et biologiste allemand Ernst Haeckel. *Écologie*, qui « représente un emprunt à l'allemand *Ökologie* » (A. Rey 2006: 1172), est composé à partir de deux formants grecs, *éco* (qui correspond au nom *oikos* signifiant « maison » et par extension à l'« habitat ») et *logie* (correspondant au nom *logos* qui signifie « discours, parole, science »). Ce terme est entré dans la langue française par « l'intermédiaire de l'anglais *œcology* » (A. Rey 2006: 1172), puis *ecology,* et restera « enfin en français sous la forme *écologie* en 1916 »

---

3   Trésor de la langue française informatisé.

(Rémi-Giraud et Panier 2003 : 215). Pour élargir notre discours sur l'origine du terme, il convient de citer la définition du concept désigné, telle que présentée par le naturaliste Ernst Haeckel : « Par *œkologie* nous entendons la totalité de la science des relations de l'organisme avec son environnement, comprenant au sens large toutes les conditions d'existence » (Deléage 1991: 8). D'après son étymologie et d'après la définition du concept désigné, nous saisissons que le terme *écologie* implique que chaque être vivant est en relation continue et durable avec tout ce qui forme son environnement. Au sens premier, ce mot désigne une science qui étudie les conditions d'existence et les comportements des êtres vivants en fonction de l'équilibre biologique, et, par conséquent, l'étude scientifique des relations entre les êtres vivants et le milieu naturel où ils vivent. Toutefois, ce sens initial tend à s'évaporer car différents concepts s'y adjoignent, au gré des contextes, dont notamment : la défense de la nature et de la protection des espèces, l'attention aux ressources naturelles, la lutte contre la pollution, et tant d'autres encore, comme par exemple la création d'un courant politique chargé de veiller sur la planète, etc.

Ce qu'il faut surtout rappeler, c'est que la productivité du formant *éco-*, dans le champ lexical de l'environnement procède, en français contemporain, par analogie avec le terme (emprunté tel quel, lui) d'*écologie*.

3. Le concept et le paradigme du « développement durable »

L'expression *développement durable* apparaît pour la première fois en 1980 – dans un texte intitulé *Stratégie mondiale de la conservation. La conservation des ressources vivantes au service du développement durable*[4] – et jouit par la suite d'une forte implantation grâce notamment à la Commission mondiale pour l'environnement et le développement (CMED) en 1987. En fait, c'est le Premier ministre norvégien Mme Gro Harlem Brundtland, qui définit le concept de *développement durable* comme « un développement qui répond aux besoins du présent sans compromettre la capacité des générations futures à répondre aux leurs »[5].

Cette expression, qui est la traduction française de l'expression anglaise *sustainable development*, est désignée aussi par les locutions *développement soutenable* ou *développement viable*.

---

4   Pour de plus amples informations, voir PNUE, UICN, WWF 1980.
5   Voir sur le site du Ministère de l'Écologie, de l'Énergie, du Développement durable et de l'Aménagement du territoire, le chapitre 2 de *La commission mondiale sur l'environnement et le développement* intitulé « Notre avenir à tous » (1988).

Le concept de développement durable provient de la notion d'« écodéveloppement », mais il a supplanté rapidement autant la notion que le terme d'*écodéveloppement* pour servir de base à la construction d'une économie politique plus respectueuse à la fois de l'environnement et des cultures.

La notion d'écodéveloppement, qui se voulait au départ une stratégie de développement rural dans le Tiers Monde (Sachs 1978 : 16) visant à rechercher un équilibre entre le développement et l'environnement – incluait « toutes les dimensions du développement » – « objectifs sociaux et économiques » et « gestion écologiquement prudente des ressources et du milieu », ses trois ingrédients majeurs étant en pratique « l'autonomie locale, la satisfaction des besoins essentiels, le respect de la nature » (Prades ; Tessier ; Vaillancourt 1991 : 57).

Le concept de « développement durable », communément perçu comme un processus de développement qui concilie l'écologique, l'économique et le social, se fonde à son tour sur les trois axes que sont le développement économiquement efficace, socialement équitable et écologiquement soutenable (ou : viable). « L'aspect plus politique » du concept d'écodéveloppement est en revanche plus ou moins abandonné (le côté « besoins et autonomie locale » – Prades ; Tessier ; Vaillancourt 1991 : 58).

Bien que le terme de *développement durable* ait l'air d'être « moins écologique » que celui d'*écodéveloppement*, il recouvre pour l'essentiel la même option dont il rend encore plus saillante la dimension sociale (tout en en effaçant les facettes « plus politique[s] »).

À ce propos Ignacy Sachs en présente une définition exhaustive :

> Les cinq dimensions de la durabilité ou de l'écodéveloppement sont : la dimension sociale (autre croissance, autre vision de la société), économique (meilleure répartition et gestion des ressources, plus grande efficacité), écologique (minimiser les atteintes aux systèmes naturels), spatiale (équilibre ville-campagne, aménagement du territoire), culturelle (pluralité des solutions locales qui respectent la continuité culturelle)[6].

Le *développement durable* est par conséquent une notion qui entretient un lien entre l'économie, le social, la protection de l'environnement invitant à ne pas compromettre le développement des générations futures. Néanmoins, il faut noter que ce syntagme (formé du nom *développement* et de l'adjectif *durable*) revêt un sens différent pour un biologiste, pour un écologiste ou pour un économiste.

---

6 Définition proposée par Ignacy Sachs, tirée de : *Extrait du Site de l'Association Adéquations,* consultable à la page : http://www.adequations.org/IMG/article_PDF/article_a569.pdf.

Le mot *développement*, qui date du xive siècle et qui se répand du xviie au xviiie siècle, provient du verbe *développer* et prend le sens général « d'amélioration », de « progrès de la civilisation » indiquant subséquemment « une croissance, une progression, un essor ». Par exemple, un économiste entend le terme « développement » au sens de « croissance, extension », en revanche pour un biologiste, la notion de *développement* est perçue au sens de « naissance, maturation et mort ».

On en déduit que le concept de « développement » n'est pas étranger en soi à l'idée de « temps », ni donc de « durée » et de « durabilité », puisque tout *développement* réel pourrait être entendu comme étant par hypothèse durable : « le développement n'en est un que pour autant qu'il se poursuit » (Micoud 2003 : 132, nous soulignons). D'où – selon André Micoud, toujours – une lecture tautologique du terme de *développement durable*.

L'adjectif *durable*, qui date de 1050 et dérive du verbe *durer*, souligne à l'inverse la notion de temps, à savoir – dans le contexte de la lexie complexe à l'étude – l'idée d'une amélioration constante, sur le long terme, du bien-être et de la qualité de vie de tous. Toutefois, il est intéressant de souligner qu'Alain Rey, à ce propos précise que les mots qui finissent en -*able* (tel que *durable*) expriment une simple possibilité[7], une chose qui se laisse simplement envisager.

D'autre part, la notion de durabilité implique aussi l'idée de cessation – qui dérive des contraintes physiques naturelles des choses, dont la vie des êtres humains (destinée à disparaître un jour).

Dans cette logique, l'expression de *développement durable* constituerait un oxymore obligeant « à considérer que le mot *développement* est un antonyme de celui de *durable* (ce qui se développe entraîne mutation, métamorphose et changement » (Micoud 2003 :132), tandis que l'idée de durée – ou plutôt l'idée d'aptitude à durer, de possibilité de la durée – est à entendre à la fois dans une logique de pérennisation d'un état donné (absence de changement donc), et dans une perspective de cessation (arrêt du développement).

Cette analyse nous permet de remarquer que le concept de développement durable n'englobe pas vraiment le sens locatif spatial de l'étymon grec du formant *éco-* ni la dimension purement environnementale acquise par ce formant par analogie avec le composé savant *écologie* (emprunté, comme nous l'avons vu, à l'allemand).

---

7   Cf : Pour de plus amples informations, consulter la page du site de France-Inter du 16 juin 2004 : http://www.radiofrance.fr/chaines.

4. Les dix composés à l'étude

Nous procéderons dans ce qui suit à l'analyse des dix termes sélectionnés en suivant l'ordre alphabétique.

écoemballage : ce mot est entré dans la langue française en 1992, il est formé de *éco* et d'*emballage* faisant référence au concept d'« emballage » et à celui de « respect de l'environnement ». Il s'agit donc d'un terme qui désigne un emballage recyclable, en matériau biodégradable qui préserve l'habitat et « dont le recyclage s'inscrit dans le respect de l'environnement » (Le Petit Robert en ligne, sous l'entrée *écoemballage*).

écogeste : formé de *éco* et de *geste,* ce terme, attesté depuis 2001, déploie le sens de « geste simple de la vie quotidienne qui contribue à la protection de l'environnement et à la réduction de la pollution » (Le Petit Robert en ligne, sous l'entrée *geste*). Son sens est largement redevable du mot *geste* qui désigne une action, un acte ou un comportement que l'on effectue quotidiennement ; s'y ajoute l'idée que cette action ou ce comportement peuvent se révéler d'une très grande importance pour protéger l'environnement et diminuer l'empreinte écologique (apport spécifique du formant *éco-*). Il s'agit donc d'une action qui prend en considération les valeurs du développement durable, à savoir la protection de l'environnement, le principe de responsabilité, etc.

écohabitat : ce terme a vu le jour en 1979 au Canada. Composé de *éco* et de *habitat,* il a pour sens « type d'habitat dans lequel le choix des matériaux et les méthodes de construction respectent l'environnement » (Le Petit Robert en ligne, sous l'entrée *écohabitat*). Dénommé aussi *habitat écologique*, il désigne un habitat respectueux de l'environnement et des principes du développement durable (à savoir la possibilité d'unir l'économie, l'environnement et le social). Il s'agit donc d'un terme qui renvoie en même temps au concept de « développement durable » et à celui de « diminution des effets négatifs sur l'environnement ».

éco-industrie : attesté en français depuis 1989, ce nom désigne une « [i]ndustrie produisant des biens et des services pour la protection de l'environnement » (Le Petit Robert en ligne, sous l'entrée *éco-industrie*) et pour la dépollution. Ce terme, né en raison de l'importance accordée au développement durable au sein de nos sociétés, est donc employé pour désigner des entreprises qui proposent des technologies et des produits innovants, peu nuisibles à l'environnement.

écolabel : ce terme, qui date de 1990, est composé du formant *éco* et du nom *label* pour désigner un produit qui n'est pas nuisible à l'environnement, tout en garantissant la qualité de ce produit et ses caractéristiques écologiques. En fait, ce dernier sens dérive du nom *label* (étiquette) qui désigne une marque « garanti[ssan]t l'origine ou la qualité d'un produit » (Le Petit Robert en ligne, sous l'entrée *label*). En conséquence, un écolabel est un label (une étiquette) de qualité d'un produit ayant un impact mineur sur l'environnement.

écoproduit : daté depuis 1989, au sens de « produit qui entraîne moins de nuisances à l'environnement durant son cycle de vie (production, consommation et élimination) que d'autres produits similaires » (Le Petit Robert en ligne, sous l'entrée *écoproduit*). Bien que ce terme soit formé du quasi-préfixe *éco* et du nom *produit* il ne se réfère pas à un produit écologique mais à un produit qui génère moins d'impact sur l'environnement. Un *écoproduit* est par conséquent un produit plus respectueux de l'environnement par rapport à un produit standard.

écoquartier (éco-quartier) : ce terme est attesté depuis 2002 ; il associe le substantif « quartier » au quasi-préfixe « éco » en tant qu'abréviation de l'adjectif « écologique », prenant ainsi le sens d'un *quartier* construit selon les règles d'une architecture et d'un urbanisme durable. Synonyme de *quartier durable*, ce terme, amplement utilisé par les professionnels de l'urbanisme et par les médias, désigne une partie ou section d'une ville ou un ensemble de bâtiments « qui intègre les exigences du développement durable, en ce qui concerne notamment l'énergie, l'environnement, la vie sociale » (Le Petit Robert en ligne, sous l'entrée *écoquartier*). Parfois orthographié avec un trait d'union selon une graphie impropre, ce mot a été promu par le ministère français de l'Écologie du Développement durable et de l'Énergie (MEDDE) pour dénommer un projet d'aménagement urbain dont le but est d'intégrer des objectifs dits « de développement durable ». Ce terme désigne donc la réalisation d'un quartier urbain qui a pour finalité de proposer des logements ayant un cadre de vie de qualité tout en limitant son empreinte écologique. Cette zone doit non seulement remplir des objectifs économiques et sociaux mais elle doit également répondre à des critères de performance environnementale tels que le développement des transports en communs non polluants, et le développement des pistes cyclables, le recyclage des déchets, etc.

En conséquence, le concept d'écoquartier est intégré autant à celui de la ville durable, au sens de ville écologique (alimentée par des énergies alternatives et renouvelables, comme l'éolien ou le photovoltaïque) mais aussi au sens d'une ville qui a moins d'effets négatifs sur l'environnement. C'est pourquoi l'étymon *éco* prend ici autant le sens de « ce qui s'inscrit dans une perspective de développement durable » que le sens de « ce qui a moins d'effets négatifs sur l'environnement ».

écoresponsable : cet adjectif est issu de l'élément de composition *éco-* et du nom *responsable* et sa première attestation remonte à 1995. Il désigne quelqu'un « qui fait preuve de responsabilité à l'égard de l'environnement » (Le Petit Robert en ligne, sous la voix, *écoresponsable*). En fait, le mot *responsable* indique un individu « raisonnable, réfléchi, sérieux, qui mesure les conséquences de ses actes » (Le Petit Robert en ligne, sous l'entrée *responsable*) ; associé au formant *éco-* il prendra le sens de « personne qui s'efforce de respecter et de préserver le plus possible la nature et l'environnement ».

écotaxe : le mot est attesté en 1992 avec le sens de « taxe fiscale appliquée à certains produits, services ou activités portant atteinte à l'environnement » (Le Petit Robert en ligne, sous l'entrée *écotaxe*). Ce terme composé de *éco* et de *taxe* désigne une charge financière écologique, un droit monétaire prélevé par une collectivité locale sur l'utilisation de l'environnement.

écotourisme : attesté en 1992, avec le sens de « [t]ourisme centré sur la découverte de la nature, pratiqué dans le respect de l'environnement et de la culture locale » (Le Petit Robert en ligne, sous la voix, *écotourisme*), le nom provient de *éco* et *tourisme* et désigne un tourisme écologique qui a comme objectif principal de faire découvrir la nature, tout en respectant les écosystèmes. Toutefois ce concept, créé en 1980 par des biologistes au Costa Rica ainsi que par des institutions internationales telles que WWF en charge de la protection de la biodiversité dans la mouvance du développement durable[8], met l'accent sur la conservation de la biodiversité et sur l'idée de protéger la nature en utilisant les revenus du tourisme. Structurellement parlant, ce terme complexe allie la notion de tourisme (soit : « [l]e fait de voyager, de parcourir pour son plaisir un lieu autre que celui où l'on vit habituellement » – Le Petit Robert en ligne, sous l'entrée *tourisme*) à celle de *nature*, prenant ainsi le sens de « tourisme respectueux de la protection de l'environnement » ; dans cette optique, la motivation primordiale du tourisme est de contempler et d'apprécier le contact avec la nature et les cultures dans des endroits peu pollués. D'une manière générale, l'écotourisme est fondé sur la compréhension du développement durable et le respect de l'environnement ; c'est ainsi que l'on peut affirmer que l'écotouriste est une personne responsable qui ne dégrade pas l'écosystème qu'il visite. En conclusion, le sens du terme *écotourisme* englobe une composante d'éducation à la protection du milieu naturel, le terme désignant une manière différente de voyager, dans un souci de respect de l'habitat.

---

8   Pour de plus amples informations, consulter le volume I et II de Miller (1978).

5. Conclusion

La civilisation helléniste a laissé son empreinte dans la langue française par le biais de formants afférents à champs lexicaux différents. En particulier, nous avons accordé de l'importance au quasi-préfixe *éco* – un élément de composition privilégié pour beaucoup de termes relatifs au champ lexical de l'environnement.

Notre étude a mis en relief d'une part l'extension sémantique de ce morphème, sous l'influence des composés dont il participe – de « domestique », dans *économie* (« bonne gestion domestique »), à « environnement(al) » dans *écologie* (« science des relations d'un organisme avec son environnement »), et à « écologique, respectueux de l'environnement, de la nature », dans *écodéveloppement* ; d'autre part, elle a pour le moins illustré (sans prétention d'exhaustivité) la dynamique d'expansion du formant *éco-* dans le vocabulaire français contemporain de l'environnement (la création d'un nombre important de lexies en *éco-*, par analogie avec le terme d'*écologie* lui-même).

Notre recherche a été conduite à travers un petit corpus de dix termes repérés dans Le Petit Robert en ligne. Ces termes ont été analysés diachroniquement et synchroniquement et nous avons démontré qu'ils prennent à la fois le sens de « développement durable » et de « ayant moins d'effets négatifs sur l'environnement ».

Nous reportons dans le tableau ci-dessous les termes qui ont un sens de « développement durable » et ceux ayant un sens de « moins d'effets négatifs sur l'environnement ».

Terme français	Signifié du formant éco : « développement durable »	Signifié du formant éco : « moins d'effets négatifs sur l'environnement »
écoemballage		X
écogeste		X
écohabitat	X	X
éco-industrie		X
écolabel		X
écoproduit		X
écoquartier	X	X
écoresponsable		X
écotaxe		X
écotourisme		X

On peut remarquer que tous les termes prennent le sens de ce qui a « moins d'effets négatifs sur l'environnement » à l'exception des deux termes *écohabitat* et *écoquartier*, qui désignent des notions englobant les deux concepts.

Par ailleurs, certains des termes à l'étude, tel que *écogeste*, englobent aussi des valeurs du terme de *développement durable* qui ne sont pas spécifiées dans le dictionnaire.

Ces réflexions laissent percevoir que les dictionnaires ne donnent pas une vision exhaustive des termes ni des concepts que ceux-ci désignent. En outre, les termes que nous venons de voir ne sont pas indexés pour un certain domaine. Or, nous souhaiterions que les entrées que comprend un dictionnaire général puissent faire aussi l'objet de recherches à proprement parler terminologiques – ce qui ne saurait se faire en l'absence de la marque de domaine, qui seule permet d'identifier une classe d'emploi d'un mot donné, en tant que réservée à un domaine de spécialité, et donc, d'identifier un usage terminologique du mot en question.

Nous concluons avec les mots de Georges Gougenheim (2008 : I) qui affirme que les mots sont des « fenêtres ouvertes sur les cultures et sur l'histoire, au-delà du passionnant artisanat du dictionnaire ».

Références

Biville, Frédérique (1985) – « Les éléments grecs du vocabulaire français », *L'Information Grammaticale* 24, Louvain : Peeters, p. 3–8.

Cellard, Jacques (1998) – *Les racines grecques du vocabulaire français*, Bruxelles : Duculot.

Darmesteter, Arsène (1877) – *De la création actuelle de mots nouveaux dans la langue française et des lois qui la régissent*, Paris : F. Vieweg.

Deléage, Jean-Paul (1991) – *Histoire de l'écologie une science de l'homme et de la nature*, Paris : La Découverte.

Micoud, André (2003) – « Prendre en compte le temps du vivant », *Développement durable et participation publique : de la contestation* (Gendron, Corinne ; Vaillancourt, Jean-Guy, éds), Québec : Presses de l'Université de Montréal, 129–139.

Gougenheim, Georges (2008) – *Les mots français dans l'histoire et dans la vie*, Paris : Omnibus.

Miller, Kenton (1978) – « Planning national Parks for Ecodevolpment: Cases and methods from Latin America », vol. I et II, *School of Natural Resources, Center for Strategic Wildland Management Studies*, Michigan : Université de Michigan.

Mirón Pérez, María Dolores (2004) – « *Oikos y oikonomia*: el análisis de las unidades domésticas de producción y reproducción en el estudio de la economía antigua », *Gerión*, 2004, 22, núm. 1, 61–79.

Moreau, Martin (2013) – *Dictionnaire du vocabulaire savant de la langue française*, Paris : Publibook.

Morin, Jean Baptiste (1803) – *Dictionnaire étymologique des mots François dérivés du grec, et usités principalement dans les sciences, les lettres et les arts*, Paris : Imprimerie de Crapelet.

Morin, Jean Baptiste ; D'Ansse de Villoison, Jean Baptiste Gaspard (1809) – *Dictionnaire étymologique des mots François dérivés du grec*, Paris : Imprimerie Impériale.

PNUE, UICN, WWF (1980) – *Stratégie mondiale de la conservation. La conservation des ressources vivantes au service du développement durable*, Suisse : Gland.

Prades, José A. ; Tessier, Robert ; Vaillancourt, Jean-Guy (1991) – *Environnement et développement : questions éthiques et problèmes socio-politiques*, Québec : Fides.

Rémi-Giraud, Sylvianne ; Panier, Louis (2013) – *La polysémie ou l'empire des sens : lexique, discours, représentations*, Lyon : Pul.

Rey, Alain, (2006) – *Dictionnaire historique de la langue française*, Paris : Le Robert.

Sachs, Ignacy (1978) – « Écodéveloppement : une approche de planification », *Économie Rurale* 124, p. 16–22. DOI : 10.3406/ecoru.1978.2551.

Sitographie

http://www.adequations.org/IMG/article_PDF/article_a569.pdf.
http://www.developpement-durable.gouv.fr/.
http://www.developpement-durable.gouv.fr/.
http://www.lerobert.com/espace-numerique/enligne.html.
http://www.radiofrance.fr/chaines/.

Zoran NIKOLOVSKI

Université Saint Clément d'Ohrid de Bitola
République de Macédoine

Les recommandations terminologiques en français dans le domaine de l'environnement

Abstract: The preservation of the environment is a key factor for the sustainable development of mankind. The goal of this paper is to present and analyze the terminological recommendations of the *Official Gazette of the Republic of France* (*Journal officiel* de la République française) as presented through the French terminological database *FranceTerme* where one can find the latest proposed neologisms to replace terms that are entering the French language from other languages. On the other hand, starting from the recommendations in France, we will make a parallel with those of the *Grand dictionnaire terminologique* from Canada, which also proposes the use of their own Canadian variant. In this way, we will present the terminological variants of the French language in both countries as well as the translations of English lexical loan words in this field. By doing so, we will attempt to show the lexical wealth of the French language, the influence of English over French as well as the institutional terminological interventions in the field of the environment.

Keywords: *terminological recommendations, French language, environment*

1. Introduction

L'objectif de cet article est de présenter et d'analyser, dans un premier temps, les recommandations terminologiques du *Journal officiel* de la République française dans le domaine de l'environnement, telles que présentées dans la base de données terminologiques *FranceTerme*, qui rassemble les néologismes les plus récents, créés pour remplacer les termes importés d'autres langues. Dans un second temps, nous allons faire un parallèle avec les recommandations du *Grand dictionnaire terminologique* du Canada, qui recense également les variantes canadiennes de ces termes. L'analyse va révéler quels sont les termes d'environnement nouvellement créés ou empruntés à l'anglais en français, dans les deux pays[1]. De cette façon, nous espérons être à même de montrer la richesse

---

1 La problématique des anglicismes en tous genres a fait couler beaucoup d'encre. Nous évoquerons ici seulement Höfler 1982, Pergnier 1989, Rey-Debove & Gagnon 1990, Lenoble-Pinson 1991, Tournier 1998.

lexicale du français, dans le contexte d'une influence désormais globalisée de l'anglo-américain et compte tenu des interventions institutionnelles de normalisation linguistique en matière d'environnement.

La terminologie est définie dans les dictionnaires de langue générale comme une « discipline qui a pour objet l'étude théorique des dénominations des objets ou des concepts utilisés par tel ou tel domaine du savoir, le fonctionnement dans la langue des unités terminologiques, ainsi que les problèmes de traduction, de classement et de documentation qui se posent à leur sujet » (Larousse[2]). On appelle également terminologie (c'est là en fait la première acception de recensée, dans le même dictionnaire) « l'ensemble des termes, rigoureusement définis, qui sont spécifiques d'une science, d'une technique, d'un domaine particulier de l'activité humaine ». Le cadre théorique de notre recherche est en principe fourni par la TGT (Théorie générale de la terminologie, à vocation normalisatrice/ prescriptive et centrée sur le concept[3]), mais puisque nous abordons explicitement la problématique de la variation – en particulier diatopique (France/ Québec) – nous agrémentons ces présupposés théoriques d'ingrédients empruntés à la socioterminologie (Gaudin 2003), perspective *a priori* alternative à la terminologie normative[4].

Dans certains pays francophones, tels notamment que la France et le Canada (Québec), la terminologie est contrôlée par des instances publiques.

En France, le décret du 3 juillet 1996 relatif à l'enrichissement de la langue française, qui fait suite à la loi Toubon (1994)[5], a mis en place un dispositif public d'enrichissement de la langue française, qui comporte notamment l'Académie française, la Délégation générale à la langue française et aux langues de France, ainsi qu'une Commission générale de terminologie et de néologie. Le dispositif français se coordonne avec les organisations terminologiques de tous les pays francophones. Tous les domaines font l'objet d'arrêtés de terminologie publiés au *Journal officiel* de la République française, qui précisent la définition, le sens et l'équivalent étranger des termes spécialisés employés dans les textes réglementaires, dans les administrations françaises ainsi que dans les services publics. Ces arrêtés sont mis au point par des commissions de terminologie au sein de chaque ministère, coordonnées par la Commission générale de terminologie et

---

2   http://www.larousse.fr/dictionnaires/francais/terminologie/77407 (consulté le 17. 07. 2017).
3   Pour une présentation de la TGT, voir L'Homme 2004 : § 3.
4   Pour les évolutions de la terminologie, au-delà de la TGT, voir Cabré 1998 : § 1.1.3.
5   Rappelons que la loi Toubon fait suite à la loi constitutionnelle de 1992 qui a établi que « La langue de la République est le français ».

de néologie. Une fois publiés au *Journal officiel*, les termes sont mis à la disposition du grand public par le site internet *FranceTerme* du Ministère de la culture.

La terminologie au Canada fait l'objet d'un contrôle public depuis 1961. L'Office québécois de la langue française publie le site internet du *Grand dictionnaire terminologique* qui indique, pour chaque terme et dans tous les domaines où celui-ci est employé, la définition en français, son équivalent en anglais, ses synonymes et des commentaires. Au Canada, de gros efforts sont faits pour protéger le français et ne pas laisser l'anglais s'imposer dans tous les domaines. Toute une série de mesures ont été prises pour l'aménagement linguistique du français. Il s'agit d'outiller la langue pour qu'elle puisse être employée dans toutes les situations de communication.

Le concept d'*environnement* est recensé et son sens défini par de nombreux dictionnaires de langue générale ainsi que par des dictionnaires spécialisés[6], après l'apparition de cet anglicisme en français en 1964.

Selon le *Petit Robert*, l'environnement, c'est l'« ensemble des conditions naturelles (physiques, chimiques, biologiques) et culturelles (sociologiques) dans lesquelles les organismes vivants (en particulier l'être humain) se développent ». D'autre part, le *TLF* en donne deux définitions. Selon la première, l'environnement est l'« ensemble des éléments et des phénomènes physiques qui environnent un organisme vivant, se trouvent autour de lui ». D'après la deuxième définition, c'est l'« ensemble des conditions matérielles et des personnes qui environnent un être humain, qui se trouvent autour de lui ». Selon la 9e édition du dictionnaire de l'*Académie française*, ce terme indique l'« ensemble des agents chimiques, physiques, biologiques, et des facteurs sociaux exerçant, à un moment donné, une influence sur les êtres vivants et les activités humaines ».

D'après le *Vocabulaire du développement durable*, le terme *environnement* représente un « ensemble d'éléments physiques, chimiques et biologiques, en interaction avec des facteurs géographiques, économiques et sociaux, qui est susceptible d'influer sur les organismes vivants, en particulier sur le bien-être, la santé ainsi que sur les activités de l'être humain, et qui peut, réciproquement, être influencé par celles-ci »[7].

---

6   Ramade 1993, OQLF 2011 entre autres.
7   Le concept d'« environnement » a trait aux relations complexes qui existent entre la nature et les sociétés. Le concept est encore en mutation et continue de se préciser à mesure que la notion de développement durable s'étend et s'implante dans toutes les sphères de l'activité humaine. Le terme *environnement* est surtout employé, de nos jours, avec des sens qui ont apparemment subi l'influence de l'anglais et qui sont dorénavant intégrés au français. *Environnement* s'emploie également comme synonyme

Le *Dictionnaire Electronique des Synonymes* (DES) du Centre de recherches interlangues sur la signification en contexte, de l'université de Caen, présente 11 synonymes du terme *environnement* : *alentours, ambiance, atmosphère, cadre, cercle, climat, compagnie, contexte, entourage, milieu, nature.*

2. Analyse du corpus JORF

Notre corpus comprend 131 unités recommandées entre 1998 et 2017 et présentées dans 26 numéros du *Journal Officiel de la République française* (JORF)[8] :

---

8   de milieu naturel, dans le domaine de l'écologie. Cependant, *environnement* et *écologie* ne sont pas synonymes. En effet, le terme *écologie* ne désigne pas un ensemble d'éléments, mais plutôt l'ensemble des relations que des éléments (en l'occurrence, les organismes vivants) peuvent avoir entre eux et avec leur milieu de vie, ainsi que la science qui étudie ces relations (*Vocabulaire du développement durable* 2011 : 23).

Nous présenterons ci-contre tous les numéros du *Journal Officiel* qui comportent des recommandations relatives à la terminologie de l'environnement, suivis desdites recommandations. Les chiffres entre parenthèses indiquent le nombre de recommandations dans chaque numéro : JORF du 16/12/1998 (1) : *trame verte* ; JORF du 16/09/2006 (1) : *silhouette* ; JORF du 07/09/2007 (1) : *crib* ; JORF du 06/07/2008 (1) : *bioréhabilitation* ; JORF du 06/09/2008 (5) : *anaérocombustion* ; *cadrage* ; *captage et stockage du CO* ; *filtrage* ; *oxycombustion* ; JORF du 19/10/2008 (2) : *hydrostratégie* ; *prévention des risques de catastrophes naturelles* ; JORF du 12/04/2009 (16) : *biodiversité* ; *changement climatique* ; *changement climatique anthropique* ; *compostage* ; *déchet biodégradable* ; *étude de dangers* ; *principe de participation* ; *principe de précaution* ; *principe de prévention* ; *principe du pollueur-payeur* ; *récupération des déchets* ; *recyclage des déchets* ; *réduction des déchets* ; *résilience* ; *risque majeur* ; *stabilisation des déchets* ; JORF du 19/01/2010 (1) : *anticipation des risques* ; JORF du 04/02/2010 (24) : *analyse du cycle de vie d'un produit* ; *audit environnemental* ; *bioaccumulation* ; *bioamplification* ; *biocénose* ; *biotope* ; *cindynique* ; *compensation écologique* ; *diatomiste* ; *éco-industrie* ; *écocertification* ; *écoconception* ; *écodéveloppement* ; *écosystème* ; *écotechnologie* ; *écotoxicologie* ; *écotype* ; *effet de serre* ; *étude d'impact sur l'environnement* ; *évaluation environnementale* ; *mesure compensatoire* ; *nettoyage par le ressac* ; *puits de carbone* ; *quota d'émission de gaz à effet de serre* ; JORF du 04/07/2010 (2) : *zone de friche* ; *zone verte* ; JORF du 01/02/2011 (6) : *corridor biologique* ; *écotaxe* ; *gestion intégrée* ; *lombrifiltration* ; *phytoréhabilitation* ; *valorisation énergétique des déchets* ; JORF du 27/03/2011 (2) : *écocondition* ; *écoconformité* ; JORF du 19/02/2012 (3) : *écocité* ; *écoquartier* ; *hydrolienne* ; JORF du 13/07/2012 (12) : *déchets interdits* ; *dispositif de quotas d'émission cessibles* ; *écobénéfice* ; *empreinte écologique* ; *empreinte en eau* ; *mitigation* ; *tarification incitative* ; *technologie du charbon propre* ; *unité de réduction certifiée des émissions* ; *vulnérabilité au climat* ; *zone à émissions limitées* ; *zone critique de biodiversité* ; JORF du 07/10/2012 (1) : *géoingénierie* ; JORF

(1) agro-écologie ; anaérocombustion ; analyse du cycle de vie d'un produit ; anticipation des risques ; approche prudente ; artificialisation des sols ; audit environnemental ; bioaccumulation ; bioamplification ; biocénose ; biodégradabilité ; biodégradable ; biodégradation totale ; biodiversité ; bioénergie ; bioplastique ; bioréhabilitation ; biosourcé ; biotope ; bioturbation ; cadrage ; captage et stockage du CO_2 ; changement climatique ; changement climatique anthropique ; cindynique ; compensation des émissions de carbone ; compensation écologique ; compostage ; corridor biologique ; crib ; croissance verte ; déchet biodégradable ; déchets interdits ; diatomiste ; diplomatie environnementale ; dispositif de quotas d'émission cessibles ; eau bleue ; eau de ruissellement ; eau météorique ; eau verte ; eaux grises ; eaux noires ; eaux usées ; éco-industrie ; écobénéfice ; écocertification ; écocité ; écoconception ; écocondition ; écoconformité ; écodéveloppement ; économie circulaire ; économie verte ; écoquartier ; écosystème ; écotaxe ; écotechnologie ; écotoxicologie ; écotype ; effet de serre ; électrosynthèse microbienne ; empreinte écologique ; empreinte en eau ; émulation écologique ; énergie grise ; espèce clé de voûte ; espèce envahissante ; espèce exotique ; espèce parapluie ; espèce proliférante ; étrépage ; étude d'impact sur l'environnement ; étude de dangers ; évaluation environnementale ; expologie ; filtrage ; génie de l'environnement ; génie écologique ; géoingénierie ; gestion intégrée ; hydrolienne ; hydrostratégie ; imperméabilisation des sols ; ingénierie écologique ; lombrifiltration ; mesure compensatoire ; mitigation ; mobilité durable ; nettoyage par le ressac ; observation des oiseaux ; ornithologue amateur ; oxycombustion ; périurbanisation ; phytoréhabilitation ; pile à combustible microbienne ; prévention des risques de catastrophes naturelles ; principe de participation ; principe de précaution ; principe de prévention ; principe du pollueur-payeur ; puits de carbone ; quota d'émission de gaz à effet de serre ; récupération des déchets ; recyclage des déchets ; recyclage valorisant ; réduction

du 24/10/2012 (1) : *expologie* ; JORF du 24/03/2013 (2) : *électrosynthèse microbienne ; pile à combustible microbienne* ; JORF du 08/09/2013 (16) : *approche prudente ; compensation des émissions de carbone ; croissance verte ; économie verte ; émulation écologique ; énergie grise ; étrépage ; observation des oiseaux ; ornithologue amateur ; recyclage valorisant ; reméandrage ; résistant au changement climatique ; sécurité industrielle ; service écosystémique (langage professionnel) ; sûreté industrielle ; verdissement d'image* ; JORF du 15/12/2013 (1) : *bioénergie* ; JORF du 21/12/2013 (1) ; *mobilité durable* ; JORF du 16/01/2015 (5) : *artificialisation des sols ; imperméabilisation des sols ; périurbanisation ; report modal ; rurbanisation* ; JORF du 18/08/2015 (8) : *économie circulaire ; espèce clé de voûte ; espèce envahissante ; espèce exotique ; espèce parapluie ; espèce proliférante ; génie écologique ; ingénierie écologique* ; JORF du 19/08/2015 (1) : *agro-écologie* ; JORF du 07/05/2016 (1) : *diplomatie environnementale* ; JORF du 22/12/2016 (5) : *biodégradabilité ; biodégradable ; biodégradation totale ; bioplastique ; biosourcé,-e* ; JORF du 15/01/2017 (11) : *bioturbation ; eau bleue ; eau de ruissellement ; eau météorique ; eau verte ; eaux grises ; eaux noires ; eaux usées ; génie de l'environnement ; réservoir de biodiversité ; sauvageté.*

des déchets ; reméandrage ; report modal ; réservoir de biodiversité ; résilience ; résistant au changement climatique ; risque majeur ; rurbanisation ; sauvageté ; sécurité industrielle ; service écosystémique ; silhouette ; stabilisation des déchets ; sûreté industrielle ; tarification incitative ; technologie du charbon propre ; trame verte ; unité de réduction certifiée des émissions ; valorisation énergétique des déchets ; verdissement d'image ; vulnérabilité au climat ; zone à émissions limitées ; zone critique de biodiversité ; zone de friche ; zone verte.

En analysant ce corpus nous avons relevé 5 formes raccourcies (2) et 7 abréviations (3) :

(2) analyse du cycle de vie d'un produit > analyse du cycle de vie
compensation des émissions de carbone > compensation carbone
étude d'impact sur l'environnement > étude d'impact
valorisation énergétique des déchets > valorisation énergétique
zone de friche > friche

(3) analyse du cycle de vie d'un produit > analyse du cycle de vie > ACV
captage et stockage du CO_2 > CSC
étude d'impact sur l'environnement > EIE
pile à combustible microbienne > PCM
principe du pollueur-payeur > PPP
unité de réduction certifiée des émissions > URCE
zone à émissions limitées > ZEL.

Le corpus de l'environnement recouvre 27 sous-domaines : Environnement-Généralités, Aménagement et Urbanisme-Environnement, Biologie-Environnement, Environnement/Déchets, Environnement-Economie générale, Energie-Environnement, Environnement-Biologie, Environnement/Risques, Environnement-Sciences de la Terre/Hydrologie, Environnement-Matériaux, Environnement-Transports et Mobilité, Environnement/Aménagement du Territoire, Environnement-Aménagement et Urbanisme, Environnement-Chimie, Environnement-Energie, Industrie-Environnement/Risques, Agriculture-Environnement, Communication-Environnement, Economie et Gestion d'entreprise, Environnement-Economie Générale/Fiscalité, Environnement-Matériaux/Polymères, Environnement-Relations internationales, Matériaux-Environnement, Relations Internationales-Environnement, Sante et Médecine-Environnement/Risques, Sciences de la Terre-Environnement, Transports et Mobilité-Environnement.

Tous ces sous-domaines n'ont pas fait l'objet d'un nombre égal de recommandations officielles : 52 recommandations concernent le seul sous-domaine « Environnement-Généralités » (4) ; 3 sous-domaines sont concernés par 8 recommandations chacun – « Aménagement et Urbanisme-Environnement » (5a), « Biologie-Environnement » (5b), « Environnement/Déchets » (5c) ; 1 sous-domaine

(« Environnement-Économie générale ») fait l'objet de 7 recommandations (6) ; 3 sous-domaines font l'objet de 6 recommandations chacun (« Energie-Environnement » – (7a), « Environnement-Biologie » – (7b), et « Environnement/ Risques » – (7c) respectivement) ; 1 sous-domaine fait l'objet de 4 recommandations (« Environnement-Sciences de la Terre/Hydrologie » – (8)) ; 2 sous-domaines font l'objet de 3 recommandations (« Environnement-Matériaux » – (9a) et « Environnement-Transports et Mobilité » – (9b) respectivement) ; 5 sous-domaines font l'objet de 2 recommandations chacun (« Environnement/Aménagement du Territoire » – (10a) ; « Environnement-Aménagement et Urbanisme » – (10b) ; « Environnement-Chimie » – (10c) ; « Environnement-Énergie » – (10d) et « Industrie-Environnement/Risques » – (10e) respectivement) ; 11 sous-domaines font l'objet d'une seule recommandation chacun (« Agriculture-Environnement » – (11a) ; « Communication-Environnement » – (11b) ; « Économie et Gestion d'entreprise » – (11c) ; « Environnement-Économie générale/Fiscalité » – (11d) ; « Environnement-Matériaux/Polymères » – (11e) ; « Environnement-Relations internationales » – (11f) ; « Matériaux-Environnement » – (11g) ; « Relations internationales-Environnement » – (11h) ; « Santé et Médecine-Environnement/ Risques » – (11i) ; « Sciences de la Terre-Environnement » – (11j) ; « Transports et Mobilité-Environnement » – (11k) respectivement) :

(4) analyse du cycle de vie d'un produit ; approche prudente ; audit environnemental ; bioréhabilitation ; bioturbation ; cadrage ; changement climatique ; changement climatique anthropique ; compensation des émissions de carbone ; crib ; déchets interdits ; dispositif de quotas d'émission cessibles ; eaux grises ; eaux noires ; eaux usées ; éco-industrie ; écocertification ; écoconception ; écocondition ; écoconformité ; écodéveloppement ; écotechnologie ; écotoxicologie ; effet de serre ; empreinte en eau ; émulation écologique ; étrépage ; étude d'impact sur l'environnement ; évaluation environnementale ; filtrage ; génie de l'environnement ; génie écologique ; ingénierie écologique ; nettoyage par le ressac ; observation des oiseaux ; ornithologue amateur ; phytoréhabilitation ; principe de participation ; principe de précaution ; principe de prévention ; principe du pollueur-payeur ; quota d'émission de gaz à effet de serre ; reméandrage ; réservoir de biodiversité ; résilience ; résistant au changement climatique ; sauvageté ; tarification incitative ; technologie du charbon propre ; unité de réduction certifiée des émissions ; vulnérabilité au climat ; zone critique de biodiversité

(5) a. artificialisation des sols ; imperméabilisation des sols ; périurbanisation ; rurbanisation ; silhouette ; trame verte ; zone de friche ; zone verte
b. bioaccumulation ; bioamplification ; biocénose ; biodiversité ; biotope ; diatomiste ; écosystème ; écotype
c. compostage ; déchet biodégradable ; lombrifiltration ; récupération des déchets ; recyclage des déchets ; réduction des déchets ; stabilisation des déchets ; valorisation énergétique des déchets

(6) croissance verte ; écobénéfice ; économie circulaire ; économie verte ; empreinte écologique ; gestion intégrée ; service écosystémique

(7) a. anaérocombustion ; bioénergie ; captage et stockage du CO_2 ; hydrolienne ; oxycombustion ; puits de carbone
b. corridor biologique ; espèce clé de voûte ; espèce envahissante ; espèce exotique ; espèce parapluie ; espèce proliférante
c. corridor biologique ; espèce clé de voûte ; espèce envahissante ; espèce exotique ; espèce parapluie ; espèce proliférante

(8) eau bleue ; eau de ruissellement ; eau météorique ; eau verte

(9) a. biodégradabilité ; biodégradable ; biodégradation totale
b. mobilité durable ; report modal ; zone à émissions limitées

(10) a. compensation écologique ; mesure compensatoire
b. écocité ; écoquartier
c. électrosynthèse microbienne ; pile à combustible microbienne
d. énergie grise ; puits de carbone
e. sécurité industrielle ; sûreté industrielle

(11) a. agro-écologie
b. verdissement d'image
c. recyclage valorisant
d. écotaxe
e. bioplastique
f. diplomatie environnementale
g. biosourcé
h. hydrostratégie
i. expologie
j. géoingénierie
k. report modal

Typiquement ces avis officiels comportent le terme dont l'usage est recommandé et une brève définition du concept que ce terme désigne. Voir ci-contre (12) à titre d'illustration :

(12) anaérocombustion : procédé de combustion pour la production d'énergie, dans lequel on utilise comme comburant, à la place de l'air, un oxyde métallique régénéré périodiquement.[9]

---

9 L'anaérocombustion permet d'obtenir un flux de dioxyde de carbone (CO_2) exempt d'azote, plus facile à récupérer et à conditionner pour le transport et le stockage. Elle fait partie des procédés dits du « charbon propre ».

bioénergie : énergie obtenue à partir de produits de la biomasse.[10]

bioréhabilitation : dépollution du sol ou de l'eau d'un site au moyen de microorganismes décomposeurs, d'algues ou de certaines plantes capables de concentrer des éléments nocifs issus d'activités humaines.

effet de serre : phénomène d'échauffement de la surface de la Terre et des couches basses de l'atmosphère, dû au fait que certains gaz de l'atmosphère absorbent et renvoient une partie du rayonnement infrarouge émis par la Terre, ce dernier compensant le rayonnement solaire qu'elle absorbe elle-même.[11]

récupération des déchets : opération de collecte et de tri des déchets, en vue du réemploi ou du recyclage de produits et de matériaux.

écotaxe : prélèvement fiscal opéré sur un bien, un service ou une activité en raison des dommages qu'ils sont susceptibles d'occasionner à l'environnement.

En terminologie normative classique, chaque terme ne peut désigner qu'un seul concept (Rey 1992) ; toutes les unités du corpus suivent en effet ce principe et ne sont accompagnées, dans les avis de recommandation respectifs, que d'une définition, sauf le terme *agro-écologie* qui se voit assigner à deux concepts distincts :

(13) a. Application de la science écologique à l'étude, à la conception et à la gestion d'agrosystèmes durables.
b. Ensemble de pratiques agricoles privilégiant les interactions biologiques et visant à une utilisation optimale des possibilités offertes par les agrosystèmes[12].

En analysant le corpus, nous avons relevé 78 chaînes de (quasi-)synonymes et/ou de termes associés, marquées dans la rubrique *Voir aussi*. Nous allons les présenter sous (14a) à (18a) ci-après, par ordre croissant, en fonction du nombre de termes mentionnés dans cette rubrique à chaque fois. Les termes de chaque série seront séparés par des virgules, et les séries elles-mêmes, par un point-virgule. Sous (14b) à (18b) nous avons présenté, à titre d'illustration, en miroir, des définitions de concepts désignés par les termes d'une chaîne de termes associés et/ou de (quasi-)synonymes donnée (un exemple illustratif pour chaque catégorie discriminée selon le critère du nombre de renvois).

---

10 Les produits de la biomasse sont par exemple les biocombustibles, les biocarburants ou les biogaz.
11 Les gaz qui provoquent ce phénomène, tels que la vapeur d'eau, le dioxyde de carbone ou le méthane, sont appelés « gaz à effet de serre ». L'expression « effet de serre » est employée usuellement dans le sens d'« effet de serre anthropique », qui désigne le réchauffement global du climat attribué à l'augmentation de la concentration des gaz à effet de serre, résultant de l'accroissement de leurs émissions dues aux activités humaines.
12 L'agro-écologie tend notamment à combiner une production agricole compétitive avec une exploitation raisonnée des ressources naturelles.

En clair, nous avons recensé 33 chaînes synonymiques/ associatives composées de 2 unités (14a), 22 chaînes synonymiques/ associatives à 3 composants (15a), 13 chaînes synonymiques/ associatives à 4 composants (16a), 5 chaînes synonymiques/ associatives à 5 composants (17a) et 6 chaînes synonymiques/ associatives à 6 composants (18a) :

(14) a. analyse du cycle de vie d'un produit, énergie grise ; approche prudente, principe de précaution ; biodégradabilité, biodégradable ; biodégradation totale, biodégradable ; bioréhabilitation, phytoréhabilitation ; cadrage, filtrage ; compensation des émissions de carbone, effet de serre ; compensation écologique, mesure compensatoire ; compostage, bioplastique ; corridor biologique, écosystème ; déchet biodégradable, biodégradable ; diplomatie environnementale, bien public mondial ; eau météorique, eau de ruissellement ; écocertification, écoconformité ; écoconception, économie circulaire ; écocondition, écoconformité ; écotaxe, tarification incitative ; écotechnologie, écotechniques de l'information et de la communication ; empreinte écologique, empreinte en eau ; étude d'impact sur l'environnement, évaluation environnementale ; hydrostratégie, pouvoir alimentaire ; imperméabilisation des sols, artificialisation des sols ; mobilité durable, développement durable ; observation des oiseaux, ornithologue amateur ; principe de participation, habilitation ; principe de prévention, principe de précaution ; puits de carbone, captage et stockage du CO_2 ; recyclage valorisant, recyclage des déchets ; résilience, ingénierie écologique ; rurbanisation, étalement urbain ; vulnérabilité au climat, résistant au changement climatique ; zone critique de biodiversité, biodiversité ; zone verte, zone de friche

b. cadrage, filtrage :
Cadrage : Étape initiale d'une évaluation environnementale, qui détermine les facteurs à analyser et le type d'informations à recueillir pour mener celle-ci à bien.
Filtrage : Opération permettant de déterminer s'il y a lieu d'effectuer une évaluation environnementale.

(15) a. bioaccumulation, bioamplification, biotope ; biodiversité, développement durable, zone critique de biodiversité ; bioénergie, biocarburant, biocombustible ; anaérocombustion, oxycombustion, technologie du charbon propre ; biosourcé, biocarburant, bioplastique ; captage et stockage du CO_2, puits de carbone, technologie du charbon propre ; changement climatique, changement climatique anthropique, résistant au changement climatique ; dispositif de quotas d'émission cessibles, quota d'émission de gaz à effet de serre, unité de réduction certifiée des émissions ; eau bleue, eau de ruissellement, eau verte ; eaux grises, eaux noires, eaux usées ; écocité, développement durable, écoquartier ; écoconformité, écocertification, écocondition ; écodéveloppement, croissance verte, développement durable ; économie verte, croissance verte, économie circulaire ; évaluation environnementale, étude d'impact sur l'environnement, mesure compensatoire ; génie de l'environnement, génie écologique, ingénierie

écologique ; géoingénierie, changement climatique anthropique, ingénierie écologique ; mesure compensatoire, compensation écologique, évaluation environnementale ; périurbanisation, artificialisation des sols, étalement urbain ; principe de précaution, approche prudente, principe de prévention ; récupération des déchets, recyclage des déchets, valorisation énergétique des déchets ; sécurité industrielle, sécurité nucléaire, sûreté industrielle

    b. *eau bleue, eau de ruissellement, eau verte* :
eau bleue : Part de l'eau issue des précipitations atmosphériques qui s'écoule dans les cours d'eau jusqu'à la mer, ou qui est recueillie dans les lacs, les aquifères ou les réservoirs.
eau de ruissellement : Eau issue des précipitations atmosphériques qui s'écoule sur une surface.
eau verte : Part de l'eau issue des précipitations atmosphériques qui est absorbée par les végétaux.

(16) a. agro-écologie, agriculture durable, agriculture biologique, agroforesterie ; biocénose, biotope, écosystème, écotoxicologie ; bioplastique, biodégradable, biosourcé, compostage ; croissance verte, développement durable, écodéveloppement, économie verte ; eaux usées, eau de ruissellement, eaux grises, eaux noires ; économie circulaire, développement durable, écoconception, économie verte ; effet de serre, changement climatique anthropique, compensation des émissions de carbone, quota d'émission de gaz à effet de serre ; électrosynthèse microbienne, biotransformation, cellule électrochimique, pile à combustible microbienne ; quota d'émission de gaz à effet de serre, dispositif de quotas d'émission cessibles, effet de serre, unité de réduction certifiée des émissions ; recyclage des déchets, récupération des déchets, recyclage valorisant, valorisation énergétique des déchets ; résistant au changement climatique, changement climatique, changement climatique anthropique, vulnérabilité au climat ; technologie du charbon propre, anaérocombustion, captage et stockage du CO_2, oxycombustion ; zone de friche, friche industrielle, friche urbaine, zone verte

    b. *biocénose-biotope – écosystème – écotoxicologie* :
biocénose : Ensemble des êtres qui vivent dans les mêmes conditions de milieu, dans un espace donné.
biotope : Aire géographique caractérisée par des conditions climatiques et physicochimiques homogènes permettant l'existence d'une faune et d'une flore spécifiques.
écosystème : Unité écologique fonctionnelle formée par le biotope et la biocénose, en constante interaction.
écotoxicologie[13] : Branche de la toxicologie qui étudie les effets directs et indirects des polluants sur l'environnement.

---

13 L'écotoxicologie étudie notamment le transfert des polluants dans les biotopes et les biocénoses, ainsi que leurs transformations et leurs effets sur les organismes vivants et sur les processus écologiques fondamentaux.

(17) a. artificialisation des sols, étalement urbain, imperméabilisation des sols, mitage, périurbanisation ; changement climatique anthropique, changement climatique, effet de serre, géoingénierie, résistant au changement climatique ; eau de ruissellement, eau bleue, eau météorique, eau verte, eaux usées ; espèce exotique, espèce clé de voûte, espèce envahissante, espèce parapluie, espèce proliférante.

b. *espèce exotique, espèce clé de voûte, espèce envahissante, espèce parapluie, espèce proliférante* :
espèce exotique : Espèce qui est délibérément introduite ou s'installe accidentellement dans une aire distincte de son aire d'origine.
espèce clé de voûte[14] : Espèce dont la disparition compromettrait la structure et le fonctionnement d'un écosystème.
espèce envahissante[15] : Espèce exotique dont la population se maintient ou accroît son aire d'implantation en perturbant le fonctionnement des écosystèmes ou en nuisant aux espèces autochtones, par compétition ou par prédation.
espèce parapluie[16] : Espèce dont l'habitat doit être sauvegardé pour que soient conservées d'autres espèces, parmi lesquelles certaines sont rares et menacées.
espèce proliférante[17] : Espèce autochtone ou exotique dont la population connaît une expansion massive ou rapide, souvent au détriment d'autres espèces.

(18) a. biodégradable, biodégradabilité, biodégradation totale, bioplastique, déchet biodégradable, oxybiodégradable ; biotope, bioaccumulation, bioamplification, biocénose, écosystème, écotoxicologie ; écosystème, biocénose, biotope, corridor biologique, espèce clé de voûte, ingénierie écologique ; espèce clé de voûte, écosystème, espèce envahissante, espèce exotique, espèce parapluie, espèce proliférante ; espèce envahissante, compétition, espèce clé de voûte, espèce exotique, espèce parapluie, espèce proliférante ; ingénierie écologique, écosystème, génie de l'environnement, génie écologique, géoingénierie, résilience

b. *biotope, bioaccumulation, bioamplification, biocénose, écosystème, écotoxicologie* :
biotope : Aire géographique caractérisée par des conditions climatiques et physicochimiques homogènes permettant l'existence d'une faune et d'une flore spécifiques.
Bioaccumulation : Processus selon lequel une substance polluante présente dans un biotope pénètre et s'accumule dans tout ou partie d'un être vivant et peut devenir nocive ; par extension, le résultat de ce processus.

---

14 Une espèce clé de voûte est caractérisée par la qualité, le nombre et l'importance des liens qu'elle entretient avec son habitat et les autres espèces.
15 Les espèces envahissantes ne représentent qu'un très faible pourcentage des espèces exotiques. On trouve aussi le terme « espèce invasive », qui est déconseillé.
16 La loutre, le tigre et le panda géant sont des exemples d'espèce parapluie.
17 Une espèce prolifère notamment à la suite de modifications de son habitat.

bioamplification : Processus selon lequel la concentration d'une substance présente dans un biotope augmente tout au long d'une chaîne alimentaire ; par extension, le résultat de ce processus.
biocénose : Ensemble des êtres qui vivent dans les mêmes conditions de milieu, dans un espace donné.
écosystème : Unité écologique fonctionnelle formée par le biotope et la biocénose, en constante interaction.
écotoxicologie : Branche de la toxicologie qui étudie les effets directs et indirects des polluants sur l'environnement

Le corpus comporte aussi des calques de et des emprunts à l'anglais : 24 calques (19), 7 emprunts qui n'ont subi aucune adaptation de leurs formes graphiques (20) et 23 emprunts francisés à des degrés et selon des patrons divers (21) : à accent aigu (*agroécologie* <*agroecology*), à suffixes francisés (*-ose/ -osis* ; *-ité/ -ity, -isation/ -ization, ique/ -ic*), à suffixes français substitués au suffixe anglais d'origine (*-age/ -ing*), à d'autres modifications dans le thème (*développement/ development*), dans l'élément de composition (pour les composés savants en *logie/-logy, géo-/ geo-, éco-/ eco-*...), ou dans le nombre (*cindynique/ cindynics*).

(19) changement climatique <climate change ; changement climatique anthropique <anthropogenic climate change ; diplomatie environnementale <environmental diplomacy ; eau météorique <meteoric water ; eaux grises <graywater (EU), greywater (GB) ; eaux noires <blackwater ; économie circulaire <circular economy ; économie verte <green economy ; électrosynthèse microbienne <microbial electrosynthesis ; espèce exotique <exotic species ; espèce parapluie <umbrella species ; génie de l'environnement <environmental engineering ; gestion intégrée <integrated management ; mesure compensatoire <compensatory measure ; principe de participation <participation principle ; principe de précaution <precautionary principle ; principe de prévention <prevention principle ; réservoir de biodiversité <reservoir of biodiversity ; risque majeur <major risk ; sauvageté <wilderness ; sécurité industrielle <industrial safety ; service écosystémique <ecosystem service ; sûreté industrielle <industrial security ; unité de réduction certifiée des émissions <certified emission reduction unit
(20) bioaccumulation, biotope, bioturbation, crib, lombrifiltration, mitigation, oxycombustion
(21) agroéco*logie* <agroeco*logy* ; biocén*ose* <biocoen*osis* ; biodégradabil*ité* <biodegradabil*ity* ; bioéner*gie* <bioener*gy* ; éco-industr*ie* <ecoindustr*y* ; écoc*ité* <ecoc*ity* ; écodéveloppe*ment* <ecodevelop*ment* ; écosys*tème* <ecosys*tem* ; écot*axe* <ecot*ax* ; écotechno*logie* <ecotechno*logy* ; écotoxico*logie* <ecotoxico*logy* ; écot*ype* <ecot*ype* ; *géo*ingénierie <*geo*engineering ; périurban*isation* <peri-urban*ization* ; biodégradable <biodegradable ; résilience <resilience ; biodivers*ité* <biodivers*ity* ; bioplast*ique* <bioplast*ic* ; cindyn*ique* <cindyn*ics* ; compost*age* <compost*ing* ; diatom*iste* <diatom*ist* ; rurbanis*ation* <rurban*ization*

De nombreuses unités du corpus sont des composés savants ; nous y avons relevé 7 préfixoïdes (éléments de composition) : *agro-* ; *bio-* ; *éco-* ; *hydr(o)-* (variante suffixée : *-hydre*) ; *ox(y)-*, *péri-* et *phyt(o)-* (variante suffixée : *-phyte*). Tous ces préfixoïdes sont liés au champ lexical de l'environnement : *agro-* vient du grec *agros* « champ » et signifie « de l'agriculture », *bio-* vient du grec *bios* « vie »[18] ; *éco-* vient du grec *oikos* « maison, habitat », et sert à former des termes avec le sens de « choses domestiques » ou, plus souvent, « milieu naturel, environnement », d'après *écologie* ; *hydr(o)-/ -hydre* vient du grec *hudôr* « eau » (*hydrolienne* ; *hydrostratégie*) ; *ox(y)-* vient du grec *oxus* « pointu, acide », et représente, dans les composés dont il procède, *oxygène* (*oxycombustion*) ; *péri-* vient du grec *peri* « autour (de) » et *phyt(o)-/ -phyte*, du grec *phuton* « plante » (*phytoréhabilitation*).

En ce qui concerne la Catégorie grammaticale des recommandations, 48 unités sont des noms (voir le corpus de la recherche sous (1) supra). Nous présenterons sous (22) ci-après la structure des unités du corpus, les chiffres entre parenthèses renvoyant au nombre d'unités instanciant la même construction :

(22) N+N (2) : espèce parapluie, ornithologue amateur
N+N+de+N (1) : espèce clé de voûte
N+ADJ (39) : approche prudente ; audit environnemental ; changement climatique ; compensation écologique ; corridor biologique ; croissance verte ; déchet biodégradable ; déchets interdits ; diplomatie environnementale ; eau bleue ; eau météorique ; eau verte ; eaux grises ; eaux noires ; eaux usées ; économie circulaire ; économie verte ; électrosynthèse microbienne ; empreinte écologique ; émulation écologique ; énergie grise ; espèce envahissante ; espèce exotique ; espèce proliférante ; évaluation environnementale ; génie écologique ; gestion intégrée ; ingénierie écologique ; mesure compensatoire ; mobilité durable ; recyclage valorisant ; report modal ; risque majeur ; sécurité industrielle ; service écosystémique ; sûreté industrielle ; tarification incitative ; trame verte ; zone verte
N+Adj+Adj (1) : changement climatique anthropique
N+Adj+de+N (2) : valorisation énergétique des déchets ; zone critique de biodiversité
N+de+N (21) : anticipation des risques ; artificialisation des sols ; eau de ruissellement ; effet de serre ; étude de dangers ; génie de l'environnement ; imperméabilisation des sols ; observation des oiseaux ; principe de participation ; principe de précaution ; principe de prévention ; puits de carbone ; récupération des déchets ; recyclage des déchets ; réduction des déchets ; réservoir de biodiversité ; stabilisation des déchets ; verdissement d'image ; vulnérabilité au climat ; zone de friche
N+de+N+N (1) : principe du pollueur-payeur
N+de+N+ADJ (1) : technologie du charbon propre

---

18 Les composés récents sont didactiques et servent généralement à désigner le rapport entre une science, une technique et la biologie.

N+de+N+de+N (1) : compensation des émissions de carbone
N+de+N+de+N+ADJ (2) : dispositif de quotas d'émission cessibles ; prévention des risques de catastrophes naturelles
N+de+N+de+N+de+N (1) : analyse du cycle de vie d'un produit
N+de+N+PREP+ART+N (1) : étude d'impact sur l'environnement
N+PREP+N (2) : empreinte en eau ; nettoyage par le ressac
N+à+N+ADJ (3) : pile à combustible microbienne ; résistant au changement climatique ; zone à émissions limitées
N+de+N+de+N+ à +N+de+N (1) : quota d'émission de gaz à effet de serre
N+de+N+ADJ+de+N (1) : unité de réduction certifiée des émissions

3. Parallèle avec les recommandations du GDT (OQLF)

66 unités (50,38%) des unités du corpus de recommandations terminologiques du JOFR font aussi l'objet de recommandations dans le GDT. Ces 66 unités se laissent diviser en deux catégories. La première comprend les recommandations qui ont la même forme, mais une définition différente de celle du JORF (23a), tandis que la deuxième classification comprend les recommandations qui ont une forme et une définition différentes (24a). Sous (23b) et respectivement (24b et c) nous avons proposé aussi des exemples illustratifs *in extenso* pour ces deux catégories (termes et définitions).

(23) a. audit environnemental ; bioaccumulation ; bioamplification ; biodégradabilité ; biodiversité ; bioplastique ; biocomposé ; bioconcentration ; biotope ; bioturbation ; compensation carbone ; compostage ; eaux-vannes ; eaux d'égout ; eaux usées ; éco-industrie ; écoconception ; écodéveloppement ; écoquartier ; écosystème ; écotaxe ; effet de serre ; économie environnementale ; écotoxicologie ; écotype ; technologie propre ; empreinte écologique ; énergie intrinsèque ; espèce exotique ; étrépage ; évaluation environnementale ; géo-ingénierie ; gestion intégrée ; hydrolienne ; ingénierie écologique ; espèce envahissante ; lombrifiltration ; mitigation ; mobilité durable ; observation des oiseaux ; pile à combustible microbienne ; principe de précaution ; principe de prévention ; puits de carbone ; récupération des déchets ; résilience ; risque important ; rurbanisation ; stabilisation des déchets ; tarification incitative ; tarification incitative ; trame verte ; unité de réduction certifiée des émissions ; valorisation énergétique des déchets ; verdissement d'image ; zone verte

b. *biodiversité* :
JORF : Diversité des organismes vivants, qui s'apprécie en considérant la diversité des espèces, celle des gènes au sein de chaque espèce, ainsi que l'organisation et la répartition des écosystèmes.
GDT : Ensemble des organismes vivants d'une région donnée, considérés dans la pluralité des espèces, la diversité des gènes au sein de chaque espèce et la variabilité des écosystèmes.

(24) a. agroécologie : écologie agricole, agroenvironnement ; audit environnemental : vérification environnementale ; bioaccumulation : bioconcentration ; biodiversité : diversité biologique ; biocomposé : biosourcé ; compensation carbone : compensation de carbone, compensation des émissions de carbone ; eaux-vannes : eaux noires, eaux fécales, eaux usées sanitaires ; eaux usées : eaux résiduaires, eaux résiduelles ; eaux d'égout : eaux usées ; éco-industrie : industrie verte ; écoconception : conception écologique ; écologie industrielle : économie circulaire ; économie environnementale : économie verte ; écoquartier : quartier écologique ; écotaxe : taxe à finalité écologique ; technologie propre : écotechnologie, technologie verte ; empreinte écologique : empreinte environnementale ; énergie intrinsèque : énergie grise ; évaluation environnementale d'un site : évaluation environnementale ; lombrifiltration : vermifiltration ; mobilité durable : écomobilité, mobilité responsable ; ornithologue amateur : observateur d'oiseaux, observatrice d'oiseaux, miroiseur ; miroiseuse ; pile à combustible microbienne : pile à combustible bactérienne, pile microbienne, pile bactérienne, pile à bactérie, biopile microbienne ; puits de carbone : puits de CO_2, puits de dioxyde de carbone ; tarification incitative : tarif incitatif, tarif de soutien ; tarification incitative : tarif dégressif, tarif d'incitation ; trame verte : réseau écologique, maillage écologique, trame verte et bleue ; valorisation énergétique des déchets : récupération d'énergie à partir des déchets ; etc.

b. *écoquartier* :
JORF : Zone urbaine aménagée et gérée selon des objectifs et des pratiques de développement durable qui appellent l'engagement de l'ensemble de ses habitants.
GDT (*écoquartier* et *quartier écologique*) : Quartier dont la construction, l'organisation et le mode de vie des habitants visent à réduire les atteintes à l'environnement

c. *éco-industrie* :
JORF : Industrie qui propose des produits ou des prestations ayant pour objet d'améliorer ou de protéger l'environnement, ou qui utilise des procédés favorables à l'environnement.
GDT : (*éco-industrie* ; *industrie verte*) : Industrie qui produit des biens et des services en s'engageant à limiter le plus possible les conséquences négatives de ses activités sur l'environnement.

4. Conclusion

Dans ce travail, nous avons essayé de mettre en évidence et d'analyser les recommandations terminologiques du JORF dans le domaine de l'environnement. Nous avons compulsé 26 numéros du *Journal officiel* de la République française parus entre 1998 et 2017 et ayant publié : 27 recommandations en 2010, 20 recommandations en 2013, 17 recommandations en 2012, 14 recommandations en 2015, 11 recommandations en 2017, 8 recommandations en 2008 et en 2011,

6 recommandations en 2016 et 1 recommandation dans les années 1998, 2006 et 2007. Certains numéros du *Journal officiel* de la République française ont été particulièrement prolifiques : le numéro du 4 février 2010 recèle pas moins de 24 recommandations ; ceux du 12 avril 2009 et du 8 septembre 2013 publient chacun 16 recommandations ; celui du 13 aout 2012 en publie 12 et celui du 15 janvier 2017 – 11 (voir note 3 supra).

Nous avons fait un parallèle entre ces recommandations et les recommandations du GDT, dont certaines préconisent des variantes canadiennes distinctes du terme recommandé en France, ce qui nous aura permis de mettre en vedette, au-delà de la variation diatopique, et en dépit de l'influence désormais globalisée de l'anglais, la richesse du vocabulaire français de l'environnement dans les deux cultures comparées, et la dynamique spécifique des emprunts – qui va très certainement dans le sens du « respect de la langue » d'accueil : à preuve, la part importante de calques (par rapport aux emprunts purs durs), et, parmi les vrais emprunts, la part significative des emprunts francisés.

Références

Cabré, María Teresa (1998) – *La terminologie. Théorie, méthode et applications*, Paris : Armand Colin.

Gaudin, François (2003) – *Socioterminologie, une approche sociolinguistique de la terminologie*, Bruxelles : Duculot, De Boeck.

*** (2005) – *Petit Larousse illustré*, Paris : Larousse.

L'Homme, Marie-Claude (2004) – *La terminologie. Principes et techniques*, Montréal : Presses de l'Université de Montréal.

Höfler, Manfred (1982) – *Dictionnaire des anglicismes*, Paris : Larousse.

Lenoble-Pinson, Micheline (1991) – *Anglicismes et substituts français*, Paris, Louvain-la-Neuve : Duculot.

Pergnier, Maurice (1989) – *Les anglicismes. Dangers ou enrichissement pour la langue française?*, Paris : P.U.F.

Ramade, François (1993) – *Dictionnaire encyclopédique de l'écologie et des sciences de l'environnement*, Paris : Ediscience international.

Rey, Alain (1992) – *La terminologie : noms et notions*, 2e édition, Paris : PUF.

Rey-Debove, Josette et Gagnon, Gilberte (1990) – *Dictionnaire des anglicismes : les mots anglais et américains en français*, Paris : Le Robert.

Tournier, Jean (1998) *Les mots anglais du français*. Paris : Belin.

OQLF (2011) – *Vocabulaire du développement durable,* Montréal : Office québécois de la langue française, Ministère du Développement durable, de l'Environnement et des Parcs et Bureau de normalisation du Québec.

Webographie

Dictionnaire Electronique des Synonymes, http ://www.crisco.unicaen.fr/, consulté le 10.07.2017 [DES].

FranceTerme, http ://www.culture.fr/franceterme, consulté le 02.10.2017.

Le Grand dictionnaire terminologique, http ://www.gdt.oqlf.gouv.qc.ca/, consulté le 18.08.2017 [GDT].

Journal officiel de la République française, http ://www.journal-officiel.gouv.fr/, consulté le 20.09.2017 [JORF].

Larousse http ://www.larousse.fr/, consulté le 17.07.2017.

Loi n° 94–665 du 4 août 1994 relative à l'emploi de la langue française.

https://www.legifrance.gouv.fr/affichTexte.do?cidTexte=LEGITEXT000005616341&dateTexte=vig, consulté le 07.11.2017 [Loi Toubon].

Office québécois de la langue française, http ://www.oqlf.gouv.qc.ca/, consulté le 10.10.2017 [OQLF].

Chiara PREITE

Université de Modène, Italie

Daniela DINCĂ

Université de Craiova, Roumanie

Dynamique terminologique des *sources d'energie renouvelables* (domaine français-italien-roumain)

Abstract: Starting from the terminology of the environment, this paper is a comparative analysis (French – Italian – Romanian) of the renewable energy sources terminology (and their variants). Our purposes are to analyse the conceptual definitions of renewable energy terminology in European legislative documents, to compare the definition of the same concepts in the terminology databases (IATE – InterActive-Terminology for Europe) and, finally, to analyse the contextual use of terms in the case-law of the Court of Justice. The contrastive multilingual corpora consist in legal texts of the European Union, notably the Directives and the jurisprudence of the Court of Justice, and in the multilingual terminology database, IATE – InterActive Terminology for Europe. The paper is actually a three levels contrastive analysis representing the three types of resources which have been consulted. In our contribution, we shall highlight the similarities vs. the differences in the terminological or contextual definition of the analyzed terms, as well as their semantic and pragmatic configuration in the three analyzed languages.

Keywords: *terminology of the environment, renewable energy sources, terminological definition, conceptual definition, contrastive analysis*

0. Introduction

Le lexique relatif aux *sources d'énergie renouvelables* (SER) regroupe des termes relevant du domaine technico-scientifique mais aussi du domaine juridique, étant donné qu'il apparaît dans les textes législatifs (par exemple, la *Directive 2009/28/CE du Parlement européen et du Conseil du 23 avril 2009 relative à la promotion de l'utilisation de l'énergie produite à partir de sources renouvelables et modifiant puis abrogeant les directives 2001/77/CE et 2003/30/CE*) et dans la jurisprudence de la Cour de Justice de l'Union européenne.

Prenant comme point de départ la terminologie de l'environnement, notre article se propose de faire l'analyse comparative (français – italien – roumain) de la terminologie des *sources d'énergie renouvelables* (et de leurs variantes) dans des corpus comparables multilingues (textes juridiques de l'Union Européenne, notamment les Directives et la jurisprudence de la Cour de Justice) et dans la base de données terminologique multilingue, *IATE – InterActive Terminology for Europe*[1]. Plus précisément, notre contribution vise à atteindre les objectifs suivants : (1) analyser les définitions des concepts faisant partie de la terminologie des *sources d'énergie renouvelables*, dans les documents législatifs européens ; (2) comparer la définition des mêmes concepts dans les bases de données terminologiques (IATE – *InterActive-Terminology for Europe*) ; (3) analyser l'emploi contextuel des termes dans la jurisprudence de la Cour de Justice. Les Directives et la jurisprudence de l'UE sont choisies en vertu de leur appartenance aux sources primaires[2] du droit : les premières en tant que textes législatifs, et la seconde en tant qu'ensemble de textes judiciaires. Quant à leur contenu, les Directives ont un double rôle : d'une part, elles sanctionnent, par leurs définitions, un lien indissoluble entre un terme et son acception pertinente dans le champ de l'UE, et, de l'autre, elles construisent un réseau notionnel et lexical parmi les termes appartenant à la même matière. La jurisprudence devrait, en revanche, montrer un emploi cohérent et réglé des termes et des cooccurrences proposés par les Directives.

Construite sur trois plans d'analyse qui représentent les trois types de ressources consultées (textes législatifs, base de données, jurisprudence), notre contribution mettra ainsi en évidence aussi bien les ressemblances vs les différences dans la définition terminologique ou contextuelle des termes analysés que leur configuration sémantico-pragmatique dans les trois langues analysées (français, italien et roumain).

---

[1] http://iate.europa.eu/iatediff/switchLang.do?success=mainPage &lang= pt.
[2] La documentation juridique est subdivisée en trois catégories qui recoupent les typologies textuelles du droit et les sources secondaires correspondent en gros à la doctrine. Cf. par exemple, Bocquet (2008), Cornu (2000), Gémar (1981), Mortara Garavelli (2001).

1. Analyse des concepts faisant partie de la terminologie des *sources d'énergie renouvelables* dans les documents législatifs européens

1.1. La définition juridique dans les Directives de l'Union européenne

La standardisation terminologique du langage des institutions européennes (au sens de Berteloot 2008) se réalise selon une réglementation établie et diffusée par le Secrétariat Général du Conseil de l'Union européenne, qui peut être consultée dans le *Code de rédaction Interinstitutionnel*.

Il convient également d'ajouter que le législateur européen insère dans le corps de ses Directives, généralement après les *considérants* (Article 1) et le *champ d'application* (Article 2), un article consacré à la définition des termes du domaine concerné dans le but d'en fixer un sens univoque au regard du droit communautaire. À la différence des sciences dures, le droit emploie largement des termes polysémiques (Cornu 2000), qui ne peuvent devenir des monosèmes juridiques qu'à la suite de définitions *ad hoc*. Ce choix d'origine anglo-saxonne paraît donc répondre à une exigence de standardisation des concepts et des termes, notamment pour ce qui est des domaines les plus récents.

Cependant, l'ancienne responsable de EUR-LEX, Pascale Berteloot (2008 : 19) soutient que le législateur européen a adopté cette « habitude » définitoire, non pas tant en vue d'une harmonisation terminologique et d'une réduction des variantes terminologique attestées, mais pour se « libérer » de l'obligation de cohérence des concepts juridiques à l'intérieur d'un domaine déterminé, voire dans le droit uniformaire en entier. En effet, les définitions terminologiques présentées dans les Directives, comme tout autre type de définition, « stipulano quale dev'essere l'accezione intesa del termine, precisandone il senso in uno specifico contesto »[3] (Peruzzi 1997 : 9), à travers une réduction ou bien un élargissement de l'usage d'une expression déjà existante, ce qui en permet l'application dans de nouveaux domaines déterminés.

Par conséquent, toutes les définitions terminologiques proposées dans les Directives sont introduites par des précisions concernant l'emploi contextuel des termes : « Aux fins de la présente directive, on entend par... », mais surtout par la déclaration du législateur à propos de l'existence d'autres acceptions des

---

3 « [S]tipulent quelle est l'acception du terme à laquelle il faut faire référence, en en précisant le sens dans un contexte spécifique » (notre traduction).

termes définis, en usage dans le domaine juridique. Par exemple, la Directive 2001/77/CE[4], dit :

> La définition de la biomasse utilisée dans la présente directive *ne préjuge pas de l'usage d'une définition différente* dans les législations nationales, à des fins autres que celles fixées par la présente directive. [...]
> En outre, *les définitions* de la directive 96/92/CE du Parlement européen et du Conseil du 19 décembre 1996 concernant des règles communes pour le marché intérieur de l'électricité s'appliquent. [...]
> Note 3. La présente directive s'applique *sans préjudice des définitions* des annexes II A et II B de la directive 75/442/CEE du Conseil du 15 juillet 1975 relative aux déchets.[5]

S'il est vrai que le législateur attribue ainsi une signification constante aux termes qu'il emploie, il n'en demeure pas moins qu'il est pour lui sans importance si ces mêmes termes possèdent d'autres sens préalables (voir Kantorowicz 1962 : 39). Quoi qu'il en soit, la nouvelle définition permet l'application d'un terme préexistant dans un domaine technique ou dans un ordonnancement juridique national au nouveau domaine juridique européen, et tout particulièrement au domaine visé par les Directives. Ce qui change dans ce passage, à travers la nouvelle définition de droit donnée dans les Directives, est le fait que la terminologie juridique parvient à imposer une certaine vision du monde, découpe la réalité selon certains principes juridiques et décrit le rapport qui s'instaure entre cette réalité et le droit.

Par ailleurs, si le législateur tend à se libérer, comme nous l'avons dit, de l'obligation de cohérence dans les concepts juridiques à l'intérieur d'un domaine, il n'en demeure pas moins que parfois il élargit le contexte d'application d'une définition terminologique à un ensemble d'actes à travers un système de renvois à ses définitions précédentes. C'est le cas, par exemples, de la Directive 2003/30/CE[6], où le législateur ne rapporte pas la définition de *sources d'énergie renouvelables* mais opte pour un renvoi à la directive 2001/77/CE :

> Autres carburants renouvelables : Des carburants renouvelables autres que les biocarburants, provenant de *sources d'énergie renouvelables au sens de la directive 2001/77/CE* et utilisés à des fins de transport.

---

4   *Directive 2001/77/CE du Parlement européen et du Conseil du 27 septembre 2001 relative à la promotion de l'électricité produite à partir de sources d'énergie renouvelables sur le marché intérieur de l'électricité.*
5   Nous soulignons.
6   *Directive 2003/30/CE du Parlement européen et du Conseil du 8 mai 2003 visant à promouvoir l'utilisation de biocarburants ou autres carburants renouvelables dans les transports.*

1.2. La définition des *sources d'énergie renouvelables* dans les Directives

Les termes que nous avons retenus pour notre analyse sont :

(1) fr. *source(s) d'énergie renouvelable(s)* / it. *fonti energetiche rinnovabili*/ ro. *surse de energie regenerabile*
(2) fr. *électricité produite à partir de sources d'énergie renouvelables*/ it. *elettricità prodotta da fonti energetiche rinnovabili* / ro. *electricitate produsă din surse de energie regenerabile*
(3) fr. *énergie produite à partir de sources d'énergie renouvelables* / it. *energia da fonti rinnovabili*/ ro *energie din surse regenerabile*

Quant au premier terme, on retrouve la définition du concept qu'il désigne dans l'Article 2 de la *Directive 2001/77/CE* :

(4) fr. *Sources d'énergie renouvelables* : Les sources d'énergie non fossiles renouvelables (énergie éolienne, solaire, géothermique, houlomotrice, marémotrice et hydroélectrique, biomasse, gaz de décharge, gaz des stations d'épuration d'eaux usées et biogaz).
it. *Fonti energetiche rinnovabili*: le fonti energetiche rinnovabili non fossili (eolica, solare, geotermica, del moto ondoso, maremotrice, idraulica, biomassa, gas di discarica, gas residuati dai processi di depurazione e biogas).
ro. *Surse de energie regenerabile*: înseamnă surse de energie regenerabile non-fosile (eoliană, solară, geotermală, a valurilor, maremotrice și hidrolectrică, biomasă, gaz de fermentare a deșeurilor, gaz al instalațiilor de epurare a apelor uzate și biogaz).

Pour le roumain, à partir du terme vedette *sources d'énergie renouvelables*, on remarque, d'une part, l'emprunt du mot *sursă* au français *source* et, d'autre part, l'emprunt du mot *regenerabil* à l'anglais *regenerable* de sorte que le syntagme *surse de energie regenerabile* devient une expression figée dont l'unité reste intacte pendant tout le texte de la Directive. Il s'ensuit donc que la standardisation terminologique consacre cette expression figée, qui respecte le même ordre des termes, dans les trois langues analysées, bien que l'italien privilégie l'adjectif *energetiche* (« énergétiques ») afin de qualifier le mot *fonti* (« sources »). Remarquons également que le roumain opte pour la forme lemmatisée de l'expression, au singulier.

Un terme qui a retenu notre attention dans la définition des *sources d'énergie renouvelables* est *gaz de décharge* traduit en roumain par *gaz de fermentare a deșeurilor* (trad. litt. « gaz de fermentation des déchets »), la version roumaine mettant au premier plan le processus de fermentation en tant que source d'énergie renouvelable même s'il y a d'autres traductions privilégiant une vison plutôt descriptive que fonctionnelle :

(5) fr. : « La décharge a été fermée car elle ne respectait pas la réglementation environnementale européenne, en particulier en ce qui concerne la protection des nappes phréatiques et les émissions de *gaz de décharge* ».
ro. : « Groapa nu respecta reglementările de mediu europene, în special în ceea ce privește apele subterane și emisiile de *gaze din groapă* (trad. litt.= « endroit où l'on collecte les ordures »).
(6) fr. : « gaz de décharge ».
ro. : « gaz de deșeu » (trad. litt. « gaz de déchet »).
(7) fr. : « *Les gaz de décharge* sont recueillis dans toutes les décharges recevant des déchets biodégradables et doivent être traités et utilisés ».
ro. : « *Gazul generat de depozitul de deșeuri* este colectat din toate depozitele de deșeuri în care se depun deșeuri biodegradabile pentru a fi tratat și apoi utilizat » (trad. litt. = « gaz généré par le dépôt de déchets »).

Le concept désigné par le deuxième terme – *électricité produite à partir de sources d'énergie renouvelables* – est défini comme suit dans la même Directive :

(8) fr. *Electricité produite à partir de sources d'énergie renouvelables* : L'électricité produite par des installations utilisant exclusivement des sources d'énergie renouvelables, ainsi que la part d'électricité produite à partir de sources d'énergie renouvelables dans des installations hybrides utilisant les sources d'énergie classiques, y compris l'électricité renouvelable utilisée pour remplir les systèmes de stockage, et à l'exclusion de l'électricité produite à partir de ces systèmes.
it. *Elettricità prodotta da fonti energetiche rinnovabili*: l'elettricità prodotta da impianti alimentati esclusivamente con fonti energetiche rinnovabili, nonché la quota di elettricità prodotta da fonti energetiche rinnovabili nelle centrali ibride che usano anche fonti di energia convenzionali, compresa l'elettricità rinnovabile utilizzata per riempire i sistemi di stoccaggio, ma non l'elettricità prodotta come risultato di detti sistemi.
ro. *Electricitate produsă din surse de energie regenerabile*: înseamnă electricitatea produsă de instalații care utilizează numai surse de energie regenerabile, precum și proporția de electricitate produsă din surse de energie regenerabile în instalațiile hibride care utilizează și surse de energie convențională, incluzând energia regenerabilă utilizată pentru alimentarea sistemelor de stocare, cu excepția electricității produse pornind de la aceste sisteme.

Le terme roumain *electricitate* est un emprunt au français mais, par rapport à sa nature polysémantique dans la langue d'origine[7], il ne connaît en roumain que des acceptions techniques : « (1) l'une des propriétés physiques fondamentales de

---

7 À partir de son acception de base, le mot français enregistre aussi des sens métonymiques : 1. science étudiant les phénomènes produits par cette énergie ; 2. installations permettant l'emploi de cette énergie, en particulier pour l'éclairage) et métaphoriques (énergie pleine d'excitation).

la matière qui se manifeste par l'ensemble des phénomènes liés à l'apparition, le mouvement et l'interaction des corps porteurs de charge électrique ; (2) branche de la physique qui s'occupe de l'étude des phénomènes électriques » (DEX).

Quant au troisième terme – *énergie produite à partir de sources renouvelables* – c'est la *Directive 2009/28/CE*[8] qui définit le concept correspondant comme :

(9) fr. *Energie produite à partir de sources renouvelables* : une énergie produite à partir de sources non fossiles renouvelables, à savoir: énergie éolienne, solaire, aérothermique, géothermique, hydrothermique, marine et hydroélectrique, biomasse, gaz de décharge, gaz des stations d'épuration d'eaux usées et biogaz.
it. *Energia da fonti rinnovabili*: energia proveniente da fonti rinnovabili non fossili, vale a dire energia eolica, solare, aerotermica, geotermica, idrotermica e oceanica, idraulica, biomassa, gas di discarica, gas residuati dai processi di depurazione e biogas.
ro. *Energie din surse regenerabile*: înseamnă energie din surse regenerabile nefosile, respectiv eoliană, solară, aerotermală, geotermală, hidrotermală și energia oceanelor, energia hidroelectrică, biomasă, gaz de fermentare a deșeurilor, gaz provenit din instalațiile de epurare a apelor uzate și biogaz.

Par rapport à *électricité*, le terme français *énergie* est un terme de la langue commune qui acquiert une acception spécialisée dans le domaine de la physique ; dans notre contexte, le terme ne se réfère qu'aux *sources non fossiles renouvelables*.

En roumain, le terme *energie* garde les mêmes acceptions que son étymon français, mais il est le plus souvent intégré à des noms composés : *energie electrică* (fr. *électricité*), *energie regenerabilă* (fr. *énergies renouvelables*), *energie verde / energie eoliană* (fr. *énergie verte*).

Dans la même Directive[9], nous avons analysé les contextes dans lesquels apparaissent les deux termes français (*électricité* et *énergie*) et nous avons observé que le terme roumain *electricitate* a un usage assez restreint par rapport au terme français d'origine et que, pour les contextes les plus usuels, le roumain préférera le terme *energie electrică* (fr. *énergie électrique*). Par contre, l'italien reste plus proche du français, avec une préférence nette pour le substantif *elettricità*, tandis que *energia elettrica* entre en concurrence avec l'adjectif *elettrico* (employé seulement dans deux cas) :

---

8   *Directive 2009/28/CE du Parlement européen et du Conseil du 23 avril 2009 relative à la promotion de l'utilisation de l'énergie produite à partir de sources renouvelables et modifiant puis abrogeant les directives 2001/77/CE et 2003/30/CE.*
9   http://eur-lex.europa.eu/legal-content/FR-RO-IT/TXT/?uri=CELEX:32009L0028&from=FR.

Tableau 1 : Le terme français électricité *et ses équivalents roumains et italiens*

fr	ro	it
la promotion de *l'électricité* produite à partir de sources d'énergie renouvelables	promovarea *electricității* produse din surse regenerabile de energie	Promozione dell'*energia elettrica* prodotta da fonti energetiche rinnovabili
le marché intérieur de *l'électricité*	piața internă a *electricității* piața internă de *energie electrică*	mercato interno dell'*elettricità*
le secteur de *l'électricité* en général	sectorul *electricității* în general	settore *elettrico*
le transport et la distribution *d'électricité* produite à partir de sources d'énergie renouvelables	transportul și distribuția *electricității* produse din surse regenerabile de energie	la trasmissione e la distribuzione di *elettricità* prodotta da fonti energetiche rinnovabili
la distribution *d'électricité* produite à partir de sources d'énergie renouvelables	distribuția *electricității* produse din surse regenerabile de energie	la distribuzione di *elettricità* prodotta da fonti energetiche rinnovabili
les prix de *l'électricité*	prețurile la *energia electrică*	e tariffe *elettriche*
les producteurs *d'électricité*	producătorii de *energie electrică*	I produttori di *elettricità*
la production de chaleur et *d'électricité*	producere a căldurii și a *curentului electric*	produzione di calore e di *elettricità*
l'électricité produite dans des centrales à accumulation	*energia electrică* produsă în centrale de acumulare	*l'elettricità* prodotta in centrali di pompaggio
l'électricité produite à partir de sources d'énergie renouvelables	*energie electrică* produsă din surse regenerabile de energie	*elettricità* prodotta da fonti energetiche rinnovabili

2. La terminologie des *sources d'énergie renouvelables* dans *IATE*[10]

La plateforme *IATE* a été ouverte à la consultation en ligne en 2007, après la fusion de quatre bases de données préexistantes : *Eurodicautom* (Commission), *Euterpe* (Parlement), *TIS* (Conseil), *Euroterms* (Centre de Traduction de l'UE). Puisque chaque base de données répondait aux exigences de traduction de l'institution d'origine, cette fusion a conduit à une série d'incongruences et

---

10 Toutes les fiches ont été consultées en novembre 2017.

de doublets. Dans ce sens, il convient de rappeler qu'un projet de consolidation et de mise à jour, appelé IATE-LEXECOLO et promu par le GLAT (Groupe de Recherche Appliquée aux Télécommunications – Télécom Bretagne), a été mené en collaboration entre la DGT de l'Union européenne et le Centre de Recherche en Terminologie Multilingue de l'Université de Gênes (Ce.R.Te.M, cf. Ponzo, Rossi 2012). L'équipe du Ce.R.Te.M et les terminologues de la Commission ont cartographié la nomenclature et les fiches concernant le domaine de l'énergie renouvelable en italien, français et anglais[11] afin de détecter les cas de *rumeur* (présence multiple de fiches, pour les langues UE15) et de *silence* (absence de fiches, pour les nouvelles langues UE12) et formuler par la suite des recommandations à la rationalisation et au partage des ressources terminologiques dans *IATE*.

En ce qui concerne la construction d'une Fiche terminologique dans *IATE*, chaque langue utilise sa propre architecture :

- pour le français, l'analyse des termes est organisée sur plusieurs paliers : définition lexicographique prise dans le *Grand Dictionnaire terminologique de l'Office québécois de la langue française* (OQLF) ou dans d'autres ressources terminologiques (glossaires, dictionnaires spécialisés, etc.), définition contextuelle (dans les documents normatifs européens et les documents nationaux).
- pour le roumain, la définition lexicographique manque, le terme étant prioritairement défini par rapport aux documents normatifs européens et nationaux.
- pour l'italien, une panoplie de sources différentes (normatives et lexicographiques/terminologiques) est employée par les terminologues.

2.1. Source(s) d'énergie renouvelable(s) (SER)

Les Directives prises en considération illustrent pour les trois langues la forme du pluriel (*sources d'énergie renouvelables*) qu'il est possible de repérer dans la fiche consacrée au terme français *sources d'énergie **nouvelles et** renouvelables* (domaine de l'Énergie ; synonymes indiqués : *sources nouvelles et renouvelables d'énergie* – et le sigle *SENR* qui en procède) et à ses équivalents en italien et en roumain : *fonti energetiche nuove e rinnovabili* et le sigle *FENR*, pour l'italien, et respectivement *surse de energie noi și regenerabile*, pour le roumain.

Les trois versions coïncident dans l'ajout de « nouvelles et », mais le roumain ne présente pas le sigle correspondant à SENR / FENR. Les formes abrégées n'ont pas les mêmes qualificatifs de statut en français et en italien : si SENR est « fiable », FENR ne reçoit que le qualificatif « fiabilité minimale » (IATE ID 788597).

---

11 Notons que les termes de *IATE* sont tirés en grande partie des traductions effectuées auprès de la Commission, de préférence à partir de l'anglais.

Il est possible de remarquer que la référence du terme vedette relève d'une Décision (pas la même, dans les 3 langues[12], mais appartenant au même domaine communautaire) et non de Directives – pour détails, voir IATE ID : 788597.

Le pluriel se retrouve, pour toutes les trois langues à l'étude, dans des expressions plus complexes contenant le terme qui nous intéresse, comme dans les exemples ci-dessous (IATE) :

(10) a. Scénario « part élevée de SER » ; scénario « part élevée de *sources d'énergie renouvelables* » (fr)
b. Scenario « quota elevata di energia da *fonti rinnovabili* » (it)
c. Scenariul « O pondere crescută a energiei din *surse regenerabile* » (ro)

(11) a. Programme d'action de Nairobi pour la mise en valeur et l'utilisation des *sources d'énergie nouvelles et renouvelables* ; PAN (fr)
b. Programma d'azione di Nairobi per lo sviluppo e l'utilizzo di *fonti energetiche nuove e rinnovabili* (it)
c. Programul de acțiune de la Nairobi pentru dezvoltarea și utilizarea *surselor de energie noi și regenerabile* (ro)

(12) a. Campagne pour le décollage des *sources d'énergie renouvelables* (fr)
b. Campagna per il decollo delle *rinnovabili* ; campagna per il decollo delle *fonti energetiche rinnovabili* (it)
c. Campanie pentru « decolare » (ro)

La recherche dans *IATE* offre aussi des fiches fondées sur le singulier, pour les trois langues, et pour les domaines de l'Énergie et de l'Environnement (entrée IATE ID : 839833) :

(13) a. Source d'énergie renouvelable ; SER (fr)
b. Fonte energetica rinnovabile, FER ; RES ; Fonte d'energia rinnovabile (it)
c. sursă regenerabilă de energie (terme préféré) ; SRE ; sursă de energie regenerabilă (ro)

L'entrée IATE ID 788597 (« sources d'énergie nouvelles et renouvelables ») comporte un renvoi à cette entrée-ci, pour le terme français seulement (« Voir aussi »).

---

12 Référence du terme français : Décision n° 1982/ 2006/ CE « relative au septième programme-cadre de la Communauté européenne pour des actions de recherche, de développement technologique et de démonstration (2007–2013) ». Référence des termes italien et roumain : les versions en italien et en roumain d'une même décision du Parlement et du Conseil (distincte de la décision précédemment mentionnée) : Décision 1639/2006/CE « établissant un programme-cadre pour l'innovation et la compétitivité (2007–2013) ».

C'est en tout cas sous l'entrée fondée sur le singulier que l'on retrouvera la définition du concept.

On y ajoute, pour le terme français, un contexte définitoire énumératif extrait de la *Directive 2001/77/CE* (« éolienne, solaire, géothermique, houlomotrice, marémotrice... »), mais sans référence directe à ce document (référence récupérable indirectement, à la faveur d'un renvoi à l'antonyme – « Voir aussi : source d'énergie non renouvelable » – IATE ID 761764), alors qu'on préfère s'appuyer sur le *Grand Dictionnaire Terminologique de* l'OQLF pour une définition lexicographique (générique par compréhension) du concept désigné : « source qui n'est pas basée sur des réserves finies comme les combustibles ».

En plus, on installe, dans l'entrée fondée sur le singulier (IATE ID 839833), un lien direct entre le terme et l'acronyme SER (attesté dans *Le Monde*).

L'italien présente trois variantes au singulier dans la fiche correspondante : *fonte energetica rinnovabile* (« très fiable »), *FER* (forme abrégée jugée seulement « fiable ») et une variante calquée sur le français, *fonte di energia rinnovabile* (« fiable » aussi). La définition du concept ne fait pas même de référence croisée aux Directives européennes (à la différence du français, il n'y a aucune précision sur les différentes espèces de sources énergétiques), mais on renvoie, pour *fonte energetica rinnovabile* (dont on tire l'acronyme *FER*), au décret législatif qui actualise la *Directive 2001/77/CE*. Pour le reste, des références sont faites à des sources disparates (*Enea, Glossario minambiente, Gemet thesaurus*) – pour détails, voir IATE ID : 839833.

En roumain, le terme préféré est plutôt *sursă regenerabilă de energie* (« source renouvelable d'énergie ») qui apparaît aussi bien dans *IATE* que dans les ouvrages de spécialité consacrés à ce sujet (Maican 2015), vu que l'adjectif qualifie le nom *sursă* et non pas le nom *energie*.

Son acronyme privilégie cet ordre-ci – *SRE*, même si, dans le discours de vulgarisation scientifique, il cohabite avec l'ordre calqué sur le français[13] : *surse de energie regenerabile* (fr. « sources d'énergie renouvelables »).

IATE enregistre également les termes antonymiques : fr. : *source d'énergie non renouvelable* / it. : *fonte energetica non rinnovabile* / ro. : *sursă neregenerabilă de energie, sursă de energie neregenerabilă*, citant pour les trois langues la définition du concept dans la *Directive 2001/77/CE* comme contexte d'usage.

---

13 En plus, même si le roumain utilise l'expression *sursa regenerabilă (de energie)*, le français utilise toujours *source d'énergie renouvelable* et jamais *source renouvelable*, uniquement *ressource renouvelable*.

2.2. Electricité produite à partir de sources d'énergie renouvelables

La deuxième série d'expressions recensées dans IATE que nous analyserons ici est constituée autour de la séquence française *électricité produite à partir de sources d'énergie renouvelables* – voir supra (2) :

(14) a. fr. E-*SER* ; électricité verte ; électricité produite à partir de *sources d'énergie renouvelables*
b. it. E-*FER* ; elettricità prodotta da *fonti energetiche rinnovabili*
c. ro. E-*SRE*; energie electrică produsă din *SRE*; energie electrică produsă din *surse regenerabile*

Dans une Fiche dont la fiabilité n'est pas vérifiée, le terme français apparaît avec le sigle *E-SER* et avec le terme synonyme *électricité verte* – à qualification de statut « fiabilité non vérifiée » pour les trois désignations et sans aucun renvoi à une définition officielle – voir IATE ID : 157451.

Il en va de même pour l'italien (ayant le sigle, mais pas de synonyme) : « fiabilité non vérifiée » et pour le terme *elettricità prodotta da fonti energetiche rinnovabili* et pour la forme abrégée *E-FER*, à l'horizon de l'année 2000 du moins (la fiche n'ayant pas été remise à jour depuis).

Par contre, le roumain présente, sous la même entrée de IATE (ID 157451), une fiche riche et articulée, de date bien plus récente (2012), qui parle de *energie electrică* et non pas de *electricitate* ('électricité'), comme le montrait également l'étude des contextes d'occurrence menée sous § 2.1. supra. Cette fiche comporte une définition terminologique du concept (15a), empruntée à un glossaire publié par l'Autorité Nationale (roumaine) de Réglementation dans le domaine de l'Energie (ANRE), et non à un document européen (voir (15b) ci-après) ; elle recense deux termes et une forme abrégée, que nous venons de mentionner sous (14c) plus haut et qui sont des synonymes terminologiques, à contextes d'attestation puisés dans un même rapport de l'ANRE (15c), et prévus du même qualificatif de statut : « fiable ».

(15) a. energie electrică produsă de centrale care utilizează numai surse regenerabile de energie, precum și proporția de energie electrică produsă din surse regenerabile de energie în centrale hibride care utilizează și surse convenționale de energie, incluzând energia electrică consumată de sistemele de stocare a purtătorilor de energie convențională și excluzând energia electrică obținută de aceste sisteme[14]

---

14 (litt.) « électricité produite par des installations utilisant exclusivement des sources d'énergie renouvelables, ainsi que la part d'électricité produite à partir de sources d'énergie renouvelables dans des installations hybrides utilisant les sources d'énergie

b. Autoritatea Națională de Reglementare în domeniul Energiei (ANRE), « Glosar de termeni », *Ghidul producătorului de energie electrică din surse regenerabile de energie*, Centrul de Dezvoltare pentru Energii Regenerabile (CEDER), www.ceder.ro/legislat...[15]

c. Autoritatea Națională de Reglementare în domeniul Energiei (ANRE), Departamentul reglementare în domeniul eficienței energetice, Direcția reglementare în domeniul producerii energiei din surse regenerabile și în cogenerare, *Raport de monitorizare a sistemului de promovare a E-SRE în anul 2010*, iunie 2011[16]

2.3. *Energie* produite à partir de *sources renouvelables*

La troisième expression liée aux *SER* que nous analyserons est *énergie produite à partir de sources renouvelables*, avec ses équivalents en italien et en roumain, tels que recensés sous l'entrée (IATE ID : 1691552) :

(16) [domaine : ENVIRONNEMENT, énergie douce ; agent : COMMISSION]
 a. fr. énergie produite à partir de sources renouvelables ; énergie renouvelable
 b. it. energia da fonti rinnovabili ; energia rinnovabile
 c. ro. energie din surse regenerabile

Ce qui nous semble remarquable est le fait qu'à l'expression française attestée dans la *Directive 2009/28/CE* il soit attribué, dans cette fiche terminologique, une valeur de fiabilité basse, à savoir 2 (« fiabilité minimale »), alors qu'à l'expression contractée, à référence seulement nationale (17) il y est attribuée une valeur élevée, à savoir 3 (« fiable ») :

(17) Les indicateurs de performance environnementale de la France, Les ressources naturelles, 2000, IFEN[17]

---

classiques, y compris l'électricité renouvelable utilisée pour remplir les systèmes de stockage, et à l'exclusion de l'électricité produite à partir de ces systèmes » (nous traduisons).

15 (litt.) « *Autorité nationale* pour la *réglementation dans le domaine de l'énergie* (ANRE), « Glossaire de termes », *Le Guide du producteur d'énergie à partir de sources renouvelables*, le Centre de Développement des énergies renouvelables (CEDER), www.ceder.ro/legislat...» (nous traduisons).

16 (litt.) « *Autorité nationale* pour la *réglementation dans le domaine de l'énergie* (ANRE), le Département pour la *réglementation* dans le domaine de l'efficacité énergétique, Le Département pour la *réglementation dans le domaine de l'énergie produite à partir de sources renouvelables et par cogénération, Rapport de suivi du système de promotion des E-SER en 2010, juin 2011.* » (nous traduisons).

17 Institut Français de l'Environnement.

Pour les deux derniers termes français, *électricité produite à partir de sources d'énergie renouvelables* et *énergie produite à partir de sources d'énergie renouvelables*, le roumain a un seul terme équivalent dans *IATE – energie electrică produsă din surse regenerabile* (litt. « énergie électrique produite de sources d'énergie renouvelables »), la définition terminologique empruntant la définition de la Directive européenne pour l'*électricité* et non pas pour l'*énergie*, car celle-ci est beaucoup plus englobante en termes de sources d'énergie (Var. 1), par rapport à la deuxième, qui restreint la production aux sources non fossiles renouvelables (Var. 2) :

(18) Var.[1] : « L'électricité produite par des installations utilisant exclusivement des sources d'énergie renouvelables, *ainsi que* la part d'électricité produite à partir de sources d'énergie renouvelables dans des installations hybrides utilisant les sources d'énergie classiques, *y compris* l'électricité renouvelable utilisée pour remplir les systèmes de stockage, et à l'exclusion de l'électricité produite à partir de ces systèmes » (nous traduisons).

Var.[2] : « une énergie produite à partir de sources non fossiles renouvelables, à savoir : énergie éolienne, solaire, aérothermique, géothermique, hydrothermique, marine et hydroélectrique, biomasse, gaz de décharge, gaz des stations d'épuration d'eaux usées et biogaz ».

En plus, vu la longueur du syntagme, le roumain, tout comme l'italien, a préféré tronquer l'expression française par l'utilisation de *energie regenerabilă* (it. *energie rinnovabili*) au lieu de *sources d'énergie renouvelables*, en parallèle avec la construction française : *source (s) renouvelable (s)*.

Notons également que *électricité verte* a comme équivalents roumains *energie electrică produsă din SRE / energie electrică produsă dinsurse regenerabile* (formes attestées dans les textes du Parlement européen) et respectivement *energie electrică ecologică* (forme attestée dans les textes du Conseil) – et, dans le discours de vulgarisation scientifique, *energie verde*, mais jamais : *electricitate verde*. À l'inverse, l'italien ne parle ni de *energia verde* ni de *elettricità verde*, mais seulement de *energia elettrica verde*, là où *energia elettrica* est le synonyme de *elettricità* :

(19) [domaine : ENERGIE, ENVIRRONNMENT ; institution : Parlement]
 a. fr. E-SER ; électricité verte ; électricité produite à partir de sources d'énergie renouvelables (PE)
 b. it. E-FER ; elettricità prodotta da fonti energetiche rinnovabili
 c. ro. energie electrică produsă din SRE/ energie electrică produsă dinsurse regenerabile

(20) [domaine : ENERGIE, ENVIRRONNMENT ; institution : Conseil]
 a. fr. « électricité verte »
 b. it. energia elettrica « verde »
 c. ro. energie electrică ecologică

Dynamique terminologique des *sources d'energie renouvelables* 107

3. La terminologie des *SER* dans la jurisprudence de la Cour de Justice de l'Union européenne

Après avoir suivi le fil des termes définis par les Directives et les Fiches terminologiques de *IATE*, nous pouvons passer maintenant à vérifier leur emploi dans la jurisprudence de la Cour.

3.1. La terminologie des SER dans la jurisprudence de la Curia en langue française

À cette fin nous avons composé un corpus pour le français, langue privilégiée par cette juridiction, contenant 33[18] affaires (arrêts, ordonnances, conclusions et décisions) publiées dans le Journal Officiel. Les documents ont été sélectionnés par la recherche des termes retenus dans le *Formulaire de recherche* de la jurisprudence européenne[19] à la voix « mots du texte ».

Le corpus montre la présence des termes suivants (déjà attestés dans les Directives et / ou dans IATE) :

(21) – *source(s) d'énergie renouvelable(s)* (Directives + IATE)
– *énergie produite à partir de sources renouvelables* (Directives + IATE)
– *électricité produite à partir de sources d'énergie renouvelables* (Directives + IATE)
– *énergie(s) renouvelable(s)* (IATE)
– *électricité verte* (IATE)
– *sources d'énergies nouvelles et renouvelables* (IATE)

Par contre, on n'enregistre aucune occurrence des termes suivants (pourtant présents dans les Directives et/ou dans IATE) : *obligation d'utiliser de l'énergie produite à partir de sources renouvelables* (Directives + IATE), *SER(N)* (IATE), *E-SER* (IATE).

On remarque toutefois l'emploi d'une série de variantes qui ne sont attestées ni dans les Directives, ni dans *IATE* :

(22) – *énergie produite à partir de sources d'énergie renouvelables*
– *électricité produite à partir de sources renouvelables*
– *électricité de source renouvelable*
– *électricité obtenue à partir de sources renouvelables*

---

18 Soit un total de 657 235 mots.
19 http//curia.europa.eu/jurisp/cgi-bin/form.pl?lang=it.://.

- *source(s) renouvelable(s)*
- *énergie(s) issue(s) de sources renouvelables*[20]

Il est également possible d'ajouter au groupe précédent d'autres termes employés dans la jurisprudence (mais absents dans les Directives et dans IATE, sauf *électricité produite à partir de sources d'énergie renouvelables* et *énergie produite à partir de sources renouvelables*), concernant les technologies qui entourent les énergies renouvelables, leur production et leur promotion :

(23) - *développement de technologies utilisant des énergies renouvelables*
- *développement des énergies nouvelles et renouvelables*
- *technologies utilisant des sources d'énergie renouvelables*
- *technologie en matière d'énergie renouvelable*
- *production d'électricité à partir de sources d'énergie renouvelables*
- *producteurs d'électricité à partir de sources d'énergie renouvelables*
- *production d'énergie à partir de sources renouvelables (d'énergie)*
- *promotion de l'électricité produite à partir de sources d'énergie renouvelables*
- *promotion de l'utilisation de l'énergie produite à partir de sources renouvelables.*

3.2. La terminologie des SER dans la jurisprudence de la Curia en langue italienne

Le même travail de recherche des termes inventoriés dans les Directives et/ou dans IATE par la voix « Mots du texte » du *Formulaire de recherche* de la jurisprudence européenne a été mené également pour l'italien. Nous avons donc composé un corpus pour l'italien comme langue de procédure (donc langue originale des affaires retenus) de 10[21] affaires (arrêts, ordonnances, conclusions et décisions) publiées dans le Journal Officiel. Le nombre inferieur d'affaires qui résulte est une donnée aléatoire, qui ne dépend que du fait que l'Italie a eu rarement recours à l'intervention de la Cour de Justice au sujet de l'exploitation des sources d'énergie renouvelables.

Le corpus montre la présence des termes suivants (déjà attestés dans les Directives et / ou dans IATE) :

(24) - *Fonti energetiche rinnovabili* (Directives + IATE)
- *Elettricità prodotta (a partire) da fonti energetiche rinnovabili* (Directives + IATE)
- *Energia da fonti rinnovabili* (Directives + IATE)

---

20 Variante de *énergie produite à partir de sources renouvelables*, forme attestée dans les Livres Blanc et Vert.
21 Soit un total de 104 624 mots.

- *Fonti di energia rinnovabili* (IATE)
- *Fonte energetica rinnovabile* (IATE)

Par contre, on n'enregistre aucune occurrence des termes suivants pourtant présents dans IATE :

(25) – *Fonti energetiche (nuove e) rinnovabili*
 – *Energia elettrica verde*
 – *Energia rinnovabile*
 – *Le rinnovabili*
 – *FENR*
 – *FER*
 – *E-FER*

On remarque toutefois l'emploi d'une série de variantes qui ne sont attestées ni dans les Directives, ni dans *IATE* :

(26) – *Energia prodotta da fonti energetiche rinnovabili*
 – *Energie da fonti rinnovabili*
 – *Fonte di energia rinnovabile*
 – *Energia elettrica da fonti rinnovabili*
 – *Elettricità verde*
 – *Energia verde*
 – *Energie verdi*

Comme pour le français, il est également possible d'ajouter d'autres termes employés dans la jurisprudence, concernant les technologies des énergies renouvelables, leur production et leur promotion :

(27) – *Produzione di energia da fonti rinnovabili*
 – *Uso di energia da fonti rinnovabili*
 – *Impianti da fonti rinnovabili*
 – *Promozione dell'energia da fonti rinnovabili*
 – *Quota delle energie verdi*
 – *Elettricità importata e prodotta da fonti di energia rinnovabili*
 – *Tecnologia per le energie rinnovabili*
 – *Tecnologie per le fonti energetiche rinnovabili*
 – *Obbligo di immettere nel sistema elettrico nazionale una quota di elettricità verde*

3.3. La terminologie des SER dans les documents officiels en langue roumaine

Dans les documents officiels roumains[22], la terminologie utilisée est prioritairement la terminologie de l'Union européenne :

(28) - *Legea promovării producerii energiei din surse regenerabile*
- *Legea promovării energiei electrice din surse regenerabile*
- *Domeniul energiei regenerabile*
- *Domeniul energiei din surse regenerabile*
- *producerea energiei electrice din surse regenerabile*
- *piețele de electricitate din regiunile nord-vest și central-est europene*

Dans la jurisprudence de la Curia, aucun document en roumain ne recense la terminologie que nous venons d'étudier, il est donc possible d'avancer l'hypothèse que la Roumanie n'a pas encore ressenti le besoin d'ouvrir un différend portant sur ce thème. En effet, il faut rappeler que la langue de procédure est celle de la partie requérante, à partir de laquelle et vers laquelle tous les documents pertinents pour l'affaire sont traduits. Cependant, il est vrai que les arrêts rendus par la Cour de Justice de l'Union européenne devraient être traduits dans toutes les langues de l'Union, processus qui est encore loin d'être achevé.

4. Conclusions

Comme le montre notre analyse, qui pourrait être élargie à un grand nombre de termes inhérents au domaine considéré, si l'on veut vérifier la possibilité d'avoir recours à un certain terme dans un contexte déterminé, pour sauvegarder la cohérence terminologique, il faut interroger les actes législatifs plutôt que les bases de données. Cependant, il faut rappeler qu'une définition repérée dans une directive peut s'appliquer à un seul acte / ensemble d'actes, et non pas au domaine tout entier. Quoi qu'il en soit, cette « habitude » définitoire a un avantage remarquable pour le jurilinguiste car, à travers ces définitions, le législateur européen crée des liens explicites parmi les termes qu'il considère comme appartenant à la même matière, propose des champs notionnels et lexicaux aptes à créer des univers cognitifs cohérents, sanctionne des cooccurrences, jouant ainsi un rôle important non seulement du point de vue juridique, mais aussi du point de

---

22 *Ordonanța de urgență nr. 24/2017 privind modificarea și completarea Legii nr. 220/2008 pentru stabilirea sistemului de promovare a producerii energiei din surse regenerabile de energie și pentru modificarea unor acte normative*, texte publié dans le Jurnal Officiel de la Roumanie, le 31 mars 2017.

vue (juri)linguistique. De là l'importance que ces expressions proposées dans toutes les langues de l'Union européenne peuvent revêtir pour les traducteurs, les terminologues et les analystes du discours.

Pour ce qui est du projet de consolidation de *IATE*, il paraît que, dans le domaine analysé, les cas de rumeur (non pas les cas de silence) ont été éliminés[23], sans pour autant atteindre une fiabilité pleine en ce qui concerne les sources référentielles choisies car, le plus souvent, les terminologues privilégient non pas les textes législatifs mais plutôt des sources généralistes (cf. *Le Monde*), techniques (cf. les textes publiés par l'agence italienne *Enea*) ou lexicographiques / terminologiques (cf. *Grand Dictionnaire Terminologique, Glossaire minambiente, Gemet thesaurus*), qui sont les « ressources personnelles des traducteurs » (Berteloot 2008 :15) dont ils partagent la connaissance.

Enfin, *IATE* enregistre un certain nombre de variantes dont la Cour de Justice de l'Union européenne répand l'usage. En effet, les arrêts qui forment le corpus analysé montrent l'emploi d'un grand nombre de variantes, plus ou moins contractées, du terme de départ : fr. *sources d'énergie renouvelables* / it. *fonti energetiche rinnovabili* ; pour ce qui est du roumain, l'avenir nous dira si la jurisprudence fera un usage des ressources terminologiques disponibles (en matière de SER) aussi varié qu'en français et en italien, ou si les juges tendront à une certaine normalisation terminologique. La variété attestée en français et en italien complexifie le travail du traducteur qui tente de fixer des critères de discrimination afin de choisir parmi les formes employées. En plus, le traducteur qui n'arrive pas à résoudre ses doutes par la consultation des bases de données rencontre un obstacle ultérieur dans la lecture de la jurisprudence européenne. Selon Lerat (2010), ce type de problème pourrait trouver une solution dans ce qu'il définit comme une gestion responsable de la variation terminologique qui « nécessite d'abord des définitions techniques partagées, le choix d'un nom unique par langue pour chaque concept spécialisé, prix à payer pour l'élaboration de champs conceptuels cohérents, et enfin un statut de synonymes pour les dénominations concurrentes, avec indication de leur source ». Cependant, comme le soulignait Guespin : « L'autoréglage par le consensus des 'savants' n'est qu'utopie » (1995 : 208).

---

23 Ces cas ont été relevés pour le français (cf. Preite 2012, cf. aussi Ponzo, Rossi 2012).

Références

Béjoint, Henri et Thoiron, Philippe (2000) – *Le sens en terminologie*, Lyon : PUL.

Berteloot, Pascale (2008) – « La standardisation dans les actes législatifs de l'Union Européenne et les bases de terminologie », *Actes du séminaire sur la normalisation, l'harmonisation et la planification linguistique* (Elena Chiocchetti, Leonhard Voltmer, éds), Bolzano : Printeam, p. 13–18.

Bocquet, Claude (2008) – *La traduction juridique. Fondement et méthodes*, Bruxelles : de Boeck.

Cornu, Gérard (2000) – *Linguistique juridique*, 2ème édition, Paris : Montchrestien.

Filali, Nadia – *Étude de la terminologie des énergies renouvelables dans une perspective trilingue (Français – Anglais – Arabe) : vers la création d'une base de données terminologique*, École doctorale Langage et langues (Paris) et de Université de la Sorbonne Nouvelle (Paris).

Gémar, Jean-Claude (1981) – « Réflexions sur le langage du droit : problèmes de langue et de style », *Meta* 26/4, p. 338–349.

Guespin. Louis (1995) – « La circulation terminologique et les rapports entre science, technique et production », *Meta*, 40/2, p. 206–215.

Kantorowicz, Hermann (1962) – *La definizione del diritto*, Torino: Giappichelli.

Lerat, Pierre (2010) – « Variabilité et harmonisation terminologiques », *Terminologia, variazione e interferenze linguistiche e culturali. Atti del Convegno Assiterm 2009* (Giovanni Adamo, Ricardo Gualdo, Giuseppina Piccardo, Sergio Poli, a cura di), Publifarum, 12.

Maican, Edmond (2015) – *Sisteme de energie regenerabile*, București: Editura Printech.

Mortara Garavelli, Bice (2001) – *Le parole e la giustizia*, Torino: Einaudi.

Polguère, Alain et Sikora, Dorota (2016) – « Introduction », *Cahiers de lexicologie* 109, *La définition*, p. 9–11.

Peruzzi, Alberto (1997) – *Definizione*, Firenze: La Nuova Italia.

Preite, Chiara (2012) – « Le « sources d'énergie renouvelables » tra direttive, banca dati e giurisprudenza dell'Unione Europea », *Terminologia delle energie rinnovabili tra testi e repertori: variazione, standardizzazione, armonizzazione* (Anna Giaufret, Micaela Rossi, eds), Genova University Press, p. 55–75.

Ponzo, Maria Elena et Rossi, Micaela (2012) – « Variazione terminologica e approcci terminografici nell'ambito delle energie rinnovabili: riflessioni sul progetto IATE-Lexecolo », *Terminologia delle energie rinnovabili tra testi e repertori: variazione, standardizzazione, armonizzazione* (Anna Giaufret, Micaela Rossi, eds), Genova University Press, p. 17–38.

Ioana Anca DINCĂ

Université de Bucarest Master de traductions
spécialisées et études terminologiques

Compiler un glossaire terminologique français-roumain des espèces envahissantes : les principaux écueils à surmonter

Abstract: This paper will provide a rather shallow description of the term list and structure of the compiled glossary, and of the methodology it relies on (analyzed corpus, reference corpus, selection criteria for head-terms), while trying to emphasize the added value of this product, especially when compared to other environmental dictionaries and glossaries.

Only afterwards are we going to explain some of the main problems encountered and how (or if) we managed to solve them: problems related to 1) the definition of the terminological field, 2) the selection of relevant concepts and discrimination of relations between them (conceptual analysis), 3) the identification of synonyms and other variants and choice of a head term and, last but not least, 4) the choice of an interlingual equivalent (context sensitive translational equivalence if not systemic/ systematic terminological equivalence).

Keywords: *alien species/ invasive species, terminological synonym, translational equivalence, terminological equivalence*

1. Introduction

Le présent article a comme premier objectif de présenter les tenants et les aboutissants d'un glossaire thématique bilingue que nous avons compilé en fin de licence de Traducteurs-Interprètes (à l'Université de Bucarest), glossaire portant sur le domaine général de l'écologie, sur les domaines particuliers de l'écologie appliquée et de l'écologie de la conservation, et sur les espèces envahissantes, comme thème spécifique.

> L'écologie et les sciences de la vie en général traitent des changements apportés par l'homme et par d'autres espèces au paysage, à l'équilibre écologique et à la biodiversité (qu'il s'agisse de changements évolutifs normaux ou de changements dus à la globalisation).

Le glossaire comprend les termes les plus saillants du domaine de référence – en l'occurrence, les désignations des concepts relatifs à[1] :
- à la classification des espèces envahissantes selon l'encadrement dans la diversité spécifique,
- au degré d'indigénat,
- aux étapes de l'invasion,
- au rôle des espèces introduites et aux effets réels de leur introduction sur la biodiversité indigène,
- aux divers types de lutte et au statut de conservation des espèces menacées par l'invasion,
- aux mesures adoptées et aux méthodes employées en vue de protéger les espèces indigènes.

Il repose sur une étude terminologique interculturelle[2] à finalité terminographique. Les langues objets sont le français et le roumain, le français étant également langue de la description terminographique (métalangue). Grâce à l'index des équivalents roumains, le glossaire est opérationnel dans les deux sens (français-roumain et roumain-français).

À titre de glossaire thématique (instrument de documentation), il s'adresse d'abord aux Roumanophones et/ou aux Francophones qui désirent s'informer sur la protection de la biodiversité et les espèces envahissantes (information thématique manquante, compréhension de termes inconnus, désambiguïsation d'items susceptibles de multiples interprétations).

En même temps, il peut constituer une référence terminologique fiable pour les langagiers (rédaction de textes spécialisés en français ou en roumain, traduction/ interprétation).

1.1. Choix du domaine

L'écologie est un domaine scientifique relativement récent (XIXe s.), à fort caractère interdisciplinaire.

« Étude des lois universelles expliquant le fonctionnement des écosystèmes » (Lévêque *et al.* 2012), l'écologie aura fini par s'intéresser aux changements

---

1 Voir plus bas Annexe 3.
2 Étude qui recouvre (dans l'ordre) le plan de l'objet (choix du domaine de référence et du thème spécifique), celui des conceptualisations (qui ne sont pas forcément identiques d'une culture à l'autre), puis seulement le plan des désignations (termes ou appellations).

survenus dans le cadre des systèmes écologiques et au rétablissement de l'équilibre des habitats. L'*écologie de la conservation* (le sous-domaine explicitement ciblé par notre glossaire) représente une acquisition de date plus récente : la notion est de plus en plus présente à partir de la Convention sur la diversité biologique, adoptée à l'occasion du Sommet de la Terre à Rio de Janeiro, en 1992. Ce sous-domaine lui-même est très interdisciplinaire – d'où force ambiguïtés et malentendus au niveau terminologique (voir Primack B. Richard *et al.* 2012).

Le long de notre recherche nous avons remarqué un certain manque d'homogénéité entre les concepts, ainsi qu'une disparité de nature quantitative et qualitative entre les ressources terminologiques tant primaires (textes) que secondaires (glossaires, dictionnaires et autres produits terminologiques) pour les deux langues considérées, dans le domaine de l'écologie de la conservation – il y a en effet bien moins de ressources en roumain qu'en français, en particulier pour ce qui est de la question des espèces envahissantes.

1.2. Méthodologie de la recherche

Nous avons élaboré le glossaire terminologique bilingue conformément à la norme ISO 12616/ 2002 (norme de terminographie sur objectif de traduction).

Le glossaire comprend une table des matières avec les 75 termes français (par ordre alphabétique) et leurs équivalents roumains, les 75 articles terminologiques, un index alphabétique des équivalents roumains, un index alphabétique des synonymes français et un index alphabétique des synonymes roumains, ainsi que, dans les annexes, les représentations conceptuelles mixtes selon la norme ISO 704/ 2000.

Les articles terminologiques sont constitués de données relatives au terme et de données relatives au concept. Ils comprennent, dans l'ordre, le domaine et, si besoin, le sous-domaine, le terme, les informations grammaticales, l'origine et le statut du terme (normalisé, validé, attesté, exclusif/proscrit, dominant/récessif, recommandé/toléré/déconseillé, etc.) ; les synonymes – chaque synonyme étant accompagné d'un numéro qui en identifie le type (1 pour forme abrégée/expansion, 3 pour variante orthographique, 4 pour synonyme obsolète/archaïque, 5 pour usage géographique et 6 pour variantes stylistiques[3] ; le numéro 2 correspond aux synonymes de type symbole/ formule, mais celui-ci s'est avéré inexistant pour les termes traités) –, ainsi que d'une note d'usage précisant le statut de chaque synonyme et une source d'attestation et, enfin (dans l'ordre), le contexte

---

3 Variantes populaire ou familière notamment.

d'attestation de la vedette (avec la source), ainsi qu'un champ de collocations et un champ voué au paradigme dérivationnel.

Parmi les données relatives au concept (domaine et sous-domaine en procèdent) : la définition, l'explication (chacune avec leurs sources) et des corrélats à détermination conceptuelle consistants avec l'arbre du domaine (en annexes du glossaire), à savoir : hyponymes, co-hyponymes, autres isonymes[4], hyperonyme ; méronymes, co-méronymes, autres isonymes[5], holonyme ; *autres corrélats* – champ destiné aux termes associés, quelle que soit la relation associative concernée.

Par rapport à la norme ISO 12616/ 2002, ont été donc ajoutés[6] les collocations et le paradigme dérivationnel (du côté du terme) et les corrélats (du côté du concept).

Dans la plupart des cas, les entrées comportent plusieurs définitions du même concept– une définition que nous avons nous-même extraite, manuellement, de ressources documentaires scientifiques (en ligne ou sur support papier) et, s'il y en a, pour le français, les définitions de la base de données terminologique IATE/ du GDT/ du TLF*i*.

Les équivalents roumains des vedettes françaises sont traités séparément, juste après la vedette française. Les articles dédiés aux équivalents roumains sont conçus en miroir avec les articles traitant des vedettes françaises. Les définitions proviennent soit d'ouvrages et d'articles de spécialité, soit (rarement) du IATE ou du dictionnaire explicatif de la langue roumaine (ou : DEX). Nous n'avons pas inclus de champ pour le *degré d'équivalence*, ni pour la *directionnalité* (les deux champs distinguant vedette et équivalent, au sens de la norme ISO 12616/ 2002), dans cette version du glossaire du moins.

Les principales références théoriques et méthodologiques consultées en vue de la compilation du glossaire – en sus de Velicu 2012 – ont été les normes ISO (704/ 2000, 12616/ 2002 notamment) et le manuel de terminologie de Helmuth

---

4   C'est-à-dire termes désignant des concepts coordonnés au concept désigné par la vedette, mais qui ne sont pas subordonnés immédiatement au même genre prochain : des isonymes qui ne sont pas pour autant des co-hyponymes de la vedette, donc.

5   Des isonymes (partitifs) qui ne sont pas pour autant des co-méronymes de la vedette : désignations de sous-parties de parties coordonnées – parties intégrées à un même « tout », au même niveau d'intégration.

6   Le patron de l'article terminologique a été élaboré par la directrice du mémoire et a fait l'objet d'un enseignement-apprentissage extensif en CM/ TD de terminologie française et bilingue en L2 (Velicu 2012).

Felber (cadre théorique classique de la terminologie conceptuelle wüstérienne – Felber 1987).

2. Principaux écueils à surmonter

Parmi les principales difficultés rencontrées mention doit être faite de la discrimination du champ terminologique ; de la sélection des concepts pertinents et de la description de leurs relations mutuelles ; de l'identification des synonymes et des variantes et du choix de la vedette française ; du choix d'un équivalent interlingual roumain (et de la distinction, là aussi, entre équivalent de la vedette française et synonymes de celle-ci).

2.1. La discrimination du champ terminologique

En tant que partie de l'écosystème, les espèces envahissantes sont les agents des invasions biologiques, facteur qui contribue à la dégradation de la biodiversité. Pour mieux comprendre à quelle échelle agissent ces espèces, il faut comprendre avant tout ce que c'est que la biodiversité.

La biodiversité couvre plusieurs sous-domaines :

La *diversité écosystémique* ou biodiversité des écosystèmes, qui « caractérise la variabilité des écosystèmes, leur dispersion sur la planète et reflète la richesse des relations structurelles et fonctionnelles entre les espèces, les populations et avec les écosystèmes » (Rovillé 2008).

La *diversité spécifique*, ou diversité des espèces, qui a comme objet d'étude le nombre d'espèces différentes d'un écosystème donné.

La *diversité génétique* ou la variété des gènes au sein d'une espèce.

Et la *biodiversité fonctionnelle,* qui comprend toutes les relations entre les diverses espèces à l'intérieur de l'écosystème.

Selon l'UICN (Union Internationale pour la Conservation de la Nature), fondée en 1948 en France, les *invasions biologiques* représentent à présent la troisième menace sur et la deuxième cause d'extinction des espèces, après la dégradation et/ou destruction des habitats et la surexploitation à des fins industrielles.

C'est sur l'agent de ces *invasions biologiques* que porte notre glossaire : les *espèces envahissantes* :

> En France comme au niveau mondial, les principales menaces sur les espèces sont bien connues : destruction et dégradation des milieux naturels, surexploitation des espèces, introduction d'espèces envahissantes, pollutions et changement climatique. (UICN-France 1)
> Les espèces exotiques envahissantes sont reconnues comme la troisième cause de l'érosion de la biodiversité mondiale. Selon les dernières estimations de la Liste rouge

de l'UICN, elles constituent une menace pour près d'un tiers des espèces terrestres menacées et sont impliquées dans la moitié des extinctions connues. (UICN-France 2)

2.2. La sélection des concepts pertinents et la description de leurs relations mutuelles

Un premier écueil de rencontré, à l'étape de sélection des termes/concepts est représenté par le concept même d'<espèces envahissantes>. Dans la littérature de spécialité il existe une hésitation dans l'emploi des termes *espèce envahissante* vs. *espèce invasive*. Le premier terme est employé soit au sens de <espèce exotique qui perturbe la biodiversité autochtone>, soit au sens de <espèce autochtone ou allochtone, qui prolifère au point d'envahir un certain endroit>, tandis que le deuxième – un anglicisme provenant du terme *invasive species* – a le sens strict de <espèce exotique qui perturbe la biodiversité autochtone>. Cette différence de sens peut être source d'ambiguïté, dans certains contextes.

Nous avons adopté dans le glossaire le point de vue de l'Union Internationale pour la Conservation de la Nature (UICN), qui présente le terme d'*espèces envahissantes* comme étant « des animaux, des plantes ou d'autres organismes introduits par l'homme dans des zones se situant hors de l'aire naturelle de distribution de l'espèce. Elles s'installent, se propagent et peuvent avoir de graves conséquences sur l'écosystème et les espèces indigène ». Il faut préciser que cette organisation se sert du terme d'*espèce exotique envahissante* pour faire référence au même concept, ce qui en fait un synonyme très souvent employé afin d'éviter l'ambiguïté engendrée par la vedette *espèce envahissante*, qui ne spécifie pas l'origine de l'*espèce*. Nous avons donc opté pour une approche synonymique des termes d'*espèce envahissante*, d'*espèce exotique envahissante* et respectivement d'*espèce invasive*.

Nous avons procédé à l'extraction manuelle de termes depuis des monographies, et avons d'abord ciblé des termes susceptibles de se trouver en relation les uns avec les autres : des termes en relations conceptuelles de type générique (classifications selon différents critères, tel que la capacité d'invasion), ou bien partitive (le caractère graduel de certains procès à phases multiples), si ce n'est en relations associatives de type cause-effet, action-objet, etc. Ensuite nous avons identifié des paires synonymiques, antonymiques etc. Des concepts à rôle relationnel ont été utilisés dans le système conceptuel, sans faire cependant l'objet d'un article terminologique du présent glossaire. Ces concepts ont été signalés d'un astérisque dans le glossaire et ils seront explicitement indiqués comme tels, le cas échéant, dans ce qui suit.

Le résultat a été un système conceptuel mixte, qu'on pourrait résumer en quelques lignes de la manière suivante : nous avons ancré le concept d'<espèce

envahissante> dans le domaine de l'écologie, à commencer par les divers types de <biodiversité>, dont les espèces envahissantes participent elles-mêmes en tant qu'espèces tout court, bien qu'elles représentent l'une des menaces les plus importantes pour celle-ci.

Le terme de *diversité écosystémique* se trouve en relation de co-hyponymie avec les termes *diversité spécifique, diversité génétique, diversité fonctionnelle*, et en relation de holonymie-méronymie avec le terme *écosystème*. À son tour, le concept <écosystème> se trouve en relation partitive de type <partie fonctionnelle-tout> avec les concepts de <biotope> et de <biocénose> et en relation de coordination avec le concept de <niche écologique> (dont la désignation est un méronyme du terme de *diversité fonctionnelle*). Le concept de <biocénose> comporte plusieurs sous-parties :<flore>, <faune>, <fonge> (concepts non traités – éléments relationnels uniquement), et <micro-organisme>. Le concept de<flore> est superordonné à celui de<flore non spontanée> (concept non traité – élément relationnel uniquement) et à celui de <flore spontanée>.

Selon l'origine, le concept <espèce> est classifié en <espèce indigène> vs. <espèce cryptogène> vs. <espèce allogène>.

Le terme d'*espèce indigène* est l'hyperonyme d'*espèce indigène* (au sens strict), d'*espèce néo-indigène* et d'*espèce néo-indigène potentielle*. L'hyponyme *espèce indigène* (au sens strict) est à son tour en relation d'hyperonymie avec les termes *espèce commune* (terme non traité – élément relationnel uniquement) et *espèce d'intérêt communautaire*. Le deuxième fonctionne comme hyperonyme pour : *espèce protégée, espèce endémique, espèce rare, espèce vulnérable* et *espèce en danger*. Entre les concepts <espèce protégée> et <zone protégée> il existe une relation associative de type <lieu-objet>.

En revenant au niveau de classification des espèces selon leur provenance, nous pouvons sous-diviser le concept d'<espèce allogène> selon l'intentionnalité et selon la capacité d'invasion (dimensions de classement distinctes).

Selon l'intentionnalité, le concept d'<espèce allogène> se trouve en relation générique (de type <genre-espèce>) avec les concepts :<espèce introduite involontairement> et <espèce introduite volontairement>. Les hyponymes regroupés sous l'hyperonyme d'*espèce introduite volontairement* sont : le terme d'*espèce plantée/cultivée*, le terme d'*animal élevé*, le terme d'*animal chassé* et le terme de *NAC* (acronyme de : *nouveaux animaux de compagnie*[7]).

---

7 Qui en sera l'expansion, recensée comme synonyme de la vedette NAC (choix de la vedette selon le critère de la fréquence d'attestation).

Selon la capacité d'invasion, le terme d'*espèce allogène* est l'hypéronyme d'*espèce* envahissante et d'*espèce non envahissante*. Le concept d'<espèce envahissante>est en relation non hiérarchique (associative) avec le concept de <contrôle des espèces envahissantes> (relation de type <action-objet>; concept non traité en soi, élément relationnel uniquement) et avec celui d'<invasion biologique> (relation de type <agent-action>). Le même concept d'<espèce envahissante> entretien des relations hiérarchiques (génériques) avec d'autres concepts, selon le degré d'intégration et selon le niveau de risque pour la biodiversité.

Les concepts correspondants aux différents niveaux d'intégration des espèces envahissantes constituent un microsystème graduel, par ordre croissant d'intégration : l'<espèce introduite>, l'<espèce occasionnelle> (concept supra-ordonné aux concepts d' <espèce subspontanée> et d'<espèce accidentelle>), l'<espèce acclimatée>, l'<espèce naturalisée> (avec les concepts subordonnés d'<espèce sténonaturalisée> et d'<espèce eurynaturalisée>), l'<espèce proliférante> (superordonné à <espèce colonisatrice> et à <espèce transformatrice>).

Selon le niveau de risque on distingue les concepts (coordonnés entre eux) d'<espèce à surveiller>, d'<espèce invasive potentielle> et d'<espèce invasive avérée>.

Selon les niches écologiques occupées par les espèces invasives avérées, distinction est faite entre : le <prédateur>, le <concurrent>, le <ravageur>, le <parasite> et le <pathogène>.

L'<invasion biologique> est de trois types : l'< invasion biologique spontanée>, l'< invasion biologique subspontanée> ou l'< invasion biologique non spontanée> (d'origine anthropique[8]). Elle peut avoir comme résultat l'<hybridation> ou l'<extinction> des espèces indigènes (relation associative de <cause-effet>). Le concept d'<invasion biologique non spontanée> se trouve en relation partitive de type <phase-action> avec les concepts d'<introduction> (dont les espèces sont : l'<introduction accidentelle> et l'<introduction intentionnelle>), d'<acclimatation>, de <naturalisation>, d'<expansion> et de <prolifération>.

Nous avons également traité les termes relatifs au contrôle des espèces envahissantes. L'intégration des concepts dans le système a été faite compte tenu de l'instrument de contrôle et de la finalité. Selon la finalité, le terme de *contrôle des espèces envahissantes* devient hyperonyme de *prévention* et d'*éradication*. Selon l'instrument, le concept de <contrôle des espèces envahissantes> se trouve en relation de type genre-espèce avec les concepts suivants : <lutte biologique>, <lutte chimique>, <lutte intégrés> et <lutte mécanique>.

---

8   C'est-à-dire : causée par l'intervention des humains.

Il faut mentionner que, pour améliorer les critères de classification et pour mieux représenter certaines relations entre concepts, nous avons eu recours aux schémas « Représentation schématique des différents statuts d'indigénat des espèces végétales » et « Représentation schématique des principales barrières limitant l'expansion des plantes introduites » de Vahrameev et Nobiliaux 2013.

Un deuxième écueil dans la sélection des concepts a été représenté par **l'ambigüité dans le cadre du même domaine** – il y a en effet des termes qui ont été traités comme synonymes dans certains ouvrages et comme termes distincts dans d'autres. Prenons, en guise d'exemple, les étapes qui portent à l'invasion biologique. Certains termes qui désignent ces étapes ne sont pas bien délimités, d'où un emploi erroné de ceux-ci. C'est le cas des termes *acclimatation* et *naturalisation*. Entre les deux il y a une différence importante : dans le cas des espèces naturalisées, la reproduction durable dans le nouvel habitat se fait sans l'aide de l'homme, ce qui n'est pas valable pour les espèces acclimatées.

Un paramètre très important dans la sélection des concepts et dans l'établissement des relations mutuelles est représenté par la structure lexicale (ou : structure morphologique) des termes. C'est là un (sinon *le*) principal indice de traité, par le terminologue. La structure lexicale est très importante pour la compréhension des termes dans leur contexte (en tant que facteur de motivation[9]), pour la mise en relation avec d'autres termes et même dans la recherche de l'équivalent roumain.

Un terme a pu, donc, ouvrir la porte vers d'autres termes corrélés, c'est-à-dire que les termes dérivés ou composés ont été classés selon leur noyau commun (Gouadec 1990), ou, pour plus de clarté, les concepts désignés par ces termes ont été classés selon les indices structuraux fournis par le noyau commun des désignations respectives.

C'est ainsi grâce à la fois à leur définition et à leur morphologie (structure interne) que nous avons pu discriminer la relation de co-hyponymie entre les termes d'*espèce sténonaturalisée* et d'*espèce eurynaturalisée*, qui désignent des espèces ayant comme genre prochain le concept désigné par le terme d'*espèce naturalisée*.

Le même raisonnement doit intégrer un paramètre complémentaire, en ce qui concerne les termes d'*espèce invasive potentielle* et d'*espèce invasive avérée*, qui sont des hyponymes du terme d'*espèce envahissante* (selon la classification par le

---

9   Motivation des termes : relation de transparence relative entre signifié compositionnel du terme et définition du concept (Velicu 2012 : § 3.4., « Principes de bonne formation des termes »).

niveau de risque pour la biodiversité[10])– en l'occurrence, la relation de synonymie entre « noyau commun » des désignations des espèces et terme-vedette désignant le genre prochain (dans le glossaire commenté) : en effet, le noyau commun des deux termes composés par juxtaposition comparés est, dans ce cas-ci, seulement un synonyme de la vedette *espèce envahissante*, ce qui rend l'identification de la relation entre ces deux termes et leur hyperonyme plus complexe.

En ce qui concerne les termes dérivés, nous donnons l'exemple de *acclimatation* et *acclimaté(e)* (du verbe *acclimater*) et respectivement de *naturalisation* et *naturalisé(e)* (du verbe *naturaliser*) pour la formation de noms désignant le résultat de l'action désignée par le verbe et d'adjectifs désignant la propriété de résulter de cette action – adjectifs qui à leur tour entrent par la suite dans la formation de termes composés nominaux : *espèce acclimatée, espèce* naturalisée etc.

Dans certains cas, les énoncés définitoires (définitions génériques en intension pourtant) explicitent eux-mêmes les relations conceptuelles pertinentes. La définition du concept désigné par le terme d'*espèce naturalisée* – « plante non indigène poussant spontanément (spontanée), auparavant accidentelle ou subspontanée, qui persiste (au moins dans certaines stations) après une durée minimale de 10 ans d'observation dans une même station » (Geslin *et al.* 2011) – comprend parmi les caractéristiques de ce type d'espèce, une référence explicite aux espèces coordonnées (et donc, une mention des termes corrélés). La définition signale le caractère graduel des trois phases d'intégration d'une espèce allogène que sont, dans l'ordre : *espèce accidentelle* (introduite involontairement, mais qui ne peut pas se reproduire dans le nouvel habitat) vs./<*espèce subspotanée* (introduite volontairement, et dépendante de l'homme pour sa reproduction dans le nouvel habitat), vs./<*espèce spontanée* (qui se reproduit indépendamment de l'homme), vs./<*espèce naturalisée* (espèce spontanée persistante pour plus de 10 ans)[11]. L'analyse conceptuelle sous-jacente à cette définition fait alors de l'<espèce spontanée> non pas un genre prochain de l'espèce naturalisée, mais une phase antérieure, un degré d'intégration moindre que la naturalisation (<+introduction volontaire, +reproduction autonome, +durée sur site inférieure à 10 ans> vs <+introduction volontaire, +reproduction autonome, +durée sur site égale ou supérieure à 10 ans>), et respectivement une phase postérieure (un degré d'intégration supérieur) à l'introduction volontaire sans autonomie reproductive à l'origine des espèces dites *subspontanées* (<+introduction volontaire, -

---

10 Dimension de classement des concepts.
11 Où l'abréviation « vs. » (versus) exprime (comme à l'accoutumée) la relation d'opposition entre concepts (antonymie entre termes), et « < » symbolise un degré d'intégration moindre que celui de l'espèce dont la désignation suit.

reproduction autonome>), elles-mêmes plus intégrées par rapport aux espèces dites *accidentelles* (<+introduction accidentelle, -reproduction autonome>).

2.3. L'identification des synonymes et des variantes et le choix de la vedette française

Le domaine de l'écologie de la conservation s'est avéré fort riche en synonymes :

- 39 vedettes françaises avec synonymes ;
- 72 synonymes français en tout, dont :
    - 68 variantes orthographiques (*acclimatation – acclimatement* ; *allogène – exotique, allochtone* ; *diversité biologique – biodiversité*) ou bien stylistiques (*envahissant – invasif*) ;
    - 3 formes abrégées (*lutte biologique – LB* ; *espèce exotique envahissante – EEE* ; NAC – nouveaux animaux de compagnie) ;
    - 1 usage géographique (*espèce en danger* – Canada : *espèce menacée*)

Vu l'ampleur du phénomène, nous n'avons choisi la vedette qu'après une recherche approfondie, en tenant compte de plusieurs critères, dont en premier lieu le statut du terme (normalisé ou non).

Le terme d'*espèce envahissante*, par exemple, a pour variantes attestées : *espèce exotique envahissante, EEE, espèce allogène envahissante, espèce invasive*. Entre tous ces termes désignant un seul concept, le seul à être recommandé officiellement par la Commission d'enrichissement de la langue française (France) est celui d'*espèce envahissante*. Nous avons donc traité ses variantes en tant que synonymes et avons précisé en note d'usage que le dernier de la liste (*espèce invasive*) a le statut de terme déconseillé, étant un anglicisme (selon le GDT).

Un autre critère d'utilisé pour discriminer la vedette, à défaut d'informations plus pertinentes, a été celui de la fréquence. Dans le cas du terme *espèce allogène* (pour lequel nous avons trouvé pas moins de six synonymes : *espèce non indigène, espèce allochtone, espèce étrangère, espèce exotique, espèce exogène, espèce non native*), le choix a été fait selon le critère de la fréquence.

D'autres termes ont posé des problèmes de nature conceptuelle, vu l'existence de différentes définitions concurrentes, dans la littérature (suggérant la désignation de concepts distincts, avec pour résultat l'éclatement homonymique du terme à l'étude).

Il en va ainsi du terme *adventice* (*occasionnel*), qui se réfère à une espèce (de plante) introduite mais qui ne s'est pas toujours établie dans le nouveau territoire. Les termes *adventice* et *occasionnel* sont traités en tant que synonymes dans l'ouvrage *Liste des espèces végétales invasives de la région Centre* (Vahrameev et Nobilliaux 2013).

Il y a cependant plusieurs acceptions recensées sous l'entrée du même nom, en lexicographie générale (ce qui veut dire qu'il devrait y avoir, en terminologie conceptuelle, autant de termes homonymiques, désignant chacun un concept distinct) : dans le TLF*i* sont assignés au terme *adventice* deux signifiés distincts, dans le même domaine de spécialité (botanique), « en parlant d'une plante » : « qui croît sur les terres de culture indépendamment de tout ensemencement par l'homme » et « qui croît (avec ou sans intervention de l'homme) en dehors de son habitat originel ». La première définition se réfère aux plantes dites (selon une perspective anthropocentrique[12]) *mauvaises herbes* et n'a pas grand-chose à voir avec le concept d'espèces allogènes. La deuxième définition spécifie seulement le caractère allogène de la plante, mais neutralise la portée de la dimension de l'intentionnalité (comme dimension de classement), n'ajoutant aucun autre caractère au concept (supposément) désigné. Cette définition correspond à celle du concept désigné par le terme *adventiv* du roumain, parce qu'elle s'arrête à l'origine de la plante, mais, à la différence de celui-ci, elle n'évoque pas le degré d'intégration. Par contre, la définition de Vahrameev et Nobilliaux 2013 (« plante exotique qui apparaît sporadiquement à la suite d'une introduction fortuite liée aux activités humaines et qui ne persiste que peu de temps dans sa station ») apporte une précision importante à cet égard, à savoir que la plante existe de manière seulement temporaire dans le nouveau territoire, n'ayant pas ou pas encore traversé la barrière de l'acclimatation et de la naturalisation.

Nous avons adhéré dans le glossaire à l'analyse conceptuelle de Vahrameev et Nobilliaux 2013.

Il faut mentionner qu'en français il existe deux mots similaires, mais d'intension et d'emploi différents : *adventice*, dont nous avons déjà parlé, et *adventif*, d'où le terme *adventiv* en roumain.

En français, selon le TLF*i*, *adventif* est employé dans le domaine de la géologie (« [En parlant d'un cône ou d'un cratère de volcan] qui se forme aux abords des fissures apparues le long du cône central ») ou bien en botanique (en parlant d'un « organe végétal : racine, bourgeon, tige, branche, etc. » : « qui se développe sur

---

12 Au contraire de ce que le terme suggère, ces plantes n'ont rien d'intrinsèquement « mauvais » sauf le fait d'affecter les cultures agricoles – certaines d'entre elles sont même employées comme remèdes populaires : le chardon, l'ortie, la prêle des champs – citées parmi les sept mauvaises herbes les plus tenaces – sont autant de remèdes contre les maladies du foie (le chardon-Marie), des reins (l'ortie, diurétique naturel) et/ou contre la déminéralisation des os (la prêle des champs).

la plante en des points inaccoutumés »). Sans rapport aucun donc aux espèces allogènes.

Bien que le terme roumain d'*adventiv* ait de nombreux synonymes (*exotic, exogen, neindigen, străin, alogen, venetic, introdus*), c'est lui qui est traité dans notre glossaire en tant que terme vedette ou : équivalent roumain du terme *allogène*, en raison de sa fréquence dans les textes de spécialité et de son attestation dans un texte de la Commission Européenne sur les espèces exotiques envahissantes.

Un cas de figure particulièrement intéressant en matière de synonymie terminologique, c'est celui des termes français *autochtone* et *indigène* (adjectifs). La relation de base entre ces deux termes est une relation d'hyponyme à hyperonyme (*indigène* < *autochtone*) : « populations autochtones (indigènes au sens strict ou archéophytiques) » (Toussaint *et al.* 2007 : 514). Certains auteurs, en particulier dans des textes de vulgarisation scientifique, les traitent cependant comme de vrais synonymes (Thevenot Jessica *et al.* 2013 : 6).

Nous présumerons, ainsi que notre directrice de mémoire de licence nous l'a suggéré, qu'il s'agit là, à l'origine, d'une simple anaphore nominale, érigée, à force d'usages répétés, en relation lexicalisée. En clair, à force d'utiliser l'hyperonyme comme substitut *textuel* – non pas de n'importe lequel de ses hyponymes[13], mais de l'hyponyme désignant l'espèce dominante, ce que l'on pourrait appeler, en termes de la Théorie du prototype, l'espèce meilleur exemplaire de la classe (ou : prototype) – l'hyperonyme deviendra un synonyme de son hyponyme le plus saillant[14]. Il est évident que le prototype, dans ce cas-ci, ce ne sont pas les populations archéophytes (« plantes <u>introduites</u> avant 1500 », avant la « découverte de l'Amérique, <u>du fait des activités humaines</u> » – Toussaint *et al.* 2007 : 512, 517), mais les populations indigènes à proprement parler (plantes relevant du « cortège floristique 'originel' du territoire dans la période bioclimatique actuelle », <u>dont y compris des plantes spontanées</u> – Toussaint *et al.* 2007 : 512). Par voie de

---

13 A la différence de ce qui se passe en général, par exemple : *Il m'a offert des roses. Les fleurs*(➔ *les roses*) *étaient fanées.* vs *J'ai acheté des tulipes, et les fleurs*(➔ *les tulipes*) *étaient déjà fanées*, etc.

14 Georges Kleiber fait le point sur l'apport possible de la théorie du prototype – telle que présentée dans les travaux d'Eleanor Rosh (prototype meilleur exemplaire d'une catégorie) – à la description du sens des mots de la langue : « avec le prototype conçu comme la représentation mentale du meilleur exemplaire-objet, la définition du sens lexical en termes prototypiques redevient pertinente. Le sens d'un mot peut en effet être défini à ce moment-là comme la représentation mentale ou concept de son prototype-objet » (Kleiber 1990 : 61).

conséquence, c'est la synonymie *autochtone* = *indigène*, qui passera du discours, à la langue (au système du vocabulaire spécialisé concerné).

Maintenant, en roumain, selon les références consultées à ce jour du moins, *autohton* et *indigen* sont systématiquement employés comme synonymes. De fait, nous n'avons pas retrouvé de texte assez spécialisé pour que la distinction entre plantes indigènes et archéophytes y soit même opérée. Le terme roumain d'*arheofite* n.f. pl. est traité dans le MDN'00, en tant que substantif (avec le sens de « plantes archéophytes »), mais la définition proposée (<plantes introduites suite aux activités humaines depuis la préhistoire>) y est différente par rapport à la définition du concept désigné par le terme français (adjectif) d'*archéophyte*, qui n'implique, lui (du point de vue des pays européens), qu'une attestation de la plante concernée remontant aux années 1500, soit antérieure à la découverte de l'Amérique, et non remontant à la préhistoire nécessairement. Ce terme roumain, recensé en tant que néologisme au début des années 2000, par le lexicographe, nous ne l'avons pas retrouvé à ce jour dans des textes rédigés en roumain (dans les domaines de l'écologie de la conservation ou de la botanique).

Pour faciliter la recherche dans le glossaire, nous avons ajouté, en annexes, outre l'index des équivalents roumains (déjà mentionné dans l'introduction), un index de synonymes français et un index des synonymes roumains (avec renvois à la vedette française ou respectivement au terme roumain proposé comme équivalent de celle-ci, et à la page).

2.4. Le choix d'un équivalent interlingual roumain

En ce qui concerne la terminologie du domaine de l'écologie, le roumain a assimilé beaucoup de termes provenant du français, et, en dépit de son caractère récent, la terminologie utilisée a eu le temps d'évoluer, de s'adapter à la langue d'accueil. Un exemple intéressant et unique dans ce glossaire, qui reflète cette évolution, est le terme d'*acclimatation*, en roumain *aclimatizare*, qui a comme variantes synonymiques *aclimatațiune* et *aclimatare*.

Ce phénomène nous rappelle l'étude de Pascaline Dury (Dury 1999) sur l'évolution diachronique du concept <écosystème> et sur le changement de ses désignations au fil du temps, jusqu'à l'adoption définitive d'une forme (en anglais et respectivement en français). Si les variantes du terme d'*écosystème* marquaient également une évolution au niveau de la conceptualisation (variantes diachroniques reflétant des changements conceptuels), le terme roumain d'*aclimatizare* a une double origine, sans changement au niveau de la conceptualisation : cela reflète le dynamisme de la langue, surtout à l'époque de l'introduction de ce terme, en roumain.

Dans l'intitulé d'une nouvelle dite par son auteur lui-même « véridique », nous retrouvons « în grădina zoologică de *aclimatațiune* din Paris » ('dans le jardin zoologique d'acclimatation de Paris'). La nouvelle est parue dans la revue *Gazeta Săténului* ('Gazette du villageois') du 5 février 1886.

Le texte donne ensuite des précisions sur le processus écologique d'acclimatation : « Grădina de aclimatațiune a fost fondată pentru a rěspândi, înmulți și aclimata tóte speciile de animale și vegetale ce sunt și vor fi introduse în Francia ». ('Le jardin d'acclimatation a été fondé pour faire proliférer, multiplier et acclimater toutes les espèces animales et végétales qui sont introduites ou qui vont être introduites en France.'). Nous pouvons remarquer des formes archaïsantes, telles *rěspândi* au lieu de *răspândi* ('répandre'), *tóte* au lieu de *toate* ('toutes') ou *Francia* au lieu de *Franța* ('France'), mais le terme le plus saillant reste *aclimatațiune*. À l'époque, le roumain reprenait beaucoup de termes en *-tion* au français, qui ont donné des formations roumaines en *-țiune*. Certaines de ces formations ont survécu en roumain contemporain (*națiune* 'nation'), d'autres ont évolué (*civilizațiune* → *civilizație*, 'civilisation'). *Aclimatațiune*, qui désignait à l'origine le procès d'acclimatation, devint d'abord *aclimatare* (infinitif long roumain à valeur de nom d'action, un déverbal). Puis cette forme elle-même cèdera le pas à l'infinitif long du verbe *a (se) aclimatiza*, emprunté, lui, non pas au français, mais à l'allemand : *aclimatiza* < akklimatisieren → (verbe transitif/ réflexif, *a se aclimatiza* – DEX 2009 (auquel on ajoute la terminaison *-re* pour créer l'infinitif long).

Aclimata (< fr. acclimater) devient un verbe transitif « (rar), a (se) aclimata », recensé dans le DEX 1998 comme d'emploi « rare », et dans le DEX 2009 comme « înv. » (abréviation de *învechit*, 'vieilli', et correspondant fonctionnel de l'abréviation française *vx*. de : *vieilli*) – autrement dit, en tant que terme « senti par la majorité des locuteurs comme n'appartenant plus à leur usage courant » (Dubois *et al.* 1994 : 507).

Les deux termes *aclimatațiune* et *aclimatare* ont été, donc, mentionnés dans le champ des synonymes (variantes diachroniques), la place de la vedette étant occupée par le terme plus récent de *aclimatizare*.

Dans le glossaire que nous avons compilé, certains termes roumains (équivalent chacun d'une vedette française[15]) sont traités dans des dictionnaires

---

15 Le mot « terme » est employé ici dans le sens de la norme ISO 12616, en tant qu'opposé à : « synonyme » ou à « variante ». Les termes sont donc la vedette française et son équivalent roumain, que l'on peut envisager comme une vraie vedette roumaine, lors de la consultation croisée du glossaire, possible grâce à *l'index des équivalents roumains*.

explicatifs de langue générale (à domaine de spécialité précisé au cas par cas, biologie ou botanique) : 27 termes roumains sont recensés dans la banque lexicographique dexonline ; 10 de ces 27 termes ont aussi des synonymes recensés dans des dictionnaires de cette même banque lexicographique, avec, à l'occasion, mention du statut « rare » ou (selon le cas), « vieilli » :

- vedettes roumaines de notre glossaire recensées dans le DEX '98 et '09 : *aclimatizare, biotop, ecosistem, alogen, indigen, extincție, habitat, hibridare, proliferare, dăunător* ;
- synonymes de notre glossaire recensés dans le DEX '98 : *aclimatare* (rare) ; *habitat* (synonyme de : *biotop*) ; *alogenetic* (synonyme de : *alogen*) ; *extincțiune* (synonyme de : *extincție*) ; *hibridație* (rare), *hibridizare* (synonymes de : *hibridare*) ; *proliferație* (synonyme de : *proliferare*) ; *vătămător* (synonyme de : *dăunător*) ;
- synonymes de notre glossaire recensés dans le DEX '09 : *aclimatare* (vieilli) ; *alogenetic* (synonyme de : *alogen*) ; *biotop* (synonyme de : *habitat*) ; *extincțiune* (synonyme de : *extincție*) ; *hibridație* (rare), *hibridizare* (synonymes de : *hibridare*) ; *proliferație* (synonyme de : *proliferare*) ; *vătămător* (synonyme de : *dăunător*) ;
- synonymes de notre glossaire recensés dans le MDN '00 : *alogenetic* (synonyme de : *alogen*) ; *autohton* (synonyme de : *indigen*) ; *biotop* (synonyme de : *habitat*) ; *biogeocenoză* (synonyme de : *ecosistem*) ; *hibridație* (synonyme de : *hibridare*) ; *proliferație* (synonyme de : *proliferare*) ; *vătămător* (synonyme de : *dăunător*) ;
- synonymes de notre glossaire recensés dans le Dictionnaire Scriban 1939 : *aclimatațiune, aclimatație, aclimatare* ;
- synonymes de notre glossaire recensés dans le Dictionnaire Șăineanu 1929 : *aclimatațiune, aclimatație* ; *vătămător* (synonyme de : *dăunător*).

Les termes qui ne sont plus utilisés de nos jours ont été d'emblée exclus par la procédure de discrimination de la vedette roumaine. Les autres ont été soumis à des recherches plus avancées dans des ouvrages de spécialité, pour déterminer le terme dominant selon sa fréquence, sa transparence (ou : motivation) et sa position plus ou moins saillante dans les textes (termes attestés dans des titres d'ouvrages ou d'articles, dans des intitulés de chapitres ou de sections ; mis en vedette typographiquement, par des gras, des italiques, des majuscules ; apparaissant dans des énoncés définitoires, ou dans des contextes énumératifs etc.[16]).

Certains termes roumains sont traités de manière souvent contradictoire ou mutuellement inconsistante dans divers dictionnaires. C'est en particulier le cas des termes *criptogen, invaziv* et *naturalizare*.

Dans le cas du terme *criptogen* (domaine spécifié – biologie, avec la précision qu'il s'agit d'organismes), le MDN '00 propose comme synonyme le terme *criptogenetic*, même si dans l'entrée du deuxième aucune synonymie avec *criptogen*

---

16   Voir Velicu 2012 : § 3.3.2, « Critères de discrimination des termes ».

n'est mentionnée. Par contre, cette fois-ci, le terme *criptogenetic* est attribué non plus à la biologie, mais à la médecine (« cause qui ne peut pas être déterminée par la médecine actuelle » – traduction en français de notre main), ce qui prouve que les deux termes ne sont pas posés comme synonymes : en effet, la synonymie terminologique ne vaut par hypothèse que d'un certain domaine de référence, d'une certaine spécialité. Nous ne pouvons cependant pas entièrement exclure la possibilité d'une simple incohérence dans le dictionnaire.

L'adjectif roumain *invaziv*, impliqué dans le procédé de formation par composition, pour donner le terme complexe de *specie alogenă invazivă*, est, dans tous les trois dictionnaires roumains consultés, privé de son appartenance au domaine de l'écologie, les dictionnaires proposant seulement des définition du domaine de la médecine.

Une autre situation d'incohérence rencontrée pendant notre recherche des équivalents roumains, est représentée par le traitement lexicographique du terme roumain de *naturalizare*, pour lequel le MDN '00 propose le synonyme *aclimatizare*, même si l'inverse n'est pas valable, c'est-à-dire bien que sous l'entrée *aclimatizare* le terme *naturalizare* ne soit plus mentionné comme synonyme du premier.

Nous avons déjà discuté la situation du terme français d'*espèce envahissante* et de ses multiples synonymes. Bien que le terme *espèce exotique envahissante* soit lui aussi normalisé, le terme d'*espèce envahissante* est, selon le GDT, un terme normalisé privilégié, alors que le terme de *espèce invasive* est déconseillé (à titre d'anglicisme, l'adjectif *invasif* étant un emprunt à l'anglais). En roumain, le terme *specie invazivă* (pluriel : *specii invazive*) est entré par filière anglaise (calque sur l'anglais *invasive species*) et il jouit de plus amples attestations que ses synonymes roumains (*specii invadatoare*[17]). C'est en effet un terme très rencontré dans les textes spécialisés. De même qu'en français nous avons le doublet *espèce envahissante/ espèce exotique envahissante*, en roumain nous observons une alternance entre *specie invazivă* et *specie alogenă invazivă*. Il faut remarquer la préférence de certains auteurs (dont la Commission Européenne), pour l'adjectif *alogen*, plutôt que pour *exotic*. Donc, pour un patron de lexicalisation cette fois-ci plus près du français (*espèces allogènes*) que de l'anglais (*exotic species = alien species*).

Nous avons rencontré 9 termes français (sur 75) qui n'ont pas d'équivalent roumain attesté. Dans ce cas, des équivalents ont été proposés, notamment par calque morphologique (*auxiliare exotique = auxiliar exotic* ; *planté(e)/cultivé(e) =*

---

17 Moins attesté du quart (-25%) que *specii invazive* (recherche ciblée *verbatim* sur Google, en octobre 2017, chiffres vérifiés en avril 2018, contextes d'écologie ou de biologie de la conservation, premiers 20 exemples uniformément pertinents dans les deux cas).

plantat(ă)/cultivat(ă) ; *espèce à surveiller = specie monitorizată* ; *invasion subspontanée = invazie subspontană* ; *sténonaturalisé(e) = stenonaturalizat(ă)* ; *eurynaturalisé(e) = eurinaturalizat(ă)*), à l'occasion, à orthographe différente en roumain (terme composé par accolement, en roumain, contre terme composé à trait d'union, en français : *néo-indigène = neoindigen*) ; un seul exemple, s'agissant d'un acronyme français, a été rendu en roumain par périphrase explicative (nous y reviendrons).

Pour combler ces lacunes du roumain et soutenir son enrichissement de point de vue terminologique et conceptuel, des définitions ont été proposées, à partir de celles attestées dans des ressources documentaires en français.

Le calque depuis le français est très utilisé en tant que processus d'enrichissement du roumain dans tous les domaines et il donne normalement naissance à des termes très transparents (pour le sujet parlant roumanophone), comme par exemple *auxiliaire exotique – auxiliar exotic* (où le terme *auxiliaire* est l'équivalent de *auxiliar* en roumain) – ayant le sens de « organisme différent, le plus souvent un parasite (ou parasitoïde), un prédateur ou un agent pathogène du premier (organisme indésirable, ravageur d'une plante cultivée, mauvaise herbe, parasite du bétail…), qui le tue à plus ou moins brève échéance en s'en nourrissant ou tout au moins limite son développement » (Fraval 1999).

Un cas particulier de terme complexe est représenté par l'adjectif *planté/ cultivé* (*espèce plantée/ cultivée* est un hyponyme de : *espèce introduite volontairement*) – terme formé à première vue par une périphrase définitoire générique en extension, à la faveur d'une coordination en « ou » (équivalent logique de la barre)[18] Une plante est dite *plantée/ cultivée* si c'est une « plante exotique utilisée à des fins de production, cultivée en grand ou pour l'ornement, incapable de se reproduire dans son territoire d'introduction » (Vahrameev et Nobilliaux 2013 : 6[19]). Le terme, unique par sa structure, se retrouve dans la liste des termes traduits par calque. Il est vrai d'autre part que ce terme français lui-même ne jouit pas d'une bonne implantation : aucune occurrence d'attestée (selon nos

---

18 Une question pertinente serait la question de savoir si cette forme correspond à une coordination d'adjectifs « planté ou cultivé » (le terme complexe alors est un adjectif, comme nous l'avions supposé en compilant le glossaire) ou à une coordination de syntagmes nominaux « espèce plantée ou espèce cultivée » – auquel cas, la vraie vedette devrait être de l'ordre des noms : *espèce plantée/ cultivée*.
19 Dans l'original : *plante exotique utilisée à des fins de productions [sic !], cultivées [sic !] en grand ou pour l'ornement, incapable de se reproduire dans son territoire d'introduction.*

recherches à ce jour) au-delà de la classification proposée dans le rapport cité du Conservatoire botanique national du Bassin parisien.

Dans le cas du terme *espèce à surveiller*, nous avons proposé l'équivalent *specie monitorizată* en tenant compte du caractère imprévu et « à surveiller » de la population d'une telle espèce. Selon l'Inventaire National du Patrimoine Naturel, la surveillance « consiste principalement à détecter rapidement ou à suivre des populations d'espèces introduites ou invasives afin de prendre des décisions appropriées » – voir INPN (n.d.). La définition en roumain de l'action de surveiller (action désignée par le terme de *monitorizare*) étant : « program de monitorizare a zonelor de risc ridicat » ('programme de monitorage des zones à risque élevé') – voir page web de SMDRSI ('Système de monitorage et détection rapide des espèces invasives'), section « Proiect » ('projet') ou bien « Metodologia de monitorizare a speciilor » Ionescu *et al.* 2013).

Un mot sur les deux termes français à composition savante *eurynaturalisé* et *sténonaturalisé*, qui ont une structure symétrique (tous les deux ont un élément de composition grec, tous les deux sont formés à partir du noyau *naturalisé*), et désignent des concepts opposés. Selon le TLF*i*, *eury-* est un « élément formateur tiré du gr. ευ ̓ρυ ́ς « large », entrant dans la formation d'adj. et de subst. dont le 2[e]élément est tiré du gr., princ. dans les domaines de l'anthropol., de la biol. et de la zoologie », alors que *sténo-* est un « élém. tiré du gr. στευ-, de στευός « étroit, resserré, qui varie dans des limites étroites » (ou directement de στευός), entrant dans la constr. de termes du vocab. de l'écriture, et de termes du vocab. de la biol., de la méd. et de la phys ». Le terme *sténonaturalisé* concerne donc les espèces naturalisées dans un territoire restreint, pendant que *eurynaturalisé* vise les espèces « naturalisées et ayant colonisé un large territoire » (Quéré *et al.* 2011). En roumain aucun des deux termes n'est attesté, mais nous avons les moyens de les créer : on a déjà, dans les ouvrages de spécialité, le terme *naturalizat* et on retrouve le format savant *steno-* dans des termes roumains tels *stenobar* (êtres sensibles aux [moindres] variations de la pression atmosphérique), *stenobate* (organismes marines qui peuvent survivre à une certaine profondeur [pas trop grande]), *stenobionte* (organismes qui résistent seulement à des variations limitées des facteurs environnementaux), *stenocenoză* (l'association végétale ou animale à une aire géographique de distribution restreinte) et le format savant *eury-* dans des termes tels *euribar* (organismes qui supportent des grandes variations de la pression atmosphérique), *euribate* (organismes marines qui peuvent survivre à des profondeurs très variables), *euribiont* (organismes qui résistent à des très grandes variations des facteurs environnementaux) etc. – (Dictionnaire étymologique de termes scientifiques DETS 1987). Vu le caractère productif et systématique des formants *euri-* et *steno-* en roumain des sciences, nous avons opté pour deux équivalents formés par composition savante, en calque de la structure morphologique des termes français, d'où les formes *stenonaturalizat* et *eurinaturalizat*.

L'acronyme *NAC* constitue une entrée en soi et a comme expansion le terme *Nouveaux animaux de compagnie*, traité dans le glossaire comme synonyme. Le terme se réfère à des « animaux de compagnie appartenant à des espèces autres que celles soumises à la législation sur les carnivores domestiques (chiens, chats, furets...) » (revue électronique *Futura Planète* 2017), et qui sont exclusivement d'origine exotique, comme on peut le remarquer dans le fragment suivant, extrait de la revue *Faune sauvage* :

> Un des contrôles importants est relatif à la détention des espèces exotiques par les particuliers, les fameux « NAC » (nouveaux animaux de compagnie), qui est de plus en plus soumise à autorisation et par là même limitée (Charlez 2012).

Aussi avons-nous avons choisi d'utiliser en tant qu'équivalent roumain la périphrase explicative *animal exotic de companie*, dans le respect notamment du critère de la motivation (transparence du terme). Le résultat de cette démarche ressemble en tout point à une modulation (à partir de l'expansion de la vedette française) : *NAC – nouvel animal de compagnie, nouveaux animaux de compagnie = animal(e) exotic(e) de companie –* 'animal exotique de compagnie'.

3. Conclusions

Ce glossaire bilingue français-roumain/ roumain-français représente une contribution à l'étude terminologique du domaine de l'écologie de la conservation :

La valeur ajoutée de cette recherche réside, pour l'essentiel, dans une série de définitions, d'explications et de contextes d'attestation de termes non recensés dans d'autres produits terminographiques, mais qui sont mentionnés dans des textes de spécialité (sites dédiés compris).

En ce qui concerne la relation entre nombre d'attestations des vedettes dans les dictionnaires généraux et dans les bases de données terminologiques, pour les deux langues à l'étude, d'une part, et nombre de définitions empruntées à ces bases de données, de l'autre, il faut noter que :

- 41 vedettes françaises sont attestées dans IATE-fr, 44 dans le GDT, et 31 dans le TLF*i* ;
- 22 équivalents roumains de vedettes françaises (champ du « terme roumain ») sont attestés dans IATE-ro, et 27, dans la banque lexicographique dexonline.
- 20 définitions françaises sont empruntées à IATE-fr, et 29, au GDT ;

– 7 définitions roumaines sont empruntées à IATE-ro, aucune définition n'a été empruntée aux dictionnaires de langue générale en libre accès sur dexonline.

La recherche terminologique primaire (au raz des textes spécialisés) l'a donc emporté haut la main sur la recherche terminographique/ lexicographique, comme de dû dans tout domaine émergent.

Annexe: Nomenclature du glossaire
Accidentel, acclimatation, acclimaté, allogène, auxiliaire, auxiliaire exotique, biocénose, biodiversité, biotope, (animal) chassé, concurrent, cryptogénique, cultivé (espèce cultivée ?), planté/ cultivé (espèce plantée/ cultivée ?), diversité écosystémique, diversité fonctionnelle, diversité génétique, diversité spécifique, écosystème, (animal) élevé, envahissant (espèce envahissante), éradication, espèce à surveiller, espèce allogène, espèce colonisatrice, espèce d'intérêt communautaire, espèce en danger, espèce endémique, espèce envahissant, espèce exotique non envahissante, espèce généraliste, espèce indigène, espèce invasive avérée, espèce potentiellement envahissante, espèce protégée, espèce rare, espèce spécialiste, espèce transformatrice, espèce vulnérable, eurynaturalisé, expansion, extinction, habitat naturel, hybridation, indigène, introduction, introduction accidentelle, introduction intentionnelle, invasion biologique, invasion biologique subspontanée, invasion spontanée, lutte biologique, lutte chimique, lutte intégrée, lutte mécanique, lutte par acclimatation, micro-organismes, NAC, naturalisation, naturalisé, néo-indigène, neo-indigène potentielle, niche écologique, occasionnel, parasite, pathogène, planté (espèce plantée ?), prédateur, proliférant, prolifération, ravageur, spontané, stenonaturalisé, subspontané, zone protégée.

Références[20]

Bărbos, I. Marius, Târziu, R. Dumitru (2009) – « Recomandări de monitorizare pentru habitatul 6230* Pajişti de Nardus stricta bogate în specii pe sub straturi silicioase », *PROIECT LIFE05 NAT/RO/000176: Habitate prioritare alpine, subalpine şi forestiere din România!*, Braşov : Facultatea de Silvicultură şi Exploatări Forestiere, Universitatea « Transilvania », http://natura2000.ro/wpcontent/uploads/2014/10/Publication.Monitorizare.6230.Ro_.pdf.

Charlez, Annie (2012) – « Des espèces sauvages envahissantes », *Faune sauvage*, n°296, p. 39–43, http://www.oncfs.gouv.fr/IMG/file/juridique_synthese/FS296_charlez_espèce_sauvage_envahissante.pdf.

Dury, Pascaline (1999) – « Étude comparative et diachronique des concepts ecosystem et écosystème », *Meta*, 44(3), p. 485–499.

Felber, Helmut (1987) – *Manuel de terminologie*, Paris : éd. Unesco et Infoterm.

---

20 Sauf indication contraire, la date de la dernière consultation est, pour tous les liens : le 30 avril 2018 (dernière révision d'auteur post relectures collégiales).

Geslin, Julien ; Magnanon, Sylvie ; Lacroix, Pascal (2011) –*La question de l'indigénat des plantes de Basse-Normandie, Bretagne et Pays de la Loire. Définitions et critères à prendre en compte pour l'attribution d'un « statut d'indigénat »*,Rapport d'étude, Version 2, Brest : Conservatoire botanique national de Brest, 16p [Geslin et al. 2011].

http://www.cbnbrest.fr/site/pdf/Doc_indigenat.pdf (déchargé le 6 janvier 2016)[21].

Gouadec, Daniel, (1990) – *Terminologie. Constitution des données*, Paris : éd. Afnor.

Ionescu, Ovidiu et al. (2013) – *Ghid sintetic de monitorizare pentru speciile de mamifere de interes comunitar din România*, Seria Norme, îndrumări și recomandări tehnice, București: Silvica.

http://www.ibiol.ro/posmediu/pdf/Ghiduri/Ghid%20de%20monitorizare%20a%20speciilor%20de%20mamifere.pdf.

INPN (n.d.) – [Glossaire thématique mis à disposition par l'Inventaire National du Patrimoine Naturel, sans titre] https://inpn.mnhn.fr/informations/glossaire/liste/a.

ISO 704: 2000 (F), *Travail terminologique – principes et méthodes*.

ISO 12616: 2002 (F), *Terminographie axée sur la traduction*.

Kleiber, Georges (1990) – *La sémantique du prototype*, Paris : PUF.

Lévêque, Christian ; Tabacchi, Éric ; Menozzi, Marie-Jo (2012) – « Les espèces exotiques envahissantes, pour une remise en cause des paradigmes écologiques », *Sciences Eaux & Territoires*, 2012/1 (Numéro 6), p. 2–9. URL : https://www.cairn.info/revue-sciences-eaux-et-territoires-2012-1-page-2.htm.

Primack, B. Richard ; Sarrazin, François ; Lecomte, Jane (2012) – *Biologie de la conservation*, Paris : Dunod [Lévêque et al. 2012].

Rovillé, Manuelle (2008) – « Biodiversité : que recouvre ce mot. Quelques définitions supplémentaires. Biodiversité des gènes, des espèces et des écosystèmes », *SagaScience*, Paris : CNRS.

http://www.cnrs.fr/cw/dossiers/dosbiodiv/index.php?pid=decouv_chapA&zoom_id=zoom_a1_1.

SMDRSI (n.d.) – « Proiect », http://www.specii-invazive.ro/.

Toussaint, Benoît, et al. (2007) – « Réflexions et définitions relatives aux statuts d'indigénat ou d'introduction des plantes; application à la flore du nord—ouest de la France », *Acta Botanica Gallica*, 154: 4, 511–522.

---

21 URL désactivée actuellement, texte que l'on peut acquérir sur :
http://www.cbn-alpin-biblio.fr/Record.htm?record=19156678157919748509.

Thevenot, Jessica, et al. (2013) – *Synthèse et réflexions sur des définitions relatives aux invasions biologiques. Préambule aux actions de la stratégie nationale sur les espèces exotiques envahissantes (EEE) ayant un impact négatif sur la biodiversité.* Paris : Museum national d'Histoire naturelle, Service du Patrimoine naturel, Rapport SPN 2013/15, Mai 2013, http://spn.mnhn.fr/spn_rapports/archivage_rapports/2013/SPN%202013%20-%2015%20-%20Rapport_Definitions_EEE.pdf.

Vahrameev, Patricia, Nobilliaux Simon (2013) – *Liste des espèces végétales invasives de la région Centre*, version 3, Conservatoire botanique national du Bassin parisien, délégation Centre, 41p, http://www.observatoire-biodiversite-centre.fr/sites/default/files/Liste%20plantes%20invasives%20Centre_v2.3_0.pdf.

Velicu, Anca-Marina (2012) – *Terminologie. Mode d'emploi*, Bucarest : Université de Bucarest, support de cours inédit (120 p A4, Verdana 10, interligne 1).

Dictionnaires / glossaires/ pages scientifiques

*** (1998) – Dicționar explicativ al limbii române, Academia Română, Institutul de Lingvistică « Iorgu Iordan », București: Univers Enciclopedic, ediția a II-a, DEX'98, https://dexonline.ro/.

*** (2009) – Dicționar explicativ al limbii române, Academia Română, Institutul de Lingvistică « Iorgu Iordan », București: Univers Enciclopedic Gold, ediția a II-a revăzută și adăugită, DEX'09, https://dexonline.ro/.

Dubois, Jean et. al. (1994) –*Dictionnaire de linguistique*, Paris : Larousse.

Fraval, Alain (1999) – « Insectes auxiliaires : la lutte biologique », *Insectes*. Revue trimestrielle, Page spéciale mise en ligne le 1er juillet 1999, Office Pour les Insectes et leur Environnement (OPIE), http://www7.inra.fr/opie-insectes/luttebio.htm#vocab.

Quere, Emmanuel, et al. (2011) – *Liste des plantes vasculaires invasives de Bretagne*, Conservatoire Botanique National de Brest, http://www.cbnbrest.fr/site/pdf/Liste_invasive_bzh.pdf (déchargé le 15 mars 2016).

Marcu, Florin (2000) – *Marele dicțonar de neologisme* (ediția a 10-a revăzută, augmentată și actualizată), București: Saeculum, MDN'00, https://dexonline.ro/.

Nicolae, Andrei (1987) – *Dicționar etimologic de termeni științifici*, București: Editura Științifică și Enciclopedică, DETS, https://dexonline.ro/.

InterActive Terminology for Europe [IATE], http://iate.europa.eu/SearchByQueryLoad.do;jsessionid=KlLhwS7j_cia6j7HVp-xqp1o_kl7f4jr4AEIDXQys5NjSlNSLJSA!-44309166?method=load.

*** – *Grand dictionnaire terminologique*[DGT], Office québécois de la langue française, Québec, http://www.granddictionnaire.com/.

*** – *Trésor de la langue française informatisé* [TLFi], http://atilf.atilf.fr/.

ComisiaEuropeană (2009) – *Specii alogene invazive*, Oficiu pentru publicaţii, http://www.anpm.ro/documents/18539/2206686/SOER+COVASNA+2014+%28Repaired%29.zip/4696bc9d-7bcc-4e14-b52e-a826d7cf1f32.

***(2017) – « NAC : Top 20 des nouveaux Animaux de Compagnie », *Futura-Panète*, https://www.futura-sciences.com/planete/photos/nature-nac-top-20-nouveaux-animaux-compagnie-1063/.

Site du Comité français de l'Union Internationale pour la Conservation de la Nature (UICN), programme *Espèces* :http://uicn.fr/especes/ [UICN-France1] et thème « Espèces exotiques envahissantes » : http://uicn.fr/especes-exotiques-envahissantes/ [UICN-France2].

Cristina PETRAȘ

Université Alexandru Ioan Cuza Iași

Nommer la fraude dans la publicité écologique : *greenwashing, écoblanchiment, verdissement d'image...* Quelle expression en roumain ?[1]

Abstract: The frauds linked to the faking of ecological standards are no longer exceptions in the contemporary society. On the contrary, there are already regular scandals that break out when the practices in question are revealed to the public. This was the case in recent years, especially with a series of car brands. Even if quite new, *greenwashing* as a concept and term is in circulation. The French-speaking world has responded by proposing official terms that translate the English *greenwashing* (see *écoblanchiment* in Quebec and *verdissement d'image* in France), while in Romanian the corresponding terms come from IATE (*dezinformare ecologică*) or from environmental organizations (*camuflaj verde, spălarea brandului*). In both French and Romanian, the usage is still poorly stabilized, since officialized terms coexist with the English term and/or with other terms that could translate it. From a socioterminological perspective, we analyze the way in which press in French and in Romanian reports on Volkswagen emissions scandal: discourses on this reality, coming from different stakeholders (journalists, officials, representatives of the brand, politicians), the way in which terms and discourses circulate. In fact, there is very little use of the direct equivalents of *greenwashing*. It's rather designations like *scandale, affaire, dieselgate* that appear in press. As shown by researchers in marketing, this is an evidence of emerging new *greenwashing*. We identify even a third sense of this same expression in press discourse.

Keywords: *greenwashing, socioterminology, circulation of terms and discourses, reformulation, press*

Introduction

Les fraudes aux normes écologiques perpétrées par les grandes entreprises ne constituent plus des exceptions dans la société contemporaine. Tout au contraire, on assiste régulièrement déjà à des scandales qui éclatent au moment où les

---

1 Cette recherche a bénéficié d'une bourse de mobilité du Ministère Roumain de la Recherche et de l'Innovation, CNCS-UEFISCDI, projet PN-III-P1-1.1-MC-2017-0103, dans le cadre de PNCDI III.

pratiques en question sont révélées au public. Lorsque, par ailleurs, les entreprises en question donnent d'elles-mêmes une image qui peut être qualifiée d'écoresponsable ou respectueuse de l'environnement, il se crée un décalage flagrant entre ce qui est projeté comme image et ce que dévoilent leurs faits et actes. La conceptualisation est devenue nécessaire, vu l'ampleur du phénomène. C'est ce qui a été appelé *greenwashing* en anglais[2]. Mais pour qu'il y ait du *greenwashing* (pour utiliser le terme anglais lui-même), il faut qu'une entité vienne formuler des accusations de *greenwashing*. Même si relativement nouveau, le concept de *greenwashing* circule déjà, mais il en existe des désignations différentes dans les différentes langues, qui correspondent à des appropriations sensibles au contexte socio-culturel, allant parfois jusqu'à de vraies re-conceptualisations en fonction d'une actualité socio-économique et/ou politique toujours changeante.

Leur usage étant conditionné à ce que quelqu'un d'extérieur ait identifié et qualifié une pratique de *greenwashing*, les termes liés au concept de *greenwashing* se prêtent très bien à une analyse socioterminologique (telle que théorisée, par exemple, par Gaudin 2003, 2005, 2007), sous le double angle de la variation et de la glottopolitique. Envisager la variation – dimension essentielle de toute manifestation linguistique, dont les langues de spécialité – permet de répondre à des questions visant l'identité des locuteurs (qui utilise les termes ? dans quels contextes ? devant qui ?, voir Desmet 2007) ou de traiter les cas où il existe plusieurs discours sur une même réalité. Si on se place à un niveau glottopolitique, il s'agit de prendre en compte la multitude des instances de décision et de production, de mener une analyse des rapports complexes entre normaison (émergence des normes à travers les pratiques langagières) et normalisation (construction consciente d'une norme), d'envisager la multiplication des dénominations/désignations, ainsi que la circulation sociale des termes (voir Desmet 2007, Gaudin 2007).

L'objet de ce travail est l'examen de la manière dont les discours véhiculés par la presse indiquent l'existence du phénomène de greenwashing dans le cas du scandale Volkswagen, tant en français qu'en roumain. Sera analysé le paradigme désignationnel mobilisé pour renvoyer à l'événement. Dans une perspective socioterminologique (voir ci-dessus) nous examinerons divers discours sur cette réalité, relevant d'intervenants typologiquement différents (journalistes, officiels, représentants de la marque, responsables politiques). Seront ainsi étudiées les stratégies discursives adoptées par chaque intervenant pour rendre compte

---

2 Vu que le terme y correspondant apparaît pour la première fois en anglais, nous prenons comme référence le terme et le concept en anglais. Paru dans les années 1980, le concept et le terme de *greenwashing*, renvoient à une pratique qui était déjà connue depuis longtemps.

de cette réalité, pour introduire les termes, pour les reformuler, ainsi que les mécanismes de circulation interlinguistique et intralinguistique des discours et des termes. Notre analyse s'appuiera sur une série d'articles parus dans la presse francophone et roumaine tout le long du développement du scandale et après. Les articles auxquels nous nous rapportons plus particulièrement figurent dans les références bibliographiques (*Corpus en ligne*).

Avant de procéder à toute démarche visant une analyse des termes et des discours, il est nécessaire de retourner au concept lui-même, tel qu'il est théorisé par les spécialistes en marketing. C'est ce que nous ferons dans la première partie de notre travail (§ 1.). Dans la même section nous passerons en revue les équivalents de traduction du terme anglais *greenwashing*, tels qu'ils sont recensés dans les glossaires/dictionnaires, ainsi d'ailleurs que selon leurs diverses attestations dans les textes/ discours. La conceptualisation s'étant produite dans un premier temps en anglais, une analyse de l'origine du terme anglais est aussi utile, de même que ce qu'on en retient dans les transpositions en français.

La suite du travail sera consacrée à une analyse de la manière dont se cristallise dans la presse de langue française et de langue roumaine un discours qui vient épingler la pratique dévoilée du constructeur automobile Volkswagen (§ 2. et § 3.). Finalement, une série d'emplois du terme *greenwashing* et de ses équivalents permettent d'envisager une acception apparemment nouvelle et non encore enregistrée par les glossaires/dictionnaires (voir la dernière section).

1. Du concept et des termes

Les définitions dans les dictionnaires de langue (pour l'anglais) ou dans les inventaires terminologiques[3] (pour le français) rendent compte d'une première

---

3 Pour ce qui est du choix même du domaine, on remarquera des options différentes selon l'inventaire terminologique consulté (*environnement* dans France Terme, *développement durable* dans le GDT, Dutuit et Gorenflot 2008 ou bien OQLF 2015). Par rapport à l'expression *développement durable*, Sayhi (2012) fait remarquer que les théoriciens francophones de ce qui est appelé *économie écologique* rejettent l'association entre *développement*, d'une part, et *durable*, d'autre part. Traduire l'anglais *sustainable* par le français *durable* ne convient pas, si l'on se place dans la perspective dans laquelle il est plus pertinent d'envisager une consommation de ressources que peut supporter l'environnement au lieu d'envisager une durabilité des ressources, forcément trompeuse. Du point de vue traductologique, par rapport à l'anglais ou à l'espagnol, qui ne marquent pas cette distinction à travers la terminologie (ils ne possèdent qu'un seul terme, *sustainable*, respectivement *sostenible*), en français le choix de *soutenable* ou de *durable* impliquera de prendre parti pour un point de

interprétation du concept de *greenwashing*, qui exploite un décalage, une non concordance entre l'image écoresponsable dans la direction des principes du développement durable et les actions d'une entreprise ou, en suivant Siano *et al.* (2017 : 27), « a gap between symbolic and substantive actions » : ainsi, selon le dictionnaire Oxford, le nom *greenwash* renvoie à une « desinformation disseminated by an organization so as to present an environmentally responsible public image » ; le dictionnaire Cambridge retient le verbe et le nom *to greenwash / greenwash*, définis comme « (an attempt) to make people believe that your company is doing more to protect the environment than it really is » ; dans le même sens, Termium Plus définit *greenwashing* comme « hiding harmful activities behind the guise of environmentalism and conservation » ; Merriam-Webster choisit de définir *greenwashing* de façon plus neutre comme « expressions of environmentalist concerns especially as a cover for products, policies, or activities ». Selon le dictionnaire Oxford, *greenwash* émerge dans les années 1980, à partir de *green*, sur le modèle de *whitewash* (dans son sens figuré, « tentative de dissimulation, pour étouffer une affaire »). Le *Dictionnaire Environnement* donne comme origine du terme *greenwashing* la « contraction » des éléments *green* et *brainwashing*.

Le rapport avec le domaine de la publicité et du marketing apparaît plus clairement exprimé dans la définition proposée par le GDT pour *écoblanchiment* (« Opération de relations publiques menée par une organisation, une entreprise pour masquer ses activités polluantes et tenter de présenter un caractère écoresponsable ») ou dans la définition de FranceTerme pour *verdissement d'image* (« Attribution abusive de qualités écologiques à un produit, à un service ou à une organisation »).

Pour ce qui est de l'espace francophone, plusieurs expressions ont été relevées (voir Dury, 2013) (voir déjà les deux expressions mentionnées ci-dessus, ainsi que le terme anglais *greenwashing*, de fréquence élevée), la conceptualisation et la dénomination[4] s'étant faites dans des directions différentes : *verdissement*

---

vue ou pour un autre. Envisager le rapport entre le développement économique et l'environnement dans le paradigme de la soutenabilité, qui est l'objet de l'économie écologique, suppose des conceptualisations nouvelles et l'apparition d'une terminologie sous-tendue par la métaphore (conceptuelle). Il s'agit d'opérer un transfert de concepts de l'économie vers l'écologie, ce qui conduit à l'émergence d'expressions comme *dette écologique, capital naturel, biens et services environnementaux, passif environnemental, empreinte écologique*, etc.

4   Nous utilisons ici *dénomination* dans son acception de processus d'attribution d'un nom. Par ailleurs, dans la suite de l'article c'est le terme de *désignation* qui est utilisé,

d'image, écoblanchiment, blanchiment écologique, blanchiment vert[5], verdissage, maquillage vert, mascarade écologique, désinformation verte, badigeonnage vert (par ordre décroissant de la fréquence dans le corpus analysé par l'auteure citée). L'expression *verdissement d'image* est le fruit du travail de néologie terminologique mené par la Commission d'enrichissement de la langue française[6], ayant été publiée au Journal officiel de la République française le 8 septembre 2013 (voir France Terme). Du côté québécois, c'est le terme *écoblanchiment* qui est proposé par l'Office québécois de la langue française dans le GDT, à partir de 2010. Si *écoblanchiment* y apparaît en vedette, d'autres termes sont aussi retenus comme « termes privilégiés », à côté de *écoblanchiment* : *mascarade écologique, blanchiment vert, verdissement d'image*. À son tour, la commission française admet d'autres termes ; ainsi, on lit dans la « note » qui accompagne la définition du terme *verdissement d'image* : « On trouve aussi les termes *écoblanchiment* et *blanchiment écologique* ».

Selon Dury (2013), les expressions relevées peuvent être regroupées en trois catégories en fonction de leurs « préférences sémantiques ». Dans la première classe, *greenwashing, désinformation verte, badigeonnage vert, maquillage vert* et *mascarade écologique* s'associent, dans le corpus, avec des unités lexicales liées (a) à l'abus, à la tromperie, au mensonge (nous ajoutons que dans *badigeonnage vert, maquillage vert* et *mascarade écologique* c'est l'idée de déguisement qui est retenue, implicite à la tromperie, au mensonge) ; (b) à la méfiance et corrélativement à la nécessité de éviter que le *greenwashing* ne se produise ; (c) au registre de l'infraction, du délit. La deuxième catégorie comprend les termes *blanchiment vert, blanchiment écologique* et *écoblanchiment*, s'associant, en plus des unités liées à l'abus, au mensonge (comme la catégorie antérieure), à l'idée d'argent. *Blanchiment* dans les expressions citées évoque sans doute le *blanchiment d'argent*. Mais

---

voir la distinction proposée par Kleiber, 2012, entre *dénomination* et *désignation*, couvrant la distinction entre le nom donné – préalablement par une convention – (*dénomination*) et l'expression utilisée pour renvoyer dans un contexte particulier au référent (*désignation*).

5 La série *écoblanchiment, blanchiment écologique, blanchiment vert* rejoint d'autre séries de termes caractérisant le domaine de l'écologie, dans lesquels la forme préfixée par *éco-* coexiste avec une expression dans laquelle le nom s'adjoint soit l'adjectif *vert*, soit l'adjectif *écologique* et même *environnemental* : *écoagriculture/agriculture écologique, écotaxe/taxe verte, écofiscalité/fiscalité verte/fiscalité environnementale* (*écologique*). Dans d'autres situations la préfixation ne semble pas possible : *timbre vert* (*écolo*), *énergie verte* (*renouvelable, propre*).

6 Anciennement Commission générale de terminologie et de néologie.

si, comme l'affirme l'auteure citée, il n'est pas question de « blanchiment de fonds illicites » dans le *greenwashing*, le mécanisme est pourtant le même dans les deux activités frauduleuses, *blanchiment d'argent* et *écoblanchiment* : rendre propre quelque chose qui ne l'est pas (argent, image). Finalement, les termes *verdissage* et *verdissement d'image* apparaissent notamment avec des unités lexicales impliquant l'idée d'image et de communication : c'est une image verte, écologique qu'on donne de soi-même.

Pour ce qui est du roumain, IATE propose l'expression *dezinformare ecologică* ('désinformation écologique'), donnant comme référence le Conseil (« Propunere Consiliu »/« Proposition Conseil »). Les inventaires panlatins consultés enregistrent la périphrase *disculpare referitoare la activitățile poluante* ('disculpation relative aux activités polluantes')[7], qui ne semble pas désigner exactement le même concept que le terme anglais d'origine ou les termes français ci-avant commentés. C'est pourtant là une acception que semble avoir revêtue dernièrement le terme de *greenwashing*[8] (voir « En guise de conclusion »). D'autres termes relevés se présentent clairement comme des équivalents de l'anglais *greenwashing* (voir leur présentation conjointement avec le terme anglais) : *camuflaj verde* ('camouflage vert') et *spălarea brandului* ('lavage du brand')[9]. Si l'expression proposée par les lexiques panlatins constitue une paraphrase explicative transparente d'une acception du *greenwashing*, les trois autres (construites avec les adjectifs *ecologic* ou *verde*, accolés à un nom), en exploitent des aspects différents. Dans *dezinformare ecologică* ('désinformation écologique'), on choisit un nom qui se rapporte au domaine de la communication (voir aussi en français l'expression *désinformation verte*). *Camuflaj* ('camouflage') retient l'idée de déguisement (voir en français *badigeonnage vert*, *maquillage vert* et *mascarade écologique*). Finalement, *spălarea brandului* ('lavage du brand') n'est pas sans rappeler l'expression *spălare de bani* ('lavage d'argent', *blanchiment d'argent*).

À la suite d'une recherche faite sur internet, on remarquera que parmi les expressions proposées en roumain comme désignations du concept de

---

7 Voir GDT, ainsi que OQLF (2015), avec comme auteur de ce terme, l'Académie de Sciences Économiques de Bucarest.

8 De telles périphrases apparaissent souvent si un certain concept n'a pas encore de désignation stable dans une langue donnée – ce qui constitue une forme de non-dit transitoire (trou terminologique) « fonctionnant (…) comme facteur de *néologie traductive* » au sens de Velicu 2016 : 114.

9 Proposés par un site qui se réclame comme l'une des plateformes les plus importantes pour ce qui est de l'information concernant la protection de l'environnement en Roumanie (ecomagazin.ro).

greenwashing, seule *dezinformare ecologică* est attestée, mais il s'agit notamment de documents officiels comme, par exemple, des documents de la Commission européenne, dans lesquels l'expression en roumain est utilisée conjointement avec l'équivalent anglais *greenwashing* et avec des procédés de distanciation.

Sur le site d'une association roumaine de défense des consommateurs on définit le concept désigné par *dezinformare ecologică* comme cas particulier de *afirmație legată de mediu* ('affirmation relative à l'environnement') : la 'désinformation écologique' (à la roumaine) serait une 'affirmation relative à l'environnement/ l'écologie' trompeuse, mensongère[10]. Les deux désignations (*dezinformare ecologică* et *afirmație legată de mediu*) sont guillemetées, mais le contexte étant décidément métalinguistique (définir le sens de ces expressions), les guillemets n'y indiquent pas de prise de distance. Par contre, dans des textes scientifiques sur le marketing vert, les guillemets et (du moins à la première occurrence) l'usage conjoint du terme anglais (en italiques) et de l'expression roumaine (guillemetée) fonctionnent comme procédés de distanciation et comme marques du caractère émergent de ce néologisme (voir, par exemple, Siminică *et al.* 2015).

La première interprétation du concept de *greenwashing*, qui vise plutôt la construction d'une image en accord avec le développent durable, correspond aux théorisations proposées par les spécialistes en marketing. Nous nous rapportons ici au bilan fourni par Siano *et al.* (2017 : 28–29), selon lequel deux types de *greenwashing* peuvent être identifiés dans la littérature : (a) un *greenwashing* de type *decoupling* ('décalage'), auquel correspondent des décalages entre les buts affirmés et les moyens mobilisés ou des activités de gestion symbolique (par exemple, des démarches soi-disant écologiques, des affirmations mensongères), ainsi que le fait de s'associer aux campagnes des ONG, en vue de la projection d'une image responsable, sans que ceci ne soit vraiment soutenu par des mesures concrètes dans l'entreprise ; et (b) un *greenwashing* de type *attention deflection* ('détournement de l'attention') qui se manifeste par toute une série d'actions de communication visant à détourner l'attention du public (déclarations vagues, imprécises, textes et images trompeurs, l'auto-attribution de certifications et labels écologiques, sans en présenter la moindre preuve).

L'actualité des dernières années ayant été régulièrement rythmée par des scandales liés à des violations flagrantes des normes écologiques, une nouvelle forme de *greenwashing* peut, selon Siano *et al.* (2017) déjà cités, être envisagée, qui ne se réfère plus à la révélation d'actions susceptibles de représenter symboliquement

---

10 http://www.infocons.ro/ro/i-afirmatiile-legate-de-mediu-in-practica-comerciala-MTg3MzgtMQ.html (dernière consultation le 10 mars 2018).

un décalage entre le dire et le faire, mais qui, tout au contraire, ont de lourdes conséquences, et ceci plus qu'au niveau de l'image. Le scandale du trucage des émissions dans lequel a été impliqué le constructeur automobile allemand Volkswagen il y a deux ans constitue, selon les auteurs cités, un révélateur type de cette nouvelle forme de *greenwashing*, non seulement du fait de l'ampleur médiatique et des implications socio-économiques, politiques et autres du scandale, mais aussi en raison du fossé entre les actions et l'image mainte fois mise en avant, correspondant au respect d'un développement durable.

2. Désigner la pratique épinglée par l'anglais *greenwashing*

Le terme doit être envisagé, dans une perspective socioterminologique, avant tout comme signe linguistique, correspondant à une conceptualisation et opérant donc un découpage propre dans la réalité. Il y a donc intérêt à voir ce qu'il en est de ce scandale dans d'autres langues et dans d'autres espaces culturels. Le *greenwashing* n'étant possible que parce qu'une entité extérieure en a fait la démonstration et l'accusation, le recours aux discours là-dessus s'avère essentiel dans une analyse de la terminologie mobilisée. Les médias sont par excellence l'endroit où ces discours se manifestent et se cristallisent. Sans être absents, les articles qui désignent l'affaire Volkswagen de *greenwashing* sont plutôt rares.

Dans un article paru dans le journal économique *La Tribune*, le 28 septembre 2015, en plein scandale des émissions (quelques jours après l'éclatement du scandale, le 18 septembre, au moment de la publication par l'EPA – agence de protection de l'environnement des États-Unis – des résultats de l'enquête), l'auteur de l'article, un professeur dans une école de management, se sert de l'analyse du scandale mentionné pour définir et illustrer les caractéristiques du *greenwaghing*. Si le ton – engagé et accusateur – de l'article nous intéresse moins ici[11], par contre notre intérêt porte sur la manière dont les termes liés au concept de *greenwashing* sont utilisés, introduits dans le discours, quels aspects en sont retenus. Première remarque : le terme *greenwashing* est utilisé sans aucune marque de distanciation ; en plus, aucun des termes donnés comme équivalents français (*verdissement d'image, écoblanchiment, blanchiment écologique, blanchiment vert,* voir Dury, 2013) n'est utilisé. On y reconnaît le travail de reformulation – opération métalinguistique – qui caractérise ce qu'on appelle la vulgarisation scientifique (voir, par exemple, Mortureux, 1982, Authier, 1982). La reformulation concerne tout d'abord le terme lui-même (*greenwashing*). Si, dans le titre, on qualifie de « greenwashing » ce qui

---

11 Nous retenons pourtant la condition essentielle à l'existence du *greenwashing*, à savoir la formulation de cette accusation par une entité extérieure, ici l'auteur de l'article.

venait de se passer (« Volkswagen : leçon de greenwashing à l'allemande »), dans le chapeau, c'est le mot *tricherie* qui est utilisé pour désigner la forme de *greenwashing* illustrée par le scandale Volkswagen. Dans la suite de l'article, le verbe *tromper* (*en trompant*) vient indiquer le même mécanisme. Ce qui se passe est désigné aussi par le terme de *scandale* (que nous retrouvons ailleurs, voir § 3.). D'autres termes qui se rapportent au registre des délits : *méfaits, escroquerie, crime écologique*

L'opération de définition du concept suppose la présence implicite de discours d'autres auteurs (« Le phénomène de greenwashing a été défini comme les dépenses de communication d'une entreprise pour apparaître comme plus respectueuse de l'environnement qu'elle ne l'est véritablement »). Elle est complétée par une reformulation que l'énonciateur prend à son compte (« *Il s'agit de* travailler sur la communication et non sur la substance de l'entreprise »). Le recours au discours autre se manifeste aussi de manière explicite, les autres auteurs visés étant plutôt présentés sous la forme d'une désignation collective souvent indéfinie (« *Certains spécialistes* parlent des péchés du greenwashing, tous commis par Volkswagen »).

Mais *greenwashing* il y a, puisque par ailleurs la marque affiche un programme qui a les apparences du développement durable. Cité dans l'article, ce programme témoigne, selon l'auteur, de l'*hypocrisie* du constructeur. C'est une unité lexicale qui se rapproche, par certains traits, du paradigme de *tricherie, tromperie*.

Pour ce qui est de la presse roumaine, le concept de *greenwashing* proprement dit ne se manifeste que rarement quand il faut présenter l'événement en question. Il s'agit, par exemple, d'un article du journal *România Liberă*, qui, quelques semaines après l'éclatement dudit scandale, aborde le sujet du remplacement des voitures diesel par les voitures électriques. Des « spécialistes » s'expriment sur le sujet, dont un journaliste d'une organisation écologique, qui qualifie de *greenwashing* (avec le terme en anglais, utilisé sans procédés de distanciation comme les italiques ou les guillemets, mais introduit par le quantifiant *puțin* ('peu') ayant une valeur plutôt argumentative) un phénomène plus large – concernant les actions des producteurs automobiles (« producătorii auto ») en général :

(1) Producătorii auto, la fel ca alți producători din industrii intensive din punctul de vedere al emisiilor, nu fac decât să promită și să încerce puțin greenwashing. În realitate, dincolo de frauda de la VW, la testele de emisii de CO_2, în medie, aproape toate modelele Mercedes ating pe drum niveluri cu 50% mai ridicate decât testele de laborator; seria BMW 5 și Peugeot 308 depășesc cu aproape 50% testele de laborator.

Les producteurs auto, à l'instar d'autres producteurs dans les industries intensives du point de vue des émissions, ne font que promettre et qu'essayer de faire un peu de greenwashing. En réalité, au-delà de la fraude de chez VW, aux tests d'émissions

> de CO_2, en moyenne, presque tous les modèles (de) Mercédès atteignent en roulant des taux de 50% plus élevés que lors des tests en laboratoire, la série BMW 5 et Peugeot 308 dépassent de presque 50% les niveaux enregistrés lors des tests en laboratoire – n. tr.

Le mécanisme est résumé par la phrase suivante : « Producătorii auto, [...], nu fac decât să promită și să încerce puțin greenwashing »/ 'Les producteurs automobiles ne font que promettre [la réduction des émissions polluantes] et qu'essayer de faire un peu de greenwashing'. L'expression *ne faire que promettre* renvoie justement au décalage entre ce qui est déclaré d'un point de vue programmatique et les actions proprement dites. Dans ce contexte, « frauda de la VW »/ 'la fraude de VW' en est une illustration, sans être un cas isolé. Tout au contraire, ce n'est qu'un exemple d'un phénomène plus large.

Par ailleurs, les articles consacrés expressément au phénomène du greenwashing ne manquent pas. Nous n'en retiendrons qu'un exemple, dans lequel on voit à l'œuvre un travail métalinguistique de paraphrase-traduction (entre parenthèses, entre guillemets) par un calque (*spălare verde*), lorsque le terme *greenwashing* est introduit dans le discours :

> (2) Imbunătățirea legilor privind protecția mediului, dezvoltarea explozivă a mișcărilor ecologiste, precum și a campaniilor de publicitate și relații publice ale diferitelor organizații au fost însoțite, ca element secundar, de apariția activității de greenwashing (« spălare verde »).
> L'amélioration des lois portant protection de l'environnement (litt. 'regardant la protection de l'environnement'), le développement explosif des mouvements écologiques, ainsi que des campagnes de publicité et de relations publiques des différentes organisations ont été accompagnés, en subsidiaire (litt. 'en tant qu'élément secondaire') de l'émergence (litt. 'apparition') de l'activité de greenwashing (« lavage vert ») – n. tr.

3. *Scandale, affaire, dieselgate...*

Ce qu'on remarque dans le discours public, tel qu'il est mis en circulation/relayé par la presse tout le long du développement du scandale Volkswagen, c'est l'utilisation de désignations autres que *greenwashing* ou ses équivalents terminologiques dans les différentes langues. Siano *et al.* (2017) déjà cités analysent, dans leur travail dont l'objet est justement de documenter l'existence d'une forme nouvelle de *greenwashing*, moins théorisée, les titres des journaux américains ayant paru au moment de l'éclatement du scandale. Les auteurs cités remarquent que ce qui y est retenu dans les titres, c'est le concept de *corporate fraud* ('fraude corporatiste') : le terme de *fraud* apparaît avec une fréquence élevée, conjointement à et/ou en concurrence avec d'autres termes relatifs au concept de *fraude*, dont les plus fréquents sont *scandal* et *cheating*. Corroborée avec l'examen des rapports de l'entreprise à l'égard des normes d'un développement durable et avec les propos recueillis auprès d'anciens cadres, cette analyse des titres rend compte de l'émergence d'une nouvelle conception du *greenwashing*, qui dépasse le niveau de l'observation d'une communication mensongère, pour venir épingler une pratique qualifiée de *fraude*. La désignation/ description proposée par les auteurs cités pour cette nouvelle forme de *greenwashing* est l'expression *deceptive manipulation* ('manipulation trompeuse'). Si l'expression proposée pour désigner cette sous-catégorie de *greenwashing* va connaître ou non le succès du terme *greenwashing*, c'est une affaire à suivre.

Les différentes désignations/nominations d'un même événement montrent bien que, tout en nommant, le locuteur projette sur la réalité nommée une image, un point de vue, forcément subjectifs (voir Siblot, 2001)[12]. La manière dont on renvoie à tel ou tel événement et les conséquences sur le plan de sa construction discursive constituent un versant important en analyse du discours (voir, par exemple, Krieg 2000, Veniard 2004, 2013a, 2013b, 2013c).

Dans une perspective socioterminologique, c'est plus largement la question de la multiplication des descriptions/ désignations qui se pose, avec toutes ces différentes manières de renvoyer à un même événement.

Pour en revenir à la façon dont la presse de langue française choisit de se référer à l'événement analysé, on remarque une fréquence importante de désignations comme *scandale, affaire, dieselgate*. À côté de *crise, catastrophe, fléau, saga* et autres expressions, *scandale* et *affaire* sont, selon Moirand (2004 : 382), des « désignations qualifiantes » qui apparaissent souvent pour renvoyer à des événements différents. Ces expressions, les mêmes pour des événements différents, véhiculent un contenu relevant d'une mémoire collective, qui est sollicité, actualisé et associé avec une réalité nouvelle[13]. Parmi celles-ci, *dieselgate* occupe

---

12 Faire entrer dans le paradigme désignationnel tant des unités lexicales codées/lexicalisées (parmi lesquelles s'opère un choix) que d'autres, moins lexicalisées a, selon le même auteur, des conséquences théoriques plus larges : il ne s'avère plus pertinent d'opposer du point de vue du niveau d'analyse (langue/discours) dénomination et nomination, mais de repenser le mécanisme sémantico-référentiel lui-même. C'est à travers les manifestations discursives qu'un lien se crée entre l'objet et la désignation, en fonction du rapport que le locuteur entretient avec cet objet.
13 Dans le cas des dénominations données aux camps découverts en Bosnie, Krieg (2000) soutient, notamment à partir de la dénomination *camp de concentration*, que le « déjà-dit » que comprennent les mots permet d'envisager la valeur argumentative de la dénomination.

une place particulière : on voit émerger avec le scandale Volkswagen un mot composé à partir du formant *-gate*, qui sera ensuite utilisé dans d'autres situations qui impliquent un scandale autour des émissions polluantes. Les mots en *-gate*, tout en évoquant un contenu fortement ancré dans la mémoire collective lié à Watergate, permettent d'élargir la catégorie des désignations de différents types de scandales qui éclatent régulièrement dans l'espace public.

Les titres des publications francophones, dans les éditions parues au moment de l'éclatement de l'affaire et tout de suite après, font un emploi privilégié de *scandale*, comme c'était le cas pour les journaux américains analysés par Siano *et al.* (2017) (voir ci-dessus). Les titres en question se présentent sous la forme d'une structure en deux parties : la première partie est composée de la désignation *scandale*, à laquelle est accolée le nom de la marque ; la deuxième partie du titre vient expliciter un aspect particulier du scandale (les révélations initiales, les prises de position, les développements ultérieurs avec le rappel des voitures concernées, les conséquences économiques, sociales, politiques, etc.). Il en est de même de la désignation *affaire*. Voici quelques exemples de titres présentant la configuration mentionnée :

(3) a. Scandale Volkswagen : plus de 948 000 voitures concernées en France (*Le Monde*)
   b. Scandale Volkswagen : le patron de la branche américaine estime « avoir merdé » (*Le Figaro*)
   c. Scandale Volkswagen : des employés passent aux aveux » (*La Tribune*)
   d. Scandale Volkswagen : les propriétaires pourraient se faire rembourser leur voiture (*Le Soir*)
   e. Affaire Volkswagen : des ingénieurs avouent avoir installé le logiciel « tricheur » (*Le Figaro*)
   f. Affaire Volkswagen : un million de voitures truquées en France ? (*Le Point*)
   g. Affaire Volkswagen : les clients pourraient obtenir le remboursement de leur véhicule (*La Presse*)

Dans un titre comme « En Allemagne, l' « affaire Volkswagen » provoque une onde de choc » (*Le Monde*), l'emploi en modalisation autonymique de l'expression « affaire Volkswagen » indique selon toute apparence (voir l'indice « en Allemagne ») la reprise en version traduite d'une désignation utilisée dans l'espace public en Allemagne. En effet, les désignations « VW-Affäre », « Abgas-Affäre » (orthographié aussi « Abgasaffäre »), « Diesel-Affäre » sont véhiculées dans la presse allemande. Pour ce qui est de l'allemand, les désignations comportant le mot *Skandal* sont aussi attestées : « Abgasskandal/Abgas-Skandal », « VW-Skandal ».

La désignation *dieselgate*, que nous avons mentionnée ci-dessus, sans être absente dans les articles de presse au tout début de l'éclatement du scandale, semble connaître un processus de stabilisation, propre au passage de la désignation à la dénomination, au fur et à mesure des développements ultérieurs. *Dieselgate* sera utilisé avec une référence au scandale Volkswagen, en particulier (un *dieselgate* prototypique), mais aussi à d'autres, concernant d'autres constructeurs automobiles, voir, par exemple, les titres suivants :

(4) a. « Dieselgate » : PSA et sa « stratégie globale visant à fabriquer des moteurs frauduleux » (*Le Monde*, 8 septembre 2017)
b. « Dieselgate » : ce que révèle l'enquête sur Fiat Chrysler (*Le Monde*, 27 novembre 2017)

Dans les exemples cites sous (4) ci-dessus, le terme de *dieselgate* connaît des emplois en modalisation autonymique. Il en est de même dans (5) ci-dessous :

(5) a. Volkswagen : le « dieselgate », le début de la fin pour « VW » ? (rtl.fr, 23 septembre 2015)
b. Volkswagen se relève du « dieselgate » (*Le Point*, 31 octobre 2017)

L'expression connaît aussi des emplois non marqués :

(6) a. Dieselgate un cadre de Volkswagen inculpé affirme avoir « été manipulé » par son employeur (Challenges.fr, 3 décembre 2017)
b. Dieselgate : Volkswagen licencie un dirigeant (*Le Figaro*, 22 décembre 2017)
c. Dieselgate : la mise à jour de voitures VW cause des pannes, selon Test-Achats (*Le Soir*, 14 novembre 2017)

Le paradigme désignationnel est complété par *fraude, tricherie, triche, manipulation, supercherie*, qui se trouvent dans un rapport causal (métonymique) avec l'expression *scandale*. Ce sont des désignations qui correspondent à l'anglais *cheating*, relevé par Siano *et al.* (2017), cités ci-dessus, indiquant selon les mêmes auteurs une forme particulière de *greenwashing*. Le concept de « greenwashing » proprement dit et ses dénominations ne sont pas présents dans ces mêmes publications.

Aux expressions peu spécifiées du point de vue sémantique que sont *scandale* ou *affaire* correspondent dans le corps des articles des syntagmes dans lesquels les mêmes noms sont accompagnés d'expansions :

(7) a. l'affaire des diesels trafiqués (*Le Figaro*)
b. le scandale des diesels trafiqués de Volkswagen (*Le Figaro*)
c. scandale des contrôles antipollution falsifiés (*Le Figaro*)

De façon plus originale, un titre du journal *Le Soleil* renvoie à des titres de la presse allemande :

(8) Volkswagen a triché : « désastre », « choc », « débâcle ».

La métaphore *séisme*, dans un titre de *La Presse* vient rendre compte de l'ampleur et des effets catastrophiques du scandale :

    (9)   Séisme chez Volkswagen : 11 millions de voitures truquées.

De manière subtile, dans un titre de Radio Canada, le renvoi à ce qui est l'allemand (et sous-entendu, ce qui est devenu le synonyme même du scandale) est fait par l'article défini *das*, en italique :

    (10)   Volkswagen : *Das* scandale.

Il faut envisager la désignation d'un événement dans le contexte du phénomène de circulation des discours, qui se manifeste par excellence dans la presse. On peut s'interroger ainsi sur la manière dont une désignation lancée par quelqu'un est reprise, attribuée à un énonciateur différent ou non, sous quelle forme elle reprise, évoquée, mise en circulation. On remarquera, par exemple que l'expression « scandale des contrôles antipollution falsifiés » apparaît lorsqu'on renvoie au discours du PDG de Volkswagen America, dans un discours indirect à îlot textuel, suivi de la citation *in extenso*. L'expression vient formuler déjà l'accusation, là où le représentant même de la marque affirme que l'« entreprise a été malhonnête », ce qui est interprété par l'œil extérieur de l'auteur de l'article comme une forme d'aveu de la part de l'entreprise – amenée à se rendre à l'évidence – des accusations formulées à son encontre :

    (11)   Le PDG de Volkswagen America, Michael Horn, ne s'est pas embarrassé de périphrases en s'excusant pour le *scandale des contrôles antipollution falsifiés*, admettant dans un langage inhabituel que le géant allemand de l'automobile avait « complètement merdé ». « Notre entreprise a été malhonnête, avec l'EPA (Agence américaine de protection de l'environnement, ndlr) et avec le CARB (son homologue californienne, ndlr), ainsi qu'avec vous tous, et avec mes mots en allemand on dirait qu'on a 'totalement merdé' », a admis M. Horn lors d'un événement promotionnel à New York tard lundi soir, selon une vidéo de la chaîne CNBC (*Le Figaro*, nous soulignons).

Ailleurs, on reprend en discours direct la déclaration même de la reconnaissance des faits :

    (12)   « Nous avons reconnu les faits devant les autorités. Les accusations sont justifiées. Nous collaborons activement », a déclaré un porte-parole du groupe (*Le Monde*).

Dans un article dans *Le Figaro*, on invoque les révélations des faits par des ingénieurs travaillant pour la marque, tout en renvoyant à un journal allemand.

    (13)   Plusieurs ingénieurs employés par le géant automobile allemand Volkswagen ont reconnu être responsables du trucage de moteurs diesel révélé il y a deux semaines,

rapporte dimanche le journal allemand *Bild*, sans en divulguer le nombre ni l'identité (*Le Figaro*).

Les découpages et recompositions qu'opère la presse écrite des interventions de différents responsables politiques viennent parfois projeter une image décalée par rapport aux dires desdits responsables. Il en est ainsi de l'exemple suivant, dans lequel on invoque le ministre français des finances qui aurait demandé une enquête en Europe. Une vérification de la vidéo insérée dans l'article en ligne fait voir que l'intervenant en question répond à la question posée par son interlocuteur sur Europe 1, concernant une possible enquête en Europe ; dire maintenant que « le ministre français des Finances Michel Sapin a demandé une enquête « au niveau européen » » c'est lui attribuer trop vite l'initiative, alors qu'il ne fait que répondre affirmativement, se référant aussi aux constructeurs automobiles français et laissant croire qu'on envisage une enquête plus large ; c'est l'auteur de l'article qui présente cette intervention comme se rapportant à « cette affaire » seulement, c'est-à-dire à l'affaire Volkswagen) :

(14) Mardi matin, au lendemain d'une chute historique de l'action VW à Francfort (-17%), le ministre français des Finances Michel Sapin a demandé une enquête « au niveau européen » sur *cette affaire* qui a éclaté vendredi quand les autorités américaines ont annoncé que le premier constructeur mondial avait triché sur la qualité de ses moteurs diesels (*Le Figaro*, nous soulignons).

Dans la reconstitution des faits, d'autres acteurs sont invoqués dans le même article :

– « les autorités américaines », dont le discours repris – en report indirect ou en modalisation du dire comme discours second (voir l'exemple ci-dessous) – est interprété comme indiquant les accusations de tricherie[14] :

(15) Selon les autorités américaines, 482.000 véhicules de marque Volkswagen et Audi, construits entre 2009 et 2015 et vendus aux Etats-Unis, ont été équipés d'un logiciel capable de détecter automatiquement les tests de mesure antipollution pour en fausser les résultats.

– l'ONG ayant participé à la révélation, par son représentant, cité à son tour par l'intermédiaire d'un entretien à l'AFP, dans lequel il aurait émis l'hypothèse de la présence des « mêmes techniques de dissimulation en Europe », expression figurant dans la reformulation que nous fournit de l'auteur de ce même article :

---

14 Les autorités américaines sont les premières à avoir lancé de telles accusations.

(16) Selon l'ONG qui a contribué à révéler *le scandale*, l'International Council on Clean Transportation, il n'est « pas exclu » que Volkswagen ait eu recours aux mêmes techniques de dissimulation en Europe, a déclaré son directeur exécutif Drew Kodjak dans un entretien à l'AFP : « Il appartient aux régulateurs du continent de déterminer s'ils sont oui ou non en présence d'un « logiciel trompeur » comme aux Etats-Unis ».

En ce qui concerne l'expression *scandale des émissions polluantes*, c'est là une expression lancée dans l'espace allemand – voir la phrase métalinguistique de désignation sous (17) :

(17) En Allemagne on l'appelle déjà « scandale des émissions polluantes » (*Le Monde*)[15].

Au gré du développement de l'affaire, on passe de simples accusations de tricherie à l'affirmation claire et nette des méfaits, dans un discours pleinement assumé. Pour ne prendre qu'un exemple, *Le Monde* titre le 20 septembre 2015, deux jours après l'éclatement du scandale :

(18) Accusé de tricherie Volkswagen est menacé de sanctions aux États-Unis.

L'accusation est lancée par l'Agence fédérale de protection de l'environnement (EPA), mais dans un premier temps il faut rester prudent quant à la véridicité des accusations, voir l'utilisation du conditionnel journalistique dans le même article (voir aussi ci-dessus en (15) le renvoi à ce discours en modalisation du dire comme discours second : « selon les autorités amérinaines … ») :

(19) Le constructeur allemand aurait doté certaines de ses voitures d'un mécanisme permettant de dissimuler le niveau réel des émissions de gaz polluants.

Au fur et à mesure du déroulement du scandale, à la suite des aveux des responsables, dont le PDG, on en vient à titrer comme dans *Le Soleil* déjà cité en (8) « Volkswagen a triché ».

Pour en revenir à la manière dont la presse roumaine présente le scandale envisagé, il en est de même qu'ailleurs. Comme dans la presse internationale, c'est surtout la désignation de *scandal* ('scandale') qui est utilisée : *scandalul Volkswagen* ('le scandale Volkkswagen'), *scandalul trucării emisiilor mașinilor Volkswagen* ('le scandale du trucage des émissions des voitures Volkswagen'). Ce qui caractérise le scandale, c'est la fraude (ro. *frauda*), qui est explicitement

---

15 Voir des expressions comme « Volkswagen Abgas-Skandal », « der Skandal um manipulierte Abgaswerte » dans la presse allemande.

invoquée. Plus rarement, on fait appel à la désignation *afacerea Volkswagen* ('l'affaire Volkswagen'), comme il en va de ce titre de journal :

> (20) Problema gravă despre care nimeni nu vorbește în « afacerea » Volkswagen
> (*Cotidianul*)
> Le problème grave dont personne ne parle dans « l'affaire » Volkswagen – n. tr.

Dans l'article en question on évoque aussi les désignations utilisées dans la presse allemande pour parler du scandale : «« Dezastru », « șoc », « ruină » » ('« désastre », « choc », « ruine[16] »' – voir aussi *Le Soleil*, cité ci-dessus en (8)). La désignation *escrocheria* ('l'escroquerie') renvoie au registre délictuel. Le même «« Dezastru », « șoc », « ruină » » est repris par *Ziarul financiar*.

Une recherche (très superficielle) sur des forums et des pages personnelles a révélé la présence d'autres désignations, comme par exemple *mega-înșelătoria* ('la méga-arnaque'), *mega-scandalul* ('le méga-scandale') les composés en *mega-* apparaissant souvent en roumain comme moyen d'intensification, d'exagération (marqueurs du superlatif en fait).

En guise de conclusion

L'analyse (non exhaustive) que nous en avons proposée montre bien que les discours autour du scandale du trucage des émissions polluantes ne mobilisent pas, pour rendre compte de cette réalité, les différents termes déjà connus qui désignent directement le concept de greenwashing. Les désignations effectivement attestées – en anglais, en français ou en roumain – relèvent bien du registre des accusations (*fraude, tromperie, tricherie, scandale, affaire*), ce qui permet à Siano *et al.* (2017) d'envisager une nouvelle manifestation du *greenwashing*, qui vienne épingler des aspects beaucoup plus graves que le décalage symbolique entre le dire et le faire, du point de vue du respect des principes du développement durable. Le terme de *greenwashing* est utilisé rarement dans le discours public véhiculé par la presse française ou roumaine pour rendre compte de ce scandale et, le cas échéant, c'est par des experts. Dans le corpus comparable français que nous avons analysé, on reconnaît d'ailleurs un travail de reformulation qui caractérise la vulgarisation.

Nous finirons en observant un emploi particulier des termes *greenwashing/ écoblanchiment* dans la presse française après scandale : dans cette nouvelle

---

[16] Nous indiquons dans cette traduction littérale l'équivalent français du terme roumain qui soit le plus direct sur le plan de la langue (en l'occurrence : *ruine*, plutôt que : *débâcle*).

acception, *greenwashing/ écoblanchiment* semble renvoyer aux efforts dévolus par le constructeur automobile Volkswagen pour redorer son image, par exemple, en travaillant sur le véhicule électrique, en formulant une politique en vue d'un développement durable à l'aide d'experts, en utilisant un produit qui réduit les émissions polluantes, etc. (voir des titres comme *Volkswagen : le greenwashing en route, Diesel truqués : les Volkswagen corrigées fonctionneraient moins bien, La potion antipollution de Volkswagen*). Ce qu'il faut remarquer, du point de vue de l'implantation terminologique, c'est le fait que c'est le terme *écoblanchiment* (rappelons-le, normalisé par l'Office québécois de la langue française) qui est utilisé dans ces derniers articles. Le terme français apparaît conjointement avec le terme anglais, dans des constructions de distanciation par modalisation autonymique (voir, par exemple, l'article d'Eric Bergerolle « [...] après que les nouveaux dirigeants du groupe Volkswagen aient été accusés de vouloir pratiquer ce qu'il est convenu d'appeler l'écoblanchiment ou greenwashing en anglais »).

Références

Authier, Jacqueline (1982) – « La mise en scène de la communication dans des discours de vulgarisation scientifique », *Langue française*, 53, p. 34–47.

Desmet, Isabel (2007) – « Terminologie, culture et société. Éléments pour une variationniste de la terminologie et des langues et spécialité », *Cahiers du Rifal*, 26, p. 3–13.

Dury, Pascaline (2013) – « Quelle(s) traduction(s) pour le terme anglais greenwashing ? Quelques observations croisées en terminologie », *Traduire. Revue française de la traduction*, 229, p. 26–35.

Dutuit, Pierre, Gorenflot, Robert (2008) – *Glossaire pour le développement durable. Des mots pour les maux de la planète*, Agence Universitaire de la Francophonie, Éditions des archives contemporaines.

Gaudin, François (2003) – *Socioterminologie. Une approche sociolinguistique de la terminologie*, Bruxelles : Duculot.

Gaudin, François (2005) – « La socioterminologie », *Langages*, 157, p. 81–93.

Gaudin, François (2007) – « Quelques mots sur la terminologie », *Cahiers du Rifal*, 26, p. 26–35.

Georges Kleiber (2012), « De la dénomination à la désignation : le paradoxe ontologico-dénominatif des odeurs », *Langue* française, 174/2, p. 45–58.

Krieg, Alice (2000) – « La dénomination comme engagement. Débats dans l'espace public sur le nom des camps découverts en Bosnie », *Langage et société*, 93, p. 33–69.

Moirand, Sophie (2004) – « La Circulation interdiscursive comme lieu de construction de domaines de mémoire par les médias », *Le discours rapporté dans tous ses états* (Lopez Muñoz, Juan Manuel ; Marnette, Sophie ; Rosier, Laurence, éds.), Paris : L'Harmattan, p. 373-385.

Mortureux, Marie-Françoise (1982) – « Paraphrase et métalangage dans le dialogue de vulgarisation », *Langue française*, 53, p. 48-61.

Reboul-Touré, Sandrine (2004) – « Les Discours autour de la science : Un éventail de marques linguistiques pour le discours rapporté », *Le discours rapporté dans tous ses états* (Lopez Muñoz, Juan Manuel ; Marnette, Sophie ; Rosier, Laurence, éds.), Paris : L'Harmattan, p. 362-372.

Sayhi, Sabri-Fabrice (2012) – « Traduire dans le domaine de l'économie écologique : les difficultés terminologiques », *Traduire. Revue française de la traduction*, 227, p. 37-48.

Siano *et al.* (2017) = Siano, Alfonso, Vollero, Agostino, Conte, Francesca, Amabile, Sara, « « More than words »: Expanding the taxonomy of greenwashing after the Volkswagen scandal », *Journal of Business Research*, 71, p. 27-37.

Siblot, Paul (2001) – « De la dénomination à la nomination. Les dynamiques de la signifiance nominale et le propre du nom », *Cahiers de praxématique*, 36, p. 189-214.

Siminică, Marian, Crăciun, Liviu, Dinu, Adina (2015), « Impactul strategiilor de sustenabilitate economică asupra performanțelor financiare ale companiilor din România, în contextul marketingului verde », *Amfiteatru economic* 17 (40), p. 994-1010.

Velicu, Anca-Marina (2016) – « Du *non-dit* à l'*indicible*, en terminologie », *Le Dit et le Non-Dit. Langage(s) et traduction* (Berbinski, Sonia, éd.), Frankfurt am Main : Peter Lang, p. 99-116.

Veniard, Marie (2004) – « Les désignations du conflit du Golfe dans la presse : un miroir du conflit sur le terrain ? », *Dialogisme et nomination* (Cassanas, Armelle *et al.*, éds), Montpellier : Publications de l'université Montpellier 3, p. 99-111.

Veniard, Marie (2013a) – *La nomination des événements dans la presse. Essai de sémantique discursive*, Besançon : Presses universitaires de Franche-Comté.

Veniard, Marie (2013b) – « Nommer un événement : le désigner et/ou signifier ? Le cas de la guerre en Afghanistan (2001) dans *Le Monde* et *Le Figaro* », *Les Mots de la guerre : imaginaires, langages, représentations* (Puccini, Paola ; Regattin, Fabio, éds), Bologne : Clueb, p. 27-41.

Veniard, Marie (2013c) – « Du profil lexico-discursif de *crise* à la construction du sens social d'un événement », *Dire l'événement. Langage, mémoire, société* (Londei, Danielle *et al.*, éds), Paris : Presses Sorbonne Nouvelle, p. 221-232.

Dictionnaires et bases de données terminologiques

Dictionnaire Environnement, http://www.dictionnaire-environnement.com/.

Cambridge Dictionary, https://dictionary.cambridge.org /.

France Terme, http://www.culture.fr/franceterme.

GDT = *Grand dictionnaire terminologique*, http://www.granddictionnaire.com/.

IATE = InterActive Terminology for Europe, http://iate.europa.eu/switchLang.do?success=mainPage&lang=fr.

Merriam-Webster, https://www.merriam-webster.com/.

OQLF (2015), Office québécois de la langue française, *Vocabulaire panlatin du développement durable*.

Oxford Dictionaries, https://www.oxforddictionaries.com/.

Termium Plus, La banque de données terminologiques et linguistiques du gouvernement du Canada, http://www.dictionnaire-environnement.com/.

Corpus en ligne[17]

AFP, AP, Reuters Agences, « Affaire Volkswagen : des ingénieurs avouent avoir installé le logiciel « tricheur » », http://www.lefigaro.fr/societes/2015/10/04/20005-20151004ARTFIG00023-affaire-volkswagen-des-ingenieurs-avouent-avoir-installe-le-logiciel-tricheur.php.

Agence France-Presse, « Volkswagen a triché : « désastre », « choc », « débâcle » », https://www.lesoleil.com/affaires/auto/volkswagena-trichedesastre-choc-debacle-a4b875a6e0ee6299014a6bb4599977a4.

Agence France-Presse (Francfort), « Affaire Volkswagen : les clients pourraient obtenir le remboursement de leur véhicule », http://auto.lapresse.ca/actualites/volkswagen/201510/30/01-4915622-affaire-volkswagen-les-clients-pourraient-obtenir-le-remboursement-de-leur-vehicule.php.

Beaucousin-Jamelin, Vincent, « Volkswagen : le greenwashing est en route », https://fr.news.yahoo.com/volkswagen-le-greenwashing-est-en-route-093355408.html.

Bergerolle, Éric, « Diesel truqués : les Volkswagen corrigées fonctionneraient moins bien », https://www.challenges.fr/automobile/actu-auto/diesel-truques-les-volkswagen-rappelees-fonctionneraient-moins-bien_431626.

Bertrand, Maxime, « Volkswagen : *Das* scandale », http://ici.radio-canada.ca/nouvelle/739990/volkswagen-polluant-tricherie-allemagne-auto-emission-etats-unis-audi-vw.

---

17 Pour toutes les références : dernière consultation le 12 décembre 2017.

Boutelet, Cécile, « En Allemagne, l' « affaire Volkswagen » provoque une onde de choc », http://www.lemonde.fr/entreprises/article/2015/09/21/en-allemagne-l-affaire-volkswagen-provoque-une-onde-de-choc_4766034_1656994.html.

Cazaux, Jérémie, « Affaire Volkswagen : si vous avez raté le début », http://www.liberation.fr/futurs/2015/09/24/affaire-volkswagen-si-vous-avez-rate-le-debut_1389069.

Chiruță, Răzvan, « Previziuni. Când vor dispărea autoturismele cu motoare Diesel », http://romanialibera.ro/stiinta-tehnologie/auto/analiza--electric-vs-diesel--reverberatiile-scandalului-volkswagen-396274.

Cojocaru, Bogdan, ««Dezastru», «șoc», «ruină»: Politicienii germani cer să se verse sânge în scandalul Volkswagen. Pentru unii analiști reprezintă doar începutul unei furtuni care va lovi industria auto », http://www.zf.ro/business-international/dezastru-soc-ruina-politicienii-germani-cer-sa-se-verse-sange-in-scandalul-volkswagen-pentru-unii-analisti-reprezinta-doar-inceputul-unei-furtuni-care-va-lovi-industria-auto-14738334.

Diac, Mihai, « Incepe lupta de rezistenta impotriva campaniilor de greenwashing », https://www.green-report.ro/incepe-lupta-de-rezistenta-impotriva-campaniilor-de-greenwashing/.

Doche, Audric, « Affaire Volkswagen : les modèles 2016 touchés également, voici la liste », http://www.caradisiac.com/Affaire-Volkswagen-les-modeles-2016-touches-egalement-voici-la-liste-105494.htm.

Ferret, Alexandre, « Affaire Volkswagen : un million de voitures truquées en France ? », http://www.lepoint.fr/automobile/affaire-volkswagen-un-million-de-voitures-truquees-en-france-25-09-2015-1967978_646.php.

Le Figaro.fr, AFP agence, « Scandale Volkswagen : le patron de la branche américaine estime « avoir merdé » », http://www.lefigaro.fr/conjoncture/2015/09/22/20002-20150922ARTFIG00073-volkswagen-le-scandale-prend-une-dimension-mondiale.php.

LeMonde.fr,«ScandaleVolkswagen:plusde948000voituresconcernéesenFrance», http://www.lemonde.fr/automobile/article/2015/09/30/scandale-volkswagen-plus-de-948-000-voitures-concernees-en-france_4777931_1654940.html.

Le Monde.fr avec AFP et Reuters, « Accusé de tricherie Volkswagen est menacé de sanctions aux États-Unis », http://www.lemonde.fr/automobile/article/2015/09/20/accuse-de-tricherie-volkswagen-est-menace-de-sanctions-financieres-aux-etats-unis_4764397_1654940.html.

Maroselli, Yves et Chevalier, Jacques, « Scandale VW : pour y voir clair », http://www.lepoint.fr/automobile/actualites/scandale-vw-pour-y-voir-clair-11-11-2015-1980712_683.php#.

Matei, Cosmin Pam, « Problema gravă despre care nimeni nu vorbește în « afacerea » Volkswagen », https://www.cotidianul.ro/problema-grava-despre-care-nimeni-nu-vorbeste-in-afacerea-volkswagen/.

Normand, Jean-Michel, « La potion antipollution de Volkswagen », http://www.lemonde.fr/m-voiture/article/2015/10/19/les-constructeurs-cherchent-des-remedes-antipollution-au-diesel_4792364_4497789.html.

Pelletier, Grégory, « Affaire Volkswagen : un rappel obligatoire sous peine d'immobilisation », http://www.largus.fr/actualite-automobile/affaire-volkswagen-un-rappel-obligatoire-sous-peine-dimmobilisation-7979384.html.

Protecția Consumatorilor, « Afirmațiile legate de mediu în practica comercială », http://www.infocons.ro/ro/i-afirmatiile-legate-de-mediu-in-practica-comerciala-MTg3MzgtMQ.html.

Richter, Mathilde (Agence France-Presse, Berlin), « Séisme chez Volkswagen : 11 millions de voitures truquées », http://affaires.lapresse.ca/dossiers/litiges-economiques/201509/22/01-4902695-seisme-chez-volkswagen-11-millions-de-voitures-truquees.php.

Venard, Bertrand, « Volkswagen : leçon de greenwashing à l'allemande », http://www.latribune.fr/opinions/tribunes/volkswagen-lecon-de-greenwashing-a-l-allemande-508776.html.

Tantely Harinjaka RAVELONJATOVO

Université d'Antananarivo – Madagascar CIRAM[1]

Enjeux de la constitution de corpus spécialisé sur l'environnement en malgache

Abstract: This research is conducted in the theoretical frame of **corpus-based terminology** (L'Homme, 2004), applied to the field of the Malagasy environment. It aims to examine how to build specialized corpora in that field. The research primarily targets Malagasy terminology, but takes also into account the international contexts, in particular the context of French, because of the historical relation between the two languages and cultures. Our main goal is to achieve a better understanding of the common terminological characteristics of environmental texts, whatever the linguistic and contextual differences among them. In the vein of the interface **terminology/ corpus linguistics** (Condamines, 2005), two comparable corpora are to be analyzed: first, the corpus TONTONA, a corpus of more than 500.000 words, which contains texts in Malagasy produced between 1990 and 2005 (Ravelonjatovo, 2012), then, an open corpus with global texts in French and in Malagasy, which contain earlier data about the environment (earlier than 2005).

The analysis of these comparable corpora will amount mainly to identify what extra-linguistic criteria (Habert, 2000) are to be taken into account for the constitution of corpora in that particular field, for the given language(s). Among them: the thematic selection (specialized texts only, whatever their format: digitized or not), the evolving nature of the concepts, the diversity of the actors (specialists, specialists in other fields, specialists-to-be, not-specialists), the geopolitical dimension, and the intrinsic relationship between the field of the environment and general knowledge (terminologization and determinologization).

Which doesn't mean there isn't going to be any interference with the linguistic analysis. Actually, the very arguments and illustrative examples of those extra-linguistic principles are amenable to the terms documented in the analyzed corpora.

Keywords: *concept, corpus terminology, environment, Malagasy, terminological patterns*

1. Introduction

Cet article traitera de la terminologie de l'environnement en malgache et de la méthodologie du travail terminologique à Madagascar. Le cadre méthodologique

---

1 Centre Interdisciplinaire de Recherche Appliquée au Malgache.

de notre recherche est la terminologie sur corpus, son cadre théorique, la terminologie textuelle (Bourrigault et Slodzian 1999).

L'article va approfondir certains aspects de nos travaux de thèse (Ravelonjatovo 2012), en insistant sur les principes et critères relatifs à la constitution de corpus sur l'environnement en malgache. Le principal problème est de comprendre les caractéristiques terminologiques communes des textes sur l'environnement. En effet, ces caractéristiques sont fonction de la langue (le malgache en contact des langues véhiculaires) mais également des contextes extralinguistiques thématiques (domaine étudié –chaque domaine pouvant avoir ses spécificités).

Nous partirons d'une relecture du corpus TONTONA, un corpus de 500 000 mots constitué de textes en malgache produits entre 1990 et 2005 (Ravelonjatovo 2012) et d'un corpus ou réservoir à corpus contenant des textes cadres en français et en malgache, dont les documents cadres de l'environnement actualisés (après 2005). L'article comprend un chapitre sur le malgache, un chapitre sur la méthodologie utilisée, l'étude du corpus et se termine par nos propositions de critères.

2. La langue malagasy et la terminologie

La langue malagasy fait partie de la grande famille malayo-polynésienne. En contact avec les Européens (Anglais et Français), le Roi malgache Radama I (1810-1828) a conçu l'alphabet malgache à partir du principe l'isomorphisme entre le système linguistique et le système orthographique (une lettre pour un son, et un son pour une lettre). Ce principe est à l'origine du fait que les lettres de l'alphabet malgache sont au nombre de 21 : *A, B, D, E, F, G, H, I, J, K, L, M, N, O, P, R, S, T, V, Y, Z*.

Ces lettres participent de l'alphabet latin, il n'existe officiellement aucune forme de lettre spécifique au malgache. En revanche, par rapport à l'alphabet du français et à l'alphabet de l'anglais, celui du malgache ne contient pas les lettres « c », « q », « u », « w » et « x ».

Les 21 lettres ne permettant pas l'écriture de tous les sons, il est ajouté en malgache, officieusement, des lettres accentuées, *à* et *ô*, avec les accents grave et circonflexe. L'accent grave, sur la lettre *a* sert à différencier la place de l'accent pour la prononciation d'un mot. Ainsi, pour faire la distinction entre ['tanana] qui signifie « main » et [ta'nana] qui signifie « village », l'accent grave est mis sur le *a* de la deuxième syllabe pour [ta'nana]. Ainsi, on a *tanana* (main) et *tanàna* (village). L'accent circonflexe, sur la lettre *ô*, sert à distinguer les sons [u] et [o] représentés respectivement par les syllabes françaises *ou* et *o*. Comme la lettre malgache *o* correspond à la fois à [o] et à [u], certains utilisateurs choisissent *ô* pour transcrire le [o]. Par exemple, la transcription en malgache des mots empruntés au français *moto* et *modèle* sont pour certains *môtô* et *môdely*. Cette règle officieuse est mise en pratique par un grand nombre d'utilisateurs mais soulève des discussions chez les linguistes normativistes.

La langue malgache est également une langue agglutinante. Ainsi, en cas de concaténation, il peut arriver qu'une voyelle voire une syllabe disparaissent. Observons l'exemple suivant :

(1) - *satroka + zaza > satro-jaza*
    - chapeau enfant,
    - chapeau d'enfant

Ce phénomène s'appelle également « variation combinatoire » en ce sens que l'agglutination fait suite à la combinaison des deux mots consécutifs. La variation affecte la dernière syllabe du premier mot et la première syllabe du deuxième mot.

Dans la pratique de la communication, on peut observer la domination de l'oral. Les deux centenaires de l'introduction de l'écrit à Madagascar n'ont pas pu changer la culture de la tradition orale pratiquée depuis plusieurs siècles. Entre autres, les pratiques de la terminologie qui se manifestent par la production de lexiques marquent l'utilisation effective de l'écrit.

C'est à travers le bouche à oreille – qui circule plus vite et plus efficacement que l'écrit – que les pratiquants du feu de brousse partagent entre eux leur savoir à ce sujet : que les feux de brousse sont bénéfiques pour la régénération des jeunes pousses d'herbes.

La terminologie malgache de l'environnement est basée sur la traduction conceptuelle à partir de la terminologie française et/ou anglaise.

(2) - *Faritra arovana, Faritra arovana, ou faritra voaaro*
    - Litt. 'Zone/région protégée'
    - Aire protégée

(3) - *Tontolo iainana*
    - Litt. 'Monde où l'on vit'
    - Environnement

(4) - *Tahirin'ala*
    - Litt. 'Reserve de forêt'
    - Reserve forestière

On a eu recours parfois à l'emprunt lors de la traduction de certains termes du domaine. C'est le cas de l'exemple suivant :

(5) - *Zenetika*
    - Génétique

Il n'y a de terminologie spécifique de l'environnement, à Madagascar, que dans certains sous-domaines très spécialisés où l'on a affaire à des espèces endémiques. Les termes malgaches relatifs aux espèces endémiques de la faune et de la flore sont cela dit concurrencés par des noms scientifiques (en latin) ou éventuellement des noms en français (souvent utilisés par les chercheurs) :

(6) – *Vahona*
– *Aloe madagascarensis* (nom scientifique)
– *Aloès* (terme français)

3. L'utilisation des corpus en terminologie

La terminologie sur corpus n'est rien d'autre que l'application de la linguistique de corpus à la discipline de la terminologie. Les tenants de la linguistique de corpus partent des principes suivants (tels que présentés dans Habert 2000) :

i. l'évidence ou attestation dans le corpus,
ii. l'évidence ou attestation prime sur l'illustration,
iii. l'observation de textes prime sur l'introspection.

Ces principes proposent que l'on fasse reposer toute étude (d'une certaine langue ou d'une terminologie donnée) sur des exemples avérés dans les textes naturels. Ainsi, l'approche des terminologies sera guidée par les données[2] et non pas par une idée résultant de l'introspection du chercheur, même si ce dernier est un locuteur natif.

Bon nombre de chercheurs en terminologie exploitent des corpus spécialisés, à des fins terminologiques. On peut citer, entre autres, Condamines (2005), L'Homme (2004), Daille (2002), mais ce sont les propositions de Bourrigaut et Slodzian (1999 : 3) qui auront marqué l'histoire de la méthodologie en fait de travail terminologique. Ils ont proposé le terme de *terminologie textuelle* pour désigner une approche de la terminologie qui se base sur les deux idées suivantes :

i. le texte est le point de départ de l'étude terminologique mais en constitue également le point d'arrivée ;
ii. le terme est construit et sa validation est fonction de la pertinence du corpus et de l'application visée par l'étude.

Ainsi, une étude en terminologie doit faire référence aux textes spécialisés. Ce sont les seuls supports naturels pouvant contenir des termes à l'état naturel.

---

2 Corpus based approach, Data driven approach.

Nous tenons tout de même à préciser que le texte peut se présenter aussi bien sous forme écrite qu'orale, du moment que le code utilisé est la langue humaine

Notre corpus sur l'environnement, nous l'avons construit à partir de ces principes et nous comptons le revoir dans ce qui suit, pour en tirer des enseignements qui se laissent généraliser à tout corpus sur le même thème.

4. Le corpus TONTONA

Le terme « TONTONA » est l'acronyme de *TONTOlo iaiNAna* (litt. 'monde vécu, monde où l'on vit, environnement'). La signification française du mot correspondant à l'acronyme est « cagnotte ». TONTONA serait en effet une cagnotte si ce corpus était capable de rassembler suffisamment de textes pour bien représenter le domaine de l'environnement en malgache. Le corpus TONTONA renferme de fait 3 sous-corpus : un corpus scientifique (56 textes, 33 auteurs, 178 324 mots), un corpus juridique (9 textes, 9 auteurs) et un corpus journalistique (15 textes, 11 auteurs, 8 812 mots) – soit, pour les trois sous-corpus conjointement : 80 textes, 53 auteurs, 571 349 mots.

Ce corpus a été constitué en vue d'une étude des procédés de formation des termes malgaches du domaine de l'environnement. L'étude en question (Ravelonjatovo 2011) a permis l'identification des quinze (15) patrons terminologiques.

4.1. Les critères de constitution de TONTONA

Le corpus a été constitué selon des critères généraux linguistiques (7) et extralinguistiques (8), ainsi que selon des critères spécifiques au domaine de l'environnement (à la fois linguistiques : (9) et extralinguistiques : (10)).

Les **critères généraux** sont identifiés compte tenu du fait que ce corpus relève de la linguistique de corpus et en respecte les trois principes fondamentaux, tels que présentés par Benoît Habert (Habert 2000, voir supra § 3).

Pour récapituler, il s'agit de textes en malgache (vu l'objectif d'étudier la formation de termes en langue malgache et non pas en d'autres langues), tant originaux que traduits, textes entiers ou extraits, mais qui procèdent du seul registre écrit et uniquement de la langue nationale :

(7) Langue malgache vs langue étrangère
 Langue nationale vs variante régionale
 Langue synchronique vs langue diachronique
 Langue écrite vs langue orale ou parlée
 Textes traduits et textes originaux
 Textes complets vs extraits de textes

Ce corpus figure parmi les premiers dans son genre, aussi avons-nous essayé de collecter des textes complets au format électronique, issus de documents typologiquement différents, produits par des locuteurs natifs et rédigés en général par plusieurs auteurs :

(8) Textes écrits au format électronique
Textes écrits par plusieurs auteurs
Textes produits par des locuteurs natifs
Textes issus de documents différents

Les **critères spécifiques** ont été identifiés par rapport au domaine de l'environnement. Linguistiquement parlant, le corpus comporte uniquement des textes spécialisés (plutôt que des textes généraux : langue de spécialité vs langue commune). Du point de vue des critères extralinguistiques spécifiques au domaine thématique à l'étude, il s'agira surtout de textes *représentatifs* sur l'environnement, traitant de sous-domaines distincts, et écrits par les spécialistes pour les spécialistes, par les spécialistes pour les spécialistes en devenir, par les spécialistes pour les non spécialistes (voire par des non spécialistes) :

(9) Textes spécialisés vs textes généraux
(10) Textes écrits sur le domaine de l'environnement
Textes à niveaux de spécialisation différents (rédigés par et/ou destinés aux : spécialistes, spécialistes en devenir, non spécialistes)
Textes représentatifs du domaine
Textes issus de sous-domaines différents

Ces critères – non exhaustifs – ont permis l'étude des termes du domaine de l'environnement à l'horizon de la thèse. Dans cet article, nous essayerons de les revoir dans une perspective plus large pour le cadre commun de l'environnement.

4.2. Regards critiques par rapport aux supports utilisés

Le support informatique figure parmi les critères généraux de la constitution de TONTONA si on se réfère à la définition du corpus par Habert, Nazarenko & Salem 1997, et en particulier dans (Habert 2000 : 13), comme :

> (…) un ensemble de données linguistiques au format électronique collectées et organisées selon des critères linguistiques et extralinguistiques explicites pour servir d'échantillon d'emplois donnés d'une langue

Certes, l'explication du recours à l'utilisation de ces supports est à la fois épistémologique et méthodologique. D'une part, les textes doivent être au format électronique et sur support électronique, le seul support à mémoire de grande capacité, pour pouvoir représenter une langue donnée. Le souci de la grammaire universelle de ne pas disposer d'assez de textes pour représenter les langues du monde est sur le point d'être résolu. Ce critère figure parmi les grands atouts marquant un vrai tournant dans les approches linguistiques contemporaines. D'autre part, les outils de traitement automatique, comme le concordancier, ne peuvent lire que les textes en version électronique.

Toutefois, la langue malgache est une langue peu dotée[3] en ce sens qu'elle est plutôt orale et que son informatisation est loin d'être généralisée. Aussi les locuteurs de l'environnement (spécialistes où pas) n'ayant pas pu produire de textes accessibles en version électronique ne seront-ils pas représentés dans le corpus. De fait, bien que d'autres supports de communication que le support informatique soient largement utilisés, à Madagascar, comme les affichages bordant les parcs nationaux, les émissions radiophoniques sur l'environnement, les discussions orales de la population locale, etc., le corpus TONTONA ne dispose pas des textes en provenance de ces supports...

4.3. Regards critiques par rapport à la complexité du domaine de l'environnement

Rien que dans le corpus TONTONA, on peut observer la présence de plusieurs termes qui sont issus du domaine général et d'autres domaines connexes :

(11) - *Tontolo iainana*'
- Litt. Monde vécu'
- Environnement

Le mot *tontolo* est utilisé dans *izao tontolo izao* (le monde) qui est une lexie du domaine général.

(12) - *fitantanana ny ala*
- Litt. 'Gestion de la forêt'
- Gestion de la forêt

Le terme *fitantanana* (gestion) est issu du domaine de la gestion et continue d'être utilisé dans ce domaine et dans le domaine général.

Par ailleurs, on constate la dynamique spécifique du domaine de l'environnement sur le plan national, régional voire international. Le 6 novembre 2017

---

3   Il s'agit d'une appellation donnée par les chercheurs en Traitement Automatique de Langue (TAL) pour désigner les langues pour lesquelles l'étude en TAL sont sur le point de commencer. Cela se manifeste par la non disponibilité d'outils TAL et/ou d'autres ressources linguistiques propres (dictionnaire électronique, étiquettes morphosyntaxiques, étiquettes sémantiques, etc.).

a eu lieu le COP 23, une conférence internationale sur l'environnement ou plus précisément sur les changements climatiques.

Cette dynamique est marquée également par l'apparition de nouveaux concepts comme le changement climatique, la déforestation et la dégradation de la forêt, le crédit carbone. Autant de termes qui restent non traduits en langue malgache. Ce caractère évolutif du domaine est évoqué dans la nouvelle version de la charte de l'environnement malagasy[4] :

> Le caractère évolutif de l'environnement fait apparaître de nouveaux enjeux, de nouveaux défis et de nouvelles tendances aussi bien sur le plan national qu'international. (Loi n° 2015-003 du 20 Janvier 2015 portant Charte de l'environnement Malagasy actualisée, Exposé des motifs[5])

Se voulant être synchronique et spécifique à l'environnement, TONTONA a fait abstraction de tous ces éléments.

4.4. Regards critiques par rapport à la langue

Même si le corpus TONTONA se veut être monolingue, on y observe tout de même des termes en français et latin (noms scientifiques).

(13) – *Hita manokana amin'ireo zava-maniry mamelana* (plantes supérieures)
 – Litt.'Vu spécial parmis les plantes fléurir'
 – On voit en particulier les plantes supérieures

Dans certains textes en malgache, comme celui qui contient la liste des espèces menacés de Madagascar, texte cible traduit du français (relevant d'un corpus parallèle bilingue français-malagasy), le terme français de *biodiversité* (qui n'a pas d'équivalent en malagasy) est attesté comme emprunt direct, guillemeté :

(14) – *Ny « biôdiversite »-n'i Madagasikara dia azo lazaina ho miavaka tokoa*
 – Litt. 'le « biodiversité » de le Madagascar est pouvoir dire pour exception vraiment'
 – la biodiversité de Madagascar est tellement remarquable

---

4 « La Charte de l'Environnement Malagasy est une loi-cadre fixant les règles et principes fondamentaux pour la gestion de l'environnement y compris sa valorisation » – http://www.lexxika.com/lois-malagasy/droit-de-lenvironnement/loi-portant-charte-de-lenvironnement-malagasy-actualisee/ (dernière consultation le 20 avril 2018).

5 http://www.lexxika.com/lois-malagasy/droit-de-lenvironnement/loi-portant-charte-de-lenvironnement-malagasy-actualisee/ (dernière consultation le 20 avril 2018).

En amont, certains textes peuvent contenir des mots issus d'autres langues comme l'anglais ou très rarement les autres langues européennes, ainsi que du latin pour les noms scientifiques. En aval, la place de formes dialectales dans la terminologie malgache de l'environnement n'est pas négligeable. Ce propos peut être illustré par les exemples suivants :

(15) – *Vahona*
 – *Aloe madagascarensis* (lat., nom scientifique)
 – Aloès

(16) *horaka*
 Litt. 'rizières[6]'
 Rizière

Ces dimensions dialectales et plurilingues ont été ignorées lors de l'exploitation de TONTONA.

Ces regards critiques sur le corpus et les contextes de l'environnement montrent que les critères de la constitution de corpus pour l'environnement doivent être revus en fonction des caractéristiques de la langue malgache et des contextes liés au domaine.

5. Quelques propositions pour le domaine de l'environnement

À partir de ces réflexions, nous essayons de dégager les caractéristiques du domaine de l'environnement avant de proposer quelques critères pour la constitution de corpus y afférents.

5.1. La langue dans le domaine de l'environnement

Le domaine de l'environnement est un domaine très vaste, où l'on assiste à l'intervention de plusieurs acteurs avec des langues et langages respectivement très différents.

Les textes et documents du domaine instancient au moins une langue véhiculaire ou langue de circulation internationale, une langue vernaculaire et une langue officielle. La langue véhiculaire garantit la présence et l'actualisation des concepts internationaux comme le « changement climatique », le « crédit carbone », la « dégradation des forêts », etc.

---

6   « Fond de vallée transformé en rizière, par piétinage des bœufs » (Molet 1957 : 28).

À titre d'illustration, le site sur le COP 23 est écrit seulement en trois langues, à savoir l'anglais, le français et l'espagnol[7] (sous (17) nous avons également ajouté une traduction en malgache) :

(17)
- *La conférence climat de Bonn, tremplin pour de plus hautes ambitions*
- *Bonn Climate Conference Becomes Launch-Pad for Higher Ambition*
- *La conferencia de Bonn sirve de plataforma de lanzamiento para una mayor ambición*
- *Fivoriana momba ny toetrandro any Bonn, fihaonana ho an'ny tanjona lehibe* (traduction libre en malgache)[8]

La langue vernaculaire est utilisée par la population locale pour l'expression des savoirs locaux sur le domaine. Ces savoirs peuvent être complémentaires ou contradictoires aux savoirs scientifiques.

La langue nationale est utilisée par le peuple d'une nation. Il s'agit de la langue utilisée par l'administration, les médias, l'éducation et la recherche scientifique. Cette langue représente l'uniformisation des connaissances d'une nation. Elle peut être similaire ou différente de la langue vernaculaire. En ce qui concerne le malgache, le tableau récapitulatif suivant explique la situation.

Tableau 1 : Illustration sur les langues du domaine de l'environnement à Madagascar

Langue véhiculaire	Langue vernaculaire	Langue nationale
Français **Exemples :** - *charte de l'environnement* - *charte de la terre* - *accumulation biologique* - *biodiversité*	**Dialectes locaux** **Exemples** - *Vahona* (Aloe madagascarensis, aloès) - *Savoka* (forêt secondaire) - *Horaka* (rizière)	**Malagasy** **Exemples** - *Satan'ny tontolo iainana* (traduction littérale de : *la charte de l'environnement*) - *Sata momba ny tany* (traduction littérale de : *la charte de la terre*) - *Biodiversité*

Ainsi nous proposons les critères linguistiques suivants pour la constitution de corpus sur l'environnement.

Pour le corpus monolingue, il faudrait tenir compte des autres langues et variétés de langue en contact avec la langue étudiée. Pour le malgache, compte tenu

---

7 https://cop23.unfccc.int/.
8 Noter que « changement climatique » est désigné en malgache par *fiovaovan'ny toetr'andro*.

des textes disponibles sur l'environnement, le corpus monolingue proprement dit ne peut exister qu'après la traduction en malgache de tous les termes du domaine.

L'utilisation de corpus comparables[9] est plus avantageuse dans la mesure où l'on peut retrouver les termes avec leurs contextes d'utilisation. Le corpus parallèle peut être utilisé afin de tenir compte de la contribution du traducteur à la néologie terminologique (à condition que ce dernier soit également un spécialiste du domaine, voire un expert d'un sous-domaine de l'environnement).

Dans le cas des textes traduits, la présence des textes sources est d'une importance capitale surtout quand les néologies proposées par les traducteurs ne sont pas encore normalisés. Par conséquent, lors de l'exploration du corpus, on doit toujours faire référence aux textes sources.

Le texte oral est aussi important que le texte écrit dans les pays à forte tradition orale comme Madagascar, où les savoirs locaux sur l'environnement circulent à travers le bouche à oreille. Les connaissances sur les divers domaines du savoir sont exprimées à l'oral aussi (voire surtout) en dialecte local (terminologie populaire).

5.2. La complexité conceptuelle du domaine

Le domaine de l'environnement est un domaine ouvert et transversal. Cette ouverture se fait sur le plan temporel, spatial et sur le plan des connaissances.

Ouvert par rapport au temps : il s'agit d'un domaine dynamique, qui tient toujours compte de l'évolution du système socio-culturel, socio-économique, politique et de l'écosystème. Le terme *diachronique* (vs *synchronique*) n'est pas approprié car il ne peut pas exprimer la prise en compte de l'avenir.

La première charte de l'environnement de Madagascar a été conçue en 1992 (deux ans après la conférence de Rio) et contient des textes relatifs à la gestion de la forêt et aux espèces menacées. En 2015, la nouvelle version de la charte stipule de nouveaux règlements comme la gestion des produits chimiques en vue de la sécurité chimique, la gestion des déchets dangereux comme les déchets des équipements électriques et électroniques, les changements climatiques, la gestion des différentes sources de pollution (Charte de l'environnement actualisée).

Ouvert par rapport à l'espace : même si l'étude concerne le malgache national, la relation avec les autres dimensions locale, régionale et internationale est importante. Par exemple, les changements climatiques affectent aussi bien le un

---

9 Corpus renfermant des textes issus de deux langues différentes mais qui traite un seul et même domaine. A ne pas confondre avec le corpus parallèle qui contient des textes traduits (textes sources et textes cibles).

pays tropical comme Madagascar que les pays du Nord, qui se trouvent près de la fonte de glaces.

Ouverture sur le plan des connaissances : la discipline de l'environnement, discipline transversale s'il en est, est partagée par les chercheurs en sciences exactes, en sciences sociales, en sciences humaines, en médecine, en sciences de la communication, etc. Cela signifie que les acteurs de ces domaines sont capables de produire des textes différents qui doivent intéresser la terminologie de l'environnement. De plus, le domaine de l'environnement s'inspire surtout du domaine général – où règne l'incompréhension sur les nouveaux concepts et sur les concepts classiques.

À titre d'exemple, le feu de brousse à Madagascar, prohibé depuis 1992, continue à être pratiqué (en début de l'été 2017, plusieurs incidents ont été rapportés sur les Routes Nationales RN4, RN7, etc.). Les auteurs présumés de ces actes sont des représentants de la population générale qui ont une compréhension particulière de la pratique respective.

Nous allons préciser dans ce qui suit comment nous envisageons d'affiner les critères extralinguistiques spécifiques au domaine de l'environnement.

Pour la représentativité du domaine, d'autres supports, non informatiques, sont à considérer, même si le corpus à constituer est, lui, électronique.

Le caractère évolutif du domaine de l'environnement (qui figure dans la nouvelle charte de l'environnement) est à prendre en compte aussi. Les termes sont en effet tributaires de la date de production des textes du corpus.

Les acteurs qui produisent les textes du corpus devraient être typologiquement diversifiés. Ils peuvent être classés selon leur niveau de spécialisation (spécialistes, spécialistes d'autres domaines, spécialistes en devenir, non spécialistes), ou leur localisation (acteurs locaux, nationaux, régionaux, internationaux).

Comme il s'agit d'une problématique planétaire, la dimension géopolitique serait à considérer. Dès la collecte des textes, on devrait tenir compte des contextes géopolitiques de leur production (Rio+2, Rio+10, Rio+20, puis COP21, COP22, COP23, etc.).

Enfin, compte tenu de la relation intrinsèque entre le domaine de l'environnement et le domaine général, les textes sur l'environnement issu du domaine général sont également importants. Même si la plupart de ces textes sont pauvres en terminologie spécifique, ils sont produits par des acteurs bénéficiaires des politiques environnementales. Grâce à ces textes, on pourrait en outre étudier les phénomènes de terminologisation et de déterminologisation.

6. Conclusion

Les résultats de l'analyse critique du corpus TONTONA et du réservoir à corpus contenant des textes cadres en français et en malgache sont prometteurs et occasionnent la proposition des quelques principes linguistiques et extralinguistiques à prendre en compte pour la constitution de corpus du domaine. Certes, il s'agit de propositions basées sur le contexte de la langue et de la culture malgaches : une langue « peu dotée » et une culture dominée par l'oralité, à connaissances très diversifiées dans le domaine de l'environnement. Mais les acquis de notre recherche sont généralisables et tiennent compte des des tendances et standards actuels en la matière.

Par rapport aux principes de la terminologie textuelle, les enjeux de notre recherche sont à la fois épistémologiques et méthodologiques, vu la richesse indéniable du corpus à constituer. En effet, l'homogénéité du corpus est remise en cause et la faisabilité technique par l'outil informatique est douteuse, à moins d'envisager des opérations de prétraitement supplémentaires.

Références

Bourrigault, Didier, & Slodzian, Monique (1999) – « Pour une terminologie textuelle », *Terminologies nouvelles 19 Spécial TIA99*, p. 29–32.

Condamines, Anne (2005) – « Linguistique de corpus et terminologie », *Langages 157*, p. 36–47.

Habert, Benoît (2000) – « Des corpus représentatifs : de quoi, pour quoi, comment? », *Linguistique sur corpus. Etudes et réflexions* (M. Bilger, éd.), Perpignan : Presses Universitaires de Perpignan, p. 11–58.

Habert, Benoît, Nazarenko, Adeline., & Salem, André (1997) – *Les linguistiques de corpus*, Paris : Armand Colin.

L'Homme, Marie Claude (2004) – *Terminologie : principes et techniques*, Montréal : Presses Universitaires de Montréal.

Molet, Louis (1957) – *Petit guide de toponymie malgache*, Tananarive : Publications de l'Institut de Recherche Scientifique (Institut de Recherche Scientifique de Madagascar. Section des Sciences Humaines).

Ravelonjatovo Tantely (2011) – « Contribution à la méthodologie d'analyse systématique des termes malgaches. Cas du domaine de l'environnement », *TAL. Volume 52 – n° 3/2011*. Disponible sur https://www.atala.org/IMG/pdf/ResumesTheses-TAL52-3.pdf.

Khemissa LAIB

Université Larbi ben Mh'hidi, Oum el Bouaghi, Algérie

L'environnement et la culture du recyclage : regard culturel et philosophique

Abstract: After explaining the etymology and meaning of the words *biaa* and *mazbala* that signify 'environment' and 'dustbin' respectively, and inferring the positive value of designation. Thereafter I present my proposals by sharing my direct experience in recycling household textiles (*achat de friperies* – purchasing secondhand fabric) by means of photos and small videos. I will emphasize the concrete cultural sources and the personal nature of this experience in order to reveal the environmental, esthetic and economic worth of recycling.

My paper will treat recycling from a philosophical standpoint, following the line of thought of François Dagognet (among others). For him, having a philosophical interest in waste is a way of opposing to the consumption society that favors the new and glitter. On the contrary, the recycling persons perceive waste not as something indefinite close to nothingness but as a capability of evolutionary resurrection and continuous creation. In fact, recycling slows down the consequences of consumption in 'liquid modernity' against which the analyses of Zygmunt Bauman warn us.

Keywords: *environment, waste, reconstruction, form, creation*

Introduction

La reconstruction des éléments abîmés et déconstruits n'est pas une tâche exclusivement médicale ou sociologique, mais elle est aussi un art, un besoin, une nécessité et une pratique morale, économique et environnementale quand il s'agit de la reconstruction des objets, pour un nouvel usage, en leur donnant de nouvelles formes et fonctions. À partir de mes observations et de mon expérience dans le recyclage des différentes matières de mon foyer, je souligne que les friperies, tout comme les poubelles, sont des mines qui doivent être explorées. Le recycleur, comme un chirurgien et un esthéticien, ressuscite la beauté de ces richesses, qui paraissaient de purs déchets ayant perdu toute possibilité de redevenir utiles et luxueux. Ma passion du recyclage[1] s'est nourrie de plusieurs sources, dont ma culture, ma religion et mes études en anthropologie et en philosophie sont les plus fécondes et que je vais présenter dans cet essai, qui tente de répondre à la question de savoir quelles sont les fondements culturels et philosophiques du recyclage.

1. Les fondements culturels du recyclage et de la protection de l'environnement

Dans la langue arabe, le verbe *iadatat atadwir* (« recycler ») est dérivé du verbe *aada* – signifiant « refaire » et « retourner », verbe qui remplace dans l'expression *iadatata atadwir* le préfixe re- du mot français *recyclage*. Le terme *daira* (« cercle »), qui a donné le terme *dawra*, dont est venu le mot *tadwir* est créé à partir de *istadara* – qui veut dire « retourner au premier lieu d'où on avait commencé », tout comme l'expression *iaadat el isstiemal*, qui signifie « réutilisation ».

Bien que l'amour du neuf soit vif, comme le disait un proverbe du Proche Orient, et que le nouveau tamis ait un âge, selon un proverbe égyptien, c'est-à-dire, toute chose a une période de validité après laquelle elle sera inutilisable, de sorte qu'on devra la remplacer par une nouvelle, et alors même que tout ce qui est neuf fait plaisir, la culture algérienne nous incite aussi, dans un autre proverbe, à aimer le nouveau sans pour autant jamais abandonner l'ancien :

> « *Tout objet neuf a sa saveur*; n'en sacrifie pas pour autant l'usagé (l'ancien). C'est la sagesse populaire qui s'exprime à travers ce dicton et en réaction à l'inconstance des hommes dans leurs rapports. » (Boutarene 2002 : 139)

Le grand prosateur arabe El Jahiz raconte dans son livre intitulé *Le Livre des Avares*, l'histoire de la femme arabe musulmane « Mouaada El Anbariya » qui n'a rien jeté mais a réutilisé toutes les parties de la brebis sacrifiée à l'occasion d'un rite religieux.

On a offert à Mouaada El Anbariya une brebis pour le sacrifice mais ce cadeau lui a ramené beaucoup de soucis, parce qu'elle voulait tirer profit de tous les composants de cet animal : les cornes allaient servir de crochets pour y suspendre les

---

[1] Un jour pendant que j'étais en train de recycler un ancien rideau à dentelle pour en faire des coussins, une chanson française d'Edith Piaf intitulée me vint à l'esprit – « Non, rien de rien, non, je ne regrette rien » ;
Aussi l'ai-je « recyclée » tout de suite et c'est devenu mon slogan, la chanson qui m'accompagne pendant le recyclage des matières usées de mon foyer : « non, je ne jette rien, ni l'abîmé ni l'ancien, non ! Le déchet, sous mes mains, un luxe il redevient ».

corbeilles, la graisse extraite des os broyés devait servir de liquide inflammable, utile pour allumer les lampes ainsi que de graisse pour la préparation de certains plats gras, et mêmes les excréments séchés, elle allait les utiliser pour se chauffer, le cuir devait donner des sacs et la laine avoir des emplois divers. Mais l'usage du sang l'a mise entres l'enclume et le marteau, d'un côté il était interdit, dans la religion musulmane de le boire, de l'autre côté, elle était sûre que Dieu ne crée rien en vain. Après force soucis, elle a fini par le réchauffer et le l'employer pour rendre les marmites syriennes plus résistantes. Pour ce personnage, le fait de ne pas pouvoir exploiter une partie de la bête restait comme une espèce de brûlure dans son cœur, que seule la réutilisation pouvait soulager.

Contrairement à certaines lectures, qui considèrent Mu'âdà comme avare[2], je la trouve être très économe et bonne gérante – comme l'atteste le narrateur lui-même dans ces lignes :

> « Je n'ai jamais vu personne, déclara un autre, qui, pour mettre les choses à leur place et les utiliser comme il se doit, valût Mu'âda al'Anbariyya — Que faisait donc cette Mu'âdà ? — Cette année, un de ses cousins lui fit cadeau d'une brebis pour le sacrifice. La voyant triste et chagrinée, pensive, les yeux baissés, je lui demandai ce qu'elle avait : « Je suis veuve et sans soutien, me répondit-elle ; je ne sais pas tirer parti de la chair des brebis et ceux qui étaient si habiles sont morts ! Or, je crains d'en perdre une partie car je ne sais pas l'utiliser tout entière. Dieu, bien sûr, n'a pas créé en elle, — ni ailleurs, du reste —, quelque chose d'inutile. Mais « l'homme est, sans conteste, impuissant ». Je ne redoute d'en gaspiller une petite partie que parce que cette perte risque d'en entraîner une plus grande. » (Ğāḥiẓ 1951 : 46).

La quintessence de ces lignes est exprimée dans les deux passages suivants (synthèse de la sagesse populaire) :

> (1) « je crains d'en perdre une partie car je ne sais pas l'utiliser tout entière. Dieu, bien sûr, n'a pas créé en elle, — ni ailleurs, du reste —, quelque chose d'inutile »
> (2) « Je ne redoute d'en gaspiller une petite partie que parce que cette perte risque d'en entraîner une plus grande. »

Ces deux citations révèlent en effet la nécessité du recyclage et de la réutilisation des différentes matières et peuvent devenir des enseignements dans le domaine de l'anthropologie économique :

> « En fait, les avares de Jâhiz s'opposent au *potlatch*, au gaspillage ostentatoire tel qu'il était pratiqué de leur temps et chanté par les poètes. Leur discours exprime au fond

---

2 « Le grand *prosateur* arabe *Al-Jâhiz* s'attaquait déjà, avec éloquence et par la satire, à des vices comme l'avarice, dans cette société de Basra (Irak) du 9e siècle » (Fodil 2006 : 6).

le besoin d'une gestion rationnelle, rigoureuse, planifiée du budget individuel et étatique. » (Benabdelali 1999 : 11).

D'un point de vue à la fois personnel, culturel et historique, en Algérie, les motivations économiques, culturelles et religieuses qui étaient derrière la préoccupation du recyclage avaient un effet positif sur la protection de l'environnement contre les dangers des déchets. Je me souviens très bien des années 1970–1980, époque où les Algériens, qui vivaient, surtout les habitants des zones rurales, dans un total dénouement, profitaient des déchets des usines italiennes et allemandes situées à Constantine, pour subvenir aux besoins de leurs familles : ils en habillaient leurs enfants, revendaient les métaux, mangeaient les conserves non périmées. À partir de ces souvenirs et de mon expérience dans le recyclage, j'ai remarqué, à l'encontre de François Dagonet, que – philosophiquement parlant – s'intéresser au déchet, c'est une façon non seulement de s'opposer à la société de consommation qui privilégie « le neuf et le clinquant » (Dagonet 2000 : 9), mais aussi une façon de s'opposer à la société du gaspillage, qui jette même ce qui est neuf. Le gaspillage est en effet un des grands maux de cette époque, il appauvrit et dégrade l'environnement et la société et enlève aux plus démunis la chance de vivre dans la dignité. Aussi les gaspilleurs sont-ils qualifiés dans le Saint Coran, par les frères, de *déments* ; ces *déments* seraient, pour l'humanité, l'ennemi déclaré. Citant ici comme exemple, deux versets :

(3) « … Et ne gaspille pas indûment, car les gaspilleurs sont les frères des diables; et le Diable est très ingrat envers son Seigneur. » (*Coran*, Sourate 17, Verset 26 et 27)
(4) « … Et ne gaspillez point car Il n'aime pas les gaspilleurs. » (*Coran*, Sourate 17, Verset 26 et 27).

La prospérité maintenant est l'une des vertus de la religion, qui entraîne une vie loin de l'agitation violente des plaisirs par le vice du gaspillage, que Mouloud Feraoun considère être, dans son roman *La Terre et le Sang* comme de l'effronterie[3], et comme étant le propre des gens indisciplinés[4]. Parmi les proverbes

---

3 « Mais dès leur retour, ils se rattrapent effrontément: beaux habits, gaspillage, prétention et femme surveillée. Ils écrasent les autres de leur aisance, se hissent à la première place, réalisent un rêve ancien et s'entêtent à oublier les mauvais jours ». (Feraoun 1995 : 139).
4 « En effet, que les gens de chez nous sont disciplinés, *tout* au moins dans leur vie familiale. *Nous sommes tous d'accord pour blâmer* le *gaspillage. C'est pourquoi chaque famille se soumet* à un *responsable. Le responsable dispose* des *provisions, fixe* les *rations* à *son gré,* décide de l'utilisation des économies, des achats ou des ventes à effectuer. On l'accuse quelquefois de se servir mieux que les autres, mais c'est toujours

algériens blâmant les gaspilleurs et les avars, Kadda Boutarene en cite et en explique le suivant :

> (5) « *Repu et qui ignore tout de celui qui est affamé.* On utilise la formule pour stigmatiser la désinvolture des nantis, qui, quelquefois, se livrent à du gaspillage par forfanterie, alors que dans leur entourage, on souffre des affres de la faim. » (Boutarene 2002 : 226.)

C'est notre culture, et non pas notre religion – comme le citait Malek Bennabi – qui « habitue même l'enfant à ramasser le petit bout de *pain* qui traîne sur un trottoir ou dans une rigole, à le porter à son front et à sa bouche, en signe de respect, et à le mettre ensuite dans un endroit propre » (Bennabi 1989 : 232). Mis à part le ramassage du bout de pain et sa mise dans un endroit propre, le fait de le porter au front et à la bouche est un geste purement culturel.

Le recyclage est une habitude culturelle et économique enracinée dans la culture de la femme algérienne, surnommée aussi de ce fait *al hora*[5], *lamaalma*[6] et qui est malheureusement en voie de disparition, car la plupart des jeunes filles d'aujourd'hui, sous prétexte de l'abondance des divers produits sur le marché, préfèrent la consommation, et jettent – pour ainsi dire – cette compétence, à la poubelle. Le mot français *poubelle* a pour correspondant interlingual le mot arabe *mazbala* qui dérive du mot *zible* signifiant « fumier ». La poubelle est donc le lieu où l'on jette le fumier. Ce dernier lui-même avait une grande importance chez les familles des compagnes qui le ramassaient et le recyclaient plusieurs fois selon le besoin[7].

---

    par envie. La coutume a consacré les vertus du maître ou de la maîtresse de maison » (Feraoun 1995 : 25).

5 Ce mot *hora* et *hor* (au féminin et au masculin) signifie en arabe « libre », mais dans le dialecte algérien, il signifie « le véritable » ; le même mot s'applique par exemple : à « l'huile véritable » *zithor*, aux dattes véritables, *degulahora*, au « miel véritable », *assalhor*.

6 *Maalma* dans le dialecte algérien signifie « la patronne de son foyer ». Dans *Le fils du pauvre* de Mouloud Feraoun cette patronne était sa grand-mère : « Lorsque nous vivions en commun, *ils* travaillaient ferme du commencement de l'année à sa fin. *Ils réussissaient à sauver les apparences et à faire croire* qu'*ils étaient* dans *l'aisance. Ma grand'mère*, intrépide, économe, savait se faire obéir. Elle mourut subitement l'année même où j'entrai à l'école. Je savais à peine ce que c'*était* que mourir. Elle fut pleurée médiocrement par ses deux belles-filles qui pensaient ainsi être plus libres » (Feraoun 1995 : 67).

7 « Il voyait approcher la charrette de proportions gigantesques, très longue, construite sur des roues massives, avec son chargement de *fumier ;* elle paraissait haute comme trois maisons superposées » (Dib 1954 : 63). « Les femmes revenaient aussi de la

C'est avec le fumier des moutons, des chèvres et des vaches, ramassé et transporté sur des ânes[8] des champs et des écuries – et non avec le crottin des chevaux et des ânes, que les paysans utilisaient comme engrais, pour augmenter la fertilité du sol[9], et qu'ils l'appelaient autrement (*ghbar* – c'est-à-dire « poussière » et non « fumier », car dans le langage courant, le langage des rues, ce mot est considéré comme mot vulgaire) – que l'on remplissait les trous dans les murs des maisons en pierre, afin d'isoler les demeures contre le froid de l'hiver ou la chaleur de l'été... Une fois ce fumier sec[10], les paysans le ramassaient dans des sacs, en le remplacent par un autre, de nouveau, dans les trous des murs, et s'en servaient pour chauffer l'eau pour la douche ou pour laver le linge, ou pour chauffer leurs foyers et préparer leurs repas ; en été, ce même fumier, on le brûle pour chasser les moustiques des maisons. Pour distinguer le fumier des vaches, très utile, des mauvais déchets des autres bêtes, comme l'âne et le cheval, celui des vaches est désigné par les termes de *hanna*, ou *hénné*[11] : cette matière à l'aide de laquelle la femme arabe peint en rouge ses mains et ses pieds et même teint ses cheveux gris. Comme matière insecticide, le fumier des vaches est désigné par le mot

---

    source où elles avaient été chercher de l'eau ; les *hommes allaient donner* à *boire* au *bétail* ; les *ouvriers mettaient* du *fumier* en *tas* dans les *rangées* de *vigne* de *M. Villard* », (Dib 1954 : 36).

8 « L'âne nous appartenait ainsi que les moutons et la chèvre. Le premier nous rendait beaucoup de services. *Il portait sur son dos le bois et le sac d'herbe du champ* et y transportait le fumier » (Feraoun 1995 : 67).

9 « Sa main velue mais propre et songe tout de suite aux services qu'elle peut leurs rendre : lait, chevreau, fumier pour le jardin » (Feraoun 1993 : 11).

10 « *Vous savez, il est lourd, le bonhomme. On a voulu le pendre.* Il a emporté la branche d'olivier. On aurait dit que l'arbre dégringolait tout entier. Non, c'était lui. Comme un sac de fumier, il a roulé jusqu'au ravin et là, on l'a achevé à coups de pelle car, il n'était pas mort en tombant » (Feraoun et Chaulet-Achour 2006 : 196).

11 « Henné vient de la racine arabe henin qui veut dire doux... Sa principale fonction *est* la coloration des cheveux et de la peau mais d'autres valeurs protectrices lui sont attribuées. Il porte bonheur, il *est* faste et les femmes prétendent qu'il guérit des rhumatismes... Le Prophète lui-même, en vieillissant, se teignait la barbe. ... Le *henné* répond à une foule d'usages où se mêlent religion, tradition et magie. Les femmes en deuil ne l'utilisent pas... La valeur rituelle du henné est connue d'autant *plus* que son usage était recommandé par le Prophète. *C'est* la plante bénie et respectée par les musulmans. On ne la manipule qu'après avoir récité la formule *bismillah*/ Louange... *Le henné a un rôle protecteur* puisqu'il éloigne les *djuns*. De par sa couleur rouge, le *henné* est symbole de joie et de bonheur. Il est aussi le substitut de sang sacrificiel. Il est utilisé dans les fêtes » (Mouzaia 2006 : 61).

boukhour[12]. Le fumier des moutons et des chèvres, utile pour allumer le feu, est désigné quant à lui par le mot *wakid* désignant ce qui enflamme, du verbe *awkada* qui veut dire « allumer » : c'était aussi avec les restes des vieux branches d'arbres cassés, et des bouteilles ou des sachets en plastique fondu dessus que la *wakid* servait à allumer le feu. Je me souviens bien qu'avec ces pratiques, plus nous de grandissions, moins il y avait de déchets dans nos campagnes. Je n'ai jamais vu de familles jeter du textile ou du bois ou aucune autre matière de valeur à la poubelle, parce qu'il y avait toujours des gens prêts à en faire des matelas, des tapis, des torchons, des serviettes, des rideaux, des housses d'oreillers, voire à les recycler pour en isoler leurs maisons du froid (ou de la chaleur). Si on réussit à fabriquer des poupées, on arrive difficilement à trouver des morceaux de tissus pour leur faire des robes. Les rayures des tapis et des matelas faits de nos vêtements sont des musées qui racontent nos histoires.

L'Islam interdit de porter ou d'avoir du linge ou des vêtements avec des images des êtres ayant une âme ; ainsi l'ange Jibril (le messager du Coran) n'a-t-il pas pu entrer, une fois, chez le prophète Mohamed (que le salut soit sur lui !) à cause des images que l'une des femmes du dernier avait sur son rideau. Notre prophète n'a alors pas ordonné à sa femme de jeter le rideau en question, il lui a juste demandé de découper le dessin et de recycler la couverture pour en faire en coussins (Ibn Qutaybah 1962 : 153). Car l'image découpée d'un être vivant (animal ou homme) perdra son sens d'idole. J'ai moi-même mis en œuvre un beau jour cet enseignement de notre prophète, sur des tapis à motifs animaliers : ce fut ma toute première tentative de recyclage.

Kara, un personnage de *L'incendie* – roman de l'écrivain Mohamed Dib, publié en1954 – disait : « rien ne doit être perdu ; pas même ça. Il montra le crottin que Mama jetait. — Avec ça, on peut faire du feu » (Dib 1954 : 11).

C'est là l'essence du pari algérien pour le presque « zéro déchet », un pari qui était imposé, d'abord, par la pauvreté et le besoin, durant la période du colonialisme français, mais qui avait son fondement dans la culture algérienne et dans la religion islamique, et qui aura en tout cas eu un très bon impact sur l'environnement.

---

12 « Les racines du serghin, thelephiumimperati, entrent dans la composition des parfums avec le mastic, le girofle, le benjoin, etc. On pile le tout ensemble; la poudre obtenue est pétrie dans l'eau et mise sur le feu dans un vase jusqu'à ce qu'elle prenne de la consistance. On en fait ensuite des boules qu'on fait sécher au soleil. *Ce parfum, boukhour, est brûlé dans les appartements et dans les draps de lit, surtout* la *première nuit* des *noces.* » (Belhassen 2007 : 103).

La propreté est d'ailleurs un acte de foi en Islam. Dégager de la route tout ce qui est susceptible de nuire aux passants représente un acte de foi aussi.

Ainsi, étymologiquement parlant, le mot *biaa*, qui se traduit en français par « environnement », ne désigne-t-il de fait pas « ce qui est autour de nous », mais littéralement « là où on se trouve et où on habite », s'avérant ainsi être plus proche du terme français de *milieu*, car le concept désigné par ce dernier exclut lui aussi l'homme. En français, le *milieu* est en effet l'« ensemble des objets matériels, des êtres vivants, des conditions physiques, chimiques, climatiques qui entourent et influencent l'homme » (Morin et Delort 2002 : 2). Ce n'est que plus tard que le signifié de *biaa* évolua vers le concept désigné en français contemporain par le terme d'*environnement* – correspondant interlingual d'un autre terme arabe – à savoir, le terme de *mouhite*.

Mais en s'intéressant au « biaa » (là où l'on habite), on se trouve automatiquement dans l'obligation d'éloigner, de réduire autant que faire se peut les déchets qui sont dans ou qui entourent notre « biaa » et, du coup, on va s'intéresser à l'environnement[13]. Tout déchet qui est dans le « biaa » ou qui l'entoure représente une menace. Dans le dialecte algérien, le verbe signifiant « balayer » – *yaslah* – signifie aussi « réparer », « organiser » et « redresser ». Les cours et l'environnement sont désignés par le terme de *danya* (« la vie d'ici-bas »), aussi l'acte de balayer les cours, de réparer et de prendre soin de l'environnement renvoie-t-il – sur un plan supérieur – à l'acte de réparer et de prendre soin de notre vie terrestre elle-même.

Parmi les nombreux proverbes algériens qui révèlent bien l'intérêt que notre culture porte à l'environnement, je citerais :

> (6) « Si tu veux juger l'état de (propreté et d'organisation et de la beauté à) l'intérieur d'une maison, jette un regard sur les espaces qui l'entourent. »

---

13 « Dans leur ancien village, l'évacuation des déchets ménagers ne posait pas de grandes difficultés. La majeure partie des *déchets était réutilisable sous forme d'engrais pour le petit lopin* de terre attenant à la *maison*. La *consommation faisait très peu appel* aux *produits manufacturés*. Le peu de *moyens dont ils disposaient, réduisait* les *achats* principalement aux produits locaux (de la *terre*) dont les *déchets* formaient l'essentiel du fumier. Chaque *maison disposait* d'un lieu où *étaient* accumulés les *déchets* ménagers. L'habitat étant généralement soustrait à la vue et détourné des voies de circulation, permettait à la femme de s'occuper… à tour de rôle une équipe de quatre personnes munies de charrettes à bras, *qui prend* en *charge* le *balayage* des *rues, rassemble tous* les *déchets ménagers*, et le *soir*, les *achemine* sur un tracteur à un oued à un kilomètre du village » (Lesbet 1983 : 244–247).

(7) « Le voisin avant la maison : les arabes attachent beaucoup d'importance au voisinage, à l'environnement, au point qu'ils renonceraient à acquérir une demeure, si le lieu où elle est située laisse à désirer. »
(Boutarene 2002 : 72).

Pour faire diminuer en Algérie le gaspillage, et lutter contre les dangers des fumées des poubelles et contre la dégradation de l'environnement, l'État doit intervenir non seulement par la maîtrise et le contrôle de l'importation des déchets, mais également par et par l'introduction de programmes universitaires en recyclage, et surtout par l'ouverture de centres de formation et d'information du public, qui familiarisent les femmes au foyer et les jeunes avec les patrons de recyclage des divers matériaux, tout en sensibilisant les consommateurs et les responsables aux valeurs économiques, esthétiques, morales, philosophiques voire religieuses et humaines du recyclage.

2. Les fondements philosophiques du recyclage

L'écologiste en puissance[14] qu'est le philosophe lyonnais François Dagognet (1924-2015) se soucie directement de la réhabilitation des déchets ou de la revalorisation des choses délaissés, qui paraissent décomposées et insignifiantes, et de la participation à leur métamorphose ou à leur éternel retour[15], mais il

---

14 « Le *machinisme n'a-t-il pas dévasté* le sol, altéré l'*environnement champêtre* ? Préalablement, la *terre nous offrait* des *gradations régulières* et par là-même *harmonieuses*, à l'*égal* d'un *immense jardin*. On *voyait également* des *groupements d'*arbres, ce qui n'excluait *pas* des espèces isolées ou de simples rideaux, des bouquets même ; conjointement, on remarquait pour eux toutes les tailles, des plus rabougris aux plus élevés ; les hauteurs variables, comme la nature des peuplements sans compter la multiplicité des espèces, jetaient partout des notes de diversité heureuse, de munificence. » (Dagognet 1995 : 167).

15 « Dans *l'art dionysiaque*, au contraire, et dans son symbolisme tragique, c'est de sa voix non déguisée, de sa vraie voix que nous parle cette même nature : 'Soyez tels que je suis ! Moi, la Mère originelle, qui crée éternellement sous l'incessante variation des phénomènes, qui contrains éternellement à l'existence et qui, éternellement, me réjouis de ces métamorphoses'. L'art dionysiaque lui aussi veut nous persuader de ce plaisir éternel de l'existence, à ceci près toutefois que ce plaisir, nous ne devons pas le chercher dans les phénomènes, mais derrière eux. *Sans doute nous faut-il reconnaître que tout ce qui voit le jour doit nécessairement s'apprêter à* décliner et périr dans la souffrance ; *sans* doute sommes- nous contraints de plonger notre regard dans les terreurs de l'existence individuelle — mais non pour en rester figés d'horreur : une consolation métaphysique nous arrache, momentanément, au tourbillon des formes changeantes » (Nietzsche 1977 : 115).

ne s'intéresse qu'indirectement à l'environnement[16] en tant que tel. Selon lui, toutes les traditions philosophiques ainsi que toutes les techniques de production (tant anciennes que modernes) méprisent la matière et s'efforcent de lui donner l'apparence du lisse, et du clinquant. Le platonisme, qu'Aristote rejoint, incite l'homme à se détourner du désordre et de la corruption des déchets du monde sensible, pour s'orienter vers les lumières des formes :

> « La matière compositionnelle introduit dans la création ou dans l'œuvre ce qui, d'un côté la singularise mais, d'un autre côté, la marque (des marques qu'elle gagnerait à effacer). Corrélativement en ce qui concerne la statue, les nœuds du bois ou les veines de la pierre risquent de lui nuire, preuve que le matériau ne disparaît toujours mais intervient pour altérer la réalisation… Seul le penseur, dans le Platonisme, échappe au délétère. Mais ce n'est pas seulement la philosophie qui nous détourne des 'déchets' et de ce qu'ils impliquent : curieusement, la technique productive, l'ancienne comme l'actuelle, participe à cette aversion, tant nous sommes partout désireux de l'incorruptible et surtout du reluisant (l'envers du rebut). »
> (Dagognet 1997 : 66)

Alors que Dagognet s'attache à souligner que chez Aristote la matière ne cesse de s'éclipser et que celui-ci méprise la matière autant que Platon, je trouve qu'Aristote n'est pas platonicien à cet égard pour un sou. Au contraire, sa philosophie ne se détourne pas de la matière, qui ne cesse de changer ses formes et de passer en œuvres créatives.

Dans ce cadre théorique, le déchet n'est pas une sorte d'indétermination proche de l'anéantissement, mais représente des possibilités de résurrection évolutive et de création continue précisément grâce à l'option du recyclage (tri naturel et revalorisation – toute cette série de changements qui peuvent survenir dans les substances corporelles, sans pour autant en transformer la nature). Recyclage qui s'avère être un cas particulier de mouvement (depuis l'origine vers le but), le mouvement exprimant par hypothèse la dimension dynamique de la réalité, des choses, et non pas une espèce d'abolition des différences entre l'origine et le but – à l'encontre de ce que suggère Luis Nefer :

---

16 « Il en va de même pour l'usine de fabrication, qui abîmait le milieu urbain (par sa monotonie, sa grisaille, ses disproportions) mais n'était-elle pas regardée à travers des normes de disqualification ? Un paysage correspond à des habitudes… Des villages qui disparaissent, des champs délaissés, d'autres livrés à une motorisation d'envergure, les excédents qui continuent à s'accumuler, le débordement, les plantes et les bêtes toutes 'forcées' c'est-à-dire tirées hors de leurs justes limites, les rendements multipliés, est-ce que le philosophe, qui réfléchit sur ce qui l'entoure, *peut admettre une telle apocalypse* » (Dagognet 1995 : 180).

« Selon Aristote, la chose doit son existence à quatre causes : la forme, la matière, l'origine et le but. Si l'une (ou plusieurs) de ces causes fait défaut, ce n'est plus une cause... Aristote nous aurait prévenus : si vous abolissez la différence entre l'origine et le but – et c'est bien ça, le *recyclage* –, vous abolissez la chôséité même de la chose » (Nefer 2006 : 168).

Si Aristote refuse de considérer le changement de la matière ou de sa forme une corruption totale, les choses ne deviennent plus un pur non être, ni pure puissance, ils sont toujours en devenir c'est-à-dire en possibilité de passage depuis l'être-en-puissance à l'être-en-acte. Selon les analyses de Charles Werner, pour Aristote la nature recyclerait perpétuellement tout ce qui peut être réutilisé : par son industrieuse activité, elle ressemblerait à un sage économe ou à un habile artisan qui ne laisse rien se perdre, la chair et les organes des sens sont composés par la plus pure des matières et des déchets, elle forme les os, les nerfs, les poils, les ongles. Les organes de défense, comme les cornes et les dents, sont formés par les excrétions et les résidus terreux des animaux de grande taille (Werner 1987 : 103). C'est par le recyclage de la même matière, à force de créer de nouvelles formes et de concevoir de nouvelles fins et usages pour les déchets, que les artistes et les recycleurs, imitent l'acte de la nature (c'est-à-dire de la raison universelle), et participent de la nature divine, qui a engendré toutes les choses du monde à partir de la même matière éternelle.

L'environnement est, chez Aristote, l'ensemble des matières et des formes, mais la nature, c'est l'ensemble des formes liées avant tout à leurs fonctions et à leurs fins et, à partir de là, on peut déduire que l'environnement ne doit tout simplement pas contenir de matières sans fonctions (des déchets).

C'est en recyclant la *matière* que le recycleur rend l'éternité aux *choses*, c'est à force de donner de nouvelles *formes* et *fonctions* à la *matière* qu'il contribue à la beauté et à l'organisation de la nature elle-même. Dans les termes de François Dagognet :

« et Aristote l'avait déjà pressenti, au lieu de nous livrer un cadavre, assure seulement le passage d'une forme à une autre. Si nous ne le pensons pas, c'est parce que la première forme qui disparaît nous en impose et nous semble la seule positive. Nous cédons au terrorisme des apparences. Le vivant, pour Aristote, laisse après lui un autre vivant qui lui survit, même si celui-ci échappe à notre perception ; la terre opère l'équivalent minimal de la circularité, propre, selon Aristote, au céleste. Le décomposé ou le démoli annonce moins le négatif que le commencement d'une reprise ultérieure, ou un changement de scène (car nous ne nous situons pas ici sur un plan économique – celui du réemploi – mais dans une perspective ontologique qui exclut la mort du substantiel » (Dagognet 1997 : 91).

Le recyclage est aussi une façon de s'opposer concrètement, économiquement et éthiquement à l'idéalisme qui méprise la matière corruptible, à l'insatisfaction pathologique, à la consommation effrénée des nouveaux objets, une des caractéristiques les plus saillantes des sociétés contemporaines, ayant des retombées fâcheuses sur notre environnement naturel.

Le sociologue anglo-polonais Zygmunt Bauman a forgé le concept de liquidité[17] pour désigner ce triomphe du consumérisme, du changement, et de l'irrationalité, sur la satisfaction, la maîtrise des passions et la rationalisation du conflit perpétuel[18] du nouveau avec l'ancien, en fait de consommation de biens matériels.

Conclusion

La loi n°75–663 du 15 juillet 1975 « relative à l'élimination des déchets et à la récupération des matériaux » avait défini le déchet comme étant « tout résidu d'un processus de production, de transformation ou d'utilisation, toute substance, matériau, produit, ou plus généralement tout bien meuble abandonné ou que son détenteur a destiné à l'abandon ».

D'esprit économe et hommes d'éthique par excellence, les recycleurs – qui conçoivent tout résidu et tout matériau ou artefact destinés à l'abandon comme des objets de création –agissent en vrais amis de la nature.

C'est par leurs interactions (le plus souvent indirectes) avec les producteurs, avec les consommateurs et avec les gaspilleurs tous azimuts que les recycleurs luttent contre la destruction des écosystèmes et contre la pollution de l'environnement, et participent à la conservation et à la sauvegarde de l'environnement et de l'espèce humaine elle-même.

---

17 « Zygmunt Bauman *fait* la *peinture* de la *société* à *laquelle nous appartenons* et de la *vie* que *nous menons. Elles seraient, toutes deux*, 'liquides'. Ce *tableau laisse entrevoir l'état* de liquéfaction *qui nous attend* : une *crainte permanente de laisser échapper* une *nouveauté*, la *peur* de *l'obsolescence*, l'*obsession* de lier, délier *toute chose* au *gré* des *circonstances*, dans l'*angoisse* de *nouer* des *attaches trop fortes*… La *société* actuelle incarnerait le triomphe du consumérisme, avec son cortège de 'discontinuité, de désengagement et d'oubli, de vitesse (et) de *déchet*', affirme le sociologue et philosophe polonais émigré au Royaume-Uni. Tout, y compris l'homme, devient alors objet de consommation périssable et jetable. Aucun champ de l'activité humaine n'est épargné : les biens consommés permettent la production massive du déchet » – (Lecerf 2007 : 132).
18 « *Tout naît au devenir par l'opposition des contraires. L'univers tout entier s'écoule comme le fleuve* » (Battistini 1988 : 45).

Références

Battistini, Yves (1988) – *Trois présocratiques : Héraclite, Parménide, Empédocle*, Paris : Gallimard.

Belhassen, Mohamed Raouf (2007) – *La Tunisie au fil des randonnées*, Tunis : Maison Arabe du Livre.

Benabdelali, Naïma (1999) – *Le don et l'anti-économique dans la société arabo-musulmane*, Casablanca : Eddif.

Bennabi, Malek (1989) – *Pour changer l'Algérie*, Alger : Société d'édition et de communication.

Boutarene, Kadda (2002) – *Proverbes et dictons populaires algériens*, Alger (Algérie) : Office des Publications Universitaires.

Dagognet, François (1995) – *L'invention de notre monde: l'industrie, pourquoi et comment?*, Paris : Les Belles Lettres.

Dagognet, François (1997) – *Des détritus, des déchets, de l'abjects, une philosophie écologique*, Paris : Synthélabo.

Dagognet, François (2000) – *Le déchet*, Paris : Publications de la Sorbonne.

Dib, Mohammed (1954) – *L'incendie*, Paris : Seuil.

Feraoun, Mouloud (1993) – *La terre et le sang*, Paris : Seuil.

Feraoun, Mouloud (1995) – *Le fils du pauvre*, Paris : Seuil.

Feraoun, Mouloud et Christiane Chaulet-Achour (2006) – *Journal, 1955-1962* Alger : ENAG/Editions.

Fodil, Baba Hamed (2006) – *Tranche de vie par El-Guellil*, Oran : Éditions Dar el Gharb.

Ğāḥiẓ (1951) – *Le livre des avares* (traduit par Charles Pellat), Paris : G. P. Maisonneuve.

Ibn Qutaybah, Abd Allāh Ibn Muslim (1962) – *Kitabtaẇilmuhtalif al-ḥadit*, traduit par Gérard Lecomte, Damas : Institut Français.

Lecerf, Marie (2007) – « Zygmunt Bauman », *Études*, Numéro 1, Paris : SER-SA, p. 132-133.

Lesbet, Djaffar (1983) – *Les 1000 villages socialistes en Algérie*, Alger : Office des publications universitaires.

Morin, Edgar et Robert Delort (2002) – *L'homme et l'environnement : quelle histoire*, Nantes : Pleins feux.

Mouzaia, Laura (2006) – *Le féminin pluriel dans l'intégration. Trois générations de femmes kabyles*, Paris : Karthala éditions.

Nefer, Luis (2006) – « Des choses et des âmes », *L'Atelier du Roman* 46, Paris : Arléa, p. 168.

Nietzsche, Friedrich Wilhelm (1977) – *La naissance de la tragédie*, Paris : Gallimard.

Werner, Charles (1987) – *Aristote et l'idéalisme platonicien*, New York et London : Garland publishing.

Carmen FIANO – Agnese Daniela GRIMALDI[1]

University of Naples « Parthenope », Italy

Environmental Protection in NATO Military Operations: A Terminological Study

Abstract: Undoubtedly, military English has lately affected political, humanitarian and economic discourses. In addition, the continuous contact with foreign countries, the new global war scenario and the various fields in which military people work permeate the lexicon of military English with a considerable number of terms that, among others, relate to the environment. Environmental protection is indeed defined in the NATO terminology publication as « the prevention or mitigation of adverse environmental impacts »[2]: this explicit focus on environmental issues is justified by the fact that the military involved in operation must protect the environment both during and after the implementation of operations.

This study aims to investigate some terminological features of military English, one of the international auxiliary languages *par excellence*, with particular reference to the environment-related terminology of international military missions. From a quantitative perspective, the first part of the research shows recurrent instances of environment-related terms used in international missions and military publications, e.g. *environmental protection, biological environment, sustainable military compounds, environmental stewardship*, extracted from a specialized corpus of military English which includes excerpts from military websites, articles from journals and reviews, and the official website of the NATO terminology publications. In the second part, the most frequent terms are analyzed from a qualitative point of view, trying to identify terms which are typical of the military language but not common to experts from different disciplines.

Keywords: *environmental protection, military operations, NATO EP standards, environmental responsibility*

1. Introduction

Military language is unquestionably of paramount importance both in time of peace and in time of war because of the constant need for effective and fast

---

1 Carmen Fiano is responsible for paragraphs 1, 2, and 4, while Agnese Daniela Grimaldi is responsible for paragraphs 3, 4, and 5.
2 NATO Standardization Agency (2017) – *NATO Glossary of Terms and Definitions (English and French)*, Brussels: NATO, p. 44.

communication, in particular in a moment of rare international turbulence, characterized by conflicts and interstate and intra-state tensions. Military language, defined by Footitt (2012: 2) as « an integral part to the whole economy of the war », not only represents the specialized language of soldiers, occupants and invaders, but it also includes the vocabulary of civilians affected by the conduct and consequences of conflicts, of war reporters, interpreters, translators and, last but not least, politicians, who support or condemn military campaigns (Furiassi – Fiano, 2017: 152).

Military effectiveness in managing information, transmitting messages, conquering public opinion and dealing with local people pre and post war seem to depend largely on communication, and on the « use » of a common language that cannot be but a *lingua franca*. As the *lingua franca* of military communication, English can help facilitate the necessary exchange of information, the contacts between civilians and military people, between the national and the international. The continuous contact with foreign countries and the various fields in which military people work, permeate the lexicon of military English with a considerable number of terms ranging from armament to medicine, from intelligence to logistics as well as environment. Among these ones environment is a great concern for military people and a fundamental issue in the conduct of military operations.

2. Military Operations and the Environment

Military operations are complex as they involve peacetime domestic operations, training activities and many operational requirements such as the integration of environmental considerations into all aspects of the planning, training execution of the operational activities. Maintaining the health and well-being of the deployed troops and the local population is essential, but it is undeniable that the nature of warfare itself is destructive to humans as well to the environment. Military operations have the potential to make an enormous impact on the environment but, nowadays there is a turning point in dealing with the environment, many laws have been passed that limit the impact that war can have on the environment, the demand and the characteristics of the battle field have changed together with extraordinary advances in technology; and military people appear to be more environmentally friendly than in the past. As a consequence, military personnel not only must be prepared to work on the field with military operations (offense, defense, stability, and support operations), but they must also be able to conform to the environmental protection requirements of the theater of war before and after it. Military people find themselves for the first time having to deal with other aspects of war: consequences on the environment and its protection that represent a non-traditional aspect of war which requires a lot of capability, effort and resources in order not to cause an irreparable harm to environment and its resources that are not limitless any more as they were once considered.

NATO defines environment as « the surroundings in which an organization operates, including air, water, land, natural resources, flora, fauna, humans, and their interrelations »[3]. It is with the aim of protecting the environment in theaters of war that NATO has published the Allied Joint Environmental Protection Publications (AJEPP) with the aim of planning an Environmental Management System (EMS) for NATO led military activities. The aim of this document is to provide « environmental protection (EP) officers with an understanding of the NATO planning process and how to integrate an EMS into this process, environmental risks to be considered during the different stages of compound development, and the actions to be taken during draw down (force reduction), site transfer to other nations or site closure »[4]. Moreover, the EMS approach has the aim to identify and reduce the environmental impacts of a NATO deployment and to commit NATO commanders and forces to taking all reasonably achievable measures to protect the environment, which means that the environmental condition of areas used by NATO infrastructures (military compounds) must be no worse than their original condition. In planning expeditionary operations in which NATO tries to impart its international values, among which the respect for the environment, some factors are taken in due consideration: environmental compliance, pollution prevention, waste management, conservation, heritage protection (natural and man-made), not least flora and fauna. Environmental protection (EP) is defined as:

> (...) the application and integration of all aspects of environmental considerations as they apply to the conduct of military operations. Environmental damage may be an inevitable consequence of operations; however, environmental planning should minimise these effects without compromising either operational or training requirements.[5]

---

3   NATO Standardization Agency (2017) – *NATO Glossary of Terms and Definitions (English and French)*, Brussels: NATO, p. 43.
4   *Environmental Aspects of Military Compounds, Phase II*, May 2007 – May 2008 NATO/SPS Short Term Project Final Report, p. 35, available at https://www.nato.int/science/topical_ws/eamc/283-final_report_Compounds_phaseII.pdf, last accessed 9th May 2017.
5   *Ibid.*, p. 95.

In the light of what has been hitherto said, this study sets out to analyse the English terms related to environment and military operations being of growing strategic significance as environmental factors. The article deals with the environment-related terminology of international military missions and in particular with the terminology related to environmental protection pre- and post- operations, to the damages and the negative consequences of military operations on the environment, with the recurrent terminology of the directives to the military forces: army, marine corps, and air force, to apply appropriate environmental protection procedures during all types of operation. It also deals with terms related to risk management methods to identify actions that may harm the environment and appropriate steps to prevent or mitigate damage as well as to legal requirements of military environmental protection.

3. Purpose of the Study and Methodology

This study aims to investigate some features of the environment-related terminology of international NATO missions at sea. In particular, it focuses on the terms referring to the maritime operations that are performed either above or below the sea surface, as well as those involving both environments.

The purpose of examining these terms is to identify the process whereby they are developed, which, to our knowledge, no previous study has examined: indeed, it is worth noting that, as Furiassi and Fiano highlight, « [r]esearch on terminology seldom includes examples of military language since the tendency of the military is to exclude people who do not belong to this world » (2017: 151).

This research study entails two main phases of analysis: a corpus-based, quantitative search of environment-related terms used in NATO international missions and military publications, followed by a qualitative examination of the most noticeable specialised terms, which are typical of the military language but not common to experts from different disciplines.

The data for this analysis was taken from a small-scale, self-built, specialized monolingual corpus consisting of sample of texts dealing with the theme of environmental protection. The texts include NATO legal documents and conference papers retrieved from the official NATO website, as well as briefing reports and a minor percentage of academic studies[6], for a total of 428,201 running words.

---

6 The inclusion of just a relatively small number of tokens from academic texts means that the corpus cannot be regarded as a perfectly balanced one. However, this does not seem to undermine the value of the study: Atkins *et al.* remark that they « have found any corpus – however 'unbalanced' – to be a source of information and indeed

The Token/Type Ratio is 1.7, which indicates that the corpus is lexically rich despite its highly specialized nature.

The *AntConc* analytical software, Version 3.4.4 for Windows[7] was used for the quantitative analysis of corpus data, i.e. to work out frequency and keywords lists, as well as concordances.

The frequency word list derived from the *ad-hoc* compiled corpus was compared with two major corpora of the general English language, namely the *British National Corpus* (BNC) and the *Corpus of Contemporary American English* (COCA)[8]. Thus a keyword list was generated, which provided information about the specificity of the terms retrieved.

After identifying the specialized terms, a qualitative analysis of a sample of terms was conducted. Given the large number of terms retrieved, they were first selected based on their consistency with the specialised domain of the research. The terms were examined from both a semantic and a lexical perspective. Each term was accurately defined based on the definitions provided in official NATO glossaries and documents, as well as on the interpretation of prepositional meaning of sections contained in the specialised corpus. The underlying processes of word formation of such terms were finally examined.

4. The Findings

The combined analysis of the software-generated keyword list and of the concordance (or keywords in context) shows high recurrence of some words and terms which are unusually frequent throughout the corpus compared to the general language. As noted in previous studies (Wilson, 2008: 5; Fiano and Grimaldi,

---

inspiration », so that « [k]nowing that your corpus is unbalanced is what counts » (Atkins, S., Clear, J., Ostler, N., « Corpus Design Criteria », *Journal of Literary and Linguistic Computing*, Vol. 7, No. 1, 1992, 6.).

7   Laurence Anthony, AntConc (Version 3.4.4) [Windows], Tokyo, Japan, Waseda University, http://www.laurenceanthony.net/, last accessed October, 26th 2017.

8   These corpora were chosen based on three criteria. First of all, each represents one of the two most dominant variants of the English language, i.e., British English and American English. The BNC is a 100 million-word general English language corpus, built between 1990 and 1994 to represent the range of written and spoken language regarded as current at that time. However, since it has not been amended with regard to content and is, therefore, twenty years old by now, it does not record the considerable linguistic change that occurred in areas such as technology, which is relevant to this study. Therefore, it was decided to also employ the most up-dated American English general corpus, the COCA, which includes texts dating from 1990 to 2015.

2017: 150), nouns appear to outnumber verbs, verbs, and adjectives in the military lexicon. Therefore, due to space constraints, this discussion will be limited to a sample of the most relevant noun terms.

Amongst the top 100 keyword nouns, some fall within the field of environment-related issues, such as *environment, environmental, water, waste, protection*, whereas others belong to the domain of military or international organization, e.g. *NATO, military, management, operations,* and *security*.

It is worth noting that the lemma *environment* is found throughout the corpus with a total of 1055 occurrences. However, the word is used in two different meanings, which are defined in the Oxford English Dictionary as follows.

> **Meaning A.** With modifying word: a particular set of surroundings or conditions which something or someone exists in or interacts with.
>
> **Meaning B.** Frequently with *the*. The natural world or physical surroundings in general, either as a whole or within a particular geographical area, esp. as affected by human activity.[9]

The definition of *environment* given in the general language dictionary as in 'Meaning A' is very similar to the official NATO definition provided above (para. 2). The official, approved NATO Glossary *AAP-06 NATO Glossary of Terms and Definitions* provides the following definition: « The surroundings in which an organization operates, including air, water, land, natural resources, flora, fauna, humans, and their interrelation »[10]. A deeper study of the word in context reveals that the first meaning is more frequent (57% of occurrences) and it is mainly employed when NATO operations are described, as in the case of *(military) work environment, underwater environment,* and *air defence ground environment*. The second meaning is found in 43% of the hits and it predominantly occurs when care and protection of the natural world is taken into consideration, as in the following phrases: *protect the environment, minimize damage to the environment,* and *services that impact on the environment*. From a syntactic perspective, the two meanings are signalled by the presence of a modifier before the noun *environment* (e.g. *work*=modifier + *environment*=N) in the former case, whereas in the latter the definite article *the* is always found before the noun *environment*.

The derivational adjective *environmental* is also retrieved in the top 100 keywords, with a frequency value of about 5600 occurrences. Similarly to the

---

9 The definitions are taken from the online Oxford English Dictionary, http://www.oed.com/view/Entry/63089?redirectedFrom=environment#eid, last accessed March 15th, 2018.
10 NATOTerm (2017), *AAP-06 NATO Glossary of Terms and Definitions*, p. 43.

noun *environment*, the adjective occurs alongside with nouns related to environment-related issues (e.g. *environmental + damage, degradation, hazards, protection, protection efforts, protection measures, protection requirements, resource scarcity, risk, risk control, risk assessment, safety, security concerns, threats*) or those belonging to the international bodies and policies (e.g. *environmental + awareness, compliance, considerations, ethic, expertise, laws and regulations, policy, responsibilities, standards, stewards, stewardship*).

Based on word formation, the terms retrieved can be divided into three main categories: single-unit terms, multi-unit terms, and abbreviations.

The first group consists of single units, mainly belonging to the field of environmental protection, but are not strictly interwoven with the military domain, e.g. *contamination*.

The second category includes terms consisting of two or more words, which can be sub-divided into four sub-groups: a) independent lexical units (simple terms) which are combined to form a compound term as in *environmental stewardship*; b) simple units binding with a complex unit to form a multiple compound, e.g. *environmental management board*; c) a compound binding with another compound to form a multiple compound unit, such as *acoustic warfare support measures* (*AWSM*); d) more complex terms combining with other compound nouns, as in *acoustic warfare counter-countermeasures* and *Marine Corps environmental compliance coordinator*. It is worth noting that a large number of terms are formed through determination, as well as compounding resulting from the combination of object/person and function/characteristics, such as *Environmental Training Specialist* (*ETS*). The following tables show some noticeable single-unit terms and multi-unit terms (see examples 1 to 4).

(1) [Single unit terms]
    a. Term: *Environment*. Definition: The surroundings in which an organization operates, including air, water, land, natural resources, flora, fauna, humans, and their interrelation.
    b. Term: *Contamination*. Definition: The deposit, absorption or adsorption of radioactive material or of biological or chemical agents on or by structures, areas, personnel or objects.
    c. Term: *Ceiling*. Definition: The maximum concentration that is allowed for any exposure. Area must be vacated at once if this level is reached.

(2) [Simple units binding with a complex unit to form a multiple compound]
    a. Term: *Environmental audit*. Definition: A compliance review of facility operations, practices, and records to assess and verify compliance with federal, state, and local environmental laws and regulations.

b. Term: *Background radiation.* Definition: Nuclear (or ionizing) radiations arising from within the body and from the surrounding to which individuals are always exposed.
   c. Term: *Environmental stewardship.* Definition: The care and management of the property of another, the environment. Army objective is to plan, initiate, and carry out its actions and programs in a manner that minimizes adverse effects on the environment without impairing the mission.

(3) [A compound binding with another compound to form a multiple compound unit]
   a. Term: *Half-residence time.* Definition: As applied to delayed fallout, it is the time required for the amount of weapon debris deposited in a particular part of the atmosphere, to decrease to half of its initial value.
   b. Term: *Environmental management plan.* Definition: It is a consolidation of multiple programs, procedures, and plans that are integrated both horizontally and vertically within the overall mission execution. The EMP must be approved by the force commander.
   c. Term: *Environmental baseline survey.* Definition: An assessment or study done on an area of interest (a property) in order to define the environmental state or condition of that property prior to use by military forces. Used to determine the environmental impact of property use by military forces and the level of environmental restoration needed prior to returning the property upon their departure.

(4) [Complex terms combining with other compound nouns]
   a. Term: *Acoustic warfare counter-countermeasures.* Definition: In an underwater environment, actions taken to prevent or reduce the use of the acoustic spectrum by hostile forces. Acoustic warfare countermeasures involve intentional underwater acoustic emissions for deception and jamming.
   b. Term: *Environmental Compliance Assessment System.* Definition: Environmental Compliance Assessment System; this system involves the use of the environmental compliance assessment. Also referred to as an environmental audit or environmental program review, it involves an examination of an installation's environmental program to identify possible compliance deficiencies. It also includes designing corrective action plans and implementing fixes for identified deficiencies.
   c. Term: *Marine Corps environmental compliance coordinator.* Definition : CCs help to ensure unit compliance with federal, state, and local regulations that govern, but not limited to, hazardous waste handling and disposal, air quality, water quality, and protected species and their habitats. In addition, ECCs coordinate with the Environmental Security Department to ensure all environmental requirements at the unit are being sufficiently addressed.

The last category consists of abbreviations, which are extremely frequent in military terminology as a result of the need to make the time of communication as short as possible. Differently from what was observed in a previous study on *NATO Brevity Words* (Fiano – Grimaldi, 2017: 15), where no initialisms were found, the quantitative analysis of the corpus built for the purpose of this study reveals a quite significant number of initialisms, alongside with some acronyms and few blended words – see examples (5a-i) to (6a-f) below.

(5) [Initialisms found in the corpus]
    a. Initialism: **EA**. Term: *Environmental Assessment*. Definition: A study to determine if significant environmental impacts are expected from a proposed act.
    b. Initialism: **ECC**. Term: *Environmental compliance coordinator*. Definition: ECCs help to ensure unit compliance with federal, state, and local regulations that govern, but not limited to, hazardous waste handling and disposal, air quality, water quality, and protected species and their habitats. In addition, ECCs coordinate with the Environmental Security Department to ensure all environmental requirements at the unit are being sufficiently addressed.
    c. Initialism: **ECR**. Term: *Environmental Conditions Report*. Definition: Report used to send periodic information (interim snapshots) of the environmental status of specific sites (assembly areas, base camps, logistical support areas, and medical facilities) where hazards are likely to occur, which can result in significant, immediate and/or long-term effects on the natural environment and/or health of friendly forces and noncombatants.
    d. Initialism: **EHSA**. Term: *Environmental Health Site Assessments*. Definition: It identifies environmental, health, and safety conditions that may pose health risks to deployed personnel. Pathways through air, groundwater, surface water, soil, sediments, and biota (including vectors) are identified and analyzed. In most cases, the EHSA will involve some degree of sampling and analysis to characterize potential exposure pathways. Sampling and analysis data may be used to conduct environmental health risk assessments as a part of operational risk management. The EHSA is a written report, maintained throughout the course of the operation, and archived for future reference;
    e. Initialism: **EPA**. Term: *Environmental Protection Agency*. Definition: EPA is charged with protecting and enhancing the environment today and for future generations to the fullest extent possible.
    f. Initialism: **IEL**. Term: *International environmental law*. Definition: It deals and covers numerous cases of environmental damage that give rise to responsibility and potential liability during times of peace.
    g. Initialism: **HM**. Term: *Hazardous Materials*. Definition: Hazardous material; any material, including waste, that may pose an unreasonable risk to health, safety, property, or the environment, when they exist in specific quantities and forms. Chemicals that have been determined by the Secretary of Transportation to present risks to safety, health, and property during transportation
    h. Initialism: **HW**. Term: *Hazardous waste*. Definition: Waste which, if improperly managed, can create a risk to the safety or health of people or to the

environment. EPA considers hazardous waste a subset of both solid waste and hazardous materials.
   i. Initialism: **JEMB**. Term: *Joint environmental management board*. Definition: A temporary board that the joint-force commander or his designee may activate. The JEMB establishes policies, procedures, priorities, and the overall direction for the environmental-management requirements in the theater.
(6) [Blended words retrieved in the corpus]
   a. Blended word: **HAZMAT**. Term: *Hazardous Material*. Definition: Any material that, if handled improperly, can endanger human health and well-being or the environment or equipment. Examples of **HAZMAT** are poisons, corrosive agents, flammable substances, ammunition and explosives.
   b. Blended word: **HAZCOM**. Term: *Hazard Communication*. Definition: Hazard communication; the responsibility of leaders and supervisors concerning possible hazards in the workplace and notification of hazards and necessary precautions to their soldiers.
   c. Blended word: **HAZMIN**. Term: *Hazardous Waste Minimization*. Definition: Programme to stimulate waste minimization
   d. Blended word: **CHEMO**. Term: *Chemical officer*. Definition: Officer responsible for NBC defense operations, smoke operations, and chemical asset use.
   e. Blended word: **SPILLREP**. Term: *Spill Report*. Definition: Written report with detailed information about spills of dangerous substances.
   f. Blended word: **MEDINT**. Term: *Medical Intelligence*. Definition: Intelligence derived from medical, bio-scientific, epidemiological, environmental and other information related to human or animal health.

5. Final Remarks

This research study has examined some semantic and structural characteristics, as well as the underlying processes of formation, of environment-related terms used in NATO official publications. The analysis confirms the highly specialized nature of the corpus, in which the keywords belong to two main semantic fields, i.e. the environment and its protection on the one hand, and the military on the other.

From a formal perspective, most terms are found to be nouns, mainly multi-unit compounds, which seems to respond to the need for lexical density and conciseness, for the ultimate goal of achieving clear, effective communication in a short time. This aim is also achieved through the widespread use of initialisms, some acronyms, and blended words.

In conclusion, this contribution is hoped to be of benefit for translators, interpreters, as well as researchers and linguists conducting terminology projects. Further lexicographic research within this field is encouraged in order to compile multi-lingual glossaries similar to the above-mentioned NATO English-French one[11]. It would be worth including other languages such as Italian, for which very narrow glossaries of military operations and policies terms are available[12]. In the case of the Italian military language, the only glossaries available are the *Glossario dei termini e delle definizioni* – last updated 2009 that contains Italian and NATO-agreed terms and definitions – and the 2012 *Glossario Nazionale delle Abbreviazioni e Sigle Militari*, both published by the Italian Ministry of Defence.

References

Atkins, Sue, Clear, Jeremy and Ostler, Nicholas – « Corpus Design Criteria », *Journal of Literary and Linguistic Computing*, Vol. 7, No. 1, 1992, pp. 1–16.

Fiano, Carmen and Grimaldi, Agnese Daniela (2017) – « NATO Brevity Words for Military Maritime Operations: Metaphors and Unpredictable Meanings », *Navigating Maritime Languages and Narratives: New Perspectives in English and French* (Raffaella Antinucci and Maria Giovanna Petrillo, eds), Bern: Peter Lang, 139–153.

Footitt, Hilary and Kelly, Michael (2012) – *Languages and the Military: alliances, occupation and peace building*, Houndmills: Palgrave Macmillan.

Furiassi, Cristiano and Fiano, Carmen (2017) – « The Anglicization of Italian Military Language », *Terminological Approaches in the European Context* (Paola Faini, ed.), Cambridge Scholars Publishing: Newcastle-upon-Tyne, p. 149–163.

Anthony, Laurence (n.d.) – *AntConc (Version 3.4.4) [Windows]*, Tokyo, Japan, Waseda University, http://www.laurenceanthony.net.

Wilson, Adele (2008) – *Military Terminology and the English Language*, p. 5, available at http://homes.chass.utoronto.ca/~cpercy/courses/6362-WilsonAdele.htm, last accessed October 19th, 2016.

Sources

Environmental Aspects of Military Compounds, Phase II May 2007 – May 2008 NATO/SPS Short Term Project Final Report, https://www.nato.int/science/topical_ws/eamc/283-final_report_Compounds_phaseII.pdf, accessed 9th May 2017.

---

11 NATO Standardization Agency (2017) – *NATO Glossary of Terms and Definitions (English and French)*, Brussels: NATO.

12 Department of Defense – *Dictionary of Military and Associated Terms* (Joint Publication 1–02, 8th November 2010, as amended through 15th February 2016).

NATO Standardization Agency (2017) – *NATO Glossary of Terms and Definitions (English and French)*, Brussels: NATO.

NATO Standardization Agency (008) – *STANAG 7141 Joint NATO Doctrine for Environmental Protection During NATO Led Activities.* (AJEPP 4), 5th Ed, Brussels: NSA, [*OED online*] http://www.oed.com/view/Entry/63089?redirectedFrom=environment#eid.

Terminologie de l'environnement et traduction spécialisée

Kazumi NAKAO

Université des langues étrangères de Tokyo

Terminologie du nucléaire : traduction et vulgarisation entre français et japonais

Abstract: The terms of radioprotection are difficult to understand, not only because of the non-perceptibility of the phenomena, but also because of their ambiguous definitions given by nuclear authorities. This is the case for the terms we analyze: *exposition, irradiation, contamination* (French terms for « *exposure* », « *external exposure* » and « *internal exposure* » respectively) and *hibaku, gaibu hibaku, naibu hibaku* (Japanese term for « *exposure* », « *external exposure* » and « *internal exposure* » respectively). Our study shows that the definitions of these terms by the international nuclear authorities as well as those in France and Japan vary from institution to institution. Their incoherence, however, does not seem to influence considerably the translation, because the translator, when choosing a term, negotiates, as is the case with ordinary words, though the negotiation of the nuclear terms, which could be easily controlled by authorities, is more complex than that of ordinary words, and often tends to be manipulated by participants in power.

Keywords : *official definitions, negotiation, popularization, euphemism, rewording*

1. Introduction

La terminologie s'occupe des termes (mots relevant de domaines de spécialité ou de secteurs délimités), avec pour objectif de les normaliser « pour une communication professionnelle, précise, moderne et univoque » (Cabré 1998 : 79). Toutefois, ces termes, au lieu de se limiter à l'usage des spécialistes, entrent dans notre langage quotidien à travers la vulgarisation de connaissances scientifiques. Par exemple, dans le cas d'un accident nucléaire très grave tel que celui de Tchernobyl en 1986 ou de Fukushima en 2011, les termes du domaine nucléaire sont devenus assez rapidement des mots de tous les jours, car les personnes ordinaires, surtout celles qui vivaient près des lieux d'accident, se voyaient contraintes d'au moins avoir une idée de ce que sont *l'exposition aiguë, le césium* ou *le Sievert* afin de comprendre ce qui se passait exactement dans les centrales accidentées ou dans les alentours. Les termes de spécialité ne se limitent donc plus à un usage professionnel.

Dans cet article, nous allons analyser la vulgarisation et la traduction de termes de la radioprotection en français et en japonais. Les termes que nous allons analyser désignent les phénomènes nommés selon la terminologie établie par l'AIEA[1] *exposition* (≈ *hibaku* en japonais), *exposition externe* (≈ *gaibu hibaku* en japonais) et *exposition interne* (≈ *naibu hibaku* en japonais), les deux derniers étant également nommés *irradiation* et *contamination* dans des documents scientifiques français. Pour l'analyse de ces termes, nous allons entreprendre les trois démarches suivantes. Premièrement, nous allons voir comment ils sont définis par les autorités nucléaires internationales, françaises et japonaises. La terminologie du nucléaire est souvent très opaque et difficile à comprendre pour les non-spécialistes de ce domaine. Ce n'est pas uniquement l'invisibilité des phénomènes radioactifs qui en est responsable, mais c'est aussi dû à l'ambiguïté des termes – qui sera examinée dans la section § 2. Deuxièmement, nous analyserons au niveau discursif la traduction du français en japonais de documents destinés aux non-spécialistes. Tout en prenant note de l'idée d'Otman d'après laquelle le discours n'est « pas une dimension de la terminologie » et « l'objet de recherches de la terminologie est un terme défini hors contexte et hors aspects pragmatiques et situation d'énonciation » (Otman 1996 : 26), nous adopterons dans ce qui suit plutôt les positions de la socioterminologie, qui « rénove l'approche terminologique par une approche beaucoup plus discursive » (Gaudin 1993 : 181), et qui « a permis de mettre au jour des connaissances relatives au fonctionnement discursif et social des termes qu'une approche traditionnelle eût ignorées » (Gaudin 2005 : 83), car pour nous, les termes sont des entités dynamiques qui « ne doivent plus être conçus comme des étiquettes de concepts, mais resitués dans le cadre des échanges langagiers au sein desquels ils apparaissent et se maintiennent ». (Gaudin 2005 : 86–87) Il nous faut, avant d'aller plus loin, expliquer pourquoi nous avons choisi comme corpus des documents destinés au grand public. La plupart des documents officiels publiés par les autorités internationales telles que l'OMS, l'UNSCEAR[2] ou l'AIEA, sont écrits en anglais, et c'est en partant de cette langue qu'ils sont traduits en japonais. Les scientifiques japonais du nucléaire ont tendance à rédiger leurs articles dans la langue anglaise qui est aujourd'hui la langue véhiculaire dominante dans le domaine des sciences. La traduction de documents scientifiques du nucléaire s'effectue donc normalement entre japonais et anglais. Or, après l'accident de Fukushima, il s'est trouvé des Japonais non spécialistes qui, suspectant la véracité des informations communiquées par les autorités japonaises, ont eu recours à des journaux étrangers et aux SNS pour avoir plus d'informations sur l'accident. D'un autre côté, il

---

1 L'AIEA est l'abréviation de l'Agence internationale de l'énergie atomique.
2 L'UNSCEAR est l'abréviation d'*United Nations Scientific Committee on the Effects of Atomic Radiation*.

y a eu de nombreux Français, au courant des conséquences de la catastrophe de Tchernobyl et des problèmes liés aux centrales sur leur propre territoire[3], qui se sont mobilisés afin de mettre la population japonaise en garde contre des conséquences de l'accident de Fukushima. Tout ceci a suscité des échanges d'informations entre Japonais et Français, notamment sur l'Internet, avec pour conséquence la publication des documents traduits en français ou vice-versa par des bénévoles. S'y est ajoutée la publication de documentaires ou témoignages par des journalistes ou des travailleurs du nucléaire. La déspécialisation rapide des termes du nucléaire qui a suivi ces mouvements nous fournit un corpus intéressant. Troisièmement, et pour terminer, nous considérerons le problème général de la traduction des termes de la radioprotection et sa vulgarisation.

2. Définitions par les autorités nucléaires

2.1. Définitions par l'AIEA (l'Agence internationale de l'énergie atomique)

L'AIEA est la principale organisation mondiale, créée en 1957 par les Nations Unies, pour la coopération scientifique et technique dans le domaine de l'utilisation de la technologie nucléaire à des fins pacifiques[4]. Selon le *Glossaire de sûreté de l'AIEA Terminologie employée en sûreté nucléaire et radioprotection, édition 2007*[5], le terme d'*exposition* est conçu comme suit :

(1) **exposition** : Action d'exposer ou fait d'être exposé à une irradiation[6].

Il est précisé également, tout de suite après cette rubrique, que « [l]'*exposition* peut être divisée en catégories selon sa nature et sa durée ou selon la *source* de *l'exposition*, les personnes exposées et/ou les circonstances dans lesquelles elles sont exposées. »[7]. Les termes d'*exposition externe* et d'*exposition interne* seront donc conçus comme notions opposées, dans la même rubrique qu'*exposition*[8].

---

3   La France est la deuxième puissance nucléaire mondiale avec ses 58 réacteurs.
4   https://www.iaea.org/fr/.
     Tous les liens que nous précisions dans cet article sont ceux qui sont valides à la date du 10 novembre 2017.
5   http://www-ns.iaea.org/downloads/standards/glossary/safety-glossary-french.pdf
6   *Ibid.*, p. 74.
7   *Ibid.*, p. 74.
8   Noter toutefois que ce ne sont pas là les seuls hyponymes du terme d'*exposition* dans le glossaire en question : ce sont seulement les seuls hyponymes recensés sous l'entrée même de leur hyperonyme.

(2) a. **exposition externe** : Exposition à des rayonnements émis par une source se trouvant hors de l'organisme. Oppos. : exposition interne[9].
b. **exposition interne** : Exposition à des rayonnements émis par une source se trouvant dans l'organisme. Oppos. : exposition externe[10].

Le terme d'*irradiation* n'est pas répertorié dans le glossaire de l'AIEA, bien que le concept d'irradiation y soit évoqué, en tant que caractère distinctif du concept d'exposition qui, lui, fait l'objet d'une entrée terminologique dans ledit glossaire), comme nous l'avons mentionné dans (1). Il est à noter que le terme d'*contamination* y est décrit comme celui qui désigne la présence de substances radioactives, et que l'AIEA signale avec un point d'exclamation rouge que «! Le terme [...] ne donne aucune indication sur l'importance du danger encouru. ».

(3) **contamination** : Présence fortuite ou indésirable de substances radioactives sur des surfaces, ou dans des solides, des liquides ou des gaz (y compris dans l'organisme humain), ou processus causant cette présence.[11][...] ! Le terme renvoie uniquement à la présence de radioactivité, et ne donne aucune indication sur l'importance du danger encouru[12].

Nous pouvons récapituler les relations entre les quatre termes selon l'AIEA en (4).

(4) TERME : exposition ; HYPONYMES : exposition externe vs exposition interne ;
TERME : exposition externe ; HYPERONYME : exposition ; CO-HYPONYME = ANTONYME : exposition interne
TERME : exposition interne ; HYPERONYME : exposition ; CO-HYPONYME = ANTONYME : exposition externe
TERME : contamination

2.2. Définitions des termes de la radioprotection par les autorités françaises (1) : IRSN (Institut de Radioprotection et Sûreté Nucléaire)

L'IRSN, créé en 2001, est un établissement public indépendant, placé sous la tutelle des ministres chargés de l'écologie, de l'industrie, de la défense, de la santé et de la recherche, qui couvre l'ensemble des risques liés aux rayonnements

---

9   *Ibid.*, p. 74.
10 *Ibid.*, p. 74.
11 Selon l'AIEA, il y a aussi une autre définition de la *contamination*.
    Présence sur une surface, de *substances radioactives* en quantité dépassant 0,4 Bq / cm^2 pour les émetteurs bêta et gamma et les émetteurs alpha de faible toxicité, ou 0,04 Bq / cm^2 pour tous les autres émetteurs alpha.
12 *Ibid.*, p. 30.

ionisants, utilisés dans l'industrie ou la médecine, ou encore les rayonnements naturels[13]. On peut trouver les définitions des concepts désignés par les termes en question dans les deux rubriques ; *glossaire* (désormais *Glos*) et *Le type d'exposition : contamination ou irradiation* (désormais *TypEx*). Curieusement, ces deux définitions ne sont pas tout à fait cohérentes.

2.2.1. *Définitions dans* Glos *de l'IRSN*[14]

Les définitions fournies dans *Glos* de l'IRSN sont quasiment identiques à celles qui sont établies par l'AIEA, sauf *irradiation* qui est présentée ici comme ancienne dénomination de l'*exposition* (relation de synonymie terminologique donc).

(5) a. **Exposition** : L'exposition est le fait d'être exposé aux rayonnements ionisants (exposition externe si la source est située à l'extérieur de l'organisme, exposition interne si la source est située à l'intérieur de l'organisme, etc.)
   b. **Contamination** : Présence à un niveau indésirable de substances radioactives (poussières ou liquides) à la surface ou à l'intérieur d'un milieu quelconque. La contamination pour l'homme peut être externe (sur la peau) ou interne (par respiration ou ingestion).
   c. **Irradiation** : Ancienne dénomination de l'exposition.

Voici la récapitulation des relations entre ces quatre termes selon *Glos* de l'IRSN :

(6) TERME : exposition ; SYNONYME : irradiation ; HYPONYMES : exposition externe vs exposition interne ;
TERME : exposition externe ; HYPERONYME : exposition ; CO-HYPONYME = ANTONYME : exposition interne
TERME : exposition interne ; HYPERONYME : exposition ; CO-HYPONYME = ANTONYME : exposition externe
TERME : contamination

2.2.2. *Définitions dans* TypEx *de l'IRSN*

Irradiation, une ancienne dénomination de l'*exposition* selon le *Glos* que nous venons de voir, est présentée ici comme terme équivalent d'*exposition externe*. *Contamination*, définie comme synonyme d'*exposition interne* s'oppose ici à l'*irradiation* comme dans le cas d'*exposition externe* et *exposition interne*[15]. Les

---

13 http://www.irsn.fr/FR/IRSN/presentation/Pages/Presentation.aspx#.WdJF0UzAOLc.
14 http://www.irsn.fr/FR/connaissances/Glossaire/Pages/Glossaire.aspx.
15 Selon les définitions du *TLFi* également, *irradiation* et *contamination* sont deux termes qui « s'opposent ». Voici les définitions d'*irradiation* et de *contamination* (dans le domaine du nucléaire) tirées du *TLFi*. http://atilf.atilf.fr/tlf.htm.

définitions mêmes d'*exposition externe* et d'*exposition interne* présentées dans cette rubrique sont presque pareilles à celles que nous avons déjà vues ci-dessus :

(7) a. **On parle d'irradiation pour une exposition externe aux rayonnements ionisants**, c'est-à-dire lorsqu'une personne se trouve exposée de l'extérieur par les rayonnements ionisants émis par une source radioactive situé dans son voisinage[16].

b. **On parle de contamination pour une exposition interne aux particules radioactives**, c'est-à-dire quand des éléments radioactifs ont pénétré à l'intérieur de l'organisme. Ceci peut se produire par inhalation des particules radioactives présentes dans l'air, par ingestion d'aliments contaminés par des particules radioactives, ou via contact direct avec la peau ou une plaie (on parle dans ce cas de « contamination externe »)[17].

Voici la récapitulation des relations entre ces quatre termes selon *TypEx* de l'IRSN :

(8) TERME : exposition ; HYPONYMES : exposition externe vs exposition interne ;
TERME : exposition externe ; SYNONYME : irradiation ; HYPERONYME : exposition ; CO-HYPONYME = ANTONYME : exposition interne
TERME : exposition interne ; SYNONYME : contamination ; HYPERONYME : exposition ; CO-HYPONYME = ANTONYME : exposition externe

2.3. Bilan de la terminologie de la radioprotection par les autorités nucléaires

Les termes et les concepts désignés par ces termes établis par les autorités nucléaires internationales et françaises (voir Figure 1 ci-après) présentent des incohérences susceptibles de bouleverser leur emploi aussi bien par les spécialistes que par les non-spécialistes.

Irradiation : Action d'exposer (volontairement ou accidentellement) un organisme, une substance, à l'action de certains rayonnements, notamment radioactifs.
Contamination : *Spéc., PHYS. NUCL.*, Radioactivité induite par une source radioactive au voisinage de celle-ci. *Taux de contamination* S'oppose à *irradiation*.

16 Voir http://www.irsn.fr/FR/connaissances/Sante/effet-sur-homme/effets-rayonnements-ionisants/Pages/3-contamination-irradiation.aspx#.Wc-19EzAMSI.

17 *Ibid*.

Figure 1 : Relations entre termes dans les glossaires français du nucléaire

Glossaire AIEA		
exposition		contamination
exposition externe	exposition interne	

Glos de l'IRSN		
exposition (= irradiation)		contamination
exposition externe	exposition interne	

TypEx de l'IRSN	
exposition	
exposition externe (= irradiation)	exposition interne (= contamination)

Tout d'abord, on observera le manque de cohérence entre les nomenclatures et/ou définitions des ressources compulsées : le terme d'*irradiation*, qui n'est pas mentionné dans le glossaire de l'AIEA, est l'ancienne dénomination d'*exposition* selon *Glos* de l'IRSN, bien qu'il soit recensé comme synonyme du terme d'*exposition externe* dans *TypEx* (ressource documentaire de la même organisation). Le terme de *contamination*, synonyme du terme d'*exposition interne* dans *TypEx*, désigne seulement la « présence à un niveau indésirable de *substances radioactives* sur des surfaces, ou à l'intérieur d'un milieu quelconque » selon les deux autres ressources, ce qui peut engendrer de l'ambiguïté.

Deuxièmement, *exposition* désigne souvent *exposition externe* par défaut. Il en est ainsi dans les autres termes complexes contenant cet élément, dans le glossaire de l'AIEA : *exposition aiguë*[18], *exposition chronique*[19], *exposition*

---

18 exposition aiguë : Exposition reçue pendant une courte durée. Se dit habituellement d'une exposition d'une durée suffisamment courte pour que les doses qui en résultent puissent être considérées comme instantanées (par ex. inférieure à une heure). (cf. le glossaire de l'AIEA).
http://www.ns.iaea.org/downloads/standards/glossary/safety-glossary-french.pdf).
19 exposition chronique : Exposition persistante. [...] Cette expression s'emploie habituellement pour des expositions qui durent de longues années car elles sont dues à des radionucléides de longue période dans l'environnement. (*Ibid.*).

d'*urgence*[20], *exposition médicale*[21]. On dira donc qu'*exposition externe* est une notion non-marquée. Elle n'est utilisée, sauf exception, que lorsqu'*exposition interne* est présente dans le même contexte. Le caractère non-marqué de la notion se comprend assez aisément dans la mesure où il s'agit des radiations que l'on reçoit des sources radioactives situées dans l'environnement et mesurables à l'aide d'un simple dosimètre. En revanche, la détection de l'exposition interne dans l'organisme présente une plus grande exigence car elle n'est possible qu'au moyen de spectromètres, instruments que l'on ne trouvera que dans certains hôpitaux. De plus, certains scientifiques vont jusqu'à nier les différences entre expositions externe et interne[22]. Cela étant, l'implication de la notion d'*exposition externe* dans le terme d'*exposition* se voit garder l'interprétation d'un discours dans l'indécision. Par exemple, *aucun mort par l'exposition* signifiera soit que la mort est survenue suite aux deux types d'exposition (externe *et* interne), soit qu'elle est survenue à cause de l'exposition externe seulement.

En troisième lieu, la polysémie inhérente aux mots *exposition*, *irradiation* et *contamination* pose des problèmes d'interprétation. Le phénomène désigné par le nom *irradiation* et par le verbe *irradier* étant lié aux rayons lumineux ou au rayonnement, il peut provoquer une réaction plus immédiate et plus forte que le phénomène désigné par les termes d'*exposition* et d'*exposer*[23], comme le montre l'exemple (9) recueilli dans *Le Monde*.

---

20 exposition d'urgence : Exposition reçue dans une situation d'urgence. Il peut s'agir d'expositions non planifiées résultant directement de la situation d'urgence et d'expositions planifiées de personnes intervenant pour atténuer les conséquences de la situation d'urgence. (*Ibid.*).
21 exposition médicale : Exposition subie par des patients dans le cadre de leur propre examen ou traitement médical ou dentaire (exposition diagnostique {diagnostic exposure} ou exposition thérapeutique {therapeutic exposure}) ; subie en toute connaissance de cause par des personnes non exposées professionnellement qui contribuent volontairement au soutien et au réconfort de patients ; et subie par des volontaires lors de travaux de recherche biomédicale comportant leur exposition. (*Ibid.*).
22 Par exemple, Pr. Yarmonenko du Centre d'oncologie de Moscou et M. Gentner de l'UNSCEAR nient explicitement que la différence entre l'externe et l'interne ait quelque importance. (Cf. Tchertkoff 2006 : p. 565, p. 574–577).
23 Les nuances liées aux *rayons lumineux* d'*irradiation* contribuent aussi à produire des plaisanteries qui se moquent des irradiées qui « brillent » :
Dès que je parle à quelqu'un de mes rencontres avec les animaux sauvages de Tchernobyl, les mêmes questions reviennent sans cesse: Est-ce qu'ils ont deux têtes? Est-ce qu'ils brillent dans le noir? Est-ce que *tu* brilles dans le noir?
http://www.slate.fr/story/67671/animaux-tchernobyl-radioactif.

(9) Avant cette explosion, on indiquait que 22 personnes auraient été irradiées et que jusqu'à 190 autres auraient peut-être été exposées à des radiations.[24]

Or, *exposition* et *irradiation* sont polysémiques non seulement à travers différents domaines, mais aussi dans le domaine même du nucléaire. Ces termes désignent l'action d'exposer (ou d'irradier) et le fait d'être exposé (ou irradié). Quant à *contamination*, ce terme est fort polysémique dans des domaines distincts (*la contamination par un virus, la contamination de l'impressionnisme et du fauvisme...*). En plus, il est très souvent accompagné de l'idée de propagation d'un mal. C'est la raison pour laquelle l'AIEA a dû souligner dans sa définition, en utilisant même un point d'exclamation en rouge, que « ! Le terme renvoie uniquement à la présence de *radioactivité*, et ne donne aucune indication sur l'importance du danger encouru. »

Ajoutons, pour terminer cette section, que le *Dictionnaire des termes officiels de la langue française* ne recense, lui, que le terme de *contamination radioactive*, donc sans *exposition* (*externe* et *interne*) ni *irradiation* ; voici le contenu de cette entrée :

(10) **Contamination radioactive :** *Abréviation* : contamination. n.f. Domaine : Ingénierie nucléaire/Radioprotection. Définition : Présence à un niveau indésirable à un niveau significatif, de substances radioactives à la surface ou à l'intérieur d'un milieu quelconque[25].

Cette définition est reprise également sur le site de France Terme[26] qui ne recense pas *exposition* (*externe* et *interne*), bien que *dommage d'irradiation* y soit répertorié comme terme du domaine de l'ingénierie nucléaire[27].

---

24 http://www.lemonde.fr/asie-pacifique/article/2011/03/14/japon-une-catastrophe-nucleaire-menace-le-bilan-humain-reste-incertain_1493148_3216.html#GXodB04w0DGgSIhw.99.
25 *Dictionnaire des termes officiels de la langue française* (1994) : p. 47.
26 France Terme est un site géré par le ministère de la Culture de France, qui est consacré aux termes publiés au *Journal officiel* de la République française par la Commission d'enrichissement de la langue française.
27 http://www.culture.fr/franceterme/result?francetermeSearchTerme=irradiation&francetermeSearchDomaine=0&francetermeSearchSubmit=rechercher&action=search.

3. Définitions des termes de la radioprotection par les autorités japonaises

3.1. *hibaku* et ses différentes écritures

Hibaku est un terme japonais quasi-équivalent du terme français d'*exposition*[28]. *Hibaku* peut s'écrire de trois façons. (A) La première écriture est 被(UNICODE88AB)爆(UNICODE7206), un composé avec deux idéogrammes chinois, dont le premier 被 (UNICODE88AB) (*hi*) signifie *subir* rendant l'idée de passivité et le second, 爆 (UNICODE7206) (*baku*), *explosion* ou *bombe*. Ce composé est normalement utilisé pour désigner l'exposition aux radiations d'une bombe atomique. (B) Deuxièmement, toujours un composé avec deux idéogrammes, 被(UNICODE88AB)曝(UNICODE66DD), dont le deuxième élément 曝 (UNICODE66DD) (*baku*) signifie *l'exposition aux radiations radioactives*. (C) Enfin, la troisième façon d'écrire, 被(UNICODE88AB)ば(UNICODE3070)く(UNICODE304F), avec pour premier élément l'idéogramme pour le passif que nous avons vu dans les deux premières mais avec les deux autres signes ば(UNICODE3070)く(UNICODE304F) (*baku*) qui sont des éléments du syllabaire et donc notant uniquement des sons et pas de sens en soi. Cette notation avec un idéogramme et deux phonogrammes tend à remplacer la deuxième écriture (B)被(UNICODE88AB)曝(UNICODE66DD) (*hibaku*) dont le caractère 曝 (UNICODE66DD) (*baku*) n'est pas répertorié dans la liste des « caractères usuels[29] » reconnus par l'Etat. En somme, quand on parle de l'exposition par les rayonnements ionisants suite à un accident nucléaire, (C)被(UNICODE88AB)ば(UNICODE3070)く(UNICODE304F) (*hibaku*) est l'écriture employée le plus souvent aujourd'hui, bien que cette graphie risque de faire confondre les signifiés de (A) et de (B).

Figure 2

(C) 被(UNICODE88AB)ば(UNICODE3070)く(UNICODE304F) (hibaku)	
(A) 被(UNICODE88AB) 爆(UNICODE7206) (hibaku)	(B) 被(UNICODE88AB)曝(UNICODE66DD) (hibaku)

---

28 La traduction de *hibaku* en anglais est *exposure* dans ces quatre dictionnaires de termes techniques japonais-anglais : https://ejje.weblio.jp/cat/engineering/kkkge, https://ejje.weblio.jp/category/academic/gkjet, https://ejje.weblio.jp/category/academic/jstkg, https://ejje.weblio.jp/category/dictionary/crlcj.

29 Les « caractères usuels » consistent à environ 2000 caractères chinois qui sont définis par l'Etat comme ceux qui sont destinés à être utilisés dans la vie quotidienne.

3.2. Définitions par RIST (Research Organization for Information Science and Technology)

RIST est un OSBL[30] qui travaille pour le développement et l'utilisation de l'informatique et de la technologie. Dans *Atomica*[31], le glossaire géré par RIST, les concepts respectivement désignés par les termes d'*hibaku* (exposition), de *gaibu*[32] *hibaku* (exposition externe) et de *naibu*[33] *hibaku* (exposition interne) sont définis comme suit[34] :

(11) a. **Hibaku** : *Hibaku* désigne le fait d'être exposé aux radiations. Il y a deux types d'*hibaku* ; *gaibu hibaku* qui est le fait d'être exposé de l'extérieur par les substances radioactives ou par les rayonnements X émis par une source radioactive, et *naibu hibaku* qui est le fait d'être exposé de l'intérieur de l'organisme par inhalation des particules radioactives présentes dans l'air ou par ingestion d'aliments contaminés par des particules radioactives. *Gaibu hibaku* est l'exposition temporaire par les rayonnements au voisinage immédiat, tandis que *naibu hibaku* est l'exposition durable autant que la radioactivité existe dans l'organisme.[35]
b. **Gaibu hibaku** : Exposition par les radiations de l'extérieur de l'organisme. Les rayonnements X, γ, neutron, dotés du pouvoir de pénétration fort, donnent des influences importantes à tout organisme, tandis que les rayonnements beta dont le pouvoir de pénétration est limité n'affectent que les peaux et globe oculaire. […][36]
c. **Naibu hibaku** : Exposition par les substances radioactives incorporées dans l'organisme par inhalation des particules radioactives présentes dans l'air ou par ingestion d'aliments contaminés par des particules radioactives ou via contact direct avec la peau. […] Certaines substances radioactives incorporées sont distribuées d'une manière égale dans le corps, d'autres sont absorbées par un organe spécifique. L'iode est absorbé par la thyroïde, le strontium par l'os, 80% du césium par le muscle, quelque pourcentage par l'os, le reste par le foie et d'autres organes. Les substances radioactives incorporées sortent du corps par métabolisme ou excrétion avec le temps[37].

Les trois termes en japonais et leurs équivalents en français selon les définitions des concepts qu'ils désignent par RIST sont rappelés en (12) :

---

30 OSBL est l'abréviation d'Organisme sans but lucratif.
31 http://www.rist.or.jp/atomica/.
32 *Gaibu* (外(UNICODE5916)部(UNICODE90E8)) signifie *extérieur*.
33 *Naibu* (内(UNICODE5185)部(UNICODE90E8)) signifie *intérieur*.
34 Traduction par moi-même.
35 http://www.rist.or.jp/atomica/database_dic.html.
36 http://www.rist.or.jp/atomica/database_dic.html.
37 http://www.rist.or.jp/atomica/database_dic.html.

(12) TERME : *hibaku* (exposition) ; HYPONYMES : *gaibu hibaku* (exposition externe) vs *naibu hibaku* (exposition interne)
TERME : *gaibu hibaku* (exposition externe) ; HYPERONYME : *hibaku* (exposition) ; CO-HYPONYME = ANTONYME : *naibu hibaku* (exposition interne)
TERME : *naibu hibaku* (exposition interne) ; HYPERONYME : *hibaku* (exposition) ; CO-HYPONYME = ANTONYME : *gaibu hibaku* (exposition externe)

3.3. RERF (Radiation Effects Research Foundation) et NRA (Nuclear Regulation Authority) : absence de définitions

RERF est l'organisation de recherches coopératives entre le Japon et les États-Unis qui a pour but d'étudier les effets sanitaires des radiations des bombes atomiques de Hiroshima et de Nagasaki pour des fins pacifiques. Elle publie sur son site le glossaire[38] des termes nucléaires, mais ni *hibaku* (exposition) ni *gaibu hibaku* (exposition externe) ni *naibu hibaku* (exposition interne) n'y sont répertoriés. Pour étudier les effets sanitaires des victimes des deux bombes atomiques, ne seraient-ils pas des termes indispensables ? *Hibaku* serait-il un terme banal pour lequel toute définition serait superflue ? Rien ne permet de deviner la raison de l'absence des trois termes. Il en va exactement de même dans les sites de NRA, agence externe posée sous la tutelle du ministère japonais de l'Environnement[39]. Il faut noter, par contre, que les trois termes sont souvent expliqués même de façon sommaire dans les sites gérés par les municipalités où se trouvent des centrales nucléaires, des laboratoires nucléaires ou des centres de retraitement des déchets nucléaires.[40].

3.4. *osen*

Avant de passer à l'analyse de la traduction, il faudra signaler un autre terme, *osen* (污(UNICODE6C5A)染(UNICODE67D3), qui est un autre terme employé pour la traduction de *contamination*. *Osen* est un terme général signifiant « souillure résultant d'un contact avec des substances toxiques telles que microbe, gaz nocif, substances chimiques ou radioactives » L'emploi de ce terme dans le

---

38 http://www.rerf.jp/glossary/index.html.
39 http://www.nsr.go.jp/english/e_nra/idea.html.
40 On notera à titre indicatif le site d'Aomori où se trouvent la centrale nucléaire de Higashidori, la centrale nucléaire d'Oma (en construction), et aussi l'usine nucléaire du traitement du combustible usé de Rokkasho ainsi que les centres de retraitement des déchets nucléaires.
http://www.aomori-hb.jp/ahb4_5_2_02.html.

domaine du nucléaire est général pour des objets non-humains qui sont affectés par les substances radioactives : *kaiyo osen* (contamination marine), *osen sui* (eaux contaminées). Le terme équivalent d'*osen* en français sera donc *contamination* qui désigne la « présence à un niveau indésirable de substances radioactives (poussières ou liquides) à la surface ou à l'intérieur d'un milieu quelconque ». Il est vrai que *hoshano osen* (contamination radioactive) est une expression assez souvent utilisée pour parler de la contamination radioactive des humains. Toutefois *osen* n'est répertorié ni dans le glossaire *Atomica* ni dans celui de RERF.

L'équivalence des termes de la radioprotection entre le français et le japonais pourra être résumée comme suit :

(13) (fr) Exposition, irradiation$_1$ (ancienne dénomination) = (jpn) hibaku
(fr) Exposition externe, irradiation$_2$ = (jpn) gaibu hibaku
(fr) Exposition interne, contamination$_2$ = (jpn) naibu hibaku
(fr) Contamination$_1$ = (jpn) osen

4. Termes de la radioprotection dans la traduction entre français et japonais

4.1. Corpus

Notre corpus[41] consiste en documents écrits et enregistrements vidéo portant sur l'accident de la centrale de Fukushima Daiichi et sur celui de la centrale de Tchernobyl, et dont la destination est le grand public. Ce sont des énoncés prononcés par des personnes qui ne sont pas des spécialistes du nucléaire, (journalistes, travailleurs des centrales accidentées, ou sinistrés ayant certaines connaissances sur la radioprotection), à l'exclusion des discours produits pas les scientifiques du

---

41 Voici la liste des titres de notre corpus.
Tchertkoff, W. (2006) *Le crime de Tchernobyl*, Actes Sud.
Tchertkoff, W. (2015) *Cherunobuiri no hanzai*, tome 1 et 2, traduction japonaise du *crime de Tchernobyl*,
traduit par Nakao, K et al., Ryokufu Shuppan.
Tatsuta, K. (2014, 2015) *Ichiefu*, Kodansha.
Tatsuta, K. (2014, 2015) *Au cœur de Fukushima,* traduction française de *Ichiefu*, traduit par Frédéric Malet, Kana.
Articles du *Monde* depuis 11 mars 2011.
Publication et documentation de l'IRSN
http://www.irsn.fr/FR/Larecherche/publications-documentation/Pages/Documentation-scientifique-2514.aspx#.Wf1dDbbAM8Y.
Films documentaires sur Fukushima et sur Tchernobyl diffusés sur l'Internet.

nucléaire. Toutefois, le vocabulaire utilisé n'est pas moins savant, au contraire, ils emploient des termes assez pointus, comme nous allons le voir.

4.2. Traduction et négociation

Nous avons vu ci-dessus que les définitions des termes de la radioprotection par les autorités nucléaires sont ambiguës et parfois incohérentes. Posent-elles des problèmes graves à la traduction ? Elles constituent certes des inconvénients, surtout au niveau du choix de termes, mais au premier abord, la traduction ne semble pas trop subir de perturbations majeures par la polysémie ou la synonymie pour un seul référent. La monoréférentialité n'est pas une condition absolue pour la traduction des discours, puisque le traducteur ne traduit pas des mots mais des textes. Même si un terme dans la langue de départ n'est pas univoque, le traducteur ajuste le choix de termes de la langue d'arrivée tout en négociant le sens. Souvent ce sont le contexte linguistique dans lequel se trouve le terme ou la communauté langagière à laquelle il est adressé qui jouent un rôle important pour le choix de l'équivalent.

Nous allons d'abord voir un cas où on peut clarifier le sens à la lumière du contexte linguistique. Prenons comme exemple le terme d'*irradiation* pour lequel il y a deux traductions possibles en japonais selon la terminologie des autorités nucléaires : *hibaku* (exposition) et *gaibu hibaku* (exposition externe). Quand il y a dans le contexte voisin du texte original *exposition interne* ou *contamination* qui désignent la notion opposée, comme dans (14) et (15), le traducteur pourra facilement opter pour *gaibu hibaku* comme traduction, car ces deux dénominations contrastées sont employées très souvent ensemble. Il faut noter qu'*irradiation* est souvent déterminée par *externe*, comme dans (14), pour expliciter le fait qu'il s'agit bien de l'externe, ce qui facilite encore l'interprétation d'*irradiation*.

(14) Ces modifications du système immuno-hématopoïétique sont le plus souvent associées à la contamination par le césium-137, mais aussi, chez les liquidateurs, à l'irradiation externe reçue durant les opérations de nettoyage[42].

(15) Au niveau national, l'IRSN apporte son soutien technique et logistique aux structures hospitalières amenées à traiter des personnes irradiées ou contaminées accidentellement en mettant à leur disposition l'évaluation des doses reçues et l'assistance pour le diagnostic et pronostic des dommages radio-induits ainsi que pour la mise en œuvre de la stratégie thérapeutique[43].

---

42 http://www.irsn.fr/fr/larecherche/publications-documentation/aktis-lettre-dossiers-thematiques/envirhom/ingestion/pages/cs_immuno.aspx#.Wa1vqq3AM8Y.
43 http://www.irsn.fr/fr/actualites_presse/communiques_et_dossiers_de_presse/pages/victimes_irradiation_severe_traitees_en_france_042006.aspx#.Wa1gba3AM8Y.

Parfois, le traducteur opte pour un terme qui n'existe pas dans l'original. Nous avons un exemple intéressant. Il s'agit d'un énoncé oral recueilli dans un film documentaire réalisé en 2014 par la télévision France 3[44] sur les sinistrés de Fukushima. L'énoncé est prononcé par un sinistré de la zone interdite de Fukushima, qui assume la fonction de représentant du Centre de la mesure des radiations de Fukushima. Il est interviewé et parle en japonais, et sa parole est doublée en français dans le film, de sorte que la parole japonaise est à un volume assez faible et souvent inaudible. Or, un bénévole japonais y a ajouté le sous-titre japonais et l'a diffusé sur YouTube avec en plus la transcription[45]. Nous avons ainsi l'énoncé original en japonais (cf. (16)), la traduction de celui-ci en français (cf. (16')), et la rétroversion en japonais du doublage de voix français, pour les sous-titres japonais (cf. (16'')). On observe alors que la traduction de (16'') n'est pas identique à l'énoncé original (16), mais qu'on a obtenu « quelque chose de sémantiquement proche » comme le dit Eco (2003 : 71). Il est intéressant de remarquer que le traducteur français a choisi *exposé* et *exposition* qui ne figurent pas dans l'original en japonais.

(16) (ES[46])

nenkan	tsujo	wareware	ga	ukeru	ryo	wa
annuel	normalement	nous	NOM[47]	recevoir	quantité	TOP
ma	1mSv	na-nde	koko	wa	4.3mSv	de
disons	1mSv	être-comme	ici	TOP	4,3mSv	étant

(16NK[48]) Normalement la quantité que nous recevons annuellement est, disons, de 1mSv, mais ici, c'est 4,3mSv.

(16') (EC[49] par la chaîne France 3)
Normalement un humain ne peut pas être exposé à plus de à 1mSv par an. Ici, nous avons une exposition annuelle de 4,3 mSv.

(16'') (EC à partir de (16') par Kingo[50])

futsu	wa	nenkan	1mSv	ijo	hoshano
généralement	TOP	annuel	1mSv	plus	radiations

---

44 https://www.youtube.com/watch?v=ZNYvKm04fXg.
45 http://kingo999.blog.fc2.com/blog-entry-1639.html.
46 ES représente l'énoncé source (dans la langue de départ).
47 Nous précisons les signes que nous utilisons pour les explications de la grammaire japonaise.
NOM : cas nominatif GEN : cas génitif ACC : cas accusatif DAT : cas datif.
TOP : topique PAST : passé PROG : progressif STAT : statif.
48 J'écris ma traduction en ajoutant NK au numéro comme dans (16NK) pour (16).
49 EC représente l'énoncé cible, une traduction dans la langue d'arrivée.
50 http://kingo999.blog.fc2.com/blog-entry-1639.html.

wo	uke-te	wa	ikemasen.	koko	no	nenkan	no
ACC	recevoir	TOP	interdit	ici	GEN	annuel	GEN
hibaku	ryo	wa	4,3mSv	desu			
exposition	quantité	TOP	4.3mSv	être			

(16" NK) Normalement il ne faut pas recevoir plus de 1mSv de radiations par an. La dose d'exposition d'ici est de 4,3mSv.

Le locuteur interviewé ne prononce ni *exposition* ni *radiations*, mais le traducteur français explicite le sous-entendu de l'original. Ainsi, le traducteur japonais qui aurait cherché à être fidèle au doublage en français, a utilisé *hibaku* (exposition) et *hoshano* (radiations) dans les sous-titres en japonais. C'est donc l'ajout du traducteur français qui est la cause de la non-réversibilité de la traduction. Toutefois cet ajout n'est pas répréhensible, car c'est la trace des égards du traducteur envers la communauté langagière à laquelle cette traduction est adressée. Le traducteur français aurait pensé qu'il permet d'expliciter le contenu pour les téléspectateurs qui ne savent pas ce que c'est le Sievert. Nous pourrons dire que c'est le résultat d'une négociation entre le traducteur et ses téléspectateurs. Eco (2003 : 113) parle d'un acte de négociation en citant un zoologue qui « aurait réduit son patrimoine de connaissances » au format des personnes ordinaires et qui pourra s'écrier 'Attention, une souris !'. L'ajout que nous venons de constater est aussi un ajustement par le traducteur pour que les téléspectateurs puissent atteindre au niveau des connaissances du locuteur qui parle du Sievert sans préciser ce que c'est comme unité. En effet, tant que le contenu sémantique est maintenu, l'apparente infidélité au niveau des mots ne tire pas à conséquence dans la traduction. Toutefois, est-ce toujours le cas pour les termes employés dans un domaine spécialisé ? Eco (2003 :198) dit que pour la traduction d'un roman, « il est possible de modifier le signifié (et la référence) d'une phrase isolée afin de préserver le sens de la microproposition qui la résume immédiatement, et pas le sens des macropropositions au plus haut niveau. » Est-ce vrai également pour la traduction des termes de spécialité ? Qu'est-ce qui est pertinent pour la négociation des discours dans lesquels sont utilisés des termes de spécialité ?

Observons l'exemple suivant où *contamination* porte sur un référent humain, et où n'existent ni *irradiation* ni *exposition externe* dans le contexte voisin. *Contamination* serait normalement traduite soit par *osen* (contamination) soit par *naibu hibaku* (exposition interne) si on suit les équivalences basées sur les définitions par les autorités nucléaires. Or, c'est *hibaku* (exposition), l'hyperonyme de *naibu hibaku* (exposition interne) qui a été choisi comme traduction.

(17) (ES) Tu as la plus grande contamination mesurée aujourd'hui[51].

(17') (EC)
kyo	hakat-ta	uchide	ichiban	hibaku
aujourd'hui	mesurer-PAST	parmi	le plus	exposé

shi-tei-ta-ne[52]
faire-STAT-PAST-consensus

(17'NK) Tu es le plus exposé parmi ceux qui ont été mesurés aujourd'hui.

C'est un énoncé prononcé par le physicien Vassili Nesterenko qui s'adresse à un petit garçon habitant dans un village fortement contaminé en Biélorussie. Dans ce cas, *osen*, qui ne porte que rarement sur un référent humain, sera éliminé comme candidat. Il ne reste donc que *naibu hibaku* comme traduction. Toutefois, *naibu hibaku* va fréquemment de pair avec *gaibu hibaku* (exposition externe) qui est absent dans ce contexte. De plus, ce sont des termes plus savants qu'*hibaku*. S'agissant d'un énoncé adressé à un enfant, le traducteur[53] a, nous semble-t-il, privilégié un ton plus profane au détriment du signifié de *contamination*. On a en fait là le résultat d'une négociation de la part du traducteur. Notons que le contenu sémantique n'est nullement détourné dans cet acte de négociation, car pendant cette scène on effectue le contrôle avec le spectromètre qui sert à mesurer l'exposition interne. La perte du signifié dans la traduction est ainsi compensée par le contexte extralinguistique. Gaudin (2003 : 90), tout en se référant à la notion de dialogisme de Bakhtine (1977), dit que « le mot n'est pas la partie d'un trésor hérité que l'on transmettrait à un interlocuteur », mais « le produit de l'interaction du locuteur et de l'auditeur ». Ainsi, la traduction est aussi le produit de l'interaction, à savoir la négociation : le choix de termes par le traducteur dépend non seulement de la terminologie, mais aussi de l'interaction avec le contexte linguistique, avec ses lecteurs éventuels, ou avec d'autres facteurs que nous allons voir ci-dessous.

4.3. Vulgarisation et euphémisme

La vulgarisation est aussi une forme de négociation. Le manga *Ichiefu*[54], a été produit par le dessinateur Kazuto Tatsuta, qui avait travaillé comme liquidateur

---

51 Tchertkoff 2006 : p. 430.
52 Tchertkoff 2015 traduction japonaise vol. 2 : p. 69.
53 C'est moi-même qui ai traduit ce passage pour la traduction japonaise de Tchertkoff (2015), et je dois avouer qu'au premier essai, j'avais tout naturellement choisi *hibaku*.
54 Il est à noter que le choix des termes par l'auteur du manga est clair et cohérent : *hibaku* pour désigner le fait d'être exposé, *gaibu hibaku* pour exposition externe, *naibu*

dans la centrale de Fukushima Daiichi pendant des mois après l'accident. Dans sa traduction française *Au cœur de Fukushima*, *hibaku* est souvent rendu par *radiation(s)* ou *dose (absorbée, de radiation…)*, quoique les termes français équivalents soient *exposition* ou *irradiation*.

(18) (ES)
Shiin　　　　wa　　　shinkinkosoku
Cause de décès　TOP　　infarctus du myocarde
mochiron　hibaku　　tono　　kankei　　wa　　nai[55]
évidemment　exposition　d'avec　relations　TOP　NEG

(18NK) La cause du décès est l'infarctus du myocarde, il n'y a évidemment pas de relations avec l'exposition.

(18')(EC) Cet homme est mort d'un infarctus du myocarde, et cela n'avait évidemment aucun rapport avec les radiations[56].

(19) (ES)
Tada　　　sore　　dake　　no　　　sagyo　　demo　　1 jikan
seulement　cela　　seul　　GEN　　travail　　même　　1 heure
yat-teiru　　　to　　　　sono　　hi　　no　　yotei　　　　ryo
faire-PROG　quand　　ce　　jour　GEN　programme　quantité
made　　　hibaku　　　　shite-shimau[57]
jusque　　exposition　　faire-finir par

(19NK) Même si on ne fait que ça comme travail, si ça dure une heure, on est exposé jusqu' à la dose limite du jour.

(19') (EC) Au bout d'une heure de travail, on a déjà absorbé notre dose quotidienne de radiation[58].

(20) (ES)
hoshasen　　kanri　　　in　　　　ga　　　tsuneni　　sagyoin　　no
radiation　　gestion　　membre　NOM　　toujours　　travailleur　GEN
hibaku　　　　ryo　　　　wo　　　chekku　　shi-teiru[59]
exposition　　quantité　　ACC　　vérifier　　faire-PROG

---

hibaku pour exposition interne, *osen* pour la présence de substances radioactives sur des surfaces.
55　Tatsuta 2014 tome 1 : p. 33.
56　Tatsuta 2014 traduction française tome 1 : p. 35.
57　Tatsuta 2014 tome 1 : p. 54.
58　Tatsuta 2014 traduction française tome 1 : p. 56.
59　Tatsuta 2014 tome 1 : p. 26.

(20NK) Un contrôleur de radiations vérifie toujours la dose d'exposition des travailleurs.

(20') (EC) Un responsable est chargé de vérifier en permanence la dose absorbée[60].

Si *radiation(s)*, défini[61] dans *Glos* de l'IRSN[62] comme « mot synonyme de *rayonnement* qui désigne une transmission d'énergie sous forme lumineuse, électromagnétique ou corpusculaire[63] », peut désigner *exposition*, c'est parce que ce terme-là est dans ce contexte considéré comme équivalent de *rayonnements émettant de la radioactivité*. Quant à *dose*, qui désigne la « quantité d'énergie communiquée à un milieu par un rayonnement ionisant[64] » selon l'IRSN et la « mesure de l'énergie déposée par un rayonnement dans une cible[65]» selon l'AIEA, c'est un autre terme qui cherche à appréhender l'exposition sous l'angle de la quantité. *Radiation(s)* et *dose* sont donc utilisés comme des reformulations métonymiques d'*exposition* – qui désigne une notion plus abstraite et moins immédiatement assimilable. En l'occurrence, la vulgarisation par le traducteur a pour but de rendre les termes plus accessibles aux lecteurs. C'est le résultat d'une négociation. Or, il faut nous rappeler que sous l'entrée *exposition*, dans le glossaire de l'AIEA, on signale avec un point d'exclamation rouge que « ! Le terme *exposition* ne doit pas être employé comme synonyme de *dose*. La *dose* est une mesure des effets de l'*exposition* »[66]. Cette remarque prouve le fait que le terme de *dose* est souvent 'confondu' avec le terme d'*exposition*. En effet, le premier est utilisé comme synonyme du dernier non seulement dans des traductions, mais aussi dans des journaux français. C'est aussi le cas de *radiation(s)* qui s'emploie dans la presse comme équivalent d'*exposition*. Voici des exemples illustratifs tirés d'articles du *Monde* :

---

60 Tatsuta 2014 traduction française tome 1 : p. 28.
61 Cette définition est mal formée selon le critère d'ISO 704 (2009), car au lieu de définir le concept, on y définit le terme (« mot qui désigne »). Cf. « une définition par intension doit décrire le concept et non pas les mots ou les éléments qui constituent sa désignation » (ISO 704 (2009) : p. 27).
62 Il faut noter que *radiation* est absent dans le *Glossaire de sûreté de l'AIEA Terminologie employée en sûreté nucléaire et radioprotection* édition 2007.
  http://www-ns.iaea.org/downloads/standards/glossary/safety-glossary-french.pdf.
63 http://www.irsn.fr/FR/connaissances/Glossaire/Pages/Glossaire.aspx.
64 http://www.irsn.fr/FR/connaissances/Glossaire/Pages/Glossaire.aspx.
65 http://www-ns.iaea.org/downloads/standards/glossary/safety-glossary-french.pdf.
66 http://www-ns.iaea.org/downloads/standards/glossary/safety-glossary-french.pdf.

(21) Il est probable que les équipes (de 50 à 180 personnes, selon les sources) commencent à travailler par roulement, de façon à ce qu'aucun ne subisse une dose excessive[67].

(22) Mais nulle information n'a filtré sur l'ampleur des radiations subies par les personnels[68].

On n'a pas de mal à comprendre que ces deux termes s'emploient assez souvent à la place d'*exposition* ou d'*irradiation* : le terme de *dose*, appréhendé comme celui qui désigne une quantité, et le terme de *radiation(s)*, comme celui qui précise la cause de l'exposition, désignent des notions plus faciles à saisir que celles que désignent les termes d'*exposition* ou d'*irradiation*, qui renvoient à un phénomène imperceptible. Delavigne (1995 : 11) note que « *radioactivité* et son paradigme *radioactif, irradiation, irradié* ... sont des termes abstraits, difficiles à appréhender ». Au lieu de suivre la terminologie des autorités nucléaires, le traducteur a opté pour des termes plus concrets pour donner prise sur des faits peu conceptualisables. Il faut tout de même dire que, bien que le référent reste le même, cette vulgarisation pourra entraîner un changement de perspective (un autre point de vue du locuteur). Le terme de *radiation(s)* souligne la seule présence des rayonnements, tandis que le terme d'*exposition* souligne le fait qu'un humain est atteint des mêmes rayonnements. Le traducteur, tout en choisissant le terme de *radiation(s)*, cherche à transmettre le contenu de l'énoncé par euphémisme, à force de parler seulement de la présence des radiations, mais non de leurs effets éventuels sur les humains. L'euphémisme n'est pas rare dans le domaine du nucléaire, notamment dans des documents destinés au grand public, parce que nous avons la peur du nucléaire. La vulgarisation n'est donc pas toujours gratuite.

Il y a des cas où la reformulation du traducteur change le référent aussi bien que le contenu notionnel. Dans la traduction française du manga *Ichiefu* que nous avons vue ci-dessus, *naibu hibaku* (exposition interne) n'est jamais traduit par *exposition interne* ni par *contamination*, mais paraphrasé par d'autres expressions, ce qui conduit à la perte totale du contenu notionnel que visait le texte source.

---

67 Voir
  http://www.lemonde.fr/japon/article/2011/03/16/des-equipes-exposees_1493831_1492975.html#Cm2H5o7RxHflm5ZC.99.
68 Voir
  http://www.lemonde.fr/planete/article/2011/03/16/dans-la-centrale-de-fukushima-la-solitude-des-pompiers-du-nucleaire_1494233_3244.html#0fuctPCfP0XrUhGe.99.

(23) (ES)
masuku	no	sukima	kara	hoshasei	busshitsu
masque	GEN	interstice	depuis	radioactif	substance
ga	hait-te	naibu	hibaku	nanka	shi
NOM	entrer-étant	interne	exposition	par exemple	faire
nai	yonit-te⁶⁹				
NEG	faire en sorte que				

(23NK) Tu ne voulais pas subir l'exposition interne à cause des substances radioactives qui auraient pu entrer par les interstices du masque.

(23') (EC) Tu avais peur d'être irradié par des substances radioactives qui auraient pu entrer par les interstices de ton masque[70]

(24) (ES)
Zen'in	ichidomo	naibu	hibaku	kensa	ni
tout le monde	jamais	interne	exposition	contrôle	DAT
hikkakara	nakat-ta-shi⁷¹				
retenir	NEG-PAST- et				

(24NK) Personne n'a été signalé lors des contrôles de l'exposition interne.

(24') (EC) Aucun d'entre nous n'a rencontré de problème lors des contrôles de radioactivité.[72]

Le traducteur aurait choisi « irradié par des substances radioactives » dans (23') en considérant qu'il n'est pas pertinent d'expliciter la distinction entre *exposition interne* et *exposition externe* dans la mesure où les lecteurs des mangas ne s'intéressent pas à ce genre de termes peu répandus. Il aurait opté pour « radioactivité » dans (24') non seulement pour éviter le vocabulaire spécialisé mais aussi faute de place dans la bulle de manga. Bien que l'on ignore les raisons exactes de ces choix, on voit tout de même bien que le traducteur a volontairement renoncé au signifié du terme d'*exposition interne* pour obtenir quelque chose d'autre. C'est le résultat de sa négociation. Or, il faut admettre que les termes de spécialité contribuent aussi à renforcer la crédibilité des discours et peuvent créer des effets de spécialité, même si l'on ne comprend guère le contenu du texte, comme le démontre le cas de « l'affaire Sokal[73] ». Les termes peuvent donc être des outils

---

69 Tatsuta 2014 tome 1 : p. 71.
70 Tatsuta 2014 traduction française tome 1 : 73.
71 Tatsuta 2015 tome 2 : 140.
72 Tatsuta 2015 traduction française tome 2 : 142.
73 En 1996, le physicien André Sokal avait publié un article intitulé « Transgressing the Boundaries. Toward a Transformative Hermeneutics of Quantum Gravity » dans une

efficaces pour que l'histoire paraisse plus vraie surtout dans le manga qui a tendance à être considéré comme un divertissement. Ils fonctionnent non seulement pour donner des informations mais aussi pour garantir la véracité. Autrement dit, trop de simplification ou de vulgarisation pourra gâcher la véracité de la scène décrite, même si cela revient à donner des explications plus accessibles aux lecteurs. Pour la traduction, « il faut résister à la tentation de trop aider le texte[74] ».

5. Conclusion

La traduction s'effectue au niveau des textes, non au niveau des mots. Or, pour les termes de spécialité, est-il légitime d'en dire autant ? C'était la question que nous nous étions posée. Le traducteur est très souvent infidèle à la terminologie, ainsi que l'examen de notre corpus l'a mis en lumière, et cette infidélité est, comme dans le cas des mots ordinaires, l'effet de la négociation pour mieux répondre à des conditions discursives et sociales dans lesquelles se trouve l'énoncé ou le texte. Il négocie le sens non seulement avec le contexte linguistique ou avec le contexte plus large qui est nommé macroproposition par Eco (2003), mais aussi avec d'autres participants en dehors du texte : les lecteurs, l'éditeur, les vendeurs, les dictionnaires, les anciennes traductions, etc. Certes, on ne traduit jamais des mots, mais la négociation se réalise-t-elle de la même manière dans le cas des termes et dans le cas des mots ordinaires ? Les participants à la négociation sont, nous semble-t-il, plus complexes dans le cas des termes, car il y a très souvent des autorités derrière : celles qui définissent les termes, qui en font la normalisation, et qui en imposent certains emplois Du coup, il surgit une autre question : quand le traducteur choisit un terme, avec qui et avec quoi négocie-t-il en priorité? Par exemple quand il essaie d'euphémiser un terme, est-ce le traducteur lui-même qui le désire ou y a-t-il quelqu'un d'autre qui attende de lui qu'il le fasse ? Le domaine du nucléaire étant fortement gouverné par divers donneurs d'ordres comme l'État, le lobby nucléaire, des entreprises géantes, ou des organisations internationales, le choix du terme par le traducteur peut se laisser manipuler par des participants de l'ombre.

---

revue américaine, pour dévoiler que c'était un pastiche, dont le texte était « truffé d'un jargon ronflant mais dénué de sens. » (Gaudin 2003 : 228).
74 Eco 2003 :134.

Références

Bakhtin, Mikhail (1977) – *Le marxisme et la philosophie du langage, Essai d'application de la méthode sociologique en linguistique*, Paris : Editions de Minuit.

Cabré, Maria Teresa (1998) – *La terminologie, Théorie, méthode et applications*, Ottawa (Ont.) : Presses de l'Université d'Ottawa et Armand Colin.

Delavigne, Valérie et Louis Guepin (1992) – « Nucléaire : risque et sécurité. Une recherche en socioterminologie », *Terminologie nouvelle*, p. 19–25.

Delavigne, Valérie (1994) – « Les discours institutionnels du nucléaire. Stratégies discursives d'euphorisation », *Mots* no. 39 : Presses de Sciences Po, p. 53–68.

Delavigne, Valérie (1995) – « Approche socioterminologique des discours du nucléaire », *Meta* vol. 40 no 2 : Presses de l'Université de Montréal, p. 308–319.

Delavigne, Valérie (2002) – « Le nucléaire et ses discours : quels outils d'analyse linguistique ? », *Les informations dieppoises*, p1–15.

Eco, Umberto (1997) – *Kant et ornithorynque*, Paris : Grasset.

Eco, Umberto (2003) – *Dire presque la même chose*, Paris : Grasset.

Fuchs, Catherine (1994) – *Paraphrase et énonciation*, Paris : Ophrys.

Gaudin, François (1993) – *Pour une socioterminologie*, Roen : Publications de l'Université de Rouen.

Gaudin, François (2003) – *Socioterminologie*, Bruxelles : Editions Duculot.

Gaudin, François (2005) – « La socioterminologie », *Langages* no. 157 : Armand Colin, p. 81–93.

Lerat, Pierre (1995) – *Les langues spécialisées*, Paris : PUF.

Maingueneau, Dominique (2012) – *Les phrases sans texte*, Paris : Armand Colin.

Otman, Gabriel (1995) – *Les représentations sémantiques en terminologie*, Paris : Masson.

Oustinoff, Michaël (2003) – *La traduction*, Paris : PUF coll. « QUE SAIS-JE ? ».

Soubrier, Jean et Thuderoz, Christian (2010) – « Traduire, est-ce négocier ? », *Négociations* no. 14 : De Boeck Supérieur, p 37–57.

Lucia VIȘINESCU

Université de Bucarest

Recherche terminologique en vue du sous-titrage en roumain d'un documentaire français sur le réchauffement climatique (pédagogie par le projet)

Abstract : The learning trajectory of any translation student should also include contacts with real-life situations, going beyond the artificial framework of academic courses. I could note the usefulness of this approach in my capacity as co-coordinator of an interlinguistic (FR-RO) subtitling intended for trainee translators. Such exercise is all the more necessary as it is not generally used in the practical and tutorial translation classes. Throughout this extra-curricular activity carried out by the student research group Contras TER (**Con**trastivité, **tra**duction spécialisée et **Ter**minologie) within the Department of French Language and Literature of our faculty, the junior translators had not only to translate, as a team, the subtitling of the global warming documentary *Tara, voyage au coeur de la machine climatique* intended for cinema showing, but also to perform documentation and terminological research in view of compiling a translation's dictionary (or: *concordancier du traducteur*, according to Gouadec 1996) What were the stages of terminological research and what instruments were employed for term validation? I will attempt to answer these questions in this paper.

Keywords : *global warming, environment, subtitling, documentary research, terminological research*

1. Présentation du projet

Nous nous pencherons dans cet article sur une expérience pédagogique qui est sortie des cadres académiques classiques, grâce à une finalité concrète. Il s'agit d'un projet de recherche terminologique dont les protagonistes ont été les étudiants de la section Traducteurs-Interprètes de la Faculté des Langues et Littératures étrangères (Université de Bucarest), dont j'ai assuré la coordination conjointement à ma collègue Anca-Marina Velicu, et qui a précédé le sous-titrage en roumain du documentaire *Tara, voyage au cœur de la machine climatique*. Ce projet de traduction audiovisuelle nous a été proposé par l'Institut Français de Bucarest, par l'entremise de notre lecteur français Virgile Prodhomme, qui a également participé à nos « séances » de travail, en assurant le support technique (projection du documentaire lors de notre premier atelier) et en répondant à des questions ponctuelles de l'équipe de traducteurs. Ce qui a accru l'efficacité du groupe, renforçant sa motivation, a été la finalité du projet, à savoir la diffusion du documentaire dans la salle de cinéma Elvire Popesco de l'Institut Français de Bucarest, en mars 2015, et plus tard, dans d'autres salles de cinéma du pays aussi.

Cette expérience a été deux fois intéressante pour les étudiants, de même que pour les enseignants. Tout d'abord, en raison de son caractère inédit, car, d'habitude, on n'aborde pas ce type d'exercice, à savoir le sous-titrage, en TDs de traduction. Ensuite, comme nous venons de le dire, le documentaire sous-titré, contenant le fruit de nos efforts, a été diffusé en salle de cinéma, ce qui a beaucoup stimulé les étudiants, leur permettant d'entrer dans la peau d'un traducteur professionnel, de « tenter le terrain » de ce métier. L'idée de pouvoir faire une « vraie » traduction, destinée au public large, les a amenés à prendre conscience de leur responsabilité et, donc, à assumer ce rôle, en mettant à profit et en enrichissant les connaissances et les méthodes acquises pendant leurs années d'étude du français d'abord et de la traduction, ensuite.

Le documentaire ayant fait l'objet de notre travail, réalisé par Emmanuel Roblin et Thierry Ragobert[1], retrace les moments clés d'une mission scientifique dans l'Océan Glacial Arctique, menée par une équipe de chercheurs du programme européen Damocles, afin d'étudier de près les changements climatiques en Arctique et de proposer des solutions face au réchauffement de la planète. Il se présente comme un journal de bord notant les performances mais aussi les gestes quotidiens de l'équipage du voilier Tara, dont le but est de recueillir des données scientifiques pour construire, à partir des comparaisons avec les données climatiques enregistrées par le passé, des modèles censés prévoir les évolutions à venir. Bien que le film ait été présenté comme un documentaire sur le seul réchauffement climatique en Arctique, ses réalisateurs affirment pourtant avoir voulu dépasser le cadre local du réchauffement pour montrer plutôt « les conséquences de la fonte de la banquise à l'échelle planétaire[2] », en disséminant les résultats auxquels les scientifiques ont abouti pendant leur voyage.

Dans ce qui suit, nous allons, d'abord, passer en revue les caractéristiques du texte que l'équipe d'apprentis traducteurs a eu à traduire, ensuite, nous allons mentionner les étapes les plus importantes du projet. Une troisième partie sera consacrée aux méthodes de recherche terminologique utilisées par les étudiants,

---

1 Coproduction : ARTE France, MC4, Tarawaka, Off The Fence, RTBF, Direction Générale Recherche/Commission européenne (France, 2008, 1h30mn).
2 http://arctic.taraexpeditions.org/fr/tara-voyage-au-c-ur-de-la-machine-climatique. php?id_page=471.

suite aux discussions qui ont servi à préparer le terrain pour la traduction. Avant de conclure, nous montrerons la façon concrète dont les étudiants ont employé diverses méthodes de recherche terminologique, et nous proposerons, en même temps, une typologie des problèmes de traduction rencontrés.

2. Traits spécifiques et défis du texte source

Dans la culture roumaine, le sous-titrage interlinguistique tient une place importante, à la différence des pays comme la France ou l'Allemagne, par exemple, où l'on privilégie le doublage. Cela explique, dit-on, la facilité avec laquelle les usagers roumains apprennent des langues étrangères, surtout l'anglais. En Roumanie, à quelques exceptions près (les programmes pour enfants ou les documentaires éducatifs tels *Teleenciclopedia*, programme de haute tenue diffusé par la chaîne nationale de télévision depuis 1965, ou les documentaires diffusés par *TV5 Monde, Discovery Chanel*, etc.), les films de cinéma, les séries télévisées ou les documentaires sont, tous, sous-titrés. Cependant, l'accès à ce type d'activité n'est pas très facile pour un traducteur. Si la traduction des textes spécialisés, ou même la traduction littéraire, constituent un secteur bien représenté, en quête permanente de traducteurs, le « marché » des sous-titrages reste assez fermé. Bref, ce type de traduction a beaucoup intéressé les étudiants, d'autant plus qu'il s'agissait d'une expérience qui n'est pas monnaie courante dans la vie d'un traducteur.

Comme l'affirme Yves Gambier, « trois problèmes fondamentaux se posent dans le transfert linguistique audiovisuel, à savoir, la relation entre images, sons et paroles, la relation entre langue(s) étrangère(s) et langue d'arrivée, enfin la relation entre code oral et code écrit, imposant de se réinterroger sur la norme de l'écrit dans des situations où les messages sont éphémères » (Gambier 2004 : 1). La traduction audiovisuelle, tout comme la localisation de sites web, est sujette à des contraintes spécifiques : un nombre limité de caractères (41, soit deux lignes au maximum) et un temps limité pour chaque cadre, de même que la nécessité de synchroniser les paroles et les images (voir Diaz Cintas 2008 : 28).

C'est qu'en matière de traduction audiovisuelle, le traducteur devrait maîtriser aussi le **logiciel d'insertion des sous-titres**, qui l'oblige à respecter d'emblée ces contraintes spatio-temporelles. Malheureusement, pour des raisons d'ordre administratif (absence de corrélation entre projet en cours et mise en place d'un stage de formation animé par des experts), les étudiants n'ont pu réaliser eux-mêmes l'**incrustation des sous-titres**. Cette étape, relevant du post-transfert (voir Gouadec 2005), a été effectivement réalisée par un opérateur de l'Institut Français de Bucarest (avec force erreurs sur les diacritiques roumains). Nous avons cela dit offert aux étudiants impliqués dans le projet une initiation minimale à la traduction audiovisuelle, ce qui leur aura permis d'en saisir les enjeux et d'en maîtriser les techniques linguistiques. Ils se sont attachés à traduire en prenant garde que le texte cible et le texte source eussent des dimensions comparables, s'entraînant ainsi à gérer le principal défi de ce type de traduction, de sorte que l'opérateur de saisie n'eût pas à intervenir *ex post facto* dans le texte cible, pour respecter les paramètres de l'écran, à force d'ajustements ou de coupures.

Notre repère le plus important a été, donc, le texte proprement-dit du documentaire, le script mis à notre disposition par l'Institut Français. Mais le visionnage du film, étape *sine qua non* de ce travail, a apporté un meilleur éclairage du script, qui combinait les commentaires d'une voix *off*, rédigés en français standard, avec les dialogues et les interventions en français familier des membres de l'équipage. Contenant des termes des domaines de l'environnement, de la marine et de l'océanographie, le texte source n'était, pourtant, pas très technique. Il s'agissait plutôt d'un *patchwork* où l'on pouvait retrouver, il est vrai, des termes purs et durs, désignant des concepts spécialisés appartenant aux domaines mentionnés, mais aussi des mots de la langue commune, des tournures familières et parfois, un langage poétique, par exemple, des métaphores décrivant le combat de l'homme avec les éléments de la nature. Comme l'affirment ses réalisateurs, le documentaire a eu deux enjeux ou difficultés importants : d'abord, la nécessité d'assimiler des notions scientifiques, ensuite, l'obligation de « concilier récit et pédagogie[3] », c'est-à-dire, de faire un film scientifique, tout en racontant les aventures quotidiennes de ses protagonistes, sur la glace.

S'agissant d'un documentaire destiné au public large, il pourrait être assimilé aux articles de vulgarisation scientifique. Pour le public, l'information-image l'emporte sur l'information-texte, c'est pourquoi celle-ci doit être succincte, facile à lire, claire et parfaitement coordonnée avec l'image. Voilà les objectifs que nous nous sommes fixés lors de nos ateliers précédant la traduction, objectifs que les étudiants ont poursuivis dans leur travail. Sans pour autant essayer de faire de « concessions » terminologiques, afin de simplifier le texte cible.

3. Déroulement du projet

L'équipe d'apprentis traducteurs a été formée d'étudiants en licence de traducteurs-interprètes divisée en deux groupes (L2 et L3 respectivement). Le groupe d'étudiants en L3 a été coordonné par ma collègue Anca-Marina Velicu, alors que j'ai chapeauté l'équipe de la deuxième année. Dans les deux cas, il s'agissait

---

3 http://arctic.taraexpeditions.org/fr/tara-voyage-au-c-ur-de-la-machine-climatique.php?id_page=471.

d'étudiants qui avaient déjà suivi des cours de spécialité (Terminologie, Langues de spécialité sur objectif de traduction) et qui étaient familiarisés avec certaines notions et méthodes de travail.

Si les étudiants avaient déjà appris à rédiger une fiche terminologique détaillée, maintenant, en vue de ce projet de sous-titrage interlinguistique, il s'agissait de compiler le dictionnaire de la traduction (ou : concordancier du traducteur, au sens de Gouadec 1996).

Un produit terminologique bien distinct d'un glossaire bilingue, fût-il « axé sur la traduction » (ISO 12616/ 2002) : d'abord, il leur fallait désormais cibler seulement certains des champs de l'article terminologique standard, en l'occurrence, les champs essentiels pour le « crochet terminologique », et donc pour le choix de l'équivalent interlingual (repérage du domaine dont fait partie un terme, recherche d'une définition et des contextes pour les deux langues). Ensuite, il fallait saisir comme « termes français » tout item du texte source posant problème au transfert du français en roumain, non pas en général, à n'importe quel sujet parlant roumanophone, mais à l'équipe de traducteurs en place.

Comme tous les étudiants en L2 ont préféré participer au projet en tant que traducteurs, la compilation du dictionnaire de la traduction a été assurée par un sous-groupe des étudiants en L3, avec la participation directe des deux coordinatrices de l'équipe. Toutefois, chaque traducteur a aussi entrepris sa propre recherche terminologique, en particulier sur des points non couverts par le premier jet du concordancier qu'ils se sont tous vu remettre à l'issue de la séance de visionnage, le travail des coordinatrices consistant alors plutôt à « rebrousser chemin » pour valider les équivalents proposés par les étudiants.

Si l'on essayait de définir cette expérience collaborative, on pourrait dire qu'elle s'est située à mi-chemin entre ce qui se passe traditionnellement dans un cadre idéal (dans notre cas, un cours de traduction spécialisée destiné aux étudiants de la section Traducteurs-Interprètes) où l'on s'efforce d'être le plus méthodique possible, et ce qui arrive sur « le terrain », dans la vie réelle.

Depuis nos discussions avec des traducteurs professionnels, on sait très bien que les fiches terminologiques ou les glossaires compilés en vue (ou en marge) d'une traduction ne sont pas toujours si élaborés que ceux dont on enseigne les divers champs en CM de terminologie, mais que, d'autre part, il n'arrive que très rarement d'y renoncer tout bonnement – par exemple, si l'on connaît toutes les subtilités d'un domaine, suite à une longue expérience de travail. Un traducteur chevronné peut se permettre de brûler les étapes préliminaires d'une traduction, s'il a vraiment des compétences exceptionnelles. Toujours est-il qu'une recherche terminologique préalable reste essentielle pour la réussite d'une traduction, servant à discipliner le traducteur, à le rendre plus organisé et, contrairement aux idées reçues, à réduire le temps consacré à la traduction. Ainsi, une liste de concordances contenant les solutions arrêtées, les équivalents validés, sera appliquée, à la façon d'une grille infaillible, sur la traduction entière, pour l'uniformiser et en éliminer les synonymies fâcheuses.

Quelles ont été les étapes de ce projet ? S'agissant d'un travail d'équipe, il a fallu alterner les ateliers avec les activités individuelles. Le sous-titrage interlinguistique permet, plus que d'autres types de traduction, de mettre en évidence le caractère séquentiel de la traduction. Daniel Gouadec parle d'un changement de perspective sur l'activité de traduction en général, celle-ci n'étant plus centrée sur le transfert, mais comprenant plusieurs séquences. La traduction cesse de se réduire à ce qu'il appelle « l'opération traduisante » (2005 : 649), devenant un processus qui implique aussi d'autres acteurs, à part le prestataire de la traduction : par exemple, le donneur d'ouvrage, le courtier de la traduction et le(s) réviseur(s) (voir Gouadec 2005 : 654). Ainsi, le travail du traducteur est vu plutôt comme « une série d'interventions en amont / aval de toute prestation de traduction » (Gouadec 2005 : 644), pouvant être divisé en plusieurs étapes, opérations et phases. Les grandes étapes sont la pré-traduction, la traduction et la post-traduction, alors que la traduction comporte, à son tour, trois phases : pré-transfert/ transfert/ post-transfert.

Nous pouvons dire que dans notre cas, toutes ces étapes ont été parcourues, à commencer par la pré-traduction (mise au point des détails administratifs, formation des équipes, négociation d'une date d'envoi de la traduction entre le donneur d'ouvrage –l'Institut Français-, l'intermédiaire du projet – notre lecteur français – et les professeures coordinatrices, agissant de fait comme des **traducteurs-pilotes**), en passant par la traduction proprement-dite et jusqu'à la post-traduction. Cette dernière étape aura comporté : l'archivage des glossaires compilés pendant le travail ; l'évaluation de la traduction remise par les équipes de traducteurs ; la révision terminologique et stylistique et l'harmonisation du texte cible roumain ; enfin, mais pas en dernier lieu, la présentation du projet en avant-première, devant un public formé d'étudiants en master de traduction à l'Université technique de Constructions de Bucarest, de collègues en L1, L2 et L3 de traduction-interprétation ou en master de traductions spécialisées et études terminologiques à l'Université de Bucarest, d'enseignants-chercheurs dans les deux établissements et de fonctionnaires de l'Institut Français à Bucarest – test du « produit » par les traducteurs convertis eux-mêmes en spectateurs mais surtout occasion d'un *feed-back* de la part du public.

L'étape la plus importante de notre travail a été, bien sûr, celle de la traduction proprement-dite, qui commence au moment où le traducteur prend en charge « le kit de traduction » (Gouadec 2005 : 645). Avant de réaliser le transfert, les étudiants ont dû lire attentivement le script qui nous est parvenu, ensuite nous avons procédé à une division judicieuse du texte source afin que les fragments revenant à chaque étudiant soient comparables comme dimension et degré de difficulté. Après, les participants ont fait une documentation individuelle sur le sujet, à partir de quelques termes clés identifiés dans le texte source. Dans cette phase, les étudiants ont essayé tout simplement d'approfondir le sujet et de comprendre le texte, sans forcément formuler d'hypothèses de traduction.

Une autre phase essentielle du pré-transfert a été le visionnage du film, avec arrêts sur image et discussions pour en éclaircir certains aspects. Le visionnage a aidé les étudiants à élucider des questions restées sans réponse après la lecture ou même après la recherche documentaire et terminologique qu'ils avaient entamée. Par exemple, le nom *alu* apparaissant dans un dialogue entre les membres de l'équipage et sur lequel les étudiants avaient des doutes, le contexte ne les ayant pas trop aidés à en comprendre le sens (surtout que le nom était précédé par un article indéfini), s'est révélé être une abréviation familière du terme *aluminium* (en roumain *folie de aluminiu*), le papier d'aluminium, qui réfléchit la lumière, étant utilisé pour faire pousser les plantes cultivées dans le petit potager du voilier. Ainsi, l'hypothèse de traduction *folie de aluminiu* (ce terme figurait parmi les solutions envisagées par les étudiants, retrouvable sur Wikipedia dans l'article de désambiguïsation consacré à l'abréviation *alu* et également dans le dictionnaire Reverso) est validée, grâce aux images du documentaire, sans qu'il soit nécessaire de relancer la recherche terminologique.

La phase de recherche terminologique, censée faire partie toujours du pré-transfert, comme nous venons de le dire, s'est déroulée en deux temps : les étudiants en L3 ont repéré les termes problématiques et amorcé une recherche terminologique avant le visionnage du film, pour l'ensemble du document, sans pour autant réussir à confirmer toutes leurs hypothèses de traduction. Le groupe des L2 aura par ailleurs procédé à leurs propres recherches documentaires voire terminologiques, pour la section du TS dont la traduction leur incombait, même avant cette séance commune, à l'issue de laquelle ils allaient se faire remettre le (ou plutôt : une première version du) concordancier. Le visionnage ayant levé certaines inconnues ou apporté des informations d'appoint, les apprentis-traducteurs se sont penchés ensuite sur les termes qui restaient toujours sans équivalent (par exemple, le terme *bathysonde* – que nous allons analyser plus tard).

Nous n'allons pas insister sur l'étape du transfert proprement-dit, tâche qui a incombé aux étudiants des deux groupes (L2 et L3), et qui aura été considérablement facilitée par la phase préliminaire de recherche terminologique.

Quant à la dernière étape, celle du post-transfert, un rôle plus important y est revenu aux deux coordinatrices. Même si les étudiants étaient censés avoir vérifié leur traduction avant de nous l'envoyer, « le contrôle de qualité » et « le contrôle d'homogénéité » (Gouadec 2005 : 646-647), c'est nous qui les avons assurés. Cette phase a impliqué aussi, à part l'élimination de toute coquille la revalidation des termes et leur uniformisation, ainsi qu'une correction des fautes de réexpression en langue cible, qu'il s'agisse de fautes de langue ou de style.

4. Outils et méthodes de recherche terminologique

Comme on peut voir, les coordinatrices sont intervenues plutôt dans les étapes qui ont précédé et suivi le transfert proprement-dit. L'une des tâches qui leur sont revenues dans l'étape qui a précédé la traduction a consisté à rappeler aux étudiants les méthodes de recherche terminologique et de validation des termes (ce fut pour l'essentiel le rôle de ma collègue, lors de la réunion préliminaire de tous les étudiants, L2 et L3). Ma collègue et moi avons privilégié le dépouillement manuel des termes, car nous n'utilisons pas d'outil d'extraction automatique aux cours non plus (du moins en licence), et que donc y recourir à l'horizon de ce projet extracurriculaire aurait représenté une surcharge en formation que nous n'étions pas prêtes à endosser. À chaque projet suffit sa peine, et l'initiation à la fois à la traduction en équipe – à rôles et intervenants multiples –, et au sous-titrage étaient en soi des éléments de nouveauté, pas faciles à gérer. Par ailleurs, il faut rappeler que, pour prendre davantage de temps, l'extraction manuelle est certainement plus fine que l'extraction automatique. Et que, ainsi que ma collègue l'a souligné dès la réunion préliminaire, la taille du projet (le TS ne recelant que moins d'une centaine de termes de l'environnement et de collocations spécialisées) ne justifiait de toute manière pas le recours à un extracteur automatique de termes : les recherches de mots-clés en contexte (KWIC) sur des moteurs de recherche usuels auront pourvu l'information requise aussi bien en fait de documentation (compréhension du TS et familiarisation avec le domaine de référence) que pour ce qui est de la formulation et/ ou validation d'hypothèses de traduction en roumain.

4.1. Les dictionnaires

Principaux dictionnaires de compulsés :

(i) dictionnaires explicatifs de langue générale (qui comportent aussi des termes et/ ou acceptions spécialisées de mots polysémiques), tels notamment le Trésor de la langue française informatisé (TLFi), pour le français (chargé aussi sur le site du *Centre National des Ressources Textuelles et Lexicales*), et, pour le roumain, le *Dictionnaire explicatif de la langue roumaine* (DEX – éditions 1998, 2009), ainsi d'ailleurs que tous les dictionnaires explicatifs,

de néologismes ou de synonymes chargés dans la banque de données terminologiques en ligne *DEX online*. ;
(ii) dictionnaires bilingues (français-roumain : notamment Elena Gorunescu 2002, Teora ; et Gherghina Haneș, 1981, Ed. științifică și enciclopedică) ;
(iii) dictionnaires bilingues (français-roumain) en ligne (http://www.dictionarfrancez.ro/) ;
(iv) banques de données terminologiques pour le français (le Grand Dictionnaire Terminologique – GDT), qui fournit d'ailleurs aussi des équivalents en anglais) ;
(v) encyclopédies collaboratives en ligne (Wikipedia/ Wikipédia) ;
(vi) bases de données terminologiques multidisciplinaires multilingues (IATE, la base de données terminologique de l'Union Européenne).

Certes, le recours aux dictionnaires explicatifs monolingues et/ ou aux dictionnaires bilingues français-roumain de langue générale (y compris en ligne) ne s'est-il pas avéré suffisant dans le cas des termes désignant des concepts très spécialisés, mais il aura permis d'identifier les équivalents roumains des termes français moins problématiques. Par exemple, le terme de *congères* n'a pas posé problème aux étudiants. Les dictionnaires bilingues fr-ro consultés proposent tous le même équivalent : *troiene (de zăpadă)*.

Des instruments importants ont également été, sans aucun doute, à l'étape de documentation, *Le Grand Dictionnaire Terminologique*, pour ses définitions très précises qui ont aidé les étudiants à comprendre le concept (démarche onomasiologique), sans quoi il aurait été impossible de trouver l'équivalent correct en langue cible ; et, lors de la recherche active d'équivalent roumain, IATE.

Lors des rencontres dédiées à la préparation de la traduction, nous avons insisté sur la nécessité de valider l'équivalent d'un terme, en consultant plusieurs dictionnaires et en doublant cette démarche, si nécessaire, de recherches contextuelles. L'Internet constitue une mine d'or pour un traducteur, vu la pénurie de dictionnaires spécialisés fr-ro/ ro-fr, en particulier s'il s'agit d'entreprendre une recherche par **mots clés en contexte** susceptible de fournir des contextes d'attestation d'un terme ou d'une collocation en langue cible, ainsi que des données relatives aux fréquences (en contribuant ainsi à la validation de ces hypothèses de traduction).

Cependant, il faut toujours être prudent quand on recourt, par exemple, aux articles de l'encyclopédie Wikipédia, même si celle-ci peut fonctionner parfois comme un dictionnaire multilingue en ligne – corpus comparable à taux de redondance suffisant notamment pour les intitulés des articles. Car les articles en français sont d'habitude mieux fournis et d'une qualité rédactionnelle supérieure par rapport aux articles en roumain, qui peuvent contenir des erreurs.

Pour en revenir au terme de *congère*, l'équivalent roumain proposé par Wikipédia est *înzăpezire* – qui désigne le phénomène, l'action (l'enneigement) et non pas un « amas de neige formé par le vent »[4]. Afin d'éviter de tomber dans ce genre de pièges, les étudiants ont comparé les définitions des deux termes, *congère* et *troian* (*troiene* – nom neutre), en ayant comme points de référence la définition déjà mentionnée dans le TLFi, respectivement celle que fournit le *DEX 2009* : *îngrămădire mare de zăpadă adusă de vânt și așezată în formă de valuri sau dune*[5]. Comme les deux définitions lexicographiques (pour le français comme pour le roumain) étaient quasiment superposables, les étudiants ont facilement validé leur hypothèse de traduction, sans plus guère entreprendre de recherche contextuelle.

4.2. Corpus parallèles / corpus comparables

Cependant, en l'absence des ressources terminographiques bilingues (domaine français-roumain) dans le domaine de l'environnement, la seule méthode efficace qui nous restât, c'était de recourir à des corpus bilingues parallèles, ou bien (encore mieux) à des corpus comparables. Les deux termes, introduits par Mona Baker en 1995 (voir Guidère 2008 : 94), désignent des concordanciers contenant des textes alignés, où le texte B représente la traduction du texte A, respectivement, des corpus comportant des textes rédigés directement en langue source et en langue cible, portant sur le même domaine de spécialité (voir Frérot 2010).

Ces outils, avec lesquels les étudiants étaient déjà familiarisés avant ce projet, illustrent l'importance de la recherche contextuelle pour la validation des équivalents des termes du texte source en langue cible.

En matière de corpus parallèles, les étudiants ont recouru à des concordanciers et autres mémoires de traduction disponibles sur le web, tels que Linguee ou Reverso. Des instruments qui peuvent s'avérer utiles et commodes mais qui ne fournissent pas toujours des solutions fiables, ou bien en raison de leurs limites (équivalences manquantes), ou bien parce que les traductions qu'ils proposent sont présentées comme non révisées.

Pour ce qui est des corpus et/ ou des contextes comparables, nous pouvons affirmer qu'ils ont représenté de loin les moyens le plus efficaces dont ont disposé les étudiants pour valider le choix des équivalents roumains. On a compris, à l'occasion de ce projet encore, à quel point cette méthode était précieuse, en

---

4 http://www.cnrtl.fr/definition/congère, date de la consultation le 20 décembre 2017.
5 Grand amas de neige formé par le vent, disposé sous forme de vagues ou de dunes (notre traduction).

l'absence des dictionnaires bilingues (fr-ro) spécialisés. Mais, même dans les cas où l'on aura de fait identifié de tels contextes, ils ne reflétaient pas systématiquement (et surtout : pas vraiment) l'usage, à savoir les termes privilégiés par les spécialistes. Les étudiants ont eu recours moins à des corpus comparables compilés à partir d'articles des revues de spécialité et de manuels de géographie ou d'océanographie, qu'à des moteurs de recherche généralistes (Google, Yahoo – qu'il s'agisse de recherche de mots clés en contexte, ou de recherche de passages ciblés – entre guillemets). Et ils ont utilisé prudemment le matériel fourni par le web, en recourant à plusieurs sources pour valider leurs équivalents.

5. Typologie des situations rencontrées

Chaque recherche terminologique effectuée à des fins de traduction a ses propres difficultés et, même si l'on peut parler de sentiers battus en matière de validation des équivalents en langue cible (des instruments standard, passe-partout, pourrait-on dire, comme les dictionnaires, les glossaires, les corpus parallèles ou les corpus comparables), cela ne veut pas dire que ces instruments fonctionnent à la manière d'une recette efficace dans toutes les situations. Dans certains cas, la recherche doit être plus affinée et plus complexe, et le traducteur a besoin de combiner les méthodes, en faisant preuve d'ingéniosité, car les problèmes particuliers nécessitent des solutions particulières.

Ainsi, les apprentis traducteurs ont-ils employé des méthodes différentes compte tenu de la difficulté ou des problèmes soulevés par chaque terme. En fonction de la nature des termes, on a délimité trois types de situations :

1) le cas des termes désignant des concepts spécialisés ou relativement spécialisés dont l'équivalent en langue cible a été validé à l'aide des dictionnaires généraux bilingues mais aussi par une recherche contextuelle. Certains étudiants n'ont même pas eu besoin de recourir à des dictionnaires, ces notions existant déjà dans leur bagage cognitif :

Terme fr.	Équivalent ro.
Houle	*Hulă*
Blizzard	*Viscol*
anémomètre	*Anemometru*
brise-glace	*spărgător de gheață*

Mais, même dans ces cas apparemment banals, il y a eu parfois des problèmes liés à l'environnement des termes, situation où il a fallu recourir à des textes comparables en roumain. Ainsi, l'hypohèse de traduction *hulă puternică* pour la collocation *forte houle* a été validée à l'aide des textes comparables en roumain[6]. Pareillement, la collocation *creuser un trou* (dans la glace) a été traduite par *a face o copcă*, suite à une recherche contextuelle dans le concordancier Reverso. Si le français emploie *trou* dans plusieurs contextes différents (*percer un trou dans le mur, creuser un trou dans le sol / dans la glace*), le roumain s'avère plus nuancé dans ce cas. Le terme de *copcă*, provenant du bulgare *kopka* est utilisé en roumain surtout pour la pêche sous la glace (*a pescui la copcă*) et les contextes fournis par Reverso en témoignent, alors que, dans notre cas, le rôle de ce trou était de permettre d'effectuer des prélèvements d'eau, dans des buts scientifiques. Donc, on a considéré que le terme *copcă* était adéquat dans notre contexte aussi, vu que la définition donnée par le *DEX* est : *trou creusé dans la glace pour pêcher ou pour prendre de l'eau*[7].

Ou, pour donner un autre exemple, la collocation *eau libre*[8] qui, dans notre contexte, se réfère à l'eau navigable, par opposition à la banquise, a été traduite par *întindere de apă*, vu qu'en roumain, *apă liberă* s'emploie surtout dans des contextes médicaux, en nutrition (« eau libre » dans les aliments, par exemple, dans le lait, à l'opposé du fromage, où elle sera « liée ») ou en fait de matériaux de construction (« eau libre » dans le bois). Les étudiants ont choisi cette traduction plus libre, ayant voulu rendre le texte cible plus explicite.

Un dernier exemple, le terme *glace* présent aussi au pluriel dans le texte source, a été traduit non seulement par son équivalent direct en roumain *gheață* ou – par transposition de nombre – *ghețuri*, mais aussi par un synonyme contextuel, à savoir *banchiză*, car, dans ce contexte le terme *glace* renvoyait de façon évidente à la *banquise*[9]. Ce choix a entraîné aussi une explicitation de la métaphore *étau des glaces* par le syntagme *sub presiunea banchizei* (*sous la pression de la banquise*).

---

6 « Chiar și pentru hula foarte puternică, acești curenți se manifestă până la maxim 100 de metri adâncime. » (https://adl.anmb.ro/20150930/pluginfile.php/10698/mod_resource/content/1/Curs%20MMO-2014.pdf). Noter que –bien qu'attesté – l'équivalent *hulă mare* semble plutôt réservé à l'emploi figuré (littéralement : « forte houle dans les milieux politiques »).
7 https://dexonline.ro/definitie/copca (notre traduction).
8 Co-texte : « Derrière le bateau, de l'eau libre, des blocs de glace éparses, à la dérive ».
9 Co-texte : « En cette saison, rares sont les navires qui s'aventurent ici de crainte d'être écrasé par l'étau des glaces qui commence à se former ».

2) Une deuxième catégorie a été représentée par les termes désignant des concepts hautement spécialisés, qui au contraire ont exigé une recherche complexe, par exemple, *bathysonde* ; ce terme désigne un instrument utilisé en océanographie pour mesurer certaines propriétés de l'eau. Là, les étudiants ont dû utiliser des moyens combinés : comparaisons des définitions, recherche d'images, recherche à l'aide de mots-clés en roumain à partir de la définition du terme français, recherche indirecte en passant par l'anglais. Après avoir infirmé une hypothèse de traduction qui paraissait crédible (l'intuition commune disait qu'on avait assez de chances de trouver en roumain un calque à partir du terme français), on a compris que le meilleur moyen d'en trouver l'équivalent, c'était d'analyser attentivement la définition, pour mieux comprendre le concept. Mais, la définition du terme dans le *GDT* (bathysonde : *Appareil destiné à mesurer les caractéristiques physiques et chimiques de l'eau de mer en fonction de la profondeur;* angl : *bathysounder*) n'a constitué qu'un point de départ pour une recherche plus affinée. Les apprentis-traducteurs ont en effet dû consulter d'autres définitions, par exemple, celles proposés par *Encyclopaedia Universalis* ou par *Wikipédia*. La première de ces définitions précise les propriétés physiques et chimiques mesurées par cet outil et, élément très important pour notre recherche, mentionne un synonyme du terme, à savoir *sonde C.T.D*[10]. Cette synonymie intralinguale est mise en évidence aussi sur le site consacré aux expéditions du voilier Tara[11], ou bien, sur le site du Laboratoire d'Océanographie de Villefranche-sur-mer[12], alors que sur Wikipedia, on met en vedette la synonymie interlinguale fr. *Bathysonde* – angl. *CTD*[13]. Après avoir consulté et

---

10 La bathysonde (ou sonde C.T.D.), outil de base de l'océanographie, mesure la température (T), la conductivité (C), qui informe sur la salinité ambiante, et parfois le taux d'oxygène dissous en fonction de la pression, que l'on interprète comme une profondeur (D pour depth). (https://www.universalis.fr/encyclopedie/bathysonde/).
11 La CTD (conductivity, temperature, depth) est un des instruments majeurs à bord de Tara. Elle fait une photographie de la colonne d'eau juste en dessous du bateau à un moment donné. Dans le détail, on enregistre la température de l'eau et sa salinité en fonction de la profondeur. La bathysonde est descendue par un treuil au fond de l'océan. (http://arctic.taraexpeditions.org/fr/la-ctd-photographie-la-colonne-d-eau-sous-tara.php?id_page=331).
12 http://lov.obs-vlfr.fr/fr/moyens_a_la_recherche/bathysondes_ctd.html.
13 Une bathysonde est un capteur multiparamètres utilisé pour acquérir un profil vertical continu de mesures océanographiques. Une bathysonde mesure en général toujours : la température ; la pression ; la salinité et généralement la conductivité électrique (d'où son nom « court » en anglais : CTD, pour Conductivity, Temperature, Depth).

comparé les définitions trouvées, les apprentis traducteurs ont pu reconstituer le concept, en ajoutant les parties manquantes du puzzle : les caractéristiques mesurées par la bathysonde sont la température, la salinité (qui est en rapport avec la conductivité) et la pression (en rapport avec la profondeur). Avec ces nouvelles informations, ils ont lancé une nouvelle recherche dans le *GDT* pour voir s'il y a une entrée du type *sonde C.T.D.* et ils ont trouvé seulement le terme *conductivité, température, profondeur* avec le synonyme *C.T.D.* et l'équivalent en anglais *conductivity, temperature, depth* (ou *C.T.D*) alors que les paramètres enregistrés par cet appareil sont les mêmes que ceux mesurés par la bathysonde[14]. Si le concept auquel renvoyait le terme *bathysonde* était maintenant bien délimité, il fallait encore trouver le terme en roumain. Là aussi, on a dû éviter des pièges, par exemple, une possible confusion avec le terme *batimetru* (en français, *sondeur bathymétrique*), outil qui sert, tout simplement, à mesurer la profondeur de l'eau, et corroborer les hypothèses de traduction en consultant des articles scientifiques. Dans ce cas, l'argument de l'autorité scientifique a prévalu sur le critère de la fréquence. Ainsi, en lançant une recherche à partir des mots clés des définitions en français, on a validé l'équivalent *sondă C.T.D* (une seule occurrence dans un article d'océanographie en ligne[15]).

3) Une dernière catégorie a été celle des termes et des collocations apparemment spécialisés mais qui, suite à une recherche terminologique, se sont révélés appartenir plutôt au lecte de l'équipage, au jargon employé par les membres de l'expédition. Dans ce cas, les apprentis traducteurs ont dû faire preuve de créativité, car les termes en question n'étaient pas retrouvables en français avec les sens qu'ils semblaient avoir dans le texte source. Par exemple, une expression comme *être de glace et de neige* (*Cette semaine, tu étais de glace et de neige*), apparaissant dans les dialogues des membres de l'équipage, et que les étudiants ont traduite par une explicitation : *era rândul tău la gheață și zăpadă* (en fr. littéralement *c'était ton tour à la glace et à la neige*). Un autre exemple, le verbe *englacer*[16] ou le nom *englacement*[17] ne se retrouvent pas dans

---

14 « Appareil permettant d'effectuer en continu des mesures de la température, de la conductivité et de la pression de l'eau de mer jusqu'à plusieurs milliers de mètres ». (http://www.granddictionnaire.com/ficheOqlf.aspx?Id_Fiche=26513619).
15 « – sondă subacvatică CTD pentru măsurarea adâncimii, temperaturii și salinității. » (http://www.agir.ro/buletine/2160.pdf).
16 Co-texte fr: « En 1893, l'explorateur [Nansen] englace son bateau dans le but d'atteindre le pôle Nord ».
17 Co-texte fr. : « Le brise-glace soviétique affrété par le programme Damoclès va ouvrir la route du voilier jusqu'à son point d'englacement ».

le *TLFi*[18], alors que le *GDT* retient uniquement le deuxième, défini comme « l'ensemble des phénomènes liés à la formation de la couverture de glace sur les eaux ». Mais dans notre contexte, ces termes se rapportent plutôt au début d'une expédition sur la banquise. Ainsi, ayant voulu éclaircir ces syntagmes assez opaques, afin que le *translatum* fût plus accessible au public, les apprentis traducteurs ont préféré des traductions interprétatives comme *îşi începe expediţia* ('il commence son expédition') pour le premier ou *punctul zero al expediţiei* ('le point zéro de l'expédition') pour le deuxième.

6. Conclusion

À part la nécessité d'impliquer les étudiants dans des activités à finalité concrète censées les motiver et les familiariser avec le métier de traducteur, ce projet a mis en évidence l'importance de la recherche terminologique effectuée à des fins de traduction. Les apprentis traducteurs ont compris que la qualité d'une traduction dépend largement du travail de recherche documentaire et terminologique. En même temps, en l'absence des ressources lexicographiques et terminographiques bilingues spécialisées, ils ont eu la possibilité de vérifier l'efficacité de la recherche contextuelle et des corpus comparables, dans le cas de ce type de traduction, à partir d'un texte source à mi-chemin entre récit et vulgarisation du savoir.

Ils ont aussi appris que l'emploi des synonymes, qui, en général, n'est pas recommandé en rédaction ni en traduction spécialisée – afin justement de préserver l'uniformité terminologique du texte (ou du texte cible) – peut être parfaitement légitime dans le cas de syntagmes ou de termes relevant de variétés de langue moins spécialisées ou désignant des concepts moins spécialisés, surtout dans un texte de vulgarisation scientifique.

Sur le plan de la **pédagogie par le projet**, cette activité – certes, extracurriculaire – aura mis en évidence une fois de plus les avantages de *syllabi* (ou : contenus thématiques) de terminologie et de traduction intégrés (au sens de Velicu 2013 : 87–88), qui caractérisent notre démarche d'enseignement-apprentissage tant au niveau licence que – surtout – au niveau master.

---

18 Le terme *englacement* apparaît seulement dans la définition du terme oscillation (« oscillations glaciaires-Alternance de périodes d'englacement (extension glaciaire) et de déglacement (récession glaciaire »).

Réferences

Diaz Cintas, Jorge (2008) - « Pour une classification des sous-titres à l'époque du numérique », in : Lavaur, Jean-Marc et Şerban, Adriana (éds), *La traduction audiovisuelle. Approches interdisciplinaires du sous-titrage*, Bruxelles : De Boeck, p. 27–37.

Gambier, Yves (2004) - « La traduction audiovisuelle : un genre en expansion », *Meta*, 49 (1), p. 1–11.

Gouadec, Daniel (2005) - « Modélisation du processus d'exécution des traductions », *Meta*, 50 (2), p. 643–655 doi:10.7202/011008ar.

Gouadec, Daniel (1996) - *Terminologie et phraséologie pour traduire. Le concordancier du traducteur*, Paris : La Maison du dictionnaire.

Frérot, Cécile (2010) - « Outils d'aide à la traduction : pour une intégration des corpus et des outils d'analyse de corpus dans l'enseignement de la traduction et la formation des traducteurs », *Les Cahiers du GEPE, Corpus et mémoires de traduction*, Strasbourg : Presses universitaires de Strasbourg, URL : http://www.cahiersdugepe.fr/index.php?id=1164.

Velicu, Anca-Marina, 2013 - « Terminologie et traduction spécialisée : réflexions en marge d'une expérience d'enseignement universitaire », « *La Formation en Terminologie* » - Actes de la Conférence Internationale de Bucarest, 3–4 novembre 2011, *Buletin Stiintific* 8/2011, Academia de Studii Economice din Bucuresti, Centrul de Cercetări literare şi de Lingvistică aplicată la Limbaje de specialitate **Teodora Cristea**, Editura ASE, Bucureşti, 2013 pp. 175–189.

Environnement des termes
Environnement discursif/ textuel des termes

Eva LAVRIC

Université d'Innsbruck

L'environnement des termes : la « couche moyenne » des discours de spécialité

Abstract: *The environment of terms : The « middle layer » of LSP texts*
This contribution aims to describe those aspects of LSP texts that are not terminological and yet characteristic of discourse for specific purposes. Terminology alone cannot actually constitute a discourse; non-terminological elements – lexical and syntactical – are also needed to form the skeleton of a specialised text into which the terminological elements can be inserted.

This phenomenon has been called « LSP style », in the sense of a « general scientific language » common to all disciplines; for French, the best description of this style has been given by Werner Forner. But in this contribution we are not primarily interested in the language of scientific journals and journalistic texts of divulgation.

Instead, we will describe a certain lexical and syntactical layer which is not common to all disciplines but only to one or more related fields: the language of economics, of sports and of various others. Each of these domains uses typical linguistic means other than terminology which they have borrowed from general language, and which they adapt in frequency and usage to their own needs. It is thus impossible to describe – or to teach – the specialised language in question without taking these means into account. Among the examples which we will describe as forming the « middle layer » of LSP discourses are expressions to designate the increase and decrease of values and numbers in the language of economics, and ways of expressing rankings in the language of sports. We will see that this « middle layer » often corresponds to the basic conceptualizations of each discipline, i.e. to their fundamental metaphors which are expressed through those kind of means which are not terminological but nonetheless characteristic of the discipline in question.

To conclude, we will introduce a conceptual metaphor to describe the relationship between specialised languages and general language, with all the intermediate layers that must not be disregarded.

Keywords: *LSP texts, LSP discourse, language of economics, language of sports, middle layer, non-terminological linguistic means*

1. Un exemple

Nous commencerons par illustrer à travers un exemple ce que nous entendons par « l'environnement des termes » et par « la couche moyenne des discours de spécialité ». Voici un texte du langage économique, tiré des pages web du quotidien *Le Figaro* – donc un texte de divulgation, écrit par un expert à l'intention d'« amateurs éclairés » :

> (1) Londres est la plus grande place financière mondiale. Elle gère 20% des actifs des hedge funds mondiaux, 85% des actifs des hedge funds européens et 45% du marché des dérivés de gré à gré. […] Elle est la première place mondiale pour le marché des changes, contrôlant plus de 40% du marché des devises […]. Elle est première aussi pour les crédits bancaires internationaux, les produits dérivés, les marchés des métaux et de l'assurance. Elle occupe la deuxième place du palmarès mondial (derrière New-York) pour les emprunts internationaux, dont elle fournit près de 20% des prêts. Elle assure 60% des mouvements financiers européens et est la seule place financière européenne vraiment globale. […]
> Paris ne peut ni ne doit chercher à remplacer Londres.
> Si Paris devenait le nouveau hub financier de l'Europe et attirait les 400 000 professionnels de la finance de la City, avec leur fort pouvoir d'achat, cela provoquerait une explosion du coût de l'immobilier, déjà astronomique dans la capitale française. Paris est la deuxième ville la plus chère d'Europe, derrière Londres où les prix ont bondi de 76% de 2009 à 2016 (alors que les salaires britanniques n'ont pas augmenté). Socialement, un coût de l'immobilier élevé contribue à la montée des injustices et des inégalités et met en difficulté des pans entiers de la population, reléguant les plus faibles loin des métropoles.[1]

Tout d'abord, nous soulignerons dans ce texte tout ce que l'on peut considérer comme des termes, des éléments de la terminologie économique. Et il est clair que ces termes sont susceptibles d'être plus ou moins transparents pour un public de non-experts ; la densité des termes et leur partielle opacité devant suffire pour démarquer ce texte par rapport au simple « langage général » :

> (1) Londres est la plus grande <u>place financière</u> mondiale. Elle gère 20% des <u>actifs des hedge funds</u> mondiaux, 85% des <u>actifs des hedge funds</u> européens et 45% du <u>marché des dérivés de gré à gré</u> […]. Elle est la première <u>place</u> mondiale pour <u>le marché des changes</u>, contrôlant plus de 40% du <u>marché des devises</u> […]. Elle est première aussi pour <u>les crédits bancaires internationaux, les produits dérivés, les marchés des métaux et de l'assurance</u>. Elle occupe la deuxième place du palmarès mondial (derrière New-York) pour <u>les emprunts internationaux</u>, dont elle fournit près de 20% des <u>prêts</u>. Elle assure 60% des <u>mouvements financiers</u> européens et est la seule <u>place financière</u> européenne vraiment globale. […]
> Paris ne peut ni ne doit chercher à remplacer Londres.

---

1 Source : Figaro vox 23/08/2016, http://www.lefigaro.fr/vox/economie/2016/08/23/31007-20160823ARTFIG 00082-sommet-europeen-post-brexit-pourquoi-londres-restera-la-capitale-financiere.php, consulté le 04/11/2017.

Si Paris devenait le nouveau hub financier de l'Europe et attirait les 400 000 professionnels de la finance de la City, avec leur fort pouvoir d'achat, cela provoquerait une explosion du coût de l'immobilier, déjà astronomique dans la capitale française. Paris est la deuxième ville la plus chère d'Europe, derrière Londres où les prix ont bondi de 76% de 2009 à 2016 (alors que les salaires britanniques n'ont pas augmenté). Socialement, un coût de l'immobilier élevé contribue à la montée des injustices et des inégalités et met en difficulté des pans entiers de la population, reléguant les plus faibles loin des métropoles.

En réalité, si nous avons souligné ces termes, ce n'est que pour montrer qu'ils ne recouvrent pas la totalité du texte, qu'il y a un « environnement des termes » qui est ce qui nous intéresse réellement dans cette contribution. Nous postulons en effet que cet environnement n'est pas simplement du « langage général », de la « langue quotidienne », non spécialisée. Une grande partie de l'environnement des termes est constituée par des éléments qui, sans être terminologiques, sont cependant caractéristiques de la langue de spécialité en question :

(1) Londres **est la plus grande** place financière **mondiale**. Elle gère **20% des** actifs des hedge funds **mondiaux, 85% des** actifs des hedge funds **européens** et **45% du** marché des dérivés de gré à gré. [...] Elle **est la première** place **mondiale pour le** marché des changes, contrôlant **plus de 40% du** marché des devises [...]. **Elle est première aussi pour** les crédits bancaires internationaux, les produits dérivés, les marchés des métaux et de l'assurance. **Elle occupe la deuxième place du palmarès mondial (derrière** New-York**) pour** les emprunts internationaux, **dont elle fournit près de 20% des** prêts. Elle assure **60% des** mouvements financiers **européens** et est **la seule** place financière **européenne vraiment globale.** [...]
Paris ne peut ni ne doit chercher à remplacer Londres.
Si Paris devenait le nouveau hub financier de l'Europe et attirait **les 400 000** professionnels de la finance **de la** City**, avec leur fort** pouvoir d'achat**, cela provoquerait une explosion du** coût de l'immobilier**, déjà astronomique dans la capitale française. Paris est la deuxième ville la plus chère d'Europe, derrière Londres où** les prix **ont bondi de 76% de 2009 à 2016** (alors que les salaires britanniques **n'ont pas augmenté**). Socialement, un coût de l'immobilier **élevé contribue à la montée** des injustices et des inégalités et **met en difficulté** des pans entiers de la population, reléguant les plus faibles loin des métropoles.

Les moyens linguistiques que nous venons de mettre en gras sont caractéristiques du langage économique de par leur fréquence d'une part et leurs emplois de l'autre. On les retrouve peut-être dans des domaines de spécialité voisins, mais leur densité est nettement moindre dans tout ce qui est « langage général », de même que dans les discours d'autres spécialités moins affines. Voyons quels sont ces éléments :

(1) Londres **est la plus grande** place financière **mondiale**. Elle gère **20% des** actifs des hedge funds **mondiaux, 85% des** actifs des hedge funds **européens** et **45% du** marché des dérivés de gré à gré. [...] Elle **est la première** place **mondiale pour** le marché des changes, contrôlant **plus de 40% du** marché des devises [...]. **Elle est première aussi pour** les crédits bancaires internationaux, les produits dérivés, les marchés des métaux et de l'assurance. **Elle occupe la deuxième place du palmarès mondial (derrière New-York) pour** les emprunts internationaux, dont elle fournit **près de 20% des** prêts. Elle assure **60% des** mouvements financiers européens et **est la seule** place financière européenne vraiment globale. [...]
Paris ne peut ni ne doit chercher à remplacer Londres.
Si Paris devenait le nouveau hub financier de l'Europe et attirait **les 400 000** professionnels de la finance de la City, avec leur **fort** pouvoir d'achat, **cela provoquerait une explosion du** coût de l'immobilier, déjà astronomique dans la capitale française. **Paris est la deuxième ville la plus chère d'Europe, derrière Londres où** les prix **ont bondi de 76% de 2009 à 2016** (alors que les salaires britanniques **n'ont pas augmenté**). Socialement, **un** coût de l'immobilier **élevé contribue à la montée** des injustices et des inégalités et **met en difficulté** des pans entiers de la population, reléguant les plus faibles loin des métropoles.

Nous trouvons dans ce bref passage de texte :

- des nominalisations (*explosion, montée, difficulté*), des verbes de relation (*provoquer, contribuer à*) et autres caractéristiques du **style nominal** ;
- des chiffres (*400 000*), des pourcentages (*25%, 85%, 45%* etc.), des verbes d'augmentation et de diminution (*bondir, augmenter*) avec toute la syntaxe correspondante (*ont bondi de 76% de 2009 à 2016*), des adjectifs quantitatifs (*fort, cher, élevé*), des modulateurs (*près de*), bref, des **expressions quantitatives** à n'en plus finir ;
- et finalement, des éléments très divers appartenant au domaine des **classements et palmarès** : superlatifs et expressions de l'unicité (*la plus grande, la seule, la plus chère*), numéraux ordinaux (*première, deuxième*), adjectifs exprimant le domaine de comparaison (*européen/ne, mondial/e*) ; puis, les termes indiquant un classement (*palmarès*), et un rang dans un classement (*place*), avec les verbes correspondants (*occuper*) ; et enfin, les prépositions *pour* introduisant le critère du classement (*pour le marché des changes, pour les crédits bancaires internationaux*) et *derrière* introduisant l'élément qui précède dans le classement (*derrière New-York, derrière Londres*).

2. Introduction

Cette contribution vise à décrire tout ce qui – à l'instar des éléments que nous venons de relever – dans les discours de spécialité, sans être terminologique, est pourtant caractéristique de ces discours. La terminologie ne peut pas, en effet, constituer à elle seule un texte ; il lui faut des éléments non-terminologiques, lexicaux et syntaxiques, pour former la trame du texte de spécialité, l'environnement dans lequel s'insèrent les éléments terminologiques.

On a parlé dans ce contexte d'un « style de spécialité », d'une sorte de « langage scientifique général », qui serait commun à toutes les disciplines ; la meilleure description, pour le français, en a été donnée par Werner Forner, et nous illustrerons les procédés qu'il a décrits. Mais ce n'est pas en premier lieu ce langage commun, unitaire, des revues scientifiques et des textes journalistiques de divulgation des disciplines les plus diverses qui nous intéresse ici.

Nous nous proposons plutôt de décrire une certaine couche lexicale et syntaxique commune non pas à toutes les disciplines, mais uniquement à une ou plusieurs disciplines apparentées : langage économique, langage du sport, et bien d'autres encore. Chacun de ces domaines, mise à part sa terminologie, dispose de moyens linguistiques typiques qu'il emprunte au langage général, mais qu'il s'approprie à travers des fréquences et des emplois qui lui sont propres ; de sorte qu'il est impossible de décrire – ou d'enseigner – la langue de spécialité en question sans en tenir compte. Les expressions d'augmentation et de diminution de valeurs et de chiffres dans le langage économique, les moyens d'expression des classements et palmarès dans le langage économique aussi, mais également dans le langage du sport : voilà des exemples patents de ce que nous décrirons comme étant la « couche moyenne » des langues de spécialité. Nous verrons également que cette « couche moyenne » correspond dans bien des cas aux conceptualisations de base de chaque discipline, à ses métaphores fondamentales qui s'expriment à travers ces expressions non terminologiques, mais tout à fait caractéristiques de la discipline en question.

Pour terminer, nous tenterons de décrire à travers une métaphore conceptuelle le lien qui existe entre les langues de spécialité et le langage général, avec toutes les couches intermédiaires qu'il convient de ne pas négliger.

3. Le « style de spécialité » selon Werner Forner[2]

Nous commençons ici par décrire ce qui n'est pas au centre de nos préoccupations, mais qui est en rapport étroit avec elles : un certain registre de langue, un répertoire de moyens stylistiques, qui a été appelé la « langue scientifique générale » (Phal 1968 : 8) ou « allgemeine wissenschaftliche Fachsprache »

---

2 Voir Forner 1985, 1988, 1994, 1996, 1998, 2000 et 2006 ; voir également Lavric / Weidacher 1998 : 86–89, Lavric 2000 et Lavric 2016 : 354–356.

(Hoffmann ²1984 : 63), et qui correspondrait à l'ensemble de tous les moyens linguistiques communs aux différentes langues de spécialité, mais que leur fréquence et leurs emplois spécifiques distinguent du langage général. Il s'agirait d'un certain registre de langue avec ses moyens d'expression spécifiques, donc de ce que l'on pourrait appeler le « style de spécialité ». Le chercheur associé à cette idée et à l'étude de ce style est Werner Forner, qui parle de « style scientifique » ou de « registerspezifische Vertextungsstrategien » (stratégies de textualisation propres au registre scientifique). Pour n'en donner qu'une première idée, on peut citer des moyens linguistiques comme les conjonctions, les énumérations, les renvois métatextuels et autres particularités :

> (2) d'une part – de l'autre/d'autre part ; d'un côté – de l'autre ; d'un autre côté
> premièrement... deuxièmement... troisièmement ; d'abord... ensuite... enfin
> ci-dessus, ci-dessous, ci-contre
> nous venons de voir que...

Pourtant ce n'est pas sur ces moyens-là que s'arrête Werner Forner lorsqu'il décrit, à l'exemple du français, les procédés linguistiques qui contribuent à donner à un texte un « air de spécialité » (voir Forner 1985 et surtout 1998). Remarquons dès l'abord un certain paradoxe lié à ces moyens-là, car ils correspondent à ce que l'on pourrait appeler le « langage spécialisé général ». C'est-à-dire qu'ils n'appartiennent pas à une certaine spécialité ou à un ensemble de spécialités, mais bien au langage de spécialité dans le sens le plus général du terme. Voici la liste des procédés décrits par Forner et qui visent à transformer, par une sorte de cosmétique syntaxique, un texte « normal » en un texte de spécialité (voir Forner 1985 : 206–207) :

- le **clivage nominal**, par lequel un substantif simple, porteur de sens, se transforme en une structure du type substantif (au sens très général) + adjectif de relation spécifiant ; c'est l'adjectif de relation qui transporte le sens du substantif simple initial :

> (3) les forêts → le patrimoine forestier
> les mines → les ressources minières
> la production → l'activité de production

- le **clivage verbal**, qui transforme un verbe simple, porteur de sens, en une locution verbale composée d'un verbe au sens très général, combiné à un nom ou groupe nominal objet qui reprend le sens concret et spécifique du verbe initial :

(4) investir → effectuer un investissement
planifier qc. → faire la planification de qc.
s'accroître → connaître un accroissement

- Le clivage verbal est un cas particulier de nominalisation ; cette **nominalisation** constitue le troisième procédé hautement caractéristique du style de spécialité. À travers elle, des propositions entières se transforment en syntagmes nominaux, qui sont utilisés comme des modules pour construire des phrases lourdement chargées de sens ; la nominalisation est donc avant tout un procédé de compression, de condensation des contenus :

    (5) la bourse est instable → l'instabilité boursière
    les ventes ont fortement augmenté → la forte augmentation des ventes
    la crise persistera encore plusieurs années → la persistance de la crise dans les années à venir

On se rappellera également certaines nominalisations de notre exemple (1) :

    (6) l'immobilier coûte cher → un coût de l'immobilier élevé
    il y a plus d'injustices et d'inégalités → la montée des injustices et des inégalités
    l'immobilier devient rapidement plus cher → une explosion du coût de l'immobilier

- Les modules nominaux obtenus par compression servent surtout d'arguments à des **verbes de relation**, c'est-à-dire à des verbes qui remplacent des conjonctions, si bien que les phrases composées se transforment en phrases simples écrites en style nominal :

    (7) résulter de, empêcher, conduire à, précéder, signifier, être dû à, expliquer, impliquer, comporter...

La nominalisation combinée aux verbes de relation constitue le procédé le plus complexe et le plus important ; voici un exemple de transformation d'une phrase entière suivant ces principes :

    (8) il y a moins d'exportations et pour cette raison il y a plus de chômage
    → le déclin des exportations **a conduit à** une augmentation du chômage

Citons à l'appui deux passages caractéristiques tirés de notre exemple (1) :

    (9) (Si Paris [...] attirait les 400 000 professionnels de la finance de la City[...],...)
    l'immobilier deviendrait rapidement plus cher
    → cela **provoquerait une explosion** du coût de l'immobilier
    Lorsque l'immobilier coûte cher, il y a plus d'injustices et d'inégalités et la situation de la population devient plus difficile
    → un coût de l'immobilier élevé **contribue à la montée** des injustices et des inégalités et **met en difficulté** [...] la population

La première question qui se pose est de savoir s'il s'agit d'un phénomène des discours de spécialité, ou peut-être des discours scientifiques (ces derniers constituant, bien évidemment, un sous ensemble des premiers) ? Nous pensons, quant à nous, que la première interprétation est trop vaste, et la deuxième, trop étroite. Le « style de spécialité » dans le sens décrit par Forner ne correspond pas, loin de là, à la totalité des discours de spécialité ni des discours scientifiques, mais c'est un registre caractéristique de certains genres textuels: il décrit à peu près tout ce qui est texte de spécialité écrit et formel, fût-ce dans la presse, dans la science ou dans la divulgation. Il caractérise donc un certain type de textes très répandu qui a été qualifié de « descriptif-argumentatif », et que se distingue très clairement, à travers la fréquence des procédés de « spécialisation », d'autres types de textes qui ne sont pas « de spécialité », par exemple les textes narratifs (voir Wilde 1994 : 101, *apud* Forner 2000 : 219). Les procédés en question méritent donc d'être pris en compte et d'être observés de plus près.

Nous savons par ailleurs que les discours de spécialité sont beaucoup plus variés que cela, qu'ils ne se bornent pas au langage écrit employé dans les revues scientifiques ou les textes journalistiques de divulgation. Il existe également des textes de spécialité informels (p.ex., les forums de discussion spécialisés sur internet) ainsi que tous les genres discursifs oraux. Les langues de spécialité ont en effet tout un pan de langage oral, informel, qu'on a tendance à négliger.

4. Augmenter, diminuer… : les expressions quantitatives (discours économiques)[3]

Nous en arrivons donc au cœur de notre contribution, car avec ce chapitre sur les expressions quantitatives, nous nous proposons de décrire, à l'exemple du langage économique, la « **couche moyenne** » des langues de spécialité. Comme les classements et palmarès (voir chap. 5), que l'on retrouve dans plusieurs spécialités différentes, les moyens linguistiques de cette couche « moyenne » ne sont pas caractéristiques d'une seule discipline, comme le serait la terminologie, mais bien de faisceaux de disciplines apparentées. Par exemple, on pourrait étudier les moyens mis en œuvre pour relater des résultats statistiques, ce qui s'applique certainement à toute une série de spécialités, en sciences naturelles comme en sciences sociales, mais peut-être avec des variantes significatives. Et les expressions de la cause et de l'effet ne sont peut-être pas les mêmes dans les disciplines

---

3   Voir Lavric / Weidacher 1998 ainsi que Lavric 1998 et 2001, qui s'appuient sur un corpus journalistique. Voir également, pour le côté métaphorique, Dominique 1971, Schifko 1992 : 560–562 ainsi que Jäkel 1994 et 2003.

techniques et dans les disciplines biologiques, mais on peut supposer qu'il existe des recoupements.

Commençons donc par les expressions quantitatives, plus particulièrement, les moyens linguistiques qui décrivent l'augmentation et la diminution de valeurs numériques. Nous en avons rencontré quelques exemples dans notre texte (1) :

(10) ...cela **provoquerait une explosion** du coût de l'immobilier, déjà astronomique dans la capitale française. Paris est la deuxième ville la plus chère d'Europe, derrière Londres où les prix **ont bondi de 76% de 2009 à 2016** (alors que les salaires britanniques **n'ont pas augmenté**). Socialement, un coût de l'immobilier élevé contribue à **la montée des** injustices et des inégalités

Ce bref passage est intéressant parce qu'il contient plusieurs variantes syntaxiques et sémantiques de l'expression de l'augmentation et de la diminution : à commencer par la variante standard dans ses formes verbale (*augmenter*) et nominale (*montée*), plus les variantes métaphoriques correspondantes, verbale (*bondir*) et nominale (*explosion*). On remarque également la syntaxe prépositionnelle qui entoure ces termes : V *augmente* (V étant la valeur dont on observe les oscillations), V *bondit de n* (n symbolisant un chiffre, ici un pourcentage), *une explosion de V, la montée de V*. Après un bref essai de catégorisation sémantique, nous nous pencherons tant sur la métaphoricité de ces termes, que sur les constructions syntaxiques qui les entourent.

On peut classer les éléments linguistiques de ce champ sémantique suivant les critères :[4]

- Augmentation versus diminution versus variation sans indication de sens versus stagnation (*augmenter, diminuer, osciller, se maintenir*)
- Expressions verbales versus nominales (*s'accroître – accroissement ; se réduire – réduction ; osciller – oscillation : stagner – stagnation*)
- Variation autonome versus passive = transitivité versus intransitivité (*s'améliorer – améliorer, se réduire – réduire*)
- Évaluation positive, négative ou neutre de la variation (*envolée – explosion – bond*)

Pour ce qui est des métaphores, on constate que même la variante standard est métaphorique, puisque des valeurs numériques abstraites sont projetées dans l'espace, suivant une métaphore conceptuelle à la Lakoff / Johnson (1980) : PEU = EN BAS, BEAUCOUP = EN HAUT, ou dans une variante comparative : MOINS = EN BAS,

---

4 Cette classification de base s'inspire de Dominique 1971, de Schifko 1992, de Jäkel 1994 et 1997 ; nous l'avons complétée dans nos publications Lavric / Weidacher 1998 et Lavric 1998.

PLUS = EN HAUT ; c'est d'ailleurs la même métaphore conceptuelle qui est reprise et modulée dans les variantes « secondaires » *bondir* et *exploser*, dont la métaphoricité est nettement plus voyante. C'est ce que décrit Schifko (1992 : 560-562) :

> Der entscheidende Schritt von der direkten zu einer metaphorischen Ausdrucksweise geschieht durch die Projizierung der quantitativen Äußerung in den Raum. [...] Die erste Stufe, bei der nicht immer klar entscheidbar ist, ob es sich um eine metaphorische handelt, ist die Transposition des Mehr- bzw. Wenigerwerdens in ein Größer- bzw. Kleinerwerden, d.h. die Sicht der Anzahl als räumliche Dimension. [...]
> Bei Aufwärtsbewegungen geht es mit den Meßzahlen ‚nach oben' [...], bei Abwärtsbewegungen ‚nach unten' [...], wohl einem menschlichen Urempfinden entsprechend, welches auch bei den die Daten begleitenden Graphiken zum Ausdruck kommt [...]. Die Bewegung kann abstrakt oder konkretisiert als Fliegen, Tauchen, Klettern, Graben, etc., in Erscheinung treten.
>
> (La démarche métaphorique fondamentale consiste à projeter la quantité dans l'espace. [...] Le premier pas, dont la métaphoricité reste souvent indécidable, consiste à transposer le « plus » et le « moins » en une question de taille, de grandeur versus petitesse ; donc le nombre se transforme en une dimension de l'espace. [...]
> Les augmentations portent les valeurs « vers le haut » [...], les diminutions « vers le bas » [...], ce qui a l'air de correspondre à une perception atavique, qui se traduit aussi dans les graphiques correspondants [...]. Le mouvement peut soit rester abstrait soit se concrétiser en un vol, une plongée, une escalade ou un creusage...)

Figure 1: Graphique en courbe – augmentation – diminution – stagnation

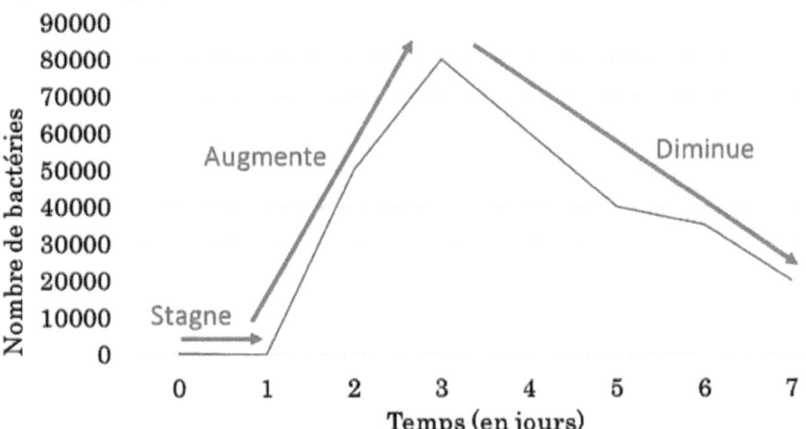

À y regarder de plus près, on se rend compte que la métaphore de base est bien plus concrète que la simple idée de verticalité. Ce sont les graphiques mentionnés par Schifko qui donnent la véritable clé de cette conceptualisation : l'augmentation et la diminution de valeurs sont visualisées en général sous forme de graphiques en courbes avec le temps en abscisse (axe x) et les valeurs en ordonnée (axe y). C'est à ce type de graphique-là que se rapportent les expressions correspondantes.

Il existe même une métaphorisation secondaire qui se greffe sur ce graphique : lorsque les fluctuations des valeurs donnent un dessin qui ressemble à un paysage de montagnes, on peut parler de valeurs qui *grimpent* ou qui *atteignent un sommet*.[5] Nous insistons sur le fait que **cette métaphore du graphique en courbe est fondamentale pour toutes les disciplines économiques**, et peut-être pour bien d'autres encore (toutes celles où les statistiques jouent un rôle important). **Étudier les expressions qui s'ensuivent n'est donc pas une tâche marginale lorsqu'il s'agit de décrire le langage économique, même si les éléments linguistiques concernés ne sont pas terminologiques.** Cette constatation souligne **l'importance de la « couche moyenne » dans la compréhension des structures cognitives de la spécialité en question.**

Figure 2: *Exemple d'un graphique en courbe, genre « montagne »*

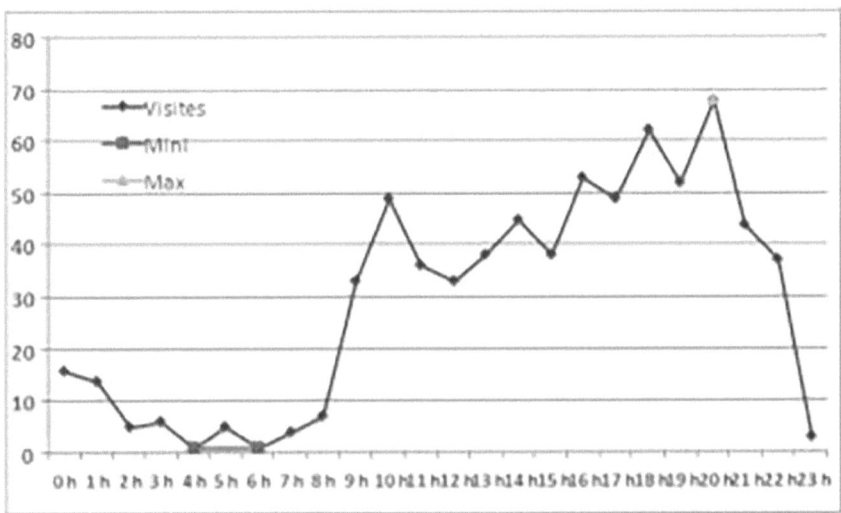

Pour le plaisir de plonger dans la diversité et la multiplicité des moyens linguistiques de spécialité, nous donnerons dans ce qui suit un choix des métaphores

---

5 Cette métaphore secondaire de la « topologie des montagnes » a été décrite et illustrée par Jäkel (1994 : 99 et 1997 : 237–241), qui ne perçoit pas cependant l'universalité de la métaphore mathématico-graphique qui la sous-tend.

secondaires susceptibles de se greffer sur cette métaphore primaire du graphique en courbe :

Ces métaphores changent suivant l'évaluation positive et négative, et elles sont plus fréquentes lorsqu'il y a évaluation et non pas un niveau neutre, voir *s'envoler* et *bondir* par opposition à *exploser*, mais aussi le moins dynamique *s'alourdir* (p.ex. la dette).[6] Autre métaphore fréquente : l'augmentation est vue comme une *accélération*, la diminution comme un *ralentissement* (p.ex. de l'activité économique) ; cela rentre dans le cadre des métaphores de machines, voire de véhicules (*les moteurs de la croissance, un coup de frein aux exportations*). Des métaphores « architecturales » apparaissent lorsqu'il s'agit de dépasser une valeur limite, un *plafond* ou un *plancher*, complétées par une métaphore « maritime » : *passer le cap des mille milliards de dollars*. Restent à présenter les métaphores anthropomorphiques ou « vitales », qui, elles aussi, transportent en général une évaluation positive ou négative : *le gonflement des carnets de commandes* versus *une cure d'amaigrissement de la fonction publique, le ramollissement des critères de convergence* versus *le redressement de l'emploi, l'entreprise XY redresse la tête après plusieurs exercices difficiles* versus *le fléchissement de la conjoncture*.

À quoi servent toutes ces métaphores ? À la variation stylistique, surtout, puisque le journalisme économique rapporte plus ou moins toujours les mêmes faits, l'augmentation ou la diminution de la croissance, de l'emploi, des exportations etc. pour un pays, et des ventes, des effectifs, des bénéfices pour une entreprise. Face à cette répétitivité certaine, les auteurs s'évertuent à créer non pas du nouveau, mais du moins de la variation. Il n'y a que rarement, en effet, dans ce vocabulaire, des trouvailles originales, mais il y a une riche panoplie de moyens conventionnels, un fonds commun dans lequel puiser, afin de ne pas fatiguer les lecteurs et de transformer les nouvelles économiques un petit peu en « info-divertissement ».

Avant de passer à un domaine assez proche et animé par les mêmes préoccupations – les classements et palmarès –, nous présenterons encore quelques aspects syntaxiques intéressants liés aux expressions d'augmentation et de diminution de valeurs. Il s'agit concrètement de décrire comment s'agence, autour des expressions verbales et nominales que nous venons de présenter, l'expression de l'élément crucial du « frame » correspondant : ce frame comprend en effet la valeur qui augmente/diminue (obligatoire), la cause/l'auteur de ce changement (facultatif), et surtout (hautement fréquente), son envergure, c'est-à-dire

---

6 Mais l'évaluation positive ou négative se traduit également par des métaphores météorologiques (*embellie*).

les chiffres concrets (souvent des pourcentages) auxquels correspond la variation. C'est sur ce dernier élément que nous nous attarderons, et nous découvrirons une syntaxe principalement prépositionnelle qui n'est pas sans réserver certaines surprises.

En français, l'indication d'une valeur sans mention d'un changement se fait à travers de expressions verbales spécifiques, qui comprennent chacune leur préposition spécifique (en général, *de* ou *à*) : *s'élever à, être de, correspondre à, se chiffrer à*... Il existe en outre des verbes transitifs qui prennent le chiffre comme objet, du genre : *l'Autriche connaît une inflation de 2,1%, ce pays compte 8 millions d'habitants, il enregistre une croissance de 2%* etc. Lorsque le chiffre ou pourcentage s'accroche à un nom, la préposition est *de*, quelquefois *à hauteur de* : *des dépenses de 6 milliards, des recettes à hauteur de 8 milliards* ; mais on a aussi, en inversant les rôles : *6 milliards de dépenses*. La préposition *avec* apparaît lorsque le chiffre est en apposition : *Seule la Suisse, avec 3%, se voit attribuer un score meilleur*. Un cas spécial se présente lorsqu'une même valeur est exprimée par deux chiffres différents, l'un absolu, l'autre en pourcentage ; l'expression standard dans ce cas est *soit : 4 milliards d'euros, soit 3,6% du PIB*. Lorsqu'il s'agit d'une valeur unitaire, c'est-à-dire rapportée au nombre d'habitants (ou d'entreprises, etc.), on emploie *par : 23 800 US dollars par tête d'habitant*. Restent à présenter les expressions d'approximation : *de l'ordre de, environ, autour de*, mais aussi *plus de* et *moins de*, et surtout son équivalent *près de*, pour des approximations par le haut et par le bas. À ne pas oublier les expressions françaises numériques approximatives *dizaine, douzaine, quinzaine, vingtaine, trentaine, quarantaine, cinquantaine, soixantaine, centaine* et *millier*.

Après cette petite digression sur la syntaxe des valeurs numériques, revenons-en à présent aux expressions de l'augmentation et de la diminution et à leur syntaxe spécifique. Pour en comprendre le système, il faut voir que l'augmentation ou la diminution d'une valeur comprend toujours trois éléments numériques : la valeur de départ, la valeur d'arrivée, et la différence qui existe entre les deux (voir figure 3).

Figure 3: Valeurs de départ et d'arrivée, différence

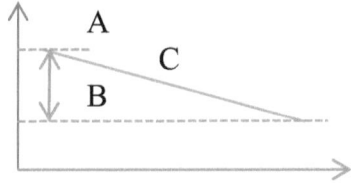

L'allemand réserve une préposition différente à chacune de ces trois valeurs : *steigen /fallen von A auf B um C, von* introduisant le départ, *auf* l'arrivée, et *um* la différence. Il n'en est pas de même du français, qui ne possède que deux prépositions, *de* et *à*, pour marquer les trois éléments différents. Nous sommes d'avis qu'il s'agit là d'une réelle lacune, puisqu'elle oblige la langue française à toute une série de circonvolutions, par exemple à des combinaisons de deux verbes différents, du genre : *augmenter de 6 points pour s'inscrire à 20% / pour se fixer à 20% / passant ainsi à 20%*. Voyons ce qui se passe concrètement :

- *de* est la préposition standard pour indiquer l'envergure du changement, donc la différence C : *s'accoître de 3%, se réduire de 3 millions de dollars* ;
- lorsqu'on indique les valeurs de départ et d'arrivée, A et B, on aurait tendance à se servir des prépositions *de* et *à*, mais *de* est déjà pris – ce qui affecte aussi l'acceptabilité de *à* pour indiquer la valeur d'arrivée.[7] La seule solution consiste à se servir d'un verbe spécial, le verbe *passer*, qui est le seul verbe avec lequel on peut se servir de la paire *de…à* pour marquer les points de départ et d'arrivée A et B : *passer de A à B*. On remarque que le sens de la variation n'est pas indiqué dans le verbe, ce qui n'est pas nécessaire, car on le devine à travers les valeurs de A et de B. En fait, passer n'est pas complètement isolé dans cette fonction de verbe qui permet d'utiliser la paire *de…à* : on trouve aussi *revenir de A à B* et *être ramené de A à B* avec un sens de diminution.
- Les expressions du type *augmenter de 6 points pour s'inscrire à 20% / pour se fixer à 20% / passant ainsi à 20%* correspondent à des empois courants de la paire *de…à*, où *à* introduit bien le point d'arrivée B, mais *de* reste confiné à l'introduction de la différence C.

Passons à présent à l'étude d'un champ sémantique assez proche de celui des expressions quantitatives, et qui se trouve à cheval entre le langage du sport et celui de l'économie.

5. Classements et palmarès (discours sportifs et économiques)[8]

Pour commencer cette étude des classements et palmarès, rappelons les passages de notre exemple (1) qui leur correspondent :

(11) Londres **est la plus grande** place financière **mondiale**. […] Elle **est la première place mondiale pour** le marché des changes […]. **Elle est première aussi pour** les crédits bancaires internationaux, les produits dérivés, les marchés des métaux et

---

7   On trouve bien pourtant, mais très rarement, des exemples du type *augmenter à 10%*.
8   Voir Lavric / Weidacher 2014, 2015a et b, 2017 et sous presse.

de l'assurance. **Elle occupe la deuxième place du palmarès mondial (derrière New-York) pour** les emprunts internationaux [...]. Elle [...] **est la seule** place financière européenne vraiment globale. [...] **Paris est la deuxième ville la plus chère d'Europe, derrière Londres** [...].

Les classements et palmarès sont un champ conceptuel[9] crucial pour toute une série de discours de spécialité : sport, économie, musique, édition, politique, et jusqu'aux universités et aux revues scientifiques qui doivent accepter d'être classées par ordre de performance ou de « qualité ». Nous proposerons ici, comme point de départ, un modèle conceptuel du classement, une sorte de scénario ou « frame » comprenant les participants/rôles prototypiques, les relations qui s'établissent entre ces rôles, et les actions et processus susceptibles de se dérouler entre eux.

Un classement consiste en principe d'un ensemble de départ d'éléments homogènes (sportifs, pays, entreprises, chansons, livres...). À chaque élément de cet ensemble, une fonction (le critère) associe une valeur numérique (quelquefois avec intervention d'un jury) : score, temps d'arrivée, ventes, part de marché, PIB, audience, etc. La comparaison de ces valeurs numériques permet de classer les éléments, c'est-à-dire de leur assigner à chacun un rang, allant du premier au dernier (de 1 à n, n étant le cardinal de l'ensemble de départ). Tout classement comporte typiquement un bout positif et un bout négatif, qui peuvent différer selon le critère appliqué (le premier en corruption p.ex. ne sera pas le meilleur). Il s'en suit une hiérarchie des éléments classés. S'il s'agit d'une compétition sportive ou apparentée, les trois premiers sont lauréats, ils montent sur un podium pour recevoir un prix.

Parmi les éléments classés, on peut distinguer des groupes (les meilleurs, les pires, ceux du milieu), on peut aussi mesurer la distance qui sépare deux ou plusieurs éléments – tout ceci s'accompagnant d'une syntaxe propre et de moyens idiomatiques et collocationnels typiques.

Voilà le côté statique du classement, mais celui-ci se double la plupart du temps d'un côté dynamique : ces deux aspects s'expriment par exemple dans la différence qui existe entre le *vainqueur*, établi une fois pour toutes (aspect « perfectif »), et le *leader*, qui se trouve en tête du classement à un moment donné (aspect « imperfectif »). Très souvent, donc, le classement évolue dans le temps, parce que les valeurs assignées à chaque élément changent et que l'ordre des éléments s'en trouve

---

9   La théorie cognitive définit le champ conceptuel comme « un espace de problèmes ou de situations-problèmes dont le traitement implique des concepts et des procédures de plusieurs types en étroite connexion, ainsi que les représentations langagières et symboliques susceptibles d'être utilisées pour les représenter ». (Vergnaud 1981 : 217).

modifié – d'ailleurs ceci n'arrive pas une fois pour toutes, mais le classement tout entier se trouve très souvent en constante modification, en mouvement permanent. Ce côté dynamique est très important, car c'est lui qui crée du suspense et rend le classement intéressant – il sera donc fortement exploité dans les textes journalistiques et donnera lieu à un grand nombre de métaphores. Il est difficile de le décrire en termes neutres, car il est d'habitude conceptualisé sous forme d'une course, dans laquelle les participants cherchent à se dépasser mutuellement et à « gagner ». Et dans cette course, ce qui intéresse surtout, c'est la poursuite qui a lieu entre le premier ou leader et ses concurrents immédiats ; on suit donc avec attention tous les changements qui s'effectuent à la tête du classement (voir notre exemple 1=11). Les descriptions de ce combat multiplient les métaphores et mettent en œuvre des moyens linguistiques extrêmement riches et variés, parmi lesquels toute une gamme d'expressions verbales.

Nous nous proposons d'étudier, dans les discours économiques et les discours sportifs, les moyens linguistiques qui correspondent aux différents acteurs et éléments de ce « frame ».[10] Notre démarche est donc, au premier abord, résolument onomasiologique ; elle se double ensuite d'un côté sémasiologique à travers l'étude des textes, tous pris sur internet, et la collection systématique des expressions que l'on y trouve.[11] Cette collection révèle une extrême richesse ainsi que des conceptualisations métaphoriques intéressantes. Pour ce qui est des métaphores, le sport fait fonction de clé, de domaine source privilégié des images, qui sont ensuite reprises dans tous les autres domaines, et tout d'abord dans l'économie.[12] Mais tous les sports ne sont pas équivalents, car ce sont surtout

---

10 « A semantic frame can [...] be defined as a coherent structure of related concepts that are related such that without knowledge of all of them, one does not have complete knowledge of any one; they are in that sense types of gestalt. Frames are based on recurring experiences. So the commercial transaction frame is based on recurring experiences of commercial transactions. » (Frame semantics 2013).

11 Nous avons cherché sur l'internet de langue française des textes pour la plupart journalistiques, écrits manifestement par des locuteurs compétents. La recherche a été guidée par le lexique : on insère des termes dont on sait qu'ils sont pertinents (comme p.ex. *classement, place, en tête...*), et dans leur environnement on trouve d'autres termes qui, à leur tour et par effet de cascade, servent de point de départ à d'ultérieures recherches. Tous les sites ont été consultés en juin 2013. Dans les exemples, c'est nous qui soulignons (E.L.).

12 Les métaphores du sport ont été beaucoup moins étudiées que celles de l'économie, pour lesquelles on peut citer (entre autres) Schmitt 1988, Hübler 1989, Hennet / Gil 1992, Jäkel 1994 et 2003, Koller 2004 et, pour la vue d'ensemble la plus complète et la plus différenciée, Richardt 2005.

tous les types de courses (course à pied, course hippique, course cycliste, course automobile...) qui prêtent leurs expressions aux autres sports et à toute une série de domaines non-sportifs.

Nous présenterons ici un simple aperçu des moyens linguistiques que nous avons relevés et des métaphorisations les plus courantes, en montrant bien à travers nos exemples que les expressions se correspondent parfaitement entre les sport – les différents sports –, et les discours économiques.[13] Nous commencerons par les expressions de la perspective statique pour passer ensuite à celles de la perspective dynamique.

5.1. La perspective statique

Nous pouvons citer ici les termes qui désignent le classement lui-même (*classement, liste, ranking* (voir ex. 12), *palmarès*, mais aussi *le top 100, le top 10* etc.), souvent accompagnés d'adjectifs qui précisent le domaine (*classement mondial, classement des meilleurs*) ou d'explicitations de critères (*en termes de valeur, en termes de volume*).

Viennent ensuite les termes désignant la place (*place, position, rang*), accompagnés de numéraux ordinaux (*à la 17ᵉ place, en 26ᵉ position*). Mais ces numéraux (substantivés) désignent aussi le détenteur de la place (*le premier, le deuxième*) ; et le français a une construction spéciale avec le numéral en attribut du sujet (*être deuxième, arriver troisième, se classer quatrième, finir cinquième*).

> (12) HEC, **une première place incontestée**
> Dans le célèbre **ranking** du quotidien britannique Financial Times, le MBA d'HEC **arrive 18ᵉ**, celui de l'Insead, 7ᵉ. En ce qui concerne le classement 2007 du FT des meilleurs business schools européennes, HEC **arrive sur la première marche du podium** avant London Business School.[14]

Viennent ensuite des expressions spéciales pour les trois premières places et les concurrents qui les occupent : c'est le *podium* (voir aussi ex. 12), quelquefois aussi

---

13 Nous avons voulu fournir des exemples plus longs, des extraits de textes, qui montrent comment toutes ces expressions s'agencent et se combinent pour donner une description complexe d'un classement. Chacun de ces exemples combine plusieurs sous-concepts du « frame » et souvent aussi plusieurs métaphores pas forcément toujours cohérentes. Dans les exemples, nous avons mis en gras toutes les expressions spécifiques du classement, et nous avons souligné en plus celles qui nous intéressent tout particulièrement à un moment donné de notre argumentation.
14 Source : http://entreprise.lefigaro.fr/hec-classement.html.

le *piédestal*, combinés typiquement au verbe *se hisser* – donc, une métaphore verticale (ex. 13).

> (13) Cavalier de haute précision
> (Steve Guerdat) A l'automne, un **titre acquis** au Grand Prix de Rio de Janeiro permet au trentenaire de <u>se hisser</u>, durant un mois, **à la première place du classement** Rolex Ranking de la FEI. **Rejoignant <u>sur ce piédestal</u>** ses prédécesseurs et compatriotes Markus Fuchs et Pius Schwizer, Steve Guerdat **confirmait** ainsi **la force de frappe de l'équitation helvétique sur l'échiquier mondial**.[15]

Il existe toute une gamme de verbes spéciaux qui introduisent ces assignations de places[16] (*arriver quatrième, se classer deuxième, occuper le troisième rang, obtenir la deuxième place, finir dernier*), avec les variantes passives correspondantes (*la troisième place est occupée par / est attribuée à…, être classé deuxième*), dont les plus savoureux soulignent le rôle actif du participant (*se hisser au troisième rang, se positionner quatrième, prendre / décrocher les trois premières places, émerger / pointer au quinzième rang*).

> (14) Google, Apple, Samsung ou Sony, quelles sont les marques les plus réputées ?
> La marque bavaroise BMW **arrive en tête du classement** pour la deuxième année consécutive avec un résultat de 78.39/100. Son compatriote germanique Daimler (Mercedes-Benz) **pointe à la 5ᵉ place** (76.58/100) et Volkswagen **à la 13ᵉ place** (74.38/100).
> **La première entreprise américaine** est The Walt Disney Company, **seconde du classement** avec une note de 77.76/100 tandis que la manufacture horlogère helvétique Rolex **ferme le podium en <u>prenant la troisième place</u>** avec 77.23 points.[17]

Dans la même catégorie, on trouve *s'adjuger un titre*, comme si le sportif était lui-même son propre jury ; il y a là une certaine parenté d'idée avec *ravir* (p.ex. *ravir la première place*, voir ex. 16), mais *s'adjuger* est, si l'on veut, plus « légitimiste ».

Nous en arrivons aux termes qui désignent le premier rang du classement et le protagoniste qui l'occupe : on trouve bien sûr le *premier rang*, la *première place*, la

---

15 Source : http://www.lemonde.fr/sport/article/2013/04/25/cavalier-de-haute-precision_3166564_3242.html. La fin de ce passage montre une combinaison abracadabrante de métaphores, puisque l'équitation est d'abord comparée à l'armée (*la force de frappe*), puis tout de suite au jeu d'échecs (*sur l'échiquier mondial*) – avec la compétition comme point commun entre les deux concepts.

16 Remarquons que ces verbes mettent tous le participant en position de sujet, et le relient à son placement qui s'exprime comme objet direct ou comme objet prépositionnel, et quelquefois comme attribut du sujet.

17 Source : http://www.cnetfrance.fr/news/google-apple-samsung-ou-sony-quelles-sont-les-marques-les-plus-reputees-39789572.htm.

première marche du podium (voir ex. 12). Mais l'expression qui est vraiment en tête lorsqu'il s'agit de parler de la première position, c'est – on l'a deviné – l'expression *en tête* elle-même. Qui se combine d'ailleurs avec toute une série de verbes différents, confirmant ainsi la richesse du français dans la catégorie verbale. On aura donc *être en tête, arriver en tête, courir en tête, se positionner en tête*, mais aussi (sans préposition) *garder la tête, prendre la tête*. Dans la plupart de ces expressions, *tête* peut prendre un complément qui désigne le classement ou l'ensemble des concurrents, et l'on aura *en tête du classement, en tête de peloton* (métaphore cycliste !) et autres. La métaphore semble claire : anthropomorphisme, dira-t-on, assaisonné du schéma décrit par Lakoff / Johnson 1980 qui veut que EN HAUT = POSITIF, EN BAS = NÉGATIF. La chose cependant n'est pas si simple : en effet, le contraire de *en tête de peloton*, ce n'est pas **aux pieds du peloton*, mais bien : *en queue de peloton* ! Ce qui change tout en matière de géométrie, puisqu'on doit se référer au schéma horizontal plutôt qu'au schéma vertical (DEVANT = POSITIF, DERRIÈRE = NÉGATIF), et aussi en matière de biologie, puisque cette tête n'appartient plus à un être humain, mais bien plutôt à un animal, un animal qui court.

Le moment est venu de s'interroger, dans une **première digression**, sur les deux **axes vertical et horizontal**, leur raison d'être et leur symbolisme : ils ont en effet tous les deux un rôle à jouer dans la conceptualisation des classements. L'idée que EN HAUT = POSITIF, EN BAS = NÉGATIF correspond en économie (nous l'avons vu au chap. 4) aux graphiques qui représentent l'évolution d'un indicateur ; en sport, et dans les métaphores inspirées par le sport, l'axe vertical est lié surtout à l'idée de podium et à l'ordre des trois premiers. Dans tout ce qui est classements, que ce soit en sport ou dans un autre domaine, l'axe nettement plus important est l'axe horizontal, avec la conceptualisation : DEVANT = POSITIF, DERRIÈRE = NÉGATIF. C'est l'image du vainqueur qui arrive *en tête* tandis que le dernier constitue *la queue* (et l'ensemble des participants, *le peloton*). La métaphore de base est celle de la course (re-métaphorisée, pour la *tête* et la *queue*, en un animal qui court ; pour le *peloton*, c'est l'armée qui a inspiré la course cycliste, qui inspire à son tour les autres domaines). Cette métaphore de la course s'applique également, en sport, à tout ce qui n'est pas course (ski, tennis, foot etc.), puisqu'on a toujours un ordre (de mérite) qui se trouve en mouvement ; en économie et dans d'autres domaines, elle s'applique à tous les indicateurs possibles et imaginables qui peuvent donner lieu à un classement.

5.2. La perspective dynamique (la métaphore de la course)

Et avec cette idée de course, nous entrons décidément dans le côté dynamique de notre champ conceptuel. La course comme domaine source d'images se concrétise soit comme course à pied (rarement), soit comme course automobile, soit comme course hippique ou course cycliste. Côté course de chevaux, il existe une expression imagée savoureuse pour décrire une première place tout à fait incontestée : on peut dire en effet du protagoniste qu'il *caracole en tête* des concurrents ![18] L'expression *caracoler en tête* correspond à l'idée d'une domination assurée et sans effort, par opposition aux concurrents qui ahanent sans jamais pouvoir rattraper le leader. Celui-ci – autre métaphore originale – *sème ses concurrents* : c'est l'image de celui qui part devant, tandis que les autres, inégalement rapides, se répartissent sur sa trace comme des graines qu'il aurait semées.

(15) Audiences TV : R.I.S. Police scientifique **caracole en tête** sur TF1
JEUDI 21 FEVRIER – **Avec** 24% de parts de marché, la série policière de TF1 **sème ses concurrents**. France 2, France 3 et M6 **forment le reste du peloton** avec des audiences **au coude à coude**.
Avec 6,4% de parts de marché, TMC **prend la tête** des chaînes de la TNT.[19]

Cet exemple fait transition entre la course hippique (*caracole en tête*) et la course cycliste (*le reste du peloton*) – course cycliste, qui, elle, domine incontestablement en français, on pourrait dire : qui *caracole en tête*, des sources d'images pour les classements. Ou pour parler en termes de cyclisme : elle porte le *maillot jaune* des domaines source métaphoriques.

Ce *maillot jaune* emprunté, bien évidemment, au Tour de France cycliste, se combine avec une belle panoplie de verbes (*obtenir, endosser, revêtir, décrocher, remporter, arborer, détenir, garder, être, rester le maillot jaune*), mais aussi de substantifs (*le maillot jaune des dépenses, des villes où il fait bon vivre, des villes les mieux décorées, des élus locaux, des entreprises nationalisées*). Il désigne métaphoriquement la première place, mais aussi par métonymie celui qui la détient. On assiste d'ailleurs à un vacillement quant à l'aspect statique ou dynamique : le Tour de France véritable prévoit ce maillot jaune comme un trophée « imperfectif », qui indique une position de *leader* provisoire. Le *maillot jaune* métaphorique, lui, peut tout aussi bien être attribué à un *vainqueur* « perfectif » en signe de victoire définitive.

En réalité, et ce sera là notre **deuxième digression, tous les classements ne sont jamais que provisoires**. En effet, les deux aspects « perfectif » (*vainqueur*)

---

18 Plus d'un million et demi de fois sur google, avec énormément d'images, qui, toutes, ne montrent pas un cheval mais un être humain (ou un groupe) qui vient de remporter un grand succès.
19 Source : http://www.metronews.fr/culture/audiences-tv-r-i-s-police-scientifique-caracole-en-tete-sur-tf1/mmbv!TDYx6GIVa48hM/.

et « imperfectif » (*leader*) sont difficiles à dissocier, car le sportif qui gagne un match ou une course aujourd'hui peut de ce fait améliorer sa position dans le classement mondial de l'année. Ou bien, le leader mondial ou le maillot jaune peut se retrouver en plein peloton de la course x, de l'étape y, et être devancé par le gagnant du jour. En réalité, pour parler avec Camus, toutes les victoires ne sont jamais que provisoires. En sport, on n'est jamais champion que pour une ou deux années, et on ne domine le classement mondial que pendant un certain temps. En économie, il n'y a pas de compétitions célébrées tel jour pour tel championnat, mais des enquêtes et statistiques constamment renouvelées qui ne captent que des instantanés d'une situation en constante évolution. Le premier de telle ou telle enquête n'est en réalité rien d'autre que le leader du moment. L'aspect dynamique dérive donc très souvent d'une comparaison avec un classement antérieur, à travers un repère temporel : *par rapport à l'année dernière*, ou *depuis l'année dernière*. Deux classements statiques distants d'une année, deux instantanés, sont donc comparés et interprétés de manière dynamique. Un concurrent peut ainsi par exemple *progresser d'une place, passer de la 5e place à la 12e, gagner/perdre une place, être relégué* (verbe toujours négatif) *à la 2e place*. Curieusement, dans ce domaine, on trouve souvent des images qui se réfèrent à l'axe vertical : ainsi un protagoniste pourra *évoluer* (= monter) *de 4 rangs, monter au 9e rang, remonter à la 3e place, tomber à la 2e place, chuter de la 6e à la 8e position*, il pourra connaître *une ascension* ou *une chute*.

Ceux qui restent au sommet pendant très longtemps, les *leaders incontestés*, sont désignés par des expressions métaphoriques qui renvoient à une hiérarchie sociale : *X domine ; X règne sans partage sur le marché mondial ; X règne en maître; X a pris les commandes du Grand Prix*.

(16) TNT : D8 **ravit la première place** à TMC sur une semaine […]
Tout un symbole. La semaine dernière, D8 s'est offert le luxe de **détrôner** TMC **du podium** des petites chaînes de la TNT. Sur l'ensemble de la semaine, elle totalise 3,5 % de part d'audience, un **record historique** pour la chaîne rachetée par Canal+ en octobre dernier. En face, TMC (groupe TF1) fait 3,4 % de part d'audience. D8 **ne dépasse** TMC **que d'un cheveu**, et seulement sur une semaine, mais c'est la première fois qu'elle **détrône** TMC qui **règne en maître** sur la TNT **depuis trois saisons**, occupant ainsi la position de cinquième chaîne **nationale**.[20]

---

20 Source : http://www.lesechos.fr/entreprises-secteurs/medias/actu/0202788503594-petites-chaines-de-la-tnt-d8-ravit-la-premiere-place-a-tmc-sur-une-se-maine-569666.php.

Les verbes *régner* et *détrôner* se réfèrent clairement à un domaine source bien précis, celui de la monarchie, conçue comme le prototype d'une hiérarchie sociale stable. On a donc des métaphores monarchiques pour une domination durable, mais on en a nettement moins en français qu'en espagnol et italien, où les rois et les empereurs, les sceptres, les trônes et les couronnes foisonnent dans tous les contextes de classement. La République française aurait-elle réussi à implanter dans l'imaginaire de ses citoyens des vues plus démocratiques ?

Dans l'aspect dynamique, l'aspect « course », on peut aussi faire une distinction entre les verbes qui décrivent un état des choses (*suivre, être/se placer/se situer devant/derrière*) (aspect perfectif) et ceux qui décrivent un changement, une modification dans l'ordre des concurrents (aspect imperfectif) : ainsi un coureur (ou un coureur métaphorisé) peut en *devancer* un autre, le *doubler, passer devant, s'imposer devant* lui ; avec un changement de perspective entre la forme active et la forme passive : *X dépasse Y / devance Y* versus *Y est devancé par X, Y se voit devancé par X, Y se fait doubler/dépasser par X*. Et inversement, *X* peut *retomber derrière Y*, avec un verbe actif qui emprunte la perspective du perdant. **Cette métaphore horizontale de la course, des positions *devant* ou *derrière* un concurrent et des modifications dans ces placements, se trouve au cœur même du « frame » de la course et donc de l'aspect dynamique des classements.**

> (17) Samsung **dépasse** Nokia et **talonne** Apple
>
> [...] Suite à une **progression fulgurante** sur le marché, le coréen atteint les 19,2 millions de smartphones vendus au 2ᵉ trimestre, et **se place donc entre** Apple (20,3 millions), et Nokia (16,7 millions). **Le combat pour la première place va donc faire rage** entre Samsung et Apple, le premier comptant sur la sortie de son Galaxy SII sur le marché nord-américain, tandis que l'autre **espère garder la tête** avec son futur iPhone 5 et la sortie de son iCloud, une solution de cloud computing pour mobile.[21]

Cet exemple illustre deux aspects intéressants : l'expression *talonner* pour « suivre de très près » – une métaphore anthropomorphique de la course à pied, qui a d'ailleurs aussi un équivalent « course cycliste » avec l'expression *sucer la roue*. Celle-ci se réfère à la technique de l'« aspiration » (voir Gabillon 2009) : comme les escadrilles d'oiseaux migrateurs alignés en V, les coureurs s'abritent du vent en profitant du sillage de celui qui roule en tête et qui fournit ainsi un effort qui profite à tout le groupe. L'idée de *sucer* se justifie donc d'une part par la proximité physique et de l'autre par l'idée de profit, voire de parasitage. En économie, cette métaphore s'applique par exemple aux entreprises qui copient les produits des autres.

---

21. Source : http://www.silicon.fr/samsung-depasse-nokia-et-talonne-apple-57662.html.

Le deuxième aspect important correspond au passage *Le combat pour la première place va donc faire rage entre Samsung et Apple*. Avec cette expression, nous en arrivons à un des domaines les plus importants et les plus riches de tout le « frame » des classements : c'est celui de la concurrence entre le premier, le leader, et ses concurrents. Et parmi ces concurrents, le plus important est bien évidemment son adversaire direct, le second ou poursuivant. Ce duel entre deux adversaires qui *se disputent la première place* attire invariablement l'attention des analystes, qu'ils soient journalistes économiques ou journalistes sportifs :

(18) Apple **perd sa place de première** capitalisation boursière **mondiale**
Le groupe informatique Apple, **maltraité** cette semaine par le marché qui craint un ralentissement de sa croissance, **a perdu**, ce vendredi, **sa place de première** capitalisation boursière **mondiale**, **retombant** à la clôture de Wall Street **derrière** le groupe pétrolier ExxonMobil.
Devant ExxonMobil en août 2011
[...] Apple **était passé** pour la première fois **devant** ExxonMobil en août 2011. Les deux groupes **avaient bataillé pour la première place** les mois suivants, Apple finissant par **l'emporter**.[22]

(19) GP 250 : Aoyama **plus près du titre que jamais**
Malmené depuis trois Grands Prix, Hiroshi Aoyama **a repris l'avantage** à l'occasion de l'avant-dernière épreuve de la saison. Le pilote Honda **s'est** en effet **brillamment imposé** sur le circuit de Sepang. Longtemps **devancé par** Jules Cluzel et Marco Simoncelli, Aoyama **a pris la tête** peu après la mi-course, et à la force du poignet **a réussi à semer ses adversaires**. Derrière, Jules Cluzel **s'est mis par terre**, tout comme Mike Di Meglio et Alvaro Bautista. Quant à Marco Simoncelli, il **a cédé sa deuxième place** sur la ligne d'arrivée à Hector Barbera.[23]

Côté métaphores, on ne s'étonnera pas de trouver ici tout l'inventaire du combat, voire de la guerre : *le combat va faire rage* (ex. 17), *batailler pour la première place* (ex. 18), *être maltraité* (ex. 18), *être malmené* (ex. 19), *se mettre par terre* (ex. 19). Repérons encore des expressions qui conceptualisent les changements de place comme des transferts de propriété plus ou moins volontaires : à commencer *prendre la tête* (ex. 19) ou *garder la tête* (ex. 17), *prendre la première place* (ex. 15), *perdre sa place de premier* (ex. 18), *reprendre l'avantage* (ex. 19), jusqu'à *céder sa place* (ex. 19) et *ravir la première place* (ex. 16). Ces exemples illustrent aussi deux expressions verbales très fréquentes équivalentes de *gagner/vaincre* :

---

22 Source : http://www.ouest-france.fr/ofdernmin_-Apple-perd-sa-place-de-premiere-capitalisation-boursiere-mondiale_6346-2157451-fils-tous_filDMA.Htm.
23 Source : http://www.motorevue.com/site/gp-250-aoyama-plus-pres-du-titre-que-jamais-44746.html.

l'emporter (ex. 18) et *s'imposer* (ex. 19) – la première correspondant à l'idée de transfert de propriété, et la deuxième à l'idée de lutte contre un adversaire, de conquête du pouvoir.

Enfin, nous terminerons cette contribution avec une référence à ceux qui, dans les classements, arrivent tout à fait à la fin : les derniers. Ils *arrivent en dernière position*, ils *se classent au dernier rang*, ils *sont relégués en queue de peloton*. Ils ont pourtant à leur avantage une très belle métaphore : celle de la *lanterne rouge*. C'est une image technique, « véhiculaire », puisqu'elle dérive de la signalisation imposée pour l'arrière des véhicules. Et nous en avons trouvé un très bel exemple, parfait pour clore ici notre collection et notre argumentation :

> (20) La filière porcine française **lanterne rouge européenne**
> Les bons résultats techniques des éleveurs de porcs français ne suffisent pas à compenser les insuffisances industrielles. **Pour** la compétitivité, la France **se classe au cinquième et dernier rang** des principaux producteurs de porcs en Europe selon une étude réalisée par l'Ifip (Institut technique du porc).[24]

6. Conclusion

Nous avons placé au centre de cette contribution ce que nous appelons la « **couche moyenne** » des langues de spécialité, et nous espérons avoir montré qu'il y a là tout un pan des langues de spécialité qui reste à découvrir et à décrire. Cette « couche moyenne » est moyenne de par son degré de spécialisation, puisqu'elle se situe à mi-chemin entre la terminologie propre à chaque spécialité et les moyens linguistiques généraux que les langues de spécialité empruntent au langage courant.

Il s'agit des moyens linguistiques non terminologiques qui, par leur fréquence et leurs emplois, sont caractéristiques de certaines langues de spécialité. Certaines seulement, à l'opposé du « style scientifique général » décrit par Forner (chap. 3). Et certaines au pluriel, car plusieurs spécialités se rejoignent très souvent dans leur préférence pour certains types ou groupes d'éléments syntaxiques et sémantiques. : ainsi, les expressions dénotant l'augmentation et la diminution de valeurs (chap. 4) sont caractéristiques du langage économique, mais elles se retrouvent également en sociologie et en démographie ; et leur métaphore de base, le graphique en courbe, correspond à une conceptualisation fondamentale du domaine économique. Quant aux moyens qui décrivent les classements et palmarès (chap. 5), ils rapprochent le langage économique et le langage sportif – avec toute

---

24 Source : http://www.ouest-france.fr/actu/AgricultureDet_-La-filiere-porcine-francaise-lanterne-rouge-europeenne_3640-2199699_actu.Htm.

une série de métaphores sportives qui sont reprises dans d'autres domaines. On pourrait étudier dans la même veine les expressions de la cause et de l'effet, non seulement dans le langage économique, mais aussi dans les langues des sciences naturelles et dans les langages techniques. Tous ces champs sémantiques ne sont pas la propriété exclusive d'une spécialité particulière, comme c'est le cas de la terminologie, mais leur richesse et leur fréquence dans les textes de certaines disciplines justifient leur inclusion dans ce que l'on pourrait appeler **les moyens d'expression typiques de certains faisceaux de spécialités**. Nous pensons qu'on ne peut décrire – et encore moins enseigner – les langues de spécialité sans tenir compte de ces préférences.

L'existence de cette « couche moyenne » invite par ailleurs à repenser la structure de la langue et de ses variantes, et à revoir la conception des langues de spécialité comme des systèmes distincts et étanches, pour la remplacer par une vision en termes de vases communicants, ou plutôt de paysages de montagnes où des pics de spécificité extrême, correspondant à des terminologies très pointues dans leur spécialisation, émergeraient de larges plateaux communs à plusieurs disciplines – donc la fameuse « couche moyenne » – le tout venant se fondre, à des niveaux plus bas, dans un fondement, une plaque tectonique, de langage général non spécialisé.

Références

Dominique, Philippe (1971) – « Vocabulaire boursier de la hausse et de la baisse », *La linguistique 7*, Paris : PUF, p. 55–72.

Forner, Werner (1985) – « Fachsprachliche Strukturen und ihre Didaktik », *Berufsorientierte Sprachausbildung an der Hochschule. Dokumentation der 14. Jahrestagung des Arbeitskreises der Sprachenzentren, Sprachlehrinstitute und Fremdspracheninstitute, Dortmund, 5.-6. Oktober 1984* (Nehm, Ulrich / Sprengel, Konrad / AKS-Clearingstelle, éds), Bochum : Ruhr-Universität, p. 204–230.

Forner, Werner (1988) – « Fachübergreifende Fachsprachenvermittlung: Gegenstand und methodische Analyse », *Fachsprachen in der Romania* (Forum für Fachsprachen-Forschung 8), (Kalverkämper, Hartwig, éd.), Tübingen : Gunter Narr, p. 194–217.

Forner, Werner (1994) – « Sinnstrukturen », *Fachsprachen und Fachkommunikation in Forschung, Lehre und beruflicher Praxis* (Schaeder, Burkhard, éd.), Essen : Die blaue Eule, p. 65–81.

Forner, Werner (1996) – « Au-delà des différences : L'invariance transculturelle de la variation linguistique », *Les enjeux de la communication interculturelle*.

Actes de la semaine européenne du 13 au 17 novembre 1995 (Schumacher, Alois, éd.), Créteil : CERE, p. 520-540.

Forner, Werner (1998) – *Fachsprachliche Aufbaugrammatik Französisch. Mit praktischen Übungen*, Wilhelmsfeld : Egert.

Forner, Werner (2000) – « Einige Vorurteile über Fachsprache », *Kanonbildung in der Romanistik und in den Nachbardisziplinen* (Dahmen, Wolfgang ; Holtus, Günter ; Kramer, Johannes ; Metzeltin, Michael ; Schweickhard, Wolfgang ; Winkelmann, Otto, éds), Tübingen : Gunter Narr, p. 321-362.

Forner, Werner (2006) – « Prinzipien der Funktionalstilistik. Les principes de la stylistique fonctionnelle », *Romanische Sprachgeschichte. Histoire linguistique de la Romania* (HSK 23.2) (Ernst, Gerhard et Gleßgen, Martin-Dietrich, éds), Berlin/New York : de Gruyter, p. 1907-1923.

Frame semantics (2013) – *Frame semantics*, Wikipedia, http://en.wikipedia.org/wiki/ Frame_semantics_(linguistics), consulté le 12/06/2013.

Gabillon, Roland (2009) – « Course cycliste, sport... d'entraide ? », *Cycle sud. Les chroniques cyclistes*, http://www.cyclesud.fr/chroniques/aspiration.html, consulté le 15/07/2013.

Hennet, Heidi et Gil, Alberto (1992) – « Kreative und konventionelle Metaphern in der spanischen Wirtschaftssprache der Tagespresse », *Lebende Sprachen* 37/1, Berlin : De Gruyter, p. 30-32.

Hoffmann, Lothar (^{2}1984) – *Kommunikationsmittel Fachsprache. Eine Einführung*, Berlin : Akademie.

Hübler, Axel (1989) – « On metaphors related to the stock market: Who lives by them? », *LAUD Papers* Series C, Paper N° 19, Duisburg : LAUD.

Jäkel, Olaf (1994) – « Wirtschaftswachstum oder Wir steigern das Bruttosozialprodukt: Quantitäts-Metaphern aus der Ökonomie-Domäne », *Unternehmenskommunikation. Linguistische Analysen und Beschreibungen* (Bungarten, Theo, éd.), Tostedt : Attikon, p. 84-101.

Jäkel, Olaf (2003) – *Wie Metaphern Wissen schaffen. Die kognitive Metapherntheorie und ihre Anwendung in Modell-Analysen der Diskursbereiche Geistestätigkeit, Wirtschaft, Wissenschaft und Religion* (Philologia. Sprachwissenschaftliche Forschungsergebnisse 59), Hamburg : Verlag Dr. Kovač.

Koller, Veronika (2004) – *Metaphor and gender in business media discourse. A critical cognitive study*, Houndmills, Basingstoke / New York : Palgrave McMillan.

Lakoff, George et Johnson, Mark (1980) – *Metaphors we live by*, Chicago (Ill.) : University of Chicago Press.

Lavric, Eva (1998) – « Quantitative Ausdrücke im Wirtschaftsfranzösischen », *Wirtschaftssprache : Anglistische, germanistische, romanistische und slawistische*

Beiträge. Gewidmet Peter Schifko zum 60. Geburtstag (Rainer, Franz / Stegu, Martin, éds), (Sprache im Kontext 6), Frankfurt/M. et al. : Peter Lang, p. 155-174.

Lavric, Eva (2000) – « Compte-rendu de Werner FORNER, *Fachsprachliche Aufbaugrammatik Französisch. Mit praktischen Übungen*, Wilhelmsfeld: Egert, 1998 », *Fachsprache* 22/1-2, Stuttgart : facultas, p. 89-91.

Lavric, Eva (2001) – « Expresiones cuantitativas en el lenguaje económico y en otras lenguas de especialidad », *Las lenguas de especialidad y su didáctica. Actas del Simposio Hispano-Austriaco* (Bargalló, María ; Fargas, Esther ; Garriga, Cecilio ; Rubio, Ana ; Schnitzer, Johannes, éds), Tarragona : Universitat Rovira i Virgili, Departament de Filologies Romàniques, p. 221-234.

Lavric, Eva (2016) – « Les 'fautes de spécialité' », *Manuel des langues de spécialité* (Forner, Werner et Thörle, Britta, éds), (Manuals of Romance Linguistics 12), Berlin : Walter de Gruyter, p. 343-358.

Lavric, Eva / Weidacher, Josef (1998) – « Subir, bajar, y más cosas por el estilo », *El lenguaje económico. Lengua de especialidad, comunicación, programas. Language of economics. LSP, communication, programme. Wirtschaftssprache. Fachsprachen, Kommunikation, Programme. Simposium internacional* (Padilla Gálvez, Jesús, éd.), Linz : Trauner, p. 77-104.

Lavric, Eva / Weidacher, Josef (2014) – « Heidi Siller-Runggaldier, 'Sempre in testa e con un notevole distacco'! Rankings in der italienischen Sportsprache », *Dall'architettura della lingua italiana all'architettura linguistica dell'Italia. Saggi in omaggio a Heidi Siller-Runggaldier* (Danler, Paul et Konecny, Christine, éds), Frankfurt/M. : Peter Lang, p. 451-471.

Lavric, Eva / Weidacher, Josef (2015a) – « A la cabeza – a la cola' : Rankings in der spanischen und italienischen Wirtschaftssprache », *Comparatio delectat II. Akten der VII. Internationalen Arbeitstagung zum romanisch-deutschen und innerromanischen Sprachvergleich, Innsbruck, 6.-8. September 2012* (Lavric, Eva / Pöckl, Wolfgang, éds), (InnTrans 7), Frankfurt/M. et al. : Peter Lang, p. 223-256.

Lavric, Eva / Weidacher, Josef (†) (2015b) – « Spanische Sport-Rankings », *Argumenta. Festschrift für Manfred Kienpointner zum 60. Geburtstag* (Anreiter, Peter ; Mairhofer, Elisabeth ; Posch, Claudia, éds), Wien : Praesens, p. 233-248.

Lavric, Eva / Weidacher, Josef (†) (2017) – « Rankings in sports discourse and their metaphors », *The discourse of sport: Analyses from social linguistics* (Caldwell, David ; Walsh, John ; Vine, Elaine W. ; Jureidini, Jon, éds), (Routledge Studies in Sociolinguistics), London : Routledge, p. 150-170.

Lavric, Eva / Weidacher, Josef (sous presse) – « Französische Rankings in Sport und Wirtschaft – Wettlauf real und als Metapher », *Sprache und Mobilität. Akten des Workshops auf der 40. Österreichischen Linguistiktagung, Salzburg, 22.-24. November 2013* (Calderón, Marietta et Chamson, Emil, éds).

Phal, André (1968) – « De la langue quotidienne à la langue des sciences et des techniques », *Le français dans le monde* 61, Paris : Maison des Langues, p. 7–11.

Richardt, Susanne (2005) – *Metaphor in languages for special purposes* (Europäische Hochschulschriften, R. 14, Bd. 413), Frankfurt/M. et al. : Peter Lang.

Schifko, Peter (1992) – « Dynamische Metapher und metaphorische Dynamik », *Texte, Sätze, Wörter und Moneme. Festschrift für Klaus Heger zum 65. Geburtstag* (Anschütz, Susanne R., éd.), Heidelberg : Heidelberger Orientverlag, p. 551–569.

Schmitt, Christian (1988) – « Gemeinsprache und Fachsprache im heutigen Französisch. Formen und Funktionen der Metaphorik in wirtschaftsfachsprachlichen Texten », *Fachsprachen in der Romania* (Kalverkämper, Hartwig, éd.), (Forum für Fachsprachen-Forschung 8), Tübingen : Gunter Narr, p. 113–129.

Vergnaud, Gérard (1981) – « Quelques orientations théoriques et méthodologiques des recherches françaises en didactique des mathématiques », *Recherche en didactique des mathématiques* 2/2, Grenoble : La pensée sauvage, p. 215–232.

Wilde, Ursula (1994) – *Fachsprachliche syntaktische Strukturen in der französischen Anzeigenwerbung*, Frankfurt/M. et al. : Peter Lang.

Sonia BERBINSKI

Université de Bucarest

Marqueurs de l'approximation et discours de l'environnement : en-deçà et au-delà des termes

Abstract: With clarity and conciseness as its main features, the specialized discourse, in this case focused on the environment, tries to avoid, as much as possible, imprecision and ambiguity. When approximation is used in this type of discourse, it has well-established roles to play: above all, it signals intervals of variables related to a unit of measurement or a financial index which involves reaching a lower or a higher target.

Whether it is an official document or an educational one, a popularization document (journalistic language dealing with ecology, economic-financial comments in the field of the environment, discussion forums on topics in this field), the approximation marks are more or less frequent. The approximation markers can take a wide range of forms, from the actual quantifiers to units of discourse which are semantically quantitative or evaluative.

Keywords: *approximation, context, quantifiers, specialized discourse*

1. Introduction

Le langage[1] de l'écologie, de la protection de l'environnement, du recyclage représente un cas particulier de discours spécialisé dans le domaine de l'environnement (dont procèdent aussi : le langage de l'économie de l'environnement, le langage des contrats et politiques environnementales, le langage de la *négociation*

---

1 Nous comprenons le terme « langage » dans le sens de Gérard Cornu (2005) – pour l'essentiel donc, en tant que forme raccourcie de : *langage spécialisé* qui constitue une composante de la langue. Le langage spécialisé « ne s'oppose pas à la langue française ; il la met en œuvre ; il en est l'exercice » (2005 : 316). Il ne s'agit pas, par conséquent d'une « langue » qui fonctionne en parallèle à la langue commune, mais d'une manière d'utiliser une terminologie et une phraséologie spécifiques à un certain domaine, en se servant, dans la production discursive, d'éléments constitutifs de la langue générale. On attribue des sens spécialisés à des termes utilisés aussi en langue générale (ou : commune), en vertu du fait que « dans la langue commune, certains langages sont précisément et nécessairement communs à toutes les disciplines, à toutes les sciences, à toutes les techniques (..) » (*ibid.*, p. 317).

écologique, le langage de la *lutte pour* la protection de l'environnement, etc.). Ces divers sous-domaines[2] et les langages qui en relèvent ne sont pas isolés des autres domaines de la connaissance : ils peuvent au contraire, à l'occasion, en caractériser certains aspects. La terminologie financière est très bien représentée dans le discours sur l'environnement, mais on retrouve également une riche terminologie de l'environnement dans le discours juridique, administratif, sociologique, économique, ainsi d'ailleurs que dans la langue courante, même s'il s'agit d'une forme vulgarisée. Ainsi, il est naturel de rencontrer, dans un discours sur l'environnement, des termes spécifiques comme *changement climatique, pollution, espèces menacées, planète verte, écologistes,* etc. à côté de termes qui apparemment appartiennent à un autre domaine comme *croissances, réduction, décalage, justice environnementale, exportation de déchets toxiques, métabolisme social, passif environnemental, dette écologique, soutenabilité, développement durable, hydrocarbures, carbone, écologie linguistique,* etc. Cette interférence terminologique entre les divers domaines (qui atteste de la vocation interdisciplinaire des thématiques environnementales) souligne la nécessité de connaissances disciplinaires très diversifiées pour la définition des concepts de spécialité et dans le décodage des termes « relevant de domaines scientifiques, techniques, sociaux et économiques. » (L'Homme 2016 : 2), mais aussi le rôle essentiel des connaissances de nature à proprement parler linguistique, pour pouvoir analyser le fonctionnement dans le discours de ces termes et de ces concepts.

En tant que discours qui suit en grande partie la structure du discours général, celui portant sur l'environnement (protection de l'environnement, écologie, recyclage, etc.) se soumettra aux mêmes lois de construction, actualisant un fonctionnement qui ne peut être séparé de celui de la langue générale (Humbley 1997, Lerat 1995, 1997, Desmet 1998, Cornu 2000, 2005, González Rey 2009). De très justes précisions terminologiques sur l'encadrement conceptuel des usages différents de l'usage commun ont été faites par Anca-Marina Velicu qui envisage

---

2 Sans nous proposer d'approfondir le sujet concernant la définition du terme « domaine », nous retenons pourtant la remarque faite par Anca-Marina Velicu à la suite de la lecture de notre article. Elle précise que, « techniquement parlant, la classification en domaines/sous-domaines/sous-sous-domaines apparaît dans la plupart des ontologies explicites (thésaurus, semantic nets tel WorldNet) ou implicites (sites de présentation d'instituts de recherche ou de facultés d'écologie et/ou de sciences de l'environnement). Ces relations ne sont pourtant pas très claires dans la pratique sociale ni dans la littérature entre écologie (science) d'une part, et sciences de l'environnement, de l'autre ». Nous remercions notre collègue pour ces éclairages qui mériteraient une attention particulière, mais notre article ne se propose pas de débattre sur ce sujet.

« les **langues de spécialité(s)** de manière prioritaire (sinon prépondérante) sous l'éclairage de leurs actualisations dans les **discours spécialisés**, en tant qu'*usages* **spécialisés de la langue commune**, selon les divers domaines de savoir/ d'activité » (2012 : 80). Nous n'insisterons pas sur ce sujet.

S'il est possible de parler d'une terminologie propre à tel ou tel domaine d'expérience, on ne parlera pas vraiment d'une linguistique (morphosyntaxe, énonciation, sémantique, pragmatique) radicalement différente de celle de l'usage général. La différence spécifique par rapport à ce dernier réside dans l'important taux de transversalité domaniale, entraînant, dans l'identification, la définition et l'analyse des concepts caractéristiques à un certain domaine, des informations et des outils d'analyse multifactoriels et pluridisciplinaires. À cela s'ajoute la projection du discours de spécialité sur un public graduellement organisé, obligeant de cette façon à une bonne sélection des textes supports. En fonction de attentes du public, on sélectionnera des supports à forte charge didactiques (dans un contexte de formation), des supports spécialisés destinés strictement aux professionnels dans un domaine précis, des supports et des outils de recherche destinés aux chercheurs de divers domaines, connaissant des degrés divers de spécialisation, ainsi que des supports de vulgarisation pour le grand public.

Ce qui est pourtant caractéristique, c'est la simplification au niveau du lexique général (vu la tendance de la langue de spécialité à une super-spécification lexicale, afin d'éviter tout ambiguïté sémantico-lexicale), au niveau de la morphologie et de la syntaxe (réductions de l'emploi des modes et des temps verbaux, manifestant une préférence pour le présent, passé composé et futur ; le mode principal d'utilisation est l'indicatif et moins fréquemment le conditionnel et le subjonctif ; préférence pour la voix passive). La phrase est adaptée au type de discours (explicatif, descriptif, justificatif, argumentatif, etc.). Le débrayage de la phrase par le dérobement de la personne derrière un *on* ou un *nous d'auteur* (Achard 1993 : 101 ; Ihle-Schmidt 1983 : 22), l'absence presque totale des marques de subjectivité, l'affaiblissement des modalités axiologiques ont pour rôle d'« éviter l'ambiguïté et à chercher la monosémie, la concision et l'économie linguistique » (Ihle-Schmidt 1983 : 22–24).

La composante la plus spécialisée dans ces discours (qui nous permettrait de parler d'un langage de spécialité) revient aux vocabulaires – devenus des instruments opaques ou opacifiables, compréhensibles le plus souvent pour un public restreint, à zones d'intérêt très structurées. En nous extrapolant les avis de Cornu (2000 : 20) à propos du langage de droit, on dira qu'un langage de spécialité, appartenant à n'importe quel domaine, existe « parce qu'il n'est pas compris ». Ce trait rend important, dans l'approche du texte/discours de spécialité, la modalité d'accéder au sens des supports terminologiques, car, pour éviter toute ambiguïté, il faut prendre en considération tant la spécificité terminologique que l'environnement des termes. C'est justement ce que nous nous proposons de prendre en considération dans notre article. Nous sommes intéressée à saisir le fonctionnement de certains indices de l'approximation à l'intérieur des discours qui ont pour objet l'environnement et ses problèmes.

Lieu de la clarté et de la concision, le discours de spécialité, en l'occurrence le discours portant sur l'environnement, devrait éviter, autant que possible, l'imprécis, l'indétermination et le flou. Pourtant, l'approximation n'est absente dans ce type de discours ni dans le contenu, ni dans la forme. Il ne s'agit pas tout de même de nous occuper ici de l'approximation en tant que données erronées, même si le phénomène n'est pas exclu des textes traitant de ce domaine. Nous allons suivre la manière dont certains marqueurs de l'approximation (vue comme phénomène qui marque les écarts par rapport à une norme, à un point de référence ou à un prototype) se manifestent dans un texte de spécialité centré sur le discours environnemental. Il est à remarquer que l'apparition de l'approximation dans un texte de spécialité a des rôles bien établis, marquant surtout des intervalles de variables qui tournent autour d'une unité de mesure ou d'un indice financier supposant une limite à atteindre en plus ou en moins.

Notre analyse portera sur le roumain, et nous voulons comparer les observations que nous avons faites sur le français (Berbinski 2017 : 112) dans le domaine économique, et vérifier pour le domaine de l'environnement aussi l'hypothèse d'une plus grande fréquence des marques d'approximation dans les textes de vulgarisation (la presse généraliste portant sur l'environnement, commentaires, polémiques écologiques, forums de discussion sur des sujets appartenant à ce domaine) et d'une moindre fréquence dans les textes de lois, dans des livres de spécialité – hypothèse validée pour le français économico-financière.

L'article se propose également d'identifier les types de marqueurs d'approximation apparaissant dans les textes portant sur l'environnement, essayant de faire une classification en fonction des catégories grammaticales ouvertes à cette opération ainsi que de quelques particularités sémantico-pragmatiques. Nous allons parler, en conséquence, de l'environnement des termes d'environnement, c'est-à-dire de ces unités linguistiques qui, sans relever elles-mêmes des terminologies, aident à la conceptualisation (c'est-à-dire : compréhension[3]) des termes

---

3   J'emploie ici « conceptualisation des termes » dans un sens tout à fait intuitif : retrouver les concepts derrière les termes du texte (ou du corpus) et retrouver les relations entre concepts derrière les relations sémantiques lexicales entre ces termes. De fait, c'est là aussi l'acception de ce syntagme pour les concepteurs d'ontologies et autres bases de connaissances….

les plus spécialisés (et donc les plus difficiles d'accès), tout en contribuant à la terminologisation[4] (le terme complexe de *développement durable* en est un excellent exemple[5]) et à la constitution d'un discours qui *deviendra* « de spécialité » par une appropriation particulière des unités de la langue générale. Il s'agit de ces moyens linguistiques utiles pour articuler et à rendre cohérent un discours assez opaque à un non-spécialiste, ne serait-ce que par l'abondance des mots qui ne font pas partie du fonds usuel de communication verbale, appartenant à une « couche moyenne des discours de spécialité » (Lavric, dans ce volume).

2. L'approximation – lieu de l'imprécis, de l'indéterminé, de l'incertain

L'approximation est un phénomène logico-sémantique et pragmatico-discursif de frontière, en souffrance de limite. Dans le processus de production/interprétation, elle suit un mécanisme qui suppose un mouvement de rapprochement ou d'écart par rapport à une limite explicite ou implicite, une tension entre une valeur posée et la valeur réelle de l'élément considéré, un écart par rapport à une norme, à un prototype. L'approximation reste dans le domaine du « aspirer à/ vers », du « tourner autour », sans jamais parvenir à « atteindre le », « être exact/ précis », ou « s'identifier » au point de référence en atteinte de satisfaction.

Si dans la logique et les sciences exactes les concepts de précis/imprécis / vs/ exactitude/inexactitude sont rigoureusement délimités, ces domaines étant soumis à un calcul quantifiable numériquement et/ou à une validation vériconditionnelle, dans le langage courant et même dans des langages de spécialité normatifs non-numériques, le jeu des combinaisons de ces notions peut contribuer à la découverte et à l'explication de certaines approximations produites par les usagers d'une langue. En fonction du degré de déviation /écartement d'une unité posée par rapport à l'axe de référence représentant des valeurs précises, exactes ou normatives, on arrive à identifier une approximation imprécise caractérisée par « un manque de fidélité de l'expérience » (Adler&Asnes 2014 : 27) et une

---

4 Procédé de création de termes dans un langage de spécialité, à partir de mots du lexique commun.
5 Où l'adjectif *durable* implique une quantification temporelle approximative de type GRAND « durer longtemps ») que le verbe *durer* ne comporte pas, du moins dans son sens premier ; à cette approximation quantitative scalaire s'ajoute la qualification modale en suspension d'existence (le possible aléthique jouant alors comme seconde approximation).

approximation inexacte ou d'exactitude relative consistant en une « déviation par rapport à une valeur vraie ou admise » *(ibid.)*.

L'imprécis langagier n'agit pas seulement au niveau de la quantification numérique. Il se manifeste sous diverses formes à tous les niveaux du langage et caractérise les prédicats dont « les conditions de vérité ne sont que partiellement remplies, mais [ils valent] par les inférences qu'on en tire » (R. Martin, 1987b : 171).

Apparaissant à la fois « imprécis et incertain » (Bouchon-Meunier 1993 : 3), le monde réel est descriptible en termes « d'appartenance partielle à une classe[6] de catégorie aux limites mal définies, de gradualité dans le passage d'une situation à une autre [...] admettant des situations intermédiaires entre tout et rien » *(ibid.,* p. 5).

Comparativement au langage général, commun, le langage de spécialité a un moindre degré de subjectivité et la conformité normative ou l'identification à un prototype est plus vite et plus exactement vérifiable que dans le cas du premier. C'est d'ailleurs la raison pour laquelle dans ces domaines on parle de standardisation, de normalisation et des marges admissibles de déviation, de dérogations. C'est à ce niveau d'appréciation qu'il faut analyser l'approximation dans le domaine du discours sur l'environnement.

Les effets de l'imprécis dans le discours sur l'environnement s'installent à plusieurs niveaux de description linguistique du domaine :

- dans les notions à frontières indéterminables et mal définies en l'absence d'une quantification numérique (1) ;
- dans la classification des éléments à frontières mal définies : *une sorte de X, une façon de, une espèce de* (2) ;
- dans les quantificateurs flous marquant l'indétermination qualitative et quantitative : *en général, dans la plupart des cas, le plus souvent, au-delà de, jusqu'à,* etc. (3) ;
- dans l'appréciation des mesures, des valeurs, des statistiques : *entre 10 et 15 mètres, une trentaine d'années, 90 kilos environ...90% des cas* (4) ;
- dans les notions polarisables, pouvant être modifiées par un approximateur : *presque recyclé, à peu près dépourvu d'agents nocifs* (5) ;
- dans des situations « soumises à des incertitudes » (Bouchon-Meunier 1993 : 6), justifiables au niveau logique par la théorie des possibilités (Zadeh 1978) : *très/ peu/plus ou moins probable, très/peu vrai,* etc. (6)

---

6 Concept sur lequel Zadeh (1978) construit la logique des sous-ensembles flous et la théorie des possibilités.

(1) grande croissance de la pollution, réduction des (gaz à) effets de serre[7], dérogation admise, développement durable, etc.
(2) En fait on pourrait construire **une sorte de** cuve fermée dans laquelle seraient incinérés les déchets (https://forums.futura-sciences.com/environnement-developpement-durable-ecologie/413402-pollution-gaz-transports-etc.html).
(3) Au-delà des arguments écologiques, les Alchimistes veulent changer notre rapport aux déchets. « *Tant que la poubelle sera une boîte noire, il sera difficile de se responsabiliser* » (https://www.18h39.fr/articles/collecter-les-dechets-a-velo-et-faire-du-compost-en-plein-paris-une-revolution.html)
(4) Par sa politique de maîtrise foncière (achat des terrains d'exploitation), elle fait œuvre de remembrement des sols (environ 100 parcelles remembrées) (https://www.agregats-gravier-sable-herault.com/ecologie-et-environnement.html/)
(5) Grâce à nos divers programmes de recyclage, nous vous aiderons à trouver une solution pour presque tous vos déchets (https://www.terracycle.fr/fr-FR/about-terracycle/recycle_your_waste).
(6) Un recyclage très partiel (...) il n'existe pas encore de smartphone totalement équitable et durable. (https://reporterre.net/On-a-trouve-un-smartphone-ecolo-enfin-presque)

Le langage de l'environnement réduit beaucoup la diversité d'expression de l'imprécis, à la faveur notamment de l'approximation quantitative, de préférence numérique. Or, le chiffre en soi n'a pas la qualité d'être approximatif. Il est pris en charge par des éléments de son contexte linguistique (connecteurs discursifs, opérateurs sémantiques) pour relativiser les unités exprimant apparemment la précision.

3. Corpus

Dans le choix de notre corpus, nous avons pris en considération d'une part le critère thématique, en procédant à la sélection des textes appartenant au domaine

---

7 Nous remercions encore une fois Madame Anca-Marina Velicu pour sa lecture très attentive et pour les précisions qu'elle a apportées à certains termes que nous avons utilisés dans notre article. Aussi reprenons-nous les explications qu'elle nous a suggérées. Le terme *réduction des effets de serre* est une collocation spécialisée (elle a aussi une forme verbale : *réduire les effets de serre*), le terme complexe, ici, étant *effet de serre*. Ce terme est incorporé à un autre terme, encore plus complexe (et donc plus spécifique) : *gaz à effet de serre*. La collocation la plus fréquente n'est pas : *réduction des effets de serre*, mais : *réduction des gaz à effets de serre* (conceptualisation (= représentation conceptuelle en-deçà de la langue) plus spécifique, plus précise). Le terme de *réduction* est en soi approximatif (on ne précise pas à quelle hauteur les gaz seront réduits).

de l'environnement et, d'autre part, le critère logico-discursif, en nous proposant l'identification de certains approximateurs, surtout de nature prépositionnelle ou adverbiale. Les textes constitutifs du corpus ont une source de production différente :

(7) a. **Textes officiels** : lois, règlementations, arrêts, décisions, etc.[8]
b. **Textes scientifiques** : articles, manuels, traités[9]
c. **Textes de presse de vulgarisation**[10]

La dépouille automatique que nous avons entreprise a visé l'identification de certains opérateurs d'approximation pour saisir leur comportement discursifs, mais aussi pour vérifier la fréquence de ce type de marqueurs dans des textes de divers styles. Nous nous sommes arrêtée sur les approximateurs suivants pour en mesurer la fréquence : *aproape* (fr. près de, presque, à peu près), *aproximativ* (fr. approximativement), *cam* (fr. à peu près, presque, environ…), *cât de cât* (fr. tant soit peu, dans une certaine mesure), *circa, cel puțin* (fr. au moins), *dincolo de* (fr. au-delà de), *în jur de* (fr. environ, à peu près, autour de), *în jurul* (fr. environ, aux alentours de, aux environs de), *mult/mai mult/mai multe* (fr. beaucoup/plus, plusieurs), *mai mult sau mai puțin* (fr. plus ou moins, à peu près), *prea* (fr. trop), *peste* (fr. au-delà de), *pe cât posibil* (fr. autant que possible),

---

8 *Directiva nr. 91/271/CEE* privind epurarea apelor uzate modificată prin Directiva nr. 98/15/CE; **Directiva Consiliului**, din 21 mai 1991, privind tratarea apelor urbane reziduale, (91/271/CEE); *Directiva 2000/76/CE a Parlamentului european și a Consiliului, din 4 decembrie 2000*, privind incinerarea deșeurilor *Jurnalul Oficial al Comunităților Europene* 28.12.2000; *Directiva 2009/30/CE a Parlamentului european și a Consiliului* din 23 aprilie 2009 de modificare a Directivei 98/70/CE în ceea ce privește specificațiile pentru benzine și motorine, de introducere a unui mecanism de monitorizare și reducere a emisiilor de gaze cu efect de seră și de modificare a Directivei 1999/32/CE a Consiliului în ceea ce privește specificațiile pentru carburanții folosiți de navele de navigație interioară și de abrogare a Directivei 93/12/CEE ; *Directiva 1999/32/CE a Consiliului* din 26 aprilie 1999 privind reducerea conținutului de sulf din anumiți combustibili lichizi și de modificare a Directivei 93/12/CEE.
9 Constantin Munteanu, Mioara Dumitrascu, Alexandru Iliuță, 2011, *Ecologie și protecția calității mediului*, Editura Balneara ; Ruxandra-Madalina Petrescu-Mag, 2011, *Protecția mediului în contextul dezvoltării durabile. Legislație și instituții*, Editura Bioflux, Cluj-Napoca ; Gabriel Burlacu, Constantin Silinescu, Vasilica Dăescu, Daniela Florea, 2003, *Mediul înconjurător. Termeni și expresii uzuale* Editura Paideia, București.
10 https://www.ecomagazin.ro/premiera-romania-casa-stonehemp/pages,www.rador.ro, https://lege5.ro/Gratuit/ge2dkojxgazq/ordinul-nr-2525-2016-privind-constituirea-catalogului-national-al-padurilor-virgine-si-cvasivirgine-din-romania, etc.

pe lângă (fr. auprès de, en plus, outre), *cvasi* (fr. quasi), *relativ* (fr. relativement), *un gen de/un soi de/un fel de* (fr. une sorte de/un genre de/une façon de).

Les résultats obtenus ont confirmé dans la plupart des cas notre hypothèse de départ. La très faible fréquence des approximateurs (Tableau 1) dans les Directives analysées prouve le souci de précision et de clarté que le texte officiel, législatif, doit se faire. On remarque l'absence absolue de certains approximateurs, surtout des « arrondisseurs » (dans le sens de Mihatch 2010, Price&alli 1985), pour faire pourtant une place à des marqueurs limitatifs, surtout inchoatifs (*cel puțin* >fr. au moins) ou à des atténuateurs construits sur le possible (*pe cât posibil* >fr. autant que possible, aussi proche que possible), (*în măsura posibilului* >fr. dans la mesure du possible), (*dacă e posibil* >fr. si possible, etc.). En comparant la Directive roumaine avec le texte correspondant législativement de la loi française, nous avons pu constater une certaine parité d'emploi des approximateurs, le français mettant plus d'accent sur l'emploi de *au-delà de, près* de.

Dans la présentation des rapports[11] par le Ministère de l'environnement et des forêts, l'imprécis, est plus grand et les marqueurs utilisés sont plus variés dans le texte roumain que dans le texte (rapport) français[12]. Cela laisse la possibilité aux interprétations des résultats de manière à couvrir peut-être des irrégularités institutionnelles.

---

11 *Raport de activitate al Ministerului Mediului și Pădurilor* pentru anul 2012 (Rapport d'activité du Ministère de l'Environnement et des forêts pour l'année 2012).
12 Rapport 2015 sur les mouvements transfrontaliers de déchets dans le cadre de la Convention de Bâle et du règlement (CE) n° 1013/2006 du Parlement européen et du Conseil ; Rapport d'activité du Ministère de l'Écologie, de l'Énergie, du Développement durable et de la Mer, en charge des Technologies vertes et des Négociations sur le climat.

	Directiva nr. 91/271/ CEE privind epurarea apelor uzate modificată prin Directiva nr. 8/15/CE;	Directiva 2000/76/CE a Parlamentului european și a Consiliului, din 4 decembrie 2000	Directiva 2009/30/CE a Parlamentului european și a Consiliului din 23 aprilie 2009	Directiva 1999/32/CE a Consiliului din 26 aprilie 1999	Directiva Consiliului, din 21 mai 1991 privind tratarea apelor urbane reziduale	Raport de activitate al Ministerului Mediului și Pădurilor pentru anul 2012
aproape	0	0	0	0	0	1
aproximativ	0	0	1	0	0	5
circa	0	0	0	0	0	5
lângă	0	0	0	0	0	0
dincolo de	0	0	0	0	0	0
peste	2	0	0	0	0	8
relativ	0	0	0	0	0	0
mai mult	11	11	12	4	6	6
mai mult sau mai puțin	0	0	0	0	0	0
un gen de/ un fel de/un soi de	0	0	0	0	0	0
până la	24	21	27	7	0	27
cam	0	0	0	0	0	0
prea	0	0	0	0	0	0
cât de cât	0	0	0	0	0	0
în jur de	0	0	0	0	0	0
în jurul	0	0	0	0	0	0
posibil (pe cât posibil, în măsura posibilului)	1	18	11	7	6	4
cel puțin	11	26	10	6	9	3

Les textes de recherche scientifique ou les ouvrages didactiques dans le domaine de l'environnement connaissent une plus grande ouverture vers l'emploi des approximateurs, se détachant pourtant l'opérateur *mai mult, mai multe*, utilisé comme modifieur d'élément nominal et occupant ainsi le rôle de déterminant doublé par celui de quantifieur, ou bien dans un emploi numérique où il joue le rôle d'alternative quantitative (*X sau mai multe* (fr. X ou plusieurs) où X = numéral). Les traces du discours général sont plus visibles et plus facilement identifiables. Ainsi, dans les deux monographies du corpus à l'étude (Munteanu *et al.* 2011 et Petrescu-Mag 2011 – voir (7b) et note y afférente), on a repéré (sur 400 pages) :

(8) a. *aproape* – 10 occurrence
 b. *în jur de* -20 occurrences
 c. *aproximativ* – 30 occurrences
 d. *peste* – 40 occurrences
 e. *mai mult, e ; X sau mai multe* (fr. X (= numéral) ou plusieurs) – 105 occurrences
 f. *cel puțin* – 32 occurrences

Etant plutôt des ouvrages d'initiation au domaine de l'environnement, de l'écologie, du développement durable et de leurs lois, destinés à de futurs spécialistes, voire au public large (objectif de vulgarisation du savoir), ces deux monographies se servent davantage des éléments de la langue générale pour pouvoir mieux expliquer les concepts très spécifiques, afin d'éclairer la terminologie pour un public plus diversifié.

Les textes de vulgarisation et la presse portant sur le domaine sont plus riches en termes d'approximation, faisant ainsi place à une plus grande subjectivité dans l'appréciation des phénomènes. Pourtant, s'agissant des langages assez formels, à la recherche de précision et de clarté, les opérateurs d'approximation se combinent surtout avec des chiffres désignant les pourcentages, les chiffres entiers ou des unités de discours se référant plus explicitement à une limite à atteindre ou à une limite de départ. Leur interprétation dans le contexte dépend de l'environnement linguistique. Les sélections seront faites dans le champ des unités qui se rapportent à l'inégalité, à la ressemblance, à l'insatisfaction d'une limite (qui est tenue pour référence ou étalon dans une structure numérique). Cet « environnement des termes » a rapport tant au « langage général », non-spécialisé, qu'au langage spécifique aux domaines analysés. Cet usage du langage résulte de la spécification dans l'environnement linguistique, sans pour autant considérer que tout ce qui figure dans ce type de discours est de la terminologie pure.

4. Sous le signe de l'approximation durable

Plus qu'un discours économico-financier où l'apparition de l'approximation est menacée par l'exactitude des chiffres nécessaires à une juste représentation de la situation de l'économie, le discours sur l'environnement, le développement durable, l'écologie se permet plus de libertés, car il recueille les éléments exprimant l'imprécis dans tous les domaines d'interface : l'économie de l'environnement, le droit de l'environnement, la biologie, la climatologie, l'administration territoriale, la physique, la chimie, etc. Raison pour laquelle, au niveau du langage de dissémination des informations et des recherches spécifiques à ce domaine essentiel de la société, les termes déclencheurs de l'approximation ont une fréquence et une existence durable, mais ils sont moins diversifiés que dans le langage général. Dans la plupart des cas, ces opérateurs sont dépendants de l'environnement d'un chiffre sur lequel ils portent et qu'ils relativisent.

L'expression de l'imprécis, de l'indétermination, de l'appartenance et de la ressemblance dans la presse économique, financière, juridique, écologique (bref, de vulgarisation scientifique) est marquée par des approximateurs se chargeant de diverses valeurs sémantico-discursives :

- des arrondisseurs : *în jur de, aproape, aproximativ, circa, în jurul a, în mare, cvasi, către*+numéral + espace/temps, *cam*, dont l'équivalent français serait, en fonction de contexte, *autour de, environ, circa, aux alentours, à peu près, approximativement, environ, dans les, vers, autour de, plus ou moins, peu ou prou, aux alentours de, aux environs de, presque, en gros, grosso modo, grossièrement, quasi, quasiment etc.*
- des limitateurs (Adler&Asnes 2008)/extenseurs : *înainte de..., nu chiar, pâna la, dincolo de, peste, nu departe de, puțin mai mult/puțin, mai sus de, mai jos de, sub*+chiffre, *între...și, de la...pâna la, cel puțin, cel mult* correspondant grosso modo et dans divers contextes au français *pas tout à fait, avant de...jusqu'à, au-delà ; pas loin de, un peu plus, au-dessus de, au-dessous de, entre...et, etc.*
- des écarteurs/dilatateur : *pe lângă, aproape de, în apropiere de, mai degrabă, începând cu, de la, pe la, spre...* entrant dans la classe des termes français *près de, auprès de, proche de, approchant, plutôt, à partir, depuis....etc.*

Le critère permettant cette première classification est représenté par la manière dans laquelle ces marqueurs se rapportent à la limite à atteindre (en plus ou en moins). Leur mouvement peut adhérer à la limite sans jamais l'atteindre (les écarteurs/dilatateurs), peuvent situer l'élément modifié juste avant la limite ou immédiatement après cet élément de référence (les limitateurs/extenseurs) ou encore peuvent pivoter autour de la limite, marquant la norme de référence.

Dans le discours sur l'environnement, comme d'ailleurs dans la majorité des discours spécialisés, la fréquence la plus grande revient aux approximateurs exprimant la quantification numérique explicite ou implicite. Par rapport au langage général, le langage de spécialité se sert d'un nombre plus réduit de marqueurs, manifestant une préférence pour les arrondisseurs *aproximativ, în jur de, circa, cvasi,* pour les limitateurs *peste* + notion de limite, *cel puțin* + limité inférieure, *cel mult*+ limite supérieure, *între...și, de la...până la, cu X% mai mult/mai puțin.*

Au niveau explicite, un assez grand nombre de marqueurs d'approximation sont construits autour des adverbes *mult, puțin,* (fr. beaucoup, peu) ou des adjectifs indéfinis (flexionnaires) *mult, /puțin* (+N), transposables en français par

la structure qui inclut obligatoirement un déterminant indéfini *beaucoup de, peu de*.
En fonction du degré d'approximation/quantification réalisé sur l'échelle des réalités évaluées, on peut classifier ces quantifieurs comme il suit :

- marqueurs de haut degré : *mult, multă, mulți, multe* (fr. beaucoup) ; *atât, atâta, atâți, atâtea* (fr. tant) ;
- marqueurs de faible degré : *puțin, puțină, puțini, puține* (fr. peu/un peu) ;
- marqueurs de quantité suffisante : *destul, destulă, destui, destule* (fr. assez) ;
- marqueurs de quantité imprécise : *mai mult, ă/mulți/multe, mai puțin, ă/puțini/ puține, mai mult sau mai puțin, mai multă sau mai puțină, mai mulți sau mai puțini, mai multe sau mai puține*.

Par rapport au français où les quantifieurs adverbiaux modifiant un nom ont besoin d'un déterminant nominal obligatoire (l'article « de »), en roumain les adjectifs indéfinis glissent dans la place du déterminant et s'attachent directement, non-intermédié, au nom. Ce sont des formes flexionnaires qui s'accordent en genre, nombre et cas avec le déterminé.

Le quantifieur *mult, multă, mulți, multe* ainsi que *atât, atâta, atâți, atâtea* scalarise le nom, en le plaçant en haut de l'échelle, pour désigner la haute approximation référentielle. L'approximation est ainsi le résultat de l'action de cet opérateur dans un intervalle de référence défini par le sens du nom et non pas par rapport à une limite externe, indentifiable explicitement.

Au niveau implicite, la quantification numérique est déclenchée par des marqueurs qui, sémantiquement, désignent une valeur supérieure ou inférieure à une limite fixée ou présumée. Nous avons plutôt affaire dans cette catégorie à des unités verbales ou nominales évaluatives comme les nominaux : *creșterea* (fr. la croissance, l'augmentation, la hausse), *scăderea* (fr. la diminution, la réduction, la baisse), *excedent* (fr. excédent), *deficit* (fr. déficit), *pierderea* (fr. la perte), etc. et leur correspondant verbal : *a crește* (fr. croitre, augmenter, hausser, s'élever), *a intensifica* (fr. intensifier), *a scădea* (fr. baisser), *a se reduce* (fr. se réduire), *a stopa/a opri* (fr. stopper), *a limita* (fr. limiter), *a diminua* (fr. diminuer), *a estima* (fr. estimer), *a (se) aprecia* (fr. (s')apprécier), etc. Ces unités du discours anticipent le plus souvent l'apparition d'un autre marqueur d'approximation qui introduit à proprement parler le chiffre approximé. Dans d'autres cas, il suffit d'avoir l'un de ces marqueurs pour identifier un écart par rapport à une limite posée ou présupposée. C'est ce qu'on peut remarquer dans le fragment ci-dessous :

(9) *Sistemul de comercializare a emisiilor a fost caracterizat de un mare dezechilibru între oferta și cererea de cote, rezultând un excedent de aproximativ 2,1 miliarde în 2013. Excedentul a fost redus ușor în 2014, apoi a scăzut semnificativ la 1,78 miliarde*

de permise în 2015 și la 1,69 miliarde în 2016. Excedentul mare și prețurile scăzute descurajează companiile să investească în tehnologii ecologice, reducând astfel eficiența schemei în combaterea schimbărilor climatice[13].

Polarisant les éléments pris dans sa portée et les organisant graduellement, la négation (syntaxique ou morphématique, en l'occurrence) est un facteur d'approximation. Il déclenche un écart entre une norme nécessaire et suffisante, encyclopédiquement identifiée dans ce fragment, implicite, à savoir *l'équilibre entre l'offre et la demande de quotas* (des émissions de CO_2), et la *situation réelle*, caractérisée par un déséquilibre, situé scalairement au niveau supérieur de l'échelle d'estimation du phénomène, par la présence d'un marqueur d'indétermination lexicalisé par l'adjectif *mare* (*un mare dezechilibru între cererea și oferta de cot*e (fr. un grand déséquilibre entre l'offre et la demande des quotas)).

Le fragment fait voir une approximation implicite se ressourçant au contenu sémantique des unités de discours. Le mécanisme de production suppose le parcours graduel d'un intervalle orienté vers l'atteinte de la limite de référence ou de l'éloignement du point de référence. C'est le cas des termes : *excedent, redus, scăzut*. On a affaire à une orientation graduable, polarisée dans les deux directions, positif et négatif. Déclencheur de valeur indéterminée le nom *excedent* oriente positivement et attire d'habitude dans son sillage d'autres opérateurs d'approximation, numériques ou non : *aproximativ 2,1 miliarde de permise* (fr. approximativement 2,1 milliards de permis), [excedentul] *mare* (fr. grand excédent). Il est moins fréquent de retrouver des combinaisons entre cet opérateur et des modalisateurs à valeur négative : *un petit excédent, un infime excédent*. Il peut se combiner avec des modalisateurs comme *faible, léger*, mais en détourne l'orientation négative, en les positivant. Le parcours ascendant du marqueur *excedent* est progressivement diminué par l'intermédiaire des opérateurs *redus* (fr. réduit) et *scăzut* (fr. diminué). Les deux se retrouvent dans la zone de l'imprécis, aspirant à atteindre la limite supposée « stopper les émissions de CO_2 » sans pour autant s'y identifier.

Malgré la nécessité de précision et d'exactitude exigée par les principes du discours de spécialité, pourtant, les textes de vulgarisation abondent en moyens

---

13 Le système de commercialisation des émissions a été caractérisé par un grand déséquilibre entre l'offre et la demande de quotas, résultant un excédent d'approximativement 2,1 milliards en 2013. L'excédent a été légèrement réduit en 2014, pour diminuer d'une façon significative jusqu'à 1,78 milliards en 2015 et à 1,69 milliards en 2016. Le grand excédent ainsi que les prix réduits n'encouragent pas les entreprises à investir dans des technologies écologiques, réduisant ainsi l'efficacité du schéma de la lutte contre le réchauffement climatique. (n. trad.).

Marqueurs de l'approximation et discours de l'environnement   285

d'expression de l'approximation. Nous prenons le fragment ci-dessous pour exemplifier la force et la variation des marqueurs d'approximation dans un texte traitant de l'écologie :

(10) În contextul viitoarei conferințe ONU de la Paris, auzim aproape zilnic de schimbările climatice și de impactul lor asupra mediului și a comunităților. V-ați întrebat vreodată care sunt însă factorii cei mai periculoși pentru Planetă? (...) Populația lumii *s-a triplat în ultimii 60 de ani*: a *ajuns de la 2,5 miliarde* de locuitori în 1950 *la 7 miliarde* în 2012. Natura este sacrificată pentru a face loc unor noi așezări umane, iar Pământul nu face față ritmului în care oamenii consumă resursele. La consumul actual, am avea nevoie de *o planetă și jumătate* pentru a ne satisface nevoile, *de multe ori* nejustificate. (...)
Schimbările climatice. Mulți cercetători consideră că ritmul în care planeta *se modifică* din cauza încălzirii globale nu mai are cale de întoarcere. *Se pare* că nu avem șanse *prea mari* să menținem *creșterea* temperaturilor *sub 2* grade Celsius, chiar dacă țările își asumă obiective ambițioase de *reducere a emisiilor*. În acest moment, *producem* în fiecare an *50 de miliarde de tone de dioxid de carbon*, iar cercetătorii preconizează că această cantitate *va crește la aproximativ 55–60* de miliarde, *până în* 2030. Specialiștii de la Grantham Research Institute *cred* că, dacă *am reduce emisiile cu 36 de miliarde* de tone, *am avea doar 50% șanse să ținem creșterea temperaturilor sub limita de 2°C*. (...)
Pierderea biodiversității. Conform unui raport al Agenției Europene de Mediu, biodiversitatea este în continuare *în declin*. *60% dintre speciile evaluate și 77% dintre habitatele evaluate au înregistrat o stare de conservare nefavorabilă*. Europa nu este pe drumul cel bun înspre îndeplinirea obiectivului de *stopare a pierderii* biodiversității până în 2020. *Extrem de afectate* de schimbările climatice sunt habitatele marine. WWF avertiza într-un raport că *avem de 2 ori mai puține viețuitoare marine decât în 1970*. Conform oamenilor de știință de la Centrul Național pentru Studii Științifice din Franța, aceste habitate vor suferi importante schimbări de biodiversitate *chiar și* în condițiile în care obiectivul fixat de ONU privind limitarea încălzirii globale *la 2 C va fi atins*. (...)
Apa. În prezent, *o treime din populația* Pământului nu are acces la surse de apă potabilă. Cercetătorii *estimează* că proporția *va ajunge la 2 treimi* până în 2050. (...)
Poluarea. Poluarea din marile orașe *afectează calitatea* vieții locuitorilor, dar și ecosisteme aflate la *zeci de kilometri* distanță. (...)
Distrugerea stratului de ozon. (...) În *încercarea de a stopa* fenomenul, *numeroase țări* au interzis folosirea clorofluorocarburilor în procesele industriale. (...)
Pescuitul excesiv. Se estimează că, dacă vom pescui în ritmul actual, până în 2050 nu vom mai avea pești *în mări și oceane*. *Peste 80%* dintre pescăriile lumii *supra-exploatează resursele*. (...)

Deforestarea. (...) România înregistrează *peste 60 de cazuri* de tăieri ilegale de arbori pe zi (https://www.green-report.ro/author/cosmin-zaharia/)[14]

Nous pouvons remarquer que le rôle de marqueur d'approximation (numériques ou non) ne revient pas uniquement aux adverbes de quantité ou aux quantifieurs adjectivaux et pronominaux indéfinis. Les moyens linguistiques déclencheurs d'approximation dans le texte ci-dessus s'alignent morphosyntaxiquement derrière plusieurs catégories grammaticales :

- **approximateurs nominaux** : a. nominaux à proprement parler : *o planetă și jumătate* (fr. une planète et demie), *schimbări (climatice/a biodiversității)* (fr. changements climatiques/de la biodiversité), *creșterea (temperaturilor)* (la hausse des températures), *reducerea (emisiilor)* (fr. la réduction des émissions), *limitarea (încălzirii globale)* (fr. limiter le réchauffement climatique), *stoparea* (fr. stopper), *pierderea* (perte), *o treime* (fr. un tiers), *proporția* (proportion), *distanța* (fr. distance) ; b. nominalisés à partir d'un numéral : *zeci de* (fr. des dizaines de), *sute de* (fr. une centaine de) ;
- **approximateurs verbaux** : *a se tripla* (fr. tripler), *a ajunge la* fr. arriver à/atteindre), *a satisface nevoile* (satisfaire les besoins), *a se modifica* (fr. se modifier), *a se părea* (fr. sembler), *a produce* (fr. produire), *a crește* (fr. croître, augmenter, hausser), *a reduce* (réduire), *a crede* (fr. croire), *a limita* (fr. limiter), *a fi în declin* (fr. être en déclin), *a fi pe drumul cel bun* (fr. suivre le bon chemin), *a evalua* (fr. évaluer), *a afecta* fr. affecter), *a atinge* (fr. atteindre), *a estima* (fr>. estimer), *a supraexploata* (fr. surexploiter) ;
- **approximateurs adjectivaux et pronominaux** a. indéfinis : *mult, ă, mulți, multe* [+N] (*mulți cercetatori* >fr. beaucoup de chercheurs), *mai mulți/mai multe* (fr. plusieurs), *puțin* (fr. peu) (*mai puține viețuitoare* >fr. moins d'êtres) ; b. quantitatifs : *numeroase (țări)* (fr. nombreux pays), *(șanse prea) mari* (fr. des chanses trop grandes), *importante (schimbări)* (d'importants changements), *(pescuitul) excesiv* (fr. la pêche excessive), etc. c. pronom réfléchi « *se* » (estimează) (fr. on estime) qui se charge de la valeur du généralisant indéterminé « on » ;
- **approximateurs adverbiaux** (numériques ou non) : a. intensifieurs/désintensifieurs : *mai* (fr. plus), *prea* (fr. trop), *extrem de* (fr. extrêmement), *chiar și* (fr. même), *doar* (fr. seulement, ne...que) ; b. quantitatifs : *mult (de multe ori)* (fr. beaucoup ; à maintes fois), *aproximativ* (fr. approximativement), *aproape* (fr. presque, environ, à peu près...) (+Vb./Adv.) ;
- **approximateur prépositionnels** : *peste (60 de cazuri)* (fr. au-delà de 60 cas), *sub (2°C)* (fr. sous 2°C), *până în/la* (fr. jusqu'à/avant le), *de la.... (până) la/spre* (fr. de/depuis... jusqu'à/vers), *cu* (fr. avec) (+Numér.+ marqueur nominal ou verbal de progression/regression), *aproape* (+N/Adj./Pron.) ;
- **approximateurs morphématiques** : préfixes a. négatifs : *ne-* (*conservare nefavorabilă*), *de –* (*deforestare*) ; b. augmentatifs : *supra –* (*supraexploatează resursele*) ; c. suffixes : *-ime* (*o treime*), *-ina* (*o duzină*)

---

14 Voir la traduction en Annexe.

- **approximateurs phrastiques** (modaux) : futur hypothétique ou d'incertitude, conditionnel, l'imparfait atténuatif, imparfait hypothétique, la négation, l'interrogation.

Bien que le prototype de l'opérateur d'approximation soit le quantifieur adverbial ou prépositionnel, pourtant on ne peut réduire le rôle de déclencheur uniquement à ces classes grammaticales. La classification sur des critères morphosyntaxiques entreprise nous permet de surprendre également les implications sémantico-discursives de ces marques d'imprécis et d'indétermination.

Il faut identifier, tout d'abord, des *approximateurs sémantiquement flous*, à vocation transformationnelle, supposant un glissement progressif/régressif d'un état initial vers un état plus ou moins final, parcourant ainsi un intervalle qui inclut la valeur de référence ou le prototype. L'écart par rapport à ce point normatif est estimé avec plus ou moins de précision, selon que l'approximation inclut un numéral ou non. Ce phénomène apparaît avec prédilection dans la classe des « classifiants » nominaux ou des verbes d'estimation qualitative ou quantitative marquant l'estimation d'une dimension, d'une mesure, d'une unité temporelle, etc. Ainsi, des noms (dans notre texte) comme *creşterea* (fr. croissance), *reducerea* (fr. réduction), *limitarea* (fr. limite) et les verbes qui leur correspondent *a creşte* (fr. croître), *a reduce* (fr. réduire), *a limita* (fr. limiter), désignent l'évolution en plus ou en moins d'une valeur pertinente pour l'environnement (*croissance des températures, réduction des émissions de CO_2, diminution de la pollution*), à partir d'un seuil qu'on suppose connu, direction orientée vers une limite potentielle qu'on se propose d'atteindre. L'estimation de cette évaluation reste dans l'approximation si le point limite n'est pas précisé par un indice numérique ou d'exactitude. Dans d'autres cas, avec des marqueurs de progression comme *a se dubla* (fr. doubler), *a se tripla* (fr. tripler), l'extension ou la diminution est relativement précisée, à condition qu'on connaisse le point de départ qui devient en même temps la limite de référence. De même que les approximateurs adverbiaux ou prépositionnels, ces déclencheurs d'imprécis peuvent être arrondisseurs, limitateurs, extenseurs.

Nous avons pu remarquer que des termes d'usage général construisent un sens approximatif dans le processus dynamique de re-création de sens dans un contexte de spécialité. On a affaire à un imprécis produit discursivement par l'environnement des termes qui constituent la tête de l'approximateur. Le mot *planète*, par exemple, est un catégoriel dont le sens immanent « Corps céleste non lumineux gravitant autour du Soleil » (Robert, 2010, **planète**) n'est pas approximatif en soi. Il devient marque d'imprécis en combinaison avec des quantifieurs graduables ou non. Ainsi, la structure *o planetă şi jumătate* (fr. une planète et demie, en 8) devient approximateur doublement marqué : par la difficulté d'identification précise du référent (approximation référentielle) et par la présence d'un quantifieur dans le contexte nominal. Faute de précision du nom de la planète qui nous aurait permis d'offrir une dimension exacte, numérique, attestée, le nom reste dans l'imprécis sémantique, renchéri par le sens des quantifieurs. Attirés sémantiquement et discursivement dans la zone d'action du nom centre du syntagme évaluatif, le déterminant « *o* » (fr. une) et le nom de quantité « jumătate » (fr. demi) déclenchent une approximation quantitative, projetée sur le processus de consommation actuelle.

Les approximateurs arrondisseurs, limitateurs ou écarteurs portent en général sur une unité nominale accompagnée le plus souvent, dans les langages de spécialité, d'un numéral cardinal, ordinal ou de proportion. Ils prêtent aux éléments pris dans la portée la valeur d'approximation, mais l'orientation sur l'axe d'évolution des valeurs estimées est le plus souvent indiquée par d'autres marqueurs, en étroite dépendance avec la structure approximante. Le texte analysé est très riche en ce genre de mécanismes. Il suffit de prendre les fragments extraits du texte :

(10')… această cantitate *va creşte la aproximativ 55–60* de miliarde (fr. cette quantité (de CO_2) augmentera à approximativement 50–60 milliards [de tones]) ;

… *proporția va ajunge la 2 treimi până în* 2050 (fr. la proportion arrivera à 2 tiers jusqu'à 2050) ;

… să *menținem creşterea temperaturilor sub 2* grade Celsius (fr. qu'on maintienne la croissance des températures sous 2°C)

pour voir que l'idée de parcours d'un intervalle approximatif est déclenchée par le verbe *va creşte*, (fr. (la quantité) arrivera à) ou le nom *creşterea* (fr. la hausse), tandis que l'arrondisseur *aproximativ* (fr. approximativement), écarteur *la* (fr. à) ou limitateur *sub* (fr. sous) accompagné par un numéral suggère le point de référence. Souvent, le marqueur d'imprécis *approximativ* en est doublé par un autre (l'intervalle numérique : *50–60 milliards*), ce qui intensifie la force de l'approximation.

Certaines structures prépositionnelles construites sur le numéral arrivent à se figer, devenant des unités indépendantes. Elles passent facilement certains tests du figement, prouvant que, malgré la désopacification presque totale, elles forment un bloc sémantico-discursif. C'est le cas, par exemple, de l'IDF « sub + Num. » dans le voisinage de certains noms ou verbes à régime prépositionnel obligatoire comme *a limita/limitarea, a reduce/reducerea, a scădea/scăderea* qui incluent dans leur schéma syntaxique une préposition limitative : *la, cu, pâna la*. Ainsi, de même qu'en français, le roumain accepte difficilement la présence simultanée de deux prépositions, à moins qu'elles n'entrent dans une locution ou qu'elles ne jouent de rôles différents. L'item *la sub +2°C* (fr. à sous +2°C) de l'exemple ci-dessous :

> (11) Acordul de la Paris din 2015 prevede *limitarea creșterii* temperaturilor globale *la sub +2°C* în raport cu nivelurile dinaintea Revoluției industriale, adică la 1,5°C. (fr. L'Accord de Paris de 2015 prévoit de limiter l'augmentation des températures globales à sous +2°C en rapport avec les niveaux existents avant la Révolution industrielle, c'est-à-dire à 1,5°C)

est décomposable en Prép. + IDF (item discursif figé). Pratiquement, la limite à atteindre – 1,5°C – n'est pas précisément définie. Elle est implicite dans l'intervalle constitué par le maintien du niveau des températures à *sous +2°C*, sans pourtant avoir une limite inférieure ou supérieure précise. Cet imprécis est déclenché, entre autre, par la préposition *sub* (fr. sous) qui contribue à la formation de ce sens approximatif. Pouvant entrer sous l'incidence de la préposition *la* (fr. à), sans ressentir la construction comme un défi à la syntaxe, l'expression passe le test de figement fonctionnel dans un contexte bien précis comme celui du domaine du langage de l'écologie.

Document qui traite d'un domaine de spécialité sans pour autant en faire une analyse purement scientifique, le texte contient des traces d'approximation de nature inférentielle, à rôle épistémique : de nature verbale – *a crede* (*Specialiștii de la GRI cred*) (fr. croire : le specialistes de GRI croient...), le futur épistémique (*Se estimează că (...)) dacă vom pescui... nu vom mai avea pești* >fr. On estime que si on pêchait ...il n'y aura plus de poissons...)) ou à rôle atténuatif ((auzim) *aproape zilnic* de schimbările climatice >fr. On entend à peu près quotidiennement parler des changements climatiques). Quand même, leur fréquence est assez réduite pour ne pas nuire au besoin de véridicité des informations transmises.

Conclusion

Au niveau du langage de l'environnement, les opérateurs d'approximation se comportent en général comme dans le langage général, opérant des sélections parmi les termes qui appartiennent au domaine étudié. L'hypothèse de départ est confirmée, car la fréquence des approximateurs est plus grande dans les textes qui ne sont strictement des lois et des documents officiels.

La valeur la plus fréquente de ces opérateurs est celle d'arrondisseur et de flousifieur, tandis que celles de nature inférentielle sont moins utilisées, car elles sont plus dépendantes de l'activité subjective des instances interlocutives.

Références

Achard, Pierre (1993) – *La sociologie du langage*, Paris : PUF (Que sais-je).

Adler, Silvia & Asnes, Maria (2008) – « Approximation par arrondissement : le cas de quelques quantifieurs prépositionnels », *Congrès Mondial de Linguistique Française – CMLF'08* (Jacques Durand, Benoît Habert & Bernard Laks, éds), Paris : Institut de Linguistique Française [http://dx.doi.org/10.1051/cmlf08084].

Adler, Silvia & Asnes, Maria (2014) – « Quantification imprécise et quantification floue : essai de précision », *Précis et imprécis : étude sur l'approximation et la précision* (Hava Bat-Zeev Shyldkro ; Silvia Adler ; Maria Asnes, eds). Paris : Editions Honoré Champion, p. 25-42.

Bachelard, Gaston (1928) – *Essai sur la connaissance approchée*, Paris : J. Vrin, http://www.philosciences.org/notices/document.php?id_document=113, consulté le 26 mars 2016.

Black, Max (1937) – « Vagueness: An Exercise in Logical Analysis », *Philosophy of Science*, 4, p. 427–455.

Berbinski, Sonia (2007) – *Négation et antonymie – de langue au discours*, Bucuresti : EUB.

Berbinski, Sonia (2017) – « Marqueurs de l'approximation dans le discours de spécialité », *Literature, Discours and the Power of Multicultural Dialogue* (Iulian Boldea, éd.), Volume no. 5, Tîrgu Mureș : Arhipelag XXI‖ Press, p. 112–125.

Borillo, Andrée (2006) – « Quand les adverbiaux de localisation spatiale constituent des facteurs d'enchaînement spatio-temporel dans le discours » – *Actes du Colloque Chronos 6*, Genève – http://w3.erss.univ-tlse2.fr/textes/pages-persos/borillo/Chronoso6.pdf., consulté le 29 mars 2017.

Bouchon-Meunier, Bernadette (1994) – *La logique floue*, Paris : PUF, Que sais-je ? n°2702.

Caffi, Claudia, (1999) « On Mitigation », *Journal of Pragmatics*, vol. 31 : 7, p. 881–909, https://www.sciencedirect.com/science/article/pii/S0378216698000988, consulté le 29 mars 2017.

Charnock, Ross (1999) – « Les langues de spécialité et le langage technique : considérations didactiques », *ASp*, 23–26, p. 281–302, https://journals.openedition.org/asp/2566, consulté le 2 février 2018.

Cornu, Gérard ²(2000), ³(2005) – *Linguistique juridique*, Paris : Montchrestien.

Desclés, Jean-Pierre (2009) – « Le concept d'opérateur en linguistique », *Histoire Épistémologie Langage*, Volume 31, Numéro 1, p. 75–98, consulté en ligne sur http://www.persee.fr/doc/hel_0750-8069_2009_num_31_1_3107.

Desmet, Isabel (1998) – « Caractéristiques morphologiques, sémantiques, syntaxiques et discursives des vocabulaires spécialisés », *Actes du 2ᵉ colloque de Linguistique Appliquée, Les linguistiques appliquées et les sciences du langage*, Strasbourg : COFDELA Publications, p. 292–305.

Gaultier, Marie-Thérèse, Masselin, Jacques (1973) – « L'enseignement des langues de spécialité à des étudiants étrangers », *Langue française*, n°17, Les vocabulaires techniques et scientifiques, p. 112–123, http://www.persee.fr/doc/lfr_0023-8368_1973_num_17_1_5624.

González Rey, Isabel (2009) – *Une approche didactique aux caractéristiques linguistiques du français juridique*, https://www.academia.edu.

Guimier, Claude (1996) – *Les adverbes du français : le cas des adverbes en -ment*, Paris : Ophrys.

Humbley, John (1997) – « Is terminology specialized lexicography? ». *Hermes* 18, consulté en ligne: https://www.researchgate.net/publication/242079768_Is_terminology_specialized_lexicography_The_experience_of_French-speaking_countries.

Ihle-Schmidt, Lieselotte (1983) – *Studien zur französischen Wirtschaftsfachsprache*, Frankfurt am Main: Peter Lang.

Kleiber, Georges & Riegel, Martin (1978) – « Les grammaires floues », *Bulletin des jeunes romanistes* XXI, p. 67–123.

Kleiber, Georges, (1990) – *La sémantique du prototype*, Paris : PUF.

Lakoff George (1972) – « Hedges: A Study in Meaning Criteria and the Logic of Fuzzy Concepts », *Papers from the Eighth Regional Meeting of the Chicago Linguistic Society*, p. 183–228. Repr. dans *Journal of Philosophical Logic* 2 (1973), p. 458–508.

Lavric, Eva (2007) – « Les numéros approximatifs, ou comment se fait-il que sept minutes soient toujours exactement sept minutes mais que cinq minutes puissent parfois être beaucoup plus », *Actes du XXVI Congrès International de Linguistique et de Philologie Romanes*, (Trotter, David, éd.) Tübingen : Ed. Max Niemeyer Verlang.

Lavric, Eva (2013) – « El tiempo, el dinero y las novias – Usos aproximativos e hiperbólicos de los numerales en las conversaciones españolas », *Actas del XXVI Congreso Internacional de Lingüística y de Filología Románicas*, (Emili Casanova Herrero / Cesáreo Calvo Rigual, eds), 6–11 septiembre 2010, Berlin: de Gruyter 2013, vol. VI, p. 3763–3775.

Lerat, Pierre (1995) – *Les langues spécialisées*, Paris : Presses universitaires de France.

Lerat, Pierre (1997) « Approches linguistiques des langues spécialisées », *ASp* 15-18, p. 1–10, consulté en ligne : https://journals.openedition.org/asp/2926.

L'Homme, Marie-Claude (2016), – « Terminologie de l'environnement et Sémantique des cadres », *Congrès Mondial de Linguistique Française – CMLF 2016*, https://www.researchgate.net/publication/304808355.

Lüder, Elsa (1995) – *Procedee de gradație lingvistică*, Editura Universității « Al. I. Cuza », Iași.

Martin Robert, (1987a) – *Langage et croyance*, Bruxelles : Mardaga.

Martin Robert, (1987b) – « Flou. Approximation. Non-dit », *Cahiers de lexicologie* 50, 1, p. 165–176.

Mihatsch, Wiltrud (2009) – « L'approximation entre sens et signification: un tour d'horizon », *Entre sens et signification Constitution du sens: points de vue sur l'articulation sémantique-pragmatique*, Paris : L'Harmattan.

Mihatsch, Wiltrud (2010) – « Les approximateurs quantitatifs entre scalarité et non-scalarité », *Langue française*, 1 n° 165, p. 125–153.

Milner, Jean Claude (1973) – *Arguments linguistiques*, Paris : Mame.

Moeschler, Jacques, Reboul, Anne (1994) – *Dictionnaire encyclopédique de pragmatique*, Paris : Seuil.

Prince, Ellen, Bosk, Charles, & Frader, Joel (1982) – « On hedging in Physician-Physician Discourse », *Linguistics and the Professions*, (J. Di Pietro, éd.), Norwood/New Jersey: Ablex, p. 83–97.

Quirk Randolph *et al.* (1985) – *A comprehensive grammar of the English language*, London: Longman.

Raschini, Elisa (2012) – « L'approximation dans la bioéthique : construction d'un objet bifocal dans une perspective de sémantique discursive », *Langage et société*, 2 (n° 140), p. 57–69.

Velicu, Anca-Marina (2012) – « Enseigner les 'langages spéciaux' en licence de traducteurs-interprètes : réflexions curriculaires », *Langage(s) et traduction*, (Sonia Berbinski, Dan Dobre, Anca-Marina Velicu, éds), Bucuresti, EUB, p. 80–92.

Zadeh, Lotfi. A. (1978) – « Fuzzy sets as a basis for a theory of possibilities », *Fuzzy sets and systems*, 1, North-Holland Publishing Company, p. 3–28.

Zafiu, Rodica, (2002a) – « Strategii ale impreciziei: expresii ale vagului și ale aproximării în limba română și utilizarea lor discursive », *Actele colocviului Catedrei de limba română 22–23 noiembrie 2001. Perspective actuale în studiul limbii române*, București: Editura Universității din București, p. 363–376.

Zafiu, Rodica (2002b) – « Evidențialitatea » în limba română actuală », *Aspecte ale dinamicii limbii române actuale*, București: Editura Universității din București, p. 127–146.

Annexe

Dans le contexte de la future conférence ONU de Paris (n.s. 2015), on entend parler à peu près quotidiennement des changements climatiques et de leur impact sur l'environnement et sur les communautés. Vous êtes-vous jamais posés la question sur les facteurs les plus dangereux pour la Planète ? (...)
La population a triplée ces 60 dernières années : elle est passée de 2,5 milliards d'habitants en 1950 à 7 milliards en 2012. La nature est sacrifiée pour faire place à de nouvelles habitations, et la Terre ne tient plus tête au rythme dans lequel les gens en dépensent les ressources. Vu le rythme de consommation actuel, on aurait besoin d'une planète et demie pour satisfaire à nos besoins, injustifiés dans la plupart des cas. (...)
Les changements climatiques. Beaucoup de chercheurs considèrent que le rythme dans lequel la planète se modifie à cause du réchauffement climatique suit un chemin sans détour. Il semble ne pas avoir trop de chances de maintenir la hausse des températures globales sous 2°C, même si les pays assument des objectifs ambitieux de réduction des émissions CO_2. A présent, on produit chaque année 50 milliards de tonnes de CO_2 et les chercheurs préconisent une croissance de cette quantité atteignant approximativement 55–60 milliards jusqu'en 2030. Les spécialistes de GRI croient que si on réduisait les émissions de 36 milliards de tonnes, on n'aurait que 50% de chances de garder la hausse des températures en dessous de la limite de 2°C. (...)
La perte de la biodiversité. Conformément à un rapport de l'Agence Européenne de l'Environnement, la biodiversité continue d'être en déclin. 60% des espèces évaluées et 77% des habitats évalués ont enregistré un état de conservation défavorable. L'Europe ne suit pas le bon chemin dans l'accomplissement de l'objectif de stopper la perte de la biodiversité jusqu'en 2020. Les habitats marins sont extrêmement affectés. WWF avertit dans un rapport qu'il y a à présent deux fois moins d'animaux marins qu'en 1970. Conformément aux scientifiques de CNRS de France, ces habitats subiront d'importants changements de biodiversité même si l'objectif fixé par ONU de limiter le réchauffement global à 2% est atteint. (...)
L'eau. Actuellement, un tiers de la population de la Terre n'a pas accès à une source d'eaux potable. Les chercheurs estiment que la proportion atteindra deux tiers jusqu'en 2050.
La pollution. La pollution des grandes villes affecte la qualité de vie des habitants, mais aussi les écosystèmes trouvés à des dizaines de kilomètres.
La destruction de la couche d'ozone. (...) Dans leur effort de stopper le phénomène, de nombreux pays ont interdit l'utilisation des chlorofluorocarbures dans les procès industriels.
La pêche excessive. On estime que, si on garde le rythme actuel de la pêche, à l'horizon 2050 il n'y aura plus de poissons dans les mers et dans les océans. Au-delà de 80% des pêcheries mondiales surexploitent les ressources. (...)
La Déforestation. (...) La Roumanie enregistre plus de 60 cas de déforestation illégale par jour.

Eszter B. PAPP & Ágota FORIS

Károli University of the Reformed Church, Budapest, Hungary

Environment of terms: terminological questions of preparing and translating technical documentation

(Environnement des termes: aspects terminologiques de la rédaction et de la traduction des documents techniques)

Abstract: The talk presents the connections between documentation, terminology and translation, and the related theoretical and practical considerations. Cabré (1999: 50) distinguishes three areas of applying terminology in documentation: « terminology is also the basis for the writing of technical texts (technical writing), for the translation of specialized texts (technical translation and interpretation) and for the description, storage and retrieval of specialized information (technical documentation) ».

The terminological preparation of the text is a key step in the translation of technical documentation. The translation process can be made much simpler, faster and more coherent if – as a Step Zero – the source language documentation is written using checked and consistent terminology.

It is a basic requirement of technical writing that the technical writer have all the relevant information and a list of the terms at hand to be included in the text. This ensures that the same item or part is called by the same name at each occurrence, thus helping the reader process the text. Therefore, the tasks of the terminologist and the technical writer overlap significantly.

Technical writing has several steps, starting from planning to publishing. Planning must take the target audience, the purpose and the context of use of the text into consideration; data collection can only begin after clarifying these. Content development goes through several rounds: the first draft is checked for content, then language, and if relevant for style, and finally its layout is checked too. After publishing, the maintenance and updating of the text is an ongoing process, that has to be kept track of.

In this complex process the technical writer utilises specific databases and authoring software that ensure the precise and consistent use of terms, the validity of internal and external references, searchability and indexing. All these have a relevance to the translation cost, too as future modifications become easy to handle, and enables translating the source document into several target languages quickly and accurately with the appropriate CAT tool.

Mots clés : *documentation technique, terminologie, traduction, environnement, production de contenus*

1. Introduction

Documentation is a course in the MA programme in Terminology since 2011 at the Károli Gáspár University of the Reformed Church. More precisely, it is one seminar in the course titled Terminology management, terminography and documentation (for details on the MA in Terminology see Fóris 2011).

The present talk has two aims: on the one hand we wish to show how documentation, terminology and translation are related, and the theoretical and practical aspects thereof, and on the other hand we aim to discuss the teaching of documentation, with specific examples taken from the course material of the seminar on documentation as part of the Masters Programme in Terminology.

2. Relations of documentation and terminology

The term 'documentation' has at least two meanings in the scientific literature (Guzman – Verstappen 2003: 3–4). On the one hand it can mean a collection of documents. The second meaning refers to the activity of recording information and producing documents. In the present paper we will use the term 'documentation' in the latter sense, and we will refer to any kind of specialised text created in the process of documentation and the handling of these texts as 'technical documentation'.

Terminology and documentation are linked at three areas: (1) technical writing, (2) translating and interpreting specialised texts, and (3) technical documentation. Cabré (1999: 50) also distinguishes these three areas as regards the use of terminology in documentation: « terminology is also the basis for the writing of technical texts (technical writing), for the translation of specialized texts (technical translation and interpretation) and for the description, storage and retrieval of specialized information (technical documentation) ». In what follows we shall discuss all three topics.

(1) The content, structure, layout and publication of technical documentation is regulated by various standards. Ideally technical documentation is prepared by technical writers (also called technical communicators or technical authors), and their job is to write manuals and journal articles, and various types of supporting documentation, with the aim of communicating expert level technical information in a language that is understandable for the target user. Their job also involves developing, collecting and sharing technical information among

users both in and outside the company, namely product developers, designers, manufacturers, engineers, technicians, marketing experts, and customers. In reality, technical documentation is not always written by technical writers, but often by other professionals, such as engineers, IT experts, marketing experts, and representatives of any other field. Technical writing – in the strict sense – means the wording of technical documentation, but it is inseparable from the main purpose of technical documentation, namely that information should be recorded, stored and be easily reusable in the appropriate structure and format. Therefore, it is advisable to use specific software that facilitate the above.

A prerequisite to making consistent documentation is that the terminological system of the field should be well developed, because proper terms are needed for writing, editing, handling, processing and eventually translating technical documentation. To make the text unambiguous, it is a must to use appropriate, precise, consistent terminology, and it is also advised to use clear, professional and concise language.

A requirement to writing documentation is that the technical writer have at hand all the relevant information and a list of the terms to be included in the text. This ensures that the same term is used to denote one unit or element across the whole document, thus helping the reader understand the text. This is why there is a great overlap between the jobs of a technical writer and a terminologist.

Writing technical documentation has various stages from planning to publication and beyond. Planning must include the analysis of the target audience (their age, possible background knowledge, level of expertise, motivation for using the documentation, needs), the aim of the document, its context of use, the format it will be published in; and data collection can only begin after clarifying these questions. Content development is usually a result of teamwork, namely the technical writer collects the necessary information from the previously mentioned field experts, prepares the first draft, and it then undergoes several phases of editing. The first draft is submitted to a content review by field experts (developers, engineers etc.), and it is rewritten as many times as necessary. Then comes linguistic editing, and if relevant, also a stylistic check, and finally the layout needs to be checked against the intended publication format. After publication, work is not finished, as maintaining, updating and version tracking are necessary till the end of the document lifecycle. At a customer friendly institution or company the opinion of the customers is also taken into consideration, preferably from the planning stage (to find out what information they need, and in what format they would like to receive it), and feedback of the published manual is gathered repeatedly, and if necessary, the manual is modified to serve the customer in search for information.

The technical writer uses special databases and authoring software in this complex process. These ensure the consistent use of terms, the validity of internal and external links, searchability and indexing. These are not only necessary for making professional documentation, but also have a significant financial impact, as properly written documentation is much quicker and thus cheaper to modify, maintain and update. Updating is key, because the « information available in specialist documentation is constantly evolving. Most specialist fields of knowledge are characterised by change, activity and progress » (Steurs et al. 2011, 223).

Furthermore, in the case of a multinational activity, any such source document can be translated into the various target languages in the appropriate computer assisted translation environment. Saving time and money, while maintaining a high quality is always a priority.

(2) Recently, the importance of technical documentation has grown significantly. Globalisation and multilingual markets require technical documentation to be available in the languages of the target markets where the product is intended for sale. The manufacturer is legally obliged to prepare all technical documentation related to the product.

There are two main kinds of documentation. 'External documentation' is aimed at a user outside the company (i.e. the customer), and its key examples are the user manual (instructions for use), labels and hazard warnings. Manufacturers are legally obliged to include these with the product in the source language, and the importers must make sure they are available in the target languages. As a consequence, today the main focus is not only on the source language documentation, but also its localised versions to the language of every market where the product is sold.

'Internal documentation' is aimed at the workers of the company, and it includes manuals for manufacturing, assembly and disassembly, installation, repair, hazard warnings, and parts and tools catalogues, etc.

Professional documentation should be prepared knowing that it will be localised, and written in a way that makes its translation into various languages easier (this is called *internationalisation*, or I18N). The translation process will become simpler, quicker and more coherent if the source document uses validated terminology consistently. The role terminology plays in the translation process is discussed in detail by Fóris (2018), who emphasizes that terminology markedly appears not only during translation itself, but in two other phases of the translation process: when preparing the text for translation and during editing/review. When preparing the text for translation, the translator (terminologist) checks the source text for new terms, and finds their target language equivalents. This is how terminological preparation of texts is a key step in the work of a translator (see for example Gouadec 2002, Kurián 2003). During the editing and review process of specialised texts the most important criterion to check is the use of consistent terminology.

Making professional documentation also requires functions that are only provided by desktop publishing software (for example, integrating the available authoring tools and the customizable templates, automatic numbering, cross referencing, etc.).

DITA (Darwin Information Typing Architecture) is an XML based standard specifically prepared for information management, that separately handles content and form, making content development easier and more professional, and at the same time makes publication in various forms possible. Its key feature is enabling the swift transfer of content between different formats.

(3) Technical documentation is often referred to as document management. « Document management is the process of storing, locating, updating, and sharing data for the purpose of workflow progression and business outcomes » (Technopedia). One special area of document management is documentation as the term is used in library and information science. According to Wersig and Neveling (1967: documentation) it is: 'The continuous and systematic processing of documents or data, including e.g. location, identification, 'acquisition', analysis, storage, retrieval, circulation and preservation for the specialized information of users. » Classification of information is carried out with the help of terminological units. Experts in information science work with terminological and conceptual units when gathering and verifying information.

Storing, reusing, updating, and developing technical documentation is a continuous task for various experts. The connection with document management is very close as content needs to be stored in a form that is accessible and usable for any department of the company, enabling them to access the required information efficiently and effectively, thus avoiding various departments re-creating the same content over and over again. Duplication should be avoided not only because it overloads the document storage and consequently makes it more difficult to find the information one needs, but it is also very difficult to keep all versions updated and modified, and eventually will lead to the coexistence of obsolete and currently valid versions, leaving the user at a loss as to which one to adhere to. As mentioned above, the handling of information is carried out with the help of terminological units. Therefore, successful management and business operations depend on the existence of effective and well-organised document management, which is also a key area of project management.

3. The environment of terms – Educational aspects of documentation

The Masters programme in Terminology was launched in 2011 at the Department for Hungarian Language of the Károli Gáspár University of the Reformed Church (programme leader: Ágota Fóris). Terminology students learn documentation in a seminar in the course titled Terminology management, terminography and documentation. The course material for Terminology management and terminography was developed by Dóra Tamás, and she held these courses, too. In 2014 Eszter B. Papp (terminologist at LEG Hungary translation agency) and György Kovács (CEO of LEG Hungary) joined the course and developed the curriculum for documentation – mainly technical documentation.

Terminologists are professionals who possess the terminological, methodological, and linguistic knowledge and skills (both in the mother tongue and in a foreign language), and competences that allow them to carry out terminological documentation tasks using the methods and principles of terminology, and are able to use the methods and tools specific to terminology (c.f. B. Papp et al. 2014). The purpose of terminology work is to sustain the unambiguous use of the continuously expanding conceptual system and the terminological system that maps those concepts. Thus the purpose of terminology work is to apply the tools and methods of terminology to help professionals communicate. Consequently, the job of the terminologist is manifold: in general we can call it *knowledge management*, i.e. collecting, organizing, maintaining and providing access to the usually multilingual information related to the company, its activities and products and the specialist field. The specific tasks of a terminologist heavily depend on the exact field of operation and demands of the employer; therefore terminologists require a wide scope of knowledge and competences. Hence it is a must that the terminologist be familiar with documentation as well.

In professional practice, documentation also means the documented handling of institutional or corporate materials, and the harmonisation of terms. This latter is often referred to as 'company dictionary writing', both for internal use (as part of the style guide informing technical writers and editors of the company of which terms to use and which ones to avoid, including how to treat existing synonyms) and also for external use (explaining to clients and customers what the terms used in the documentation exactly mean). As Bauer states: « In the context of technical documentation processes, the need for coining new terms in the source and target languages is high. Hence, particular attention has to be paid to establishing rules for term formation. These rules can handle, for instance, spelling issues (lower and upper casing, hyphenation), compound term formation, shortening/abbreviating terms, etc. ISO 704 (2000) on terminology work, principles and methods delivers a set of standard rules for this purpose » (Bauer 2009, web).

Documentation (in the sense of 'written text') can be found at every field. In industry, it encompasses all the data that specify a manufactured product: technical data, steps of manufacture, assembly and installation, instructions for setting, implementation, use and maintenance. Other fields include legal documentation, architectural documentation, medical documentation, administrative documentation, etc.

During the course students learn about the process of writing technical documentation, from planning, through drafting to publishing. Students spend time understanding why careful planning must precede data collection and must take into consideration the target audience, the purpose of the document, the context of use. They study various types of documentation aimed at people having different levels of expertise, possessing different background knowledge. Students identify terminologically dense texts as targeted at professionals, and less dense texts targeted at laypeople, i.e. customers.

Content development has several phases. The first draft is checked for content and is modified or rewritten as many times as required to be concise, accurate and to meet future users' needs. Then it is checked for language, and style if applicable. Finally, format and layout are also checked. After publication the document life cycle continues with maintenance, updating, modifying and version tracking, and if the content becomes obsolete, care must be taken to remove or replace the document and archive it.

A technical writer uses special databases and authoring software that enable the consistent use of terms within the document and across several documents, and make sure the external and internal references are valid, make the document searchable, reusable and enable quick and accurate indexing. All this work does not only contribute to professional communication and the professional image of the company, but also has a financial benefit. Professionally written documentation is quick and easy to modify, and it lends itself to be translated in the CAT environment, saving time and cost, while the consistent use of terminology can be provided in the target languages as well. These steps save a lot of time, effort and ultimately human and financial resources.

During the course students also get familiar with various reference works. Although style guides for technical documentation mostly exist for English, becoming aware of the aspects they consider important to regulate may help future style guide writers in Hungarian. Students therefore get familiar with company-specific and general technical writing style guides as well. They learn about controlled natural languages and simplified technical English as well. They also study the standards that apply to information and documentation, considerations of where and how to place information, the requirements and job description for technical writers, and the relevant professional communities. The traditional Hungarian association for technical writers is inactive, so students had to look into foreign examples as to what such an organization does. In 2015 Tekom Hungary, the member of the European Association for Technical Communication was established and is currently gaining momentum by participating in conferences, holding webinars and spreading awareness, so technical writing is slowly becoming a recognized profession in Hungary, too.

After the theoretical introduction, in the second half of the seminar students examine specific, real life examples so they can identify a properly written and an error prone document, recognising the pitfalls and learning how to avoid them.

4. Conclusion

In sum, in-depth terminological knowledge is a requirement in the field of documentation (both when writing and handling or managing documentation). Technical writing might well be a task of a terminologist, and this task is manifold. We can consider documentation a form of knowledge management, encompassing gathering, organizing, maintaining and making accessible all the information relevant to the company, its products and the field, if necessary in several languages. All these are only possible provided there is a developed terminological system that allows the consistent use of terminology within and across documents.

References

Bauer, Silvia Cerrella (2009) – *Professional Corporate Terminology Management: Tips and Tricks for a Successful Introduction*, https://www.gala-global.org/publications/professional-corporate-terminology-management-tips-and-tricks-successful-introduction-0.

B. Papp, Eszter; Fóris, Ágota; Bölcskei, Andrea (2014) – « Terminográfiai módszerek és eszközök a terminológusképzésben » [Terminographical methods and tools in terminology training.], *Porta Lingua 2014. Szaknyelvi regiszterek és használati színterek* (Bocz Zsuzsanna, ed.), Budapest: Szaknyelvoktatók és -Kutatók Országos Egyesülete, 205–212, http://nyi.bme.hu/old_inyk/images/images/files/porta2014.pdf.

Cabré, Maria Teresa (1999) – *Terminology: Theory, Methods and Applications*, Amsterdam: John Benjamins.

Fóris, Ágota (2011) – « Terminology Master in Hungary: a Case Study », *Buletin Ştiintific. La formation en terminologie. Actes de la Conférence Internationale de Bucarest 3–4 novembre 2011. Nr. 8/2011* (Carmen-Ştefania Stoean *et al.*, eds) Bucarest: ASE, 100–105.

Fóris, Ágota (2018) – « Fordítás és terminológia: a terminológia szerepe a fordítási folyamatban. » [Translation and Terminology: the role of terminology in the translation process.], *Fordítás ma és holnap* (Robin Edina; Zachar Viktor, eds), Budapest; L'Harmattan, 71–90.

Gouadec, Daniel (2002) – *Traduction, terminologie, rédaction. Colloque international 2001 sur la traduction specialisée Université de Rennes 2*, Paris : La Maison du Dictionnaire.

Guzman, Manuel; Verstappen, Bert (2003) – *What is documentation?*, Versoix: HURIDOCS.

Kurián, Ágnes (2003) – « A fordításoktatás korszerűsítése, új irányzatai. » [Modernising and new trends in translator training], *Fordítás és tolmácsolás az ezredfordulón* (Klaudy Kinga, ed.). Budapest: Scholastic, 22–29.

Steurs, Frieda *et al.* (2011) – « Terminology tools. », *Handbook of Terminology*, Volume 1 (Hendrick Kockaert and Frieda Steurs, eds), Amsterdam/Philadelphia: John Benjamins.

Technopedia. https://www.techopedia.com/definition/23384/document-management (2017.05.18.).

Versig, Gernot – Neveling, Ulrich (1967) – *Terminology of documentation.* Paris: The Unesco Press.

Teodora OLENICI

Université de Bucarest (diplômée du Master de traductions spécialisées et études terminologiques, promotion 2017)

Égratignures, éraflures, écorchures et leurs équivalents roumains : collocations et contextes comme révélateurs conceptuels[1]

Abstract: Our paper will focus on the analysis of interlingual differences between French and Romanian, concerning the transfer of medical terms (from the fields of emergency medicine, traumatology and first aid), toward common language – in the vein of our master dissertation (work in progress).

The contribution will only target the analysis of the microsystem *écorchure, éraflure, égratignure* and of their Romanian equivalents. Theoretical framework: socioterminology (Gaudin 2003).

The bilingual dictionary research (French-Romanian) resulted in rather disappointing periphrases and/or hyperonym equivalents of the French entry, or produced international scientific Romanian terms.

The monolingual lexicographic research (TLFi, Le Nouveau Petit Robert 2007) failed also to capture the essence of the contrast between the concepts eventually designated by the free French term-words, and the term bank GDT didn't help much either, in this respect.

So, at the suggestion of our dissertation director, we followed another, complementary, research pathway: the systematic study of the adjectival collocatives of the three nouns – each of them, a revealing context for some distinctive characteristic(s) of the designated concept.

Keywords: *socioterminology, interlingual differences, lexicographic research, collocatives, revealing context*

1. Délimitation du champ terminographique

Dans le présent article nous nous proposons d'étudier le microsystème terminologique français *écorchure, éraflure, égratignure* et leurs équivalents roumains, recherche qui représente un approfondissement de certains aspects abordés dans

---

1 Dernière consultation de tous les liens dans cet article : le 19 mars 2018 (seconde révision d'auteur).

notre mémoire de master (*Plaies et bosses. Etude d'un champ lexical en français et en roumain*). Le mémoire avait débouché sur la compilation d'un glossaire bilingue français-roumain portant sur les notions désignées par la séquence *plaies et bosses*, soit le champ des lésions, ou plus exactement, des blessures (thème relevant du domaine général de la médecine – sous-domaines : médecine d'urgence, traumatologie, secourisme). Le propre du champ lexical « plaies et bosses », y compris pour ce qui est des trois termes analysés à l'horizon de cette contribution, réside dans son allégeance pluridisciplinaire, autour du tronc commun que constituent le concept de lésion et le concept, subordonné à celui-ci, de blessure.

La position des concepts désignés par les trois mots-termes du champ lexical à l'étude, à l'intérieur du système conceptuel générique hiérarchique des lésions, est assez basse dans la hiérarchie (au sens de Velicu 2012 : § 6.2, qui prend en compte à la fois des définitions lexicographiques[2] et des classements en sciences forensiques, en secourisme ou sur des sites de vulgarisation médicale) :

(1) Lésions [selon la cause] : blessures [= <lésions dues à des causes extérieures>] vs <lésions dues à des maladies>
Blessures : traumatismes [cause extérieure mécanique] vs brûlures [cause extérieure thermique ou chimique]
Traumatismes [cause extérieure mécanique] : contusions vs abrasions vs traumatismes des muscles ou des os vs plaies
Abrasions[3] : écorchures vs égratignures vs éraflures
(système conceptuel générique des lésions[4])

Les diverses sous-classes de traumatismes sont distinguées (dans la référence citée), selon la manière et/ou l'instrument causateur, mais rien n'y est dit sur les divers types d'abrasions, si ce n'est qu'ils devraient se laisser différencier selon leur profondeur, leur taille et leur gravité, et que seule une analyse contrastive plus poussée des contextes d'occurrence des termes qui les désignent (et, en

---

2 Les définitions, exemples illustratifs et renvois croisés des entrées pertinentes dans le Nouv. P. Rob. 2007.
3 Définition lexicographique à marque de domaine (médical) : « enlèvement par raclage superficiel de certains tissus » (Nouv. P. Rob. 2007). Noter que si les écorchures, égratignures et éraflures sont définies dans ce dictionnaire comme espèces d'abrasions, les abrasions ne sont pas définies comme espèces de blessures, ni comme espèces de traumatismes, ni ne sont par ailleurs énumérées comme espèces de blessures (alors que le trauma l'est, conjointement aux diverses espèces de traumatismes (résultat de trauma)).
4 Dans la référence citée (Velicu 2012), ce système conceptuel est rendu sous forme d'arbre notionnel (au sens de la norme ISO 704/ 2000).

particulier, des collocatifs de ceux-ci) permettrait d'en préciser les caractères distinctifs. Nous suivrons, ici, cette suggestion.

2. Cadre théorique, présentation du domaine de référence

Nous signalons dès à présent que notre article ne se propose pas d'analyse terminologique *per se*. Au contraire, il vise à identifier les différences entre le français et le roumain pour ce qui est du transfert des trois termes à l'étude, vers la langue commune. C'est pourquoi notre démarche s'inscrit du moins en partie dans le cadre théorique de la *socioterminologie* qui, selon François Gaudin, s'intéresse à l'analyse « de la circulation sociale des termes » (Gaudin 2005 : 83).

En terminologie classique déjà (terminologie conceptuelle normative de souche wüsterienne), *une* terminologie (le terme de *terminologie* se laisse alors mettre au pluriel) est un ensemble de termes spécialisés relevant d'un même domaine d'activité – le mot clé étant justement celui d'*activité* (socio-professionnelle) (Gaudin 2005 : 83). À l'intérieur de ce paradigme théorique, une relation logique étroite s'établit entre le monde extralinguistique des objets, et les « unités de pensée » que sont les concepts, d'une part, et entre concepts et signes linguistiques qui les désignent (les termes), de l'autre. Dans un article visant ultimement à souligner la distinction entre linguistique et terminologie, Loïc Depecker insiste sur l'idée que l'objet (tel que défini en terminologie) n'est pas le référent (du signe linguistique saussurien), ni le concept (désigné par le terme) ne se laisse réduire au signifié (du mot qu'est le terme), et que la terminologie (à la différence de la linguistique) est une discipline « éminemment pratique et tournée vers le monde » (Depecker 2005 : 7–8). Bien qu'il s'agisse là au demeurant du monde objectif, en général, à la fois extra-mental et extralinguistique, nature comprise, et non de la société en soi, l'auteur admet la synonymie comme un fait (et du coup donne droit de cité, en terminologie conceptuelle aussi, à la variation discursive – voir art. cit., pp. 8–9).

L'approche alternative présentée dans Gaudin 2005 est d'autant plus importante qu'elle « a permis de mettre au jour des connaissances relatives au fonctionnement discursif et social des termes qu'une approche traditionnelle eût ignorées » (Gaudin 2005 : 83). L'objet principal d'analyse pour la socioterminologie serait l'évolution des termes, leur « circulation…en synchronie et en diachronie, ce qui inclut l'analyse et la modélisation des significations et des conceptualisations » (Gaudin 2005 : 81).

3. Notions de base

À l'horizon de cette recherche, nous comprendrons par champ lexical l'« ensemble formé par les unités lexicales couvrant une aire de signification »[5] : il englobe tous les concepts relatifs à un certain domaine de référence.

Le champ terminographique représente le thème spécifique dont relèvent les concepts désignés par les termes analysés.

Quant au terme, c'est « une unité linguistique désignant un concept, un objet ou un processus. Le terme est l'unité de désignation d'éléments de l'univers perçu ou conçu » (Gouadec 1990 : 3).

Le mot-terme est un item lexical qui, grâce aux échanges linguistiques entre le langage spécialisé et le langage commun, n'est plus figé dans le vocabulaire d'un domaine spécialisé et a migré vers le langage commun (Rizea 2009 : 571).

Pour ce qui est de la collocation, nous précisons tout d'abord qu'elle est construite sur une combinatoire plus ou moins figée entre deux mots et qu'elle « limite la variation des synonymes » (Polická 2014 : 81). La conception statistique des collocations, centrée sur l'analyse statistique des occurrences de deux unités lexicales (quelles qu'elles soient, et indépendamment de toute idée de figement) sera envisagée ici comme triviale et ignorée. Par contre, nous endosserons une approche qualitative, selon laquelle toute collocation est composée d'une *base* choisie librement et d'un *collocatif* choisi en fonction de cette base. Le rapport hiérarchique qui se développe entre ces deux composants tient d'une « réalité psychologique observable en discours » : un « locuteur étranger (…) cherche[ra] désespérément » plutôt « le collocatif » que « la base » (Hausmann & Blumenthal 2006 : 6). En clair, c'est la mécanique collocationnelle qui explique (par exemple) pourquoi les Français disent *petite écorchure*, plutôt que *mince écorchure*.

4. Méthodologie de la recherche

Il faut préciser que le plus clair des ressources utilisées afin de relever les différences entre le français et le roumain pour ce qui est du transfert des termes à l'étude, vers la langue commune sont les dictionnaires. Des dictionnaires bilingues fr-ro (Gorunescu 2013 notamment) seront mis à profit pour vérifier les différences entre l'usage des mots de vulgarisation scientifique en français et en roumain, et des dictionnaires monolingues explicatifs (TLFi pour le français, DEX pour le roumain), pour l'analyse du transfert de termes spécialisés, vers la langue commune au niveau d'une seule et même langue. Comme la recherche

---

5   http://stella.atilf.fr.

lexicographique monolingue (notamment dans la TLFi) pour ces mots-termes ne parvient pas à mettre en évidence les caractères distinctifs des concepts concernés, nous avons entamé, à la suggestion de notre directrice de dissertation, une recherche complémentaire, au ras des textes de vulgarisation médicale: l'interrogation systématique des collocatifs (notamment adjectivaux) des trois noms. Ce que nous intéresse est de voir quels sont les changements subis par les termes lors de leur migration vers la langue commune et de leur apparition dans les textes de vulgarisation (Rizea 2009 : 571), quels sont les modifications imposées par cette migrations et, surtout, si les concepts désignés par les termes respectifs reçoivent de nouveaux caractères distinctifs.

5. Étude terminologique

Notre analyse du microsystème *écorchure, égratignure, éraflure* a débuté par une recherche lexicographique/ terminographique/ thématique dans des dictionnaires monolingues et des banques de données terminologiques, et sur des sites de vulgarisation médicale, pour enchaîner sur la recherche des équivalents roumains dans le dictionnaire bilingue. Nous présenterons dans ce qui suit les définitions et/ou explications relevées lors de cette recherche initiale, justement pour pouvoir ensuite faire une comparaison avec la recherche effectuée au ras des textes.

Ainsi, en ce qui concerne le terme d'*écorchure*, un site de vulgarisation médicale y voit la désignation d'une « plaie légère de la peau ou des membranes muqueuses produite par un frottement violent »[6]. Un autre site médical tout public – cette fois-ci, un site de promotion de produits de soin – ne fait que créer encore plus d'ambiguïté, car il pose d'emblée un rapport de synonymie entre les termes d'*écorchure* et respectivement d'*éraflure* :

> (1) « Écorchures ou éraflures : Abrasion[7] généralement sans gravité des couches superficielles de la peau, fréquente après une chute sur les genoux, les mains ou les coudes, ou suite au frottement contre une surface rugueuse qui a provoqué un enlèvement de peau »[8]

La définition proposée par le GDT (Grand Dictionnaire Terminologique) pour le concept désigné par le terme d'*éraflure* renforce encore la confusion, à première

---

6 http://www.vulgaris-medical.com.
7 Le singulier (en violation des règles de la grammaire sinon du style) marque ici précisément cette analyse terminologique : deux étiquettes pour un même concept.
8 http://www.fr.elastoplast.ca.

vue du moins, puisque l'éraflure a l'air d'y être traitée comme espèce d'écorchure, mais de fait elle fournit des éléments de distinction : si l'éraflure est une « écorchure légère », c'est que l'écorchure en général est de fait plus profonde que l'éraflure ; d'autre part, si l'éraflure est une écorchure « faite par un objet qui effleure », c'est que *d'autres* écorchures (sinon *les* écorchures) ne le sont pas :

(2) « entaille superficielle. Écorchure légère faite par un objet qui effleure »[9]

L'analyse différentielle de ces définitions et explications permet de mettre en vedette des caractères à potentiel distinctif en particulier au niveau de l'instrument/ cause : « objet qui effleure » (2) ne rime pas du tout avec « frottement contre une surface rugueuse » ou « chute sur les genoux/ mains/ coudes » (1), ni « entaille superficielle » (2) avec « enlèvement de la peau » (1).

Dans le cas des égratignures non plus, la définition (assortie d'explications) ne clarifie pas entièrement la position du terme dans le microsystème à l'analyse, c'est-à-dire par rapport aux termes d'*éraflure* et d'*écorchure* :

(3) « <u>petite</u> plaie, peu profonde et <u>peu étendue</u>. Elle est constatée à la surface de la peau. Elle aura très souvent peu de conséquences »[10]

C'est que deux des trois caractéristiques dont il y est fait mention (profondeur, gravité et étendue) sont les mêmes que dans le cas des « écorchures ou éraflures » sous (1) et dans la définition des « éraflures » sous (2) : *peu profonde/ (abrasion des) couches superficielles ; (entaille) superficielle* – et de un ; *peu de conséquences/ sans gravité* – et de deux. Seule se détache l'étendue : puisque les égratignures sont caractérisées comme *petites* et comme *peu étendues*, alors qu'aucune spécification d'étendue n'apparaît dans les définitions ou explications des concepts désignés par les termes concurrents, on peut sans doute les envisager comme de fait *moins étendues* que les écorchures et éraflures.

Le GDT définit le même concept comme une « déchirure ou blessure superficielle, faite le plus souvent avec les ongles ou un instrument piquant »[11] – en privilégiant à nouveau, outre la profondeur (superficielle), l'instrument, comme il en va de la définition/ explication du concept d'éraflure.

Plus bouleversants encore sont les hyperonymes attestés dans tous ces énoncés définitoires : l'écorchure est une *plaie* (encyclopédie en ligne *Vulgaris médical*), l'éraflure est une *entaille* voire une *écorchure* (GDT), les écorchures ou éraflures

---

9 http://www.granddictionnaire.com/.
10 https://premiers-secours.ooreka.fr/.
11 http://www.granddictionnaire.com/.

sont des *abrasions* (peut-être bien une seule et même espèce d'abrasion – sur le site de la firme *Élastoplast*)...

En tout cas, ces trois termes se trouvent dans un rapport de quasi-synonymie (comme c'est le cas du terme d'*égratignure* par rapport aux deux autres termes) ou de synonymie presque totale (à voire le rapport entre *écorchure* et *éraflure*.

Au niveau de la recherche lexicographique dans le dictionnaire bilingue nous n'avons pas réussi à faire une distinction suffisamment évidente entre ces trois termes non plus. Dans le dictionnaire bilingue de langue générale (Gorunescu 2013)[12], *écorchure* est traduit par *zgârietură* (du verbe signifiant 'égratigner'); *julitură* (du verbe signifiant 'érafler'), *zdrelitură* (du verbe signifiant soit 'écorcher légèrement [par impact perpendiculaire à la surface de la peau plutôt que par friction]'[13], soit 'écraser' – sens plus fort) ; *jupuitură* (du verbe signifiant littéralement écorcher). Le terme d'*égratignure*, par *zgârietură, julitură, zdrelitură superficială a pielii* ('légère écorchure superficielle de la peau faite par impact perpendiculaire') et le terme d'*éraflure*, par *zgârietură superficială* ('égratignure superficielle').

Pour ce qui est de la définition des concepts désignés par ces équivalents dans le dictionnaire explicatif roumain DEX, le concept désigné par le terme de *zgârietură* ('égratignure') est défini comme une « rană uşoară, urmă lăsată pe piele de unghii, de gheare sau de un corp ascuţit »[14]. Le terme de *julitură* est censé désigner une « rană uşoară produsă prin julirea pielii; julire, zdrelitură »[15], tandis que le terme de *jupuitură* désignerait une « rană produsă prin jupuirea pielii »[16].

Une comparaison des définitions proposées par le DEX nous indique la différence entre *zgârietură* (dont l'hyperonyme *tăietură* 'coupure' place le concept désigné par ce terme dans la catégorie des coupures) et *julitură* et *jupuitură* qui ont le même hyperonyme, à ceci près que *julitură* est défini comme *rană uşoară* ('blessure légère' – caractère distinctif qui oppose ce terme, au terme de *jupuitură*, défini simplement comme 'blessure [produite en écorchant la peau]').

---

12   Pour tous les équivalents roumains nous avons utilisé ce dictionnaire.
13   Anca-Marina Velicu, communication personnelle.
14   C'est-à-dire : « blessure légère ou trace laissée sur la peau par les ongles, des griffes ou un corps piquant » (nous traduisons).
15   C'est-à-dire : « blessure légère produite en éraflant la peau » (nous traduisons : le verbe *a juli* a pour correspondant français direct *érafler*). L'énumération comporte aussi : « action d'érafler », et « écorchure superficielle de la peau faite par impact perpendiculaire ».
16   C'est-à-dire : « blessure produite en écorchant la peau », le verbe *a jupui* étant le correspondant direct du français *écorcher* (comme dans : *écorché vif* au sens propre).

Suite à cette recherche lexicographique nous pouvons constater que, dans le cadre de chaque langue, il y a une certaine gradation entre les (concepts désignés par les trois) termes, mais il reste néanmoins une question à laquelle le dictionnaire bilingue n'a pas fourni de réponse claire : comment traduire ces termes, quel est l'équivalent le plus approprié pour chacun de ces trois termes ?

Afin de réussir à trouver une réponse à cette question, nous avons entamé un « étude de la circulation sociale des termes [qui] implique également des pratiques langagières » (Gaudin 2005 : 89). Dans notre cas, ces pratiques langagières seront représentées par les collocations attestées (en particulier) dans les textes de vulgarisation.

Les collocations les plus utilisées pour le terme d'*écorchure* sont construites à l'aide des collocatifs adjectivaux *superficiel, profond, petit* et *grand*. Suite à une recherche effectuée sur le moteur de recherche Google, nous avons constaté que la collocation *écorchure superficielle* débouche sur 861 résultats (dont les dix premiers uniformément pertinents) :

> (4) « Peut-on regarder comme représentant ces lésions l'écorchure de la région occipitale ? Cette écorchure superficielle a été produite par un frottement rude, et non par un choc direct. Un choc direct eût contusionné, déchiré les parties molles »[17].

Ce premier exemple trouvé indique le facteur qui provoque l'écorchure, c'est-à-dire le frottement et la comparaison avec le choc met en évidence le fait qu'une écorchure apparaît à la surface de la peau et que donc on ne peut pas parler d'une profondeur assez importante lorsqu'il en question.

Par ailleurs, la recherche ciblée de la collocation *écorchure profonde* débouche sur bien moins de résultats, et la plupart d'entre eux font référence aux mêmes textes.

N'empêche que l'intégration de l'instrument/ de la cause suggère que les écorchures sont plus profondes que les éraflures : « produite par un frottement rude » (4) vs « objet qui effleure » (2).

Une autre collocation suggestive pour notre recherche est celle construite à l'aide du collocatif *petit*. Avec plus de 6000 résultats, cette collocation indique l'étendue de l'écorchure à la surface de la peau.

> (5) « Je trouvais au milieu de ce pouce, à la surface de la peau, une *petite écorchure* de la grandeur de la tête d'une épingle »[18].

---

17 http://dictionnaire.education.fr.
18 https://books.google.ro/.

À l'exemple de la collocation *écorchure profonde*, la collocation *grande écorchure* débouche, elle aussi, sur bien moins de résultats que *petite écorchure* et les contextes sont, là encore, souvent repris d'un texte à l'autre. Il y a en revanche pas mal d'exemples littéraires attestant les collocations *large écorchure* et *grosse écorchure* (romans du XXe s., y compris des traductions de l'anglais) :

(6) « En très bonne santé j'arriverais ici/ Si je n'étais porteur d'une *large écorchure* » (*Le Distrait*, comédie par Jean-François Regnard, 1777, Paris : Delalain, p. 18)

(7) « Je me tire de cette chute sans autre dommage qu'une *grosse écorchure* » (Juliette Duval, Secret Games, Éditions addictives 2016, roman rédigé en français)

Ce qui va dans le sens du rapprochement entre écorchures et éraflures (abrasions étendues en largeur) – comparer à (14) et (15) infra.

Il est vrai que pour *égratignure*, la définition mentionnée plus haut, ainsi que celle proposée par TLFi : « Légère blessure caractérisé par une déchirure superficielle (de la peau) »[19] donnent des précisions concernant la profondeur de la plaie au niveau de la peau et l'objet qui l'a provoquée. Cependant, les explications fournies par le texte introduisent des précisons concernant l'étendue de la blessure :

(8) « Il y avait une *petite égratignure* sur mon visage. Elle n'était *pas plus grande que la surface d'une gomme*. Mais ça saignait, ça cicatrisait et ça ne guérissait jamais »[20].

À l'égard de l'étendue de la plaie, la collocation *longue égratignure* – qui débouche sur plus de 900 résultats, nous donne la possibilité de considérer l'égratignure comme plaie longue, par opposition à une plaie large :

(9) « … je fus assez heureux pour jeter l'animal par terre sans blesser mon ami, qui n'avait d'autre mal, qu'une *longue égratignure* que lui avait faite le tigre en l'assaillant… »[21].

Il est néanmoins vrai que pour le mot-terme *égratignure*, on emploie également la collocation *large égratignure* :

(10) « Une *large égratignure* que lui fit son cher favori, ne diminua rien de sa vive affection. Il est vrai que la pauvre bête ; (c'est du Chat dont je parle, et non de notre pédant), il est vrai que la pauvre bête ne croyait pas enfoncer ses griffes dans le visage charnu de son respectable maître »[22].

---

19 http://stella.atilf.fr/.
20 http://topibuzz.com/.
21 https://books.google.ro/.
22 https://books.google.ro/.

Comme on peut le constater à partir de cette citation, une *large égratignure* fait référence à une griffure faite par un chat, à la suite de quoi on constate qu'ici, *large* ne s'oppose pas à *longue*, mais à *mince*, et qu'il s'agit en fait de plusieurs griffures parallèles.

Une autre distinction ressortit de l'emploi de la collocation *mince égratignure* dans de nombreux contextes :

(11) « Je regarde, et en effet, elle a une mince égratignure de sang séché d'un bon centimètre de long à la paupière du dessous »[23].

(12) « Une mince égratignure rose traversait son menton. La vue de cette égratignure la soulagea, bizarrement »[24].

Ces deux exemples représentatifs prouvent que l'égratignure se développe en longueur et non pas en largeur.

La collocation *grosse égratignure* porte sur la profondeur, et non sur la largeur :

(13) « ... mon frère s'est fait une *grosse égratignure* samedi en tombant sur une pierre. Il saignait beaucoup. En fait, il doit manquer 1mm de peau »[25].

Quant au troisième terme à analyser, *éraflure*, nous avons vu en haut que la définition proposée dans le dictionnaire de terminologie plaçait *éraflure* dans un rapport de quasi-synonymie avec *écorchure*. Suite à l'analyse faite au ras des textes pour *éraflure*, nous avons constaté que ce terme est employé surtout à côté des collocatifs comme *petite*, *superficielle*, *légère* – à l'instar du terme d'*écorchure*.

Les collocations *grosse éraflure* (attestée sur un site de vulgarisation médicale) et respectivement *large éraflure* sont à lire dans la même clé d'étendue (en largeur vs profondeur) qu'avec la base *écorchure* (voir supra (6) et (7)), à la différence de ce qui se passe avec le terme d'*égratignure* :

(14) « hier je suis tombée de vélo et là bang une *grosse éraflure* de plus de une centimetre [sic ! un centimètre] de diamètre dans le haut du front et donc une *grosse croûte* »[26].

Nous avons constaté antérieurement que l'égratignure, quelque profonde qu'elle soit, se développe toujours en longueur et qu'elle est mince. L'exemple suivant, puisé dans un livre qui présente un incident produit à la chasse, présente une occurrence du terme d'*éraflure* désignant une plaie assez large, même si elle a une forme longitudinale :

---

23 https://surveillernathalie.wordpress.com/.
24 http://fr.calameo.com/books/.
25 http://forum.doctissimo.fr/.
26 http://sante-medecine.journaldesfemmes.com/.

(15) « Une *large éraflure* de dix centimètres apparaissait, *longitudinale*, parallèle au membre »[27].

Un seul bémol à cette étude de collocations : elle ne permet pas de distinguer clairement écorchures et éraflures – à moins d'intégrer des contextes instrumentaux et de manière plus consistants, comme nous l'avons déjà suggéré lors de l'analyse différentielle des énoncés définitoires et explicatifs commentés plus haut :

(16) cette écorchure superficielle a été produite par un *frottement rude*, et non par un choc direct (opposition écorchure vs déchirure vs contusion) (4) / éraflure produite par un *objet qui effleure* (2)

Si nous y ajoutons l'inaptitude de *érafler* (verbe) à entrer dans la collocation ___. *qqn vif* :

(17) écorcher qqn vif/ *érafler qqn vif (TLFi)

et le taux d'attestation virtuellement nul de #*éraflure profonde* (dans les textes médicaux de vulgarisation ou d'information[28]), nous en concluons que les éraflures sont quand même plus superficielles/ moins profondes et donc moins graves que les écorchures.

Après cette recherche au ras des textes en français, nous devons suivre maintenant la même démarche en roumain, même si, comme nous allons le constater, en roumain les contextes ne sont pas aussi riches en détails qu'en français.

Nous avons énuméré plus haut la série d'équivalents proposée par Elena Gorunescu pour le terme d'*écorchure* – que nous reprenons ici : *zgârietură* ('égratignure'), *julitură* ('éraflure'), *zdrelitură* ('écorchure légère [par impact perpendiculaire vs par friction]'), *jupuitură* ('écorchure – par friction'). Pour le terme d'*égratignure* elle a proposé la série *zgârietură* ('égratignure'), *julitură* ('éraflure'), *zdrelitură superficială a pielii* ('écorchure légère superficielle de la peau, faite par impact perpendiculaire') et le terme d'*éraflure* a été traduit dans le dictionnaire bilingue par *zgârietură superficială* ('égratignure superficielle').

Nous pouvons constater que pour chacun des trois termes français, le premier équivalent roumain de proposé reste *zgârietură*. Il faut pourtant se poser la question si tous ces termes proposés se trouvent dans un rapport de parfaite synonymie.

Nous allons analyser tout d'abord le terme de *zgârietură* défini dans le DEX par « rană ușoară, urmă lăsată pe piele de unghii, de gheare sau de un corp

---

27 https://books.google.ro/.
28 Une seule attestation en ligne, dans une traduction littéraire du chinois (décrivant des blessures infligées à l'ennemi par un guerrier).

ascuțit »[29]. Cette définition ressemble à la définition en français du concept désigné par le terme d'*égratignure*. En plus, il y a des contextes dans lesquels ce terme est utilisé en roumain de même manière que le terme *égratignure* l'est en français :

> (18) Femeia, în vârstă de 60 de ani, se întorcea acasă de la cumpărături, cu două sacoșe în mâini când, din senin, *o cioară a atacat-o provocându-i o zgârietură lungă de circa trei centimetri pe ceafă*[30].

En ce qui concerne le deuxième équivalent roumain mentionné dans les articles du dictionnaire bilingue compulsé, à savoir *julitură*, nous avons déjà vu que la définition du concept pertinent, dans le DEX n'est pas très explicite. Pourtant, suite à la vérification des occurrences, nous avons constaté que le terme *julitură* apparaît dans la plupart des cas dans la collocation *julitură mare* – où *mare* ('grand') signifie de fait l'étendue :

> (19) Săptămâna trecută a venit fata mea cu julituri în palmă și dresul rupt și altă julitură mare în genunchi, împinsă fiind de unul dintre băieții ăia[31].

Ce constat nous dirige vers une équivalence du terme français d'*éraflure* avec le terme roumain *julitură*, plutôt qu'avec les autres termes présentés dans le dictionnaire bilingue.

Pour le terme d'*écorchure* nous choisissons comme équivalent roumain le terme de *jupuitură* car il y a des contextes qui, doublés par la définition du concept désigné par le terme dans le dictionnaire monolingue, relèvent les mêmes caractéristiques que mettent en lumière les contextes français :

> (20) Dar nu se scârbi, nu se indignă, nu căuta să descopere originea acestei stări ciudate, decât în clipa când, spălându-se, descoperi o mică jupuitură în mijlocul nasului și una mare în colțul stâng al frunții[32].

---

29 Litt. 'Blessure légère ou trace laissée sur la peau par les ongles, des griffes ou un corps piquant' (nous traduisons).
30 http://www.contrasens.com/, consulté le 19.11.2017. Litt. 'La femme, âgée de 60 ans, rentrait à la maison [après avoir fait] des courses, avec deux sacs à provisions dans les mains quand, à l'improviste, une corneille l'a attaquée en lui produisant une égratignure longue d'environ trois centimètres sur la nuque' (nous traduisons).
31 Litt. 'La semaine passée ma fille est venue avec des éraflures dans la paume et les collants déchirés, et une autre grande éraflure au genou, ayant été poussée par un de ces garçons-là' – http://www.lucrudemana.com/, nous traduisons.
32 Litt. 'Mais cela ne le rebuta pas, il ne s'[en] indigna pas, il n'essaya pas de découvrir l'origine de cet étrange état, sauf au moment où, en se lavant, il découvrit une petite

À l'issue de cette recherche au ras des textes (de vulgarisation ou selon le cas littéraires), dressons un bilan des résultats, pour mieux mettre en évidence les informations additionnelles qu'ont apportées les contextes par rapport aux définitions et/ou explications des dictionnaires et des banques de données terminologiques.

Le terme d'*écorchure* désigne un concept défini (au gré des ressources consultées) comme <plaie[33] légère de la peau ou des membranes muqueuses, produite par un frottement rude> ; principales collocations attestées : *petite* __/ __ *superficielle*/ ; PLUS RARES : *grande* __/ __ *profonde* ; LITT. *grosse* ___/ *large* __ ; à rapprocher sans doute (ne serait-ce qu'au niveau des connotations) des emplois plus forts du verbe *écorcher* (*écorcher quelqu'un vif*) ; informations supplémentaires relevées par les contextes plus étendus et la sémantique (y compris collocationnelle) du verbe dont le terme procède : [abrasion] plus ou moins large (plus ou moins étendue), dont la dimension la plus saillante est la profondeur (enlèvement de portions d'épiderme plutôt que simple amincissement des strates plus superficielles de l'épiderme) ; équivalent terminologique roumain proposé : *jupuitură*.

Le terme d'*égratignure* désigne un concept défini (au gré des ressources consultées) comme <déchirure ou blessure superficielle, faite le plus souvent avec les ongles ou un instrument piquant> ; principales collocations attestées : *mince* __/ *longue* __/ *petite*__ (= « mince » !)// RARE : *grosse* __ (= plus « profonde, grave » que de coutume, saignant beaucoup)// ENCORE PLUS RARE : *large* __ (= plusieurs égratignures parallèles !) ; informations supplémentaires relevées par les contextes : abrasion d'étendue réduite, dont la dimension la plus saillante est la longueur ; équivalent terminologique roumain proposé : *zgârietură*.

Le terme d'*éraflure* désigne un concept défini (au gré des ressources consultées) comme : <entaille superficielle, écorchure légère faite par un objet qui effleure> ; principales collocations attestées : *petite*__/ __ *superficielle*/ *grosse*__/ *large* __ (pour l'essentiel, les mêmes qu'avec la base *écorchure*, seulement, sans restrictions de variétés textuelles, puisque toutes sont bien attestées dans des textes de vulgarisation médicale) ; #*éraflure profonde* (collocation non attestée dans des textes de vulgarisation médicale) ; informations supplémentaires relevées par les contextes plus étendus et la sémantique (y compris collocationnelle) du verbe dont le terme procède : le dimension la plus saillante en est la largeur, et la dimension la moins saillante, la profondeur (c'est la plus superficielle de toutes

---

écorchure au milieu du nez et une autre, de plus grande, du côté gauche du front' – https://pt.scribd.com/, nous traduisons.
33 Noter que le terme de *plaie* est employé ici comme descripteur, dans une acception plus vague, synonyme de *blessure* plutôt que co-hyponyme d'*abrasion*.

les trois espèces d'abrasions comparées) ; équivalent terminologique roumain proposé : *julitură*.

6. Conclusions

En guise de conclusion, nous rappellerons que la présente contribution adopte une « vision dynamique des termes » (au sens de Gaudin 2005) : le terme y est évidemment envisagé non comme une étiquette du concept désigné, mais plutôt comme un signe linguistique à part entière.

Nous avons utilisé une méthode d'analyse centrée sur les contextes verbaux, analyse qui enrichit, et parfois contredit, les résultats d'une simple recherche lexicographique. Nous espérons que cette recherche ponctuelle (portant sur un champ lexical restreint français et ses équivalents interlinguaux roumains) aura quand même été révélatrice de mécanismes généralisables, pour ce qui est de la manière dont les termes transgressent les limites de leur domaine spécialisé et entrent dans la langue commune, avec tout ce que cela comporte de risques (en particulier, en fait d'usage vague et de synonymies discursives qui parasitent l'accès au concept).

Ce que les collocations et autres contextes permettent de mieux saisir, c'est la nature irréductible des différences entre signifiés de langue, et donc le caractère tout relatif des synonymies.

Références

*** Dicționarul explicativ al Limbii Române [ouvrage collectif], Univers Enciclopedic, București, 2016.

Depecker, Loïc (2005) – « *Contribution de la terminologie à la linguistique* », in Depecker, Loïc (éd.), *Langages* 39e année, n°157, pp. 6–13.

Guadec, Daniel (1990) – *Terminologie. Constitution des données*, Paris : Afnor.

Gaudin, François (2005) – « *La socioterminologie* », in Depecker, Loïc (éd.), *Langages* 39e année, n°157, pp. 80–92.

Gorunescu, Elena (2013) – *Dicționar Francez-Român*, 2e édition, București: Teora.

Hausman Franz Josef ; Blumenthal, Peter (2006) – « Présentation : collocations, corpus, dictionnaires ». *Langue française*, N°150, 2006, p. 3–13.

Polická, Alena (2014) – *Initiation à la lexicologie française*, Brno : Université Masarykova.

Rizea, Monica-Mihaela (2009) – *Termenul din perspectiva unei terminologii externe*, Bucarest : Université de Bucarest.

Velicu, Anca-Marina (2012) – *Terminologie. Mode d'emploi*, Bucarest : Université de Bucarest, texte inédit (120 p A4, Verdana 10, interligne 1).

Webographie

Dictionaire en ligne, *Le grand dictionnaire terminologique*, http://www.granddictionnaire.com/.

Dictionaire en ligne, *Trésor de la Langue Française informatisé*, http://atilf.atilf.fr/.

Site de vulgarisation médicale, http://www.vulgaris-medical.com.

Site de vulgarisation médicale, http://www.fr.elastoplast.ca.

Site de vulgarisation médicale, https://premiers-secours.ooreka.fr/.

Site de vulgarisation médicale, http://www.hopitalpourenfants.com.

Site de vulgarisation médicale, http://forum.doctissimo.fr/.

Site de vulgarisation médicale, http://sante-medecine.journaldesfemmes.com/.

https://books.google.ro/.

http://dictionnaire.education.fr.

https://surveillernathalie.wordpress.com/.

https://fr.answers.yahoo.com/question/index?qid=20130527025938AAICWj4.

http://www.contrasens.com/.

http://www.lucrudemana.com/.

https://pt.scribd.com/.

http://fr.calameo.com/books/.

http://topibuzz.com/.

Environnement lexicographique/ terminographique des termes

Tegau ANDREWS, Gruffudd PRYS,
Dewi BRYN JONES and Delyth PRYS

Language Technologies Unit, Bangor University,

Crossing between environments: the relationship between terminological dictionaries and Wikipedia

Abstract: This paper discusses two environments in which concept definitions are published, namely terminological dictionaries which deal specifically with technical subjects and general online encyclopaedias such as Wikipedia. It compares the intended function of both resource types, justifies and explores their differences, and considers whether a mutually beneficial relationship can exist between both knowledge formats. This discussion will focus on a real world exercise undertaken to enrich term entries and definitions relating to the natural world in Welsh terminological dictionaries. The paper also investigates the technological methods used to incorporate Wiki content into terminological dictionaries, and examines some of the licensing issues arising from sharing content between different resources. It concludes by examining how the interconnection between the environments of Welsh Wicipedia and of Welsh terminological dictionaries might be developed in the future.

Keywords: *terminological dictionaries, terminological definitions, crowdsourcing, Welsh Wicipedia, Wikipedia, content sharing*

This paper was given initially as a presentation at the Bucharest TermTrad 2017 International Symposium on *Terms of the environment and the environment of terms*. We chose to interpret the symposium title as referring to the environment (as in platform, or setting) in which terms and definitions are published and distributed. This paper was written in response to an increasing tendency in Wales, observed by the authors, to question the need for terminological dictionaries in light of the growth of collaborative online encyclopaedias. It compares the intended function of both types of resources, exploring and justifying the differences between them, and considers whether a mutually beneficial relationship can exist between both knowledge formats. It also examines these issues in the context of a real-world exercise to enrich term entries and definitions relating to the natural world within the field of Welsh-medium education in Wales.

Terminological dictionaries and crowdsourced online encyclopaedias are often seen as being similar resources. Both represent collections of entries that label and describe concepts for the benefit of their readers. However, it is the encyclopaedic format which is the most familiar generally, and the growth of one popular example, Wikipedia, has served to further eclipse the more specialized medium of the terminological dictionary.

The success of the crowdsourcing approach for Wikipedia and similar platforms has led to a discussion within the field of terminology as to whether there is a place for crowdsourcing within the discipline. This question has been raised regularly and repeatedly in terminology conferences, including in the *Creation, Harmonization and Application of Terminology Resources* NODALIDA workshop in 2011, the *Multilingual Terminology Development in Higher Education: Terminologies, Glossaries and the Academic* event at the University of South Africa in 2014, and the 2016 EAFT Summit in Luxembourg. We address the role of crowdsourcing below, and consider whether more open collaboration would be appropriate when standardizing terminology.

In the education sector in Wales, some have gone beyond suggesting that terminology work should imitate certain aspects of the approach adopted by Wikipedia. They now ask whether the existence of a Welsh Wicipedia has done away completely with the need to produce specialist terminological dictionaries any longer. In the September 2017 EAFT seminar in Bangor University, Wales, the following question was raised by a representative of a body responsible for funding Welsh-medium education:

> Do we need Welsh terminological dictionaries at all? Should we not input all of their contents into Wikipedia, and do away with terminological dictionaries? This would make Wikipedia a one-stop shop for students – it is, after all, so much more popular as a source of information for them.

Put simply, the question is would terminology work in Wales benefit from increased crowdsourcing, or, more drastically, should we adopt Wikipedia wholesale as a distribution outlet for Welsh-language terminology. To answer that we need to look carefully at these two distinct environments, compare and contrast what each has to offer and decide for whom they might work best.

Terminological dictionaries contain technical terms from a particular domain, along with other information such as a concise definition of the concept for which the term serves as a label. International best practice as set out by the International Organization for Standardization (ISO) suggests that terms should be standardized by a working group consisting of five to eight domain experts and a terminologist (British Standards Institution 2001: 4.3.4). In this environment candidate terms are collected and evaluated using ISO 704 principles, before consensus is reached between the working group members on the recommended standardized form. These principles include ensuring that the term is transparent, appropriate, concise and linguistically correct, and that it can give rise to derivatives and compounds (British Standards Institution 2009: 7.4.2).

Definitions are drafted and fine-tuned by the working group, who use a mixture of domain-expert knowledge, reference books and other such sources and follow the ISO 704 principles on definition writing. Among other things, these principles state that a definition should include the unique set of characteristics that typify the concept, enough information so that the reader can recognize the concept and differentiate between it and other related concepts, and be as concise as possible (British Standards Institution 2009: 6.2).

Terminological dictionaries are prescriptive works targeted at a particular audience, often specialists working in the relevant field. Prescriptive dictionaries are described as such because they *prescribe* the recommended term to be used in a specific technical context with a particular intended audience. They differ from the more common descriptive dictionaries where many different synonyms or alternative phrases are provided, leaving the choice of which word to use in the hands of the user. Unlike descriptive general-language dictionaries, technical prescriptive dictionaries are usually written by a small group of domain experts aided by linguists. As a result, creating such technical dictionaries could be described as a collaborative, multidisciplinary endeavour between a number of experts seeking to achieve consensus on the most appropriate definition and designation for the concepts to be included in the dictionary.

The Wikipedia environment, on the other hand, is very different. Wikipedia is a general-purpose resource intended for the widest possible audience. Wikipedias in major languages, such as English, are created and edited by a large number of anonymous volunteers. A Wikipedia article does not need to be written in a technical language register and in fact it could be argued that the need to be clear and « understandable […] for both experts and non-experts » (« Wikipedia: The Perfect Article » n.d.) means it should not be written in a technical register. According to the English Wikipedia guidelines, an article should be « long enough to provide sufficient information, depth and analysis on its subject » (« Wikipedia: The Perfect Article » n.d.) and should include references, citations and relevant media. This goes considerably beyond the scope of a term definition. A term definition could, however, be contained within the body of an expanded article. Wikipedia is freely available online and one of its most notable characteristics is that anyone may contribute. On Wikipedia itself, it states: « *anyone* can edit almost every page » (« Wikipedia: Introduction » n.d.). Therefore, one of the biggest differences between Wikipedia and terminological dictionaries is authorship – the individuals who are permitted to write its content. In one case it is a specific group of specially selected individuals. In the other it is an unknown number of self-selected individuals.

Wikipedia's open, crowdsourcing philosophy has resulted in its expansion to comprise 35 million articles in 288 different languages (Safer 2015). These articles are not, however, distributed equally between all languages. As a rule of thumb, the more contributors to Wikipedia a language has, the more content is created in that language. A crowdsourced approach succeeds when it attracts a critical mass of contributors and editors to expand and improve the resource for free. Attracting freely-given contributions is easier when a language has more speakers. For example, on 14 May 2018, there were 5,648,850 articles in the English Wikipedia, 3,784,073 in the Swedish, 1,983,143 in the French, 1,410,459 in the Spanish, 579,906 in the Catalan and 430,983 in the Hungarian (« List of Wikipedias » n.d.).

Compare this with the situation for a language with fewer speakers, such as Welsh. Welsh is one of six Celtic languages, and it is spoken in Wales by 19% of the population, or approximately 562,000 speakers (Office for National Statistics 2012). It is an official language of Wales, jointly with English, but it has no official status in the EU. In the Welsh-language Wicipedia on the same date, there were 100,541 published articles (« List of Wikipedias » n.d.).

As these numbers include not only long articles but also very short articles called 'stubs' and articles created by bots, it is also worth looking at the depth of collaborativeness for each language on that date. Broadly, this measures how frequently articles in a given language are edited, and how much discussion takes place about the content of the articles. The depth scores for the languages mentioned above on the same date were as follows: English 901.01; French 222.09; Spanish 205.9; Hungarian 57.65; Welsh 32.06; Catalan 30.2; Swedish 5.86 (« List of Wikipedias » n.d.). Welsh therefore compared favourably with languages which have more speakers when one considers the collaboration depth score.

Collaboration is fundamental in both Wikipedia and terminology work. Unlike, for example, translation, terminology work has never been considered the enterprise of an individual and has always required a 'crowd' of sorts. Failure to be inclusive and reach a consensus regarding contentious terms rarely bodes well for the acceptance of those terms by the wider community. In the Welsh terminology work undertaken by Bangor University, over 100 editors and domain experts have collaborated over the past 25 years or so on numerous dictionaries in a wide range of fields. With a greater number of experts, so comes a greater level of expertise, as Barbara Karsch puts it in her chapter on terminology work and crowdsourcing in the Handbook of Terminology,

> The main asset of the crowd is the vast knowledge represented, access to which would not normally be open to a terminologist in her office. Nevertheless, not all input is equally valuable and a terminologist must be able to recognize good value. (Karsch 2015: 302)

It is clear here that within the discipline of terminology, a selective crowd is required. Karsch underlines this point, referring to « the selection of the crowd », « the chosen crowd » and « the right crowd » as a requirement, as opposed to the inclusion within the standardization process of an unspecified crowd of people from the general public (Karsch 2015: 302 & 291). This stems from the necessity of having a small team who know what tasks are required of them, can communicate and cooperate well together and are capable of working efficiently and systematically following the ontological approach found in terminology standardization, compared to the ad hoc approach to article creation typical of Wikipedia.

Nevertheless, although Wikipedia's collaborative nature is perhaps less of a unique selling point than is generally perceived, there is no denying its reach and general importance as a resource. It is especially valuable for minority languages where resources may be scarce, and where there may not be many other available platforms for publishing on the web.

« An endangered language will progress if its speakers can make use of electronic technology » wrote David Crystal (Crystal 2000: 141), and it is widely acknowledged that the presence of a language on the internet and other new media is vital to its continuation and success. As a result, there is a particular enthusiasm in minority language communities for creating and freely sharing content with others as a means of language upkeep and revitalization.

For language communities where there is very little government support and public spending, such as Breton, Wikipedia offers volunteers an easy-to-use publishing and dissemination platform, and language activists can easily publish short articles on important topics in their language, in a widely accessible format and without needing special technical expertise and resources. A flourishing Wikipedia in a minority language can therefore be important to its speakers, and some minority language communities have made concerted efforts to maximise the Wikipedia content in their language. The Welsh Government has recognized Wikipedia's importance for the Welsh language online. Its 2017–21 Work Programme for the Cymraeg 2050 Strategy for the Welsh language– which aims to increase the number of Welsh speakers to one million by the year 2050 – specifically references Welsh Wicipedia, stating it will « support efforts to increase the number of Welsh-language Wicipedia pages » (Welsh Government 2017a: 35).

The government has provided grant aid to agencies such as the 'Mentrau Iaith' (Language Ventures) to further this aim, and the National Library of Wales has also employed a dedicated Wikimedian in Residence – the first such in the UK – to further the same aim (Welsh Government 2017b, The National Library of Wales 2017).

As the part of this push in Wales towards creating Welsh-language Wicipedia content, Bangor University's Language Technologies Unit (LTU), home of the authors of this paper, have been asked more than once if it would be possible to share their terms and definitions with Wicipedia. As a result, the possibilities of sharing these entries with Wicipedia were explored. This was seen by the LTU team as having the potential for a mutually beneficial exchange: could Wiki content add value to the LTU's dictionaries, and could those same dictionaries add value to Wicipedia?

1. Using content from the Wikipedia family of websites

The LTU has been creating domain-specific dictionaries since 1993 (Andrews and Prys 2016), and, as a result, it is responsible for a great deal of content in the form of definitions and term entries. Many of these dictionaries were funded by external clients (mainly from the public sector in Wales), and the clients' interests needed to be considered before work that they had funded could be licensed more openly. The LTU have two large ongoing dictionary projects in the field of Education:

(i) Welsh-language terminology standardization for schools and further education, entitled *Y Termiadur Addysg* (Prys and Prys 2011–2018)
(ii) Welsh-language terminology standardization for the eight Welsh universities teaching courses through the medium of Welsh, entitled *Geiriadur Termau'r Coleg Cymraeg Cenedlaethol* (Andrews and Prys 2010–2018).

The first terminological dictionary is funded directly by the Welsh Government and the second by the Coleg Cymraeg Cenedlaethol (Welsh National College). Initially the LTU's dictionaries were published and sold in print format and on CD-ROM. Following the rise of internet as a ubiquitous service, they are now published exclusively online and in apps, where the content is all free to access.

The terminology standardization work, including definition writing, is undertaken in an online platform called 'Maes T', which was developed in-house. The Maes T system facilitates collaboration between geographically dispersed teams of domain experts and terminologists (Andrews and Prys 2011). When dictionaries are published on this platform they are then distributed to the Welsh National Terminology Portal website and they are also distributed individually, if required, to any external websites where clients wish their own particular dictionary to be searchable (Prys, Andrews et al 2012).

All entries in the LTU's terminological dictionaries include an English term, an equivalent standardized Welsh term, and grammatical information such as part of speech and gender. Other information may also be included, such as disambiguators and definitions. The aim of including definitions is to enable the reader to recognize a concept and differentiate between it and other concepts, especially related or similar concepts. Definitions are only included when it is possible within the scope of the project; that is, when the funder commissions the LTU to do so, and time and financial resources are allocated to this task. Currently, definitions are provided in the Geiriadur Termau'r Coleg Cymraeg Cenedlaethol, which is the dictionary of terms for universities.

Online publishing has allowed the LTU to experiment with additional content in terminological entries, where before the team had been restricted to a certain extent by the size constraints of a single-volume printed dictionary and the associated printing costs. Online publishing allowed the LTU to gradually introduce additional features that would be of value to students, such as cross-references to related concepts in definitions, usage notes, mathematical equations, diagrams and images.

2. The benefit of using Wikimedia images

The first obvious benefit of interconnecting the LTU's terminological dictionaries with Wiki-based content was access to their ready-made images which could be used to enhance terminological entries. The diagrams and images included in entries in the Geiriadur Termau'r Coleg Cymraeg Cenedlaethol in recent years had been supplied by domain experts, who were predominantly academics. These included diagrams of molecular structures and images of solar phenomena produced by the experts themselves, often as part of their research activities (see Figure 1).

Figure 1: Dictionary entry containing an image provided by a Welsh domain expert1

> **filament** (astronomy) ffilament eg ffilamentau
> Tafod o nwy dwys cymharol oer wedi ei ïoneiddio (~10,000K), yn gaeth mewn bwndell cymhleth o faes magnetig yn atmosffer isel yr Haul. Mae ffilamentau'n ymddangos yn dywyll yn erbyn cryfder yr Haul y tu ôl iddynt. 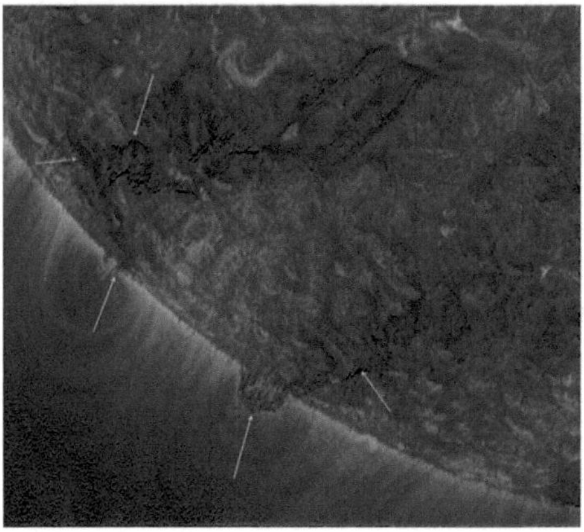
>
> [image of solar filament]
>
> A tongue of dense relatively cool ionized gas (~10,000K), held in place by complex bundles of magnetic field in the Sun's low atmosphere. Filaments appear dark against the brightness of the Sun behind them.
>
> *Geiriadur Termau'r Coleg Cymraeg Cenedlaethol - Mathemateg a Ffiseg*

Not every client who commissions a terminological dictionary, however, has the time or funds to create their own images and in such cases it is possible to turn to Wikimedia Commons. Wikimedia Commons, which forms part of the Wikipedia family of websites, is a repository of over 40 million media files (« Commons: Welcome » n.d.) that are licensed under public domain and various free licences with different degrees of permissibility.

The first dictionary where the LTU incorporated Wikimedia files was a short dictionary entitled *Buchod Cwta / Ladybirds* (Brown, Elias et al 2014) which contains names for the ladybird family *Coccinelidae* and which is hosted in the Maes T platform for Cymdeithas Edward Llwyd, an association of Welsh naturalists. The Wikimedia files included a large number of high quality photographs of various species. The inclusion of these images in the ladybird dictionary was seen by Cymdeithas Edward Llwyd as being vital to enabling its users to recognize the different species of the ladybird family, given that the dictionary did not include textual definitions.

---

1   Source: Andrews and Prys 2010–2018.

Figure 2: Dictionary entry containing a Wikimedia image[2]

3. Licensing

For a photograph to be included in the dictionary, however, its licence had to be examined, to ensure that the LTU's intended use was acceptable under the terms of that particular licence. There are a number of common licences which are referred to as being 'free', and these vary in terms of their permissibility, with some placing more restrictions than others on the reuse of the content. For the dictionary of ladybird names, photographs published with one of the three following licences were deemed appropriate for use: Public Domain, Creative Commons Attribution, known as CC BY, and Creative Commons Attribution-ShareAlike, known as CC BY-SA.

Public domain images are free for use without restriction. CC BY may be used without restriction as long as the author of the image is acknowledged. CC BY-SA may be used without restriction as long as the author is acknowledged and the user of the image also agrees to share their content with others. The ShareAlike clause can cause problems for content which is reused from other sources where different pre-existing licences are in force, as is discussed later. Cymdeithas Edward Llwyd, however, agreed to share the dictionary with others under the ShareAlike licence and to transfer its dictionaries to Welsh-language Wicipedia for distribution under the terms of CC BY-SA.

---

2   Source: Brown, Elias, et al 2014. Image by Pudding4brains [Public domain], from Wikimedia Commons.

4. Methodology

Two methods have been used by the LTU to incorporate Wikimedia images in dictionaries. As the dictionary of ladybird names contained fewer than 50 names, it was possible for the members of Cymdeithas Edward Llwyd to manually search Wikimedia for suitable images with an appropriate licence, then add an image URL to the relevant entry in the Excel file in which the dictionary had been created. This file was then imported into the Maes T platform and published as an online dictionary. The licensing and attribution information for each image was included in the URL provided in Wikimedia and this could be seen in rollover text on every image in the online dictionary.

Some months after this dictionary was published, Cymdeithas Edward Llwyd requested that the same work should be done on a much larger dictionary of over 9,500 names of birds, entitled *Adar y Byd/ Birds of the World* (Fear, Elias et al 2015). It became clear that an automated solution would be required, since searching for these images by hand would be very laborious. Therefore, the LTU created a code which could map the dictionary entries to corresponding Creative Commons photographs from Wikimedia Commons and import them into the relevant entries in the Maes T system. The code created would search the API service of the Wikidata website to find an image file corresponding to the scientific Latin name of the animal, or else corresponding to its Welsh or English common name. A snippet of the code used to find relevant Wiki media files for inclusion in the dictionary is given here:

```
SELECT ?item ?file

{
 {
  { ?item wdt:P225 "Cygnus columbianus bewickii"}
  UNION
  { ?item wdt:P225 "cygnus columbianus bewickii"}
  UNION
  { ?item rdfs:label „Alarch Bewick"@cy}
  UNION
  { ?item rdfs:label „Bewick's swan"@en}
 }.
 ?item wdt:P18 ?file .filter (bound (?file))
}
```

Wikidata, which is another website within the Wikipedia family, is a database of linked data, indexed by concept. It does for data what Wikimedia Commons does for media files. It is structured to be read and edited by both humans and machines, and is consequently more suitable for an automated solution. A code similar to the snippet above would be sent automatically to https://query.wikidata.org/sparql. If more than one image was found in Wikidata, the first of these would be included in the dictionary. A second code would then create a HTML string for inclusion in the dictionary, which used what was at the time an experimental API for extracting the attribution of Wikimedia artefacts, so that the dictionary entries would comply with the licensing requirements. This second code was created in the absence of a mechanism in Wikimedia itself for summarizing licensing and attribution information for the inclusion of artefacts into third-party collections such as dictionaries. This summarized information would then be visible in rollover text on every image in the online dictionary, as seen in Figure 6 below. A third piece of code would do two further things. First, it would search Wicipedia using the Welsh common name to see if the encyclopaedia included an article in Welsh about the bird. If such an article existed, the code created a link in the dictionary to the external article. Secondly, it would search for a sound file relating to the bird on Wikidata and Wikimedia Commons and then include this also in the dictionary.

Figure 3: Dictionary entry containing a Wikimedia image, sound file and link to a relevant external Wikipedia article[3]

---

3 Source: Fear, Elias et al 2015. Image by Andreas Trepte [CC BY-SA 2.5 (https://creativecommons.org/licenses/by-sa/2.5)], from Wikimedia Commons.

Use of this code was very successful and subsequently some 8,000 entries included a photograph. Given its success, the same method was then used for adding images to a third dictionary, *Gwyfynod, Glöynnod Byw a Gweision Neidr / Moths, Butterflies and Dragonflies* (Brown, Elias et al 2009). It was discovered, however, that results were more likely to be accurate if the search for Wikimedia images was carried out using the Latin name of the animal rather than a common name. The vast majority of entries were similar to Figure 3 above, although Figure 4 shows one of the potential pitfalls of searching for images using the common name.

Figure 4: Sample of the problems which can arise from searching Wikimedia images using the common name of an animal[4]

Here, *Eriopygodes imbecilla*, a moth whose common name is *silurian*, was represented by an image of another concept, namely a character from a fictional race called the *Silurians* who appear in the *Doctor Who* science fiction television series. Use of the Latin name in automatic searching avoids this type of issue.

---

4   Source: Brown, Elias et al 2009. Image by Steve Collis from Melbourne, Australia (Doctor Who Experience)
     [CC BY 2.0 (https://creativecommons.org/licenses/by/2.0)], from Wikimedia Commons.

For the Geiriadur Termau'r Coleg Cymraeg Cenedlaethol dictionary of terms for universities, the LTU reverted to inputting Wiki content by hand, because including images might not have been appropriate in many term entries. In fields such as earth sciences and biology, images often added value to certain term entries, and the ability to adapt images to include Welsh terms in labels also proved useful, such as in Figure 5 below.

Figure 5: Biology term entry with Wiki image[5]

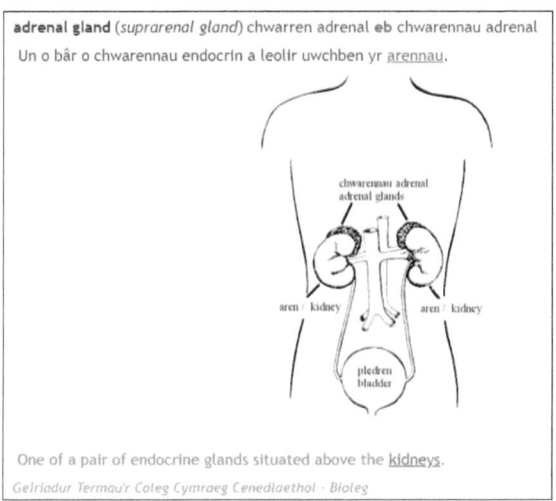

5. Repercussions of sharing content

The LTU concluded that, Doctor Who-type pitfalls notwithstanding, the addition of Wiki content to terminological dictionaries gave added value to the dictionaries. On the other side of this relationship between the Wiki world and terminological dictionaries, however, the effects on a standardized term list of releasing the names of animals and attendant information for free use to Wicipedia appeared more problematic. Of 1042 names of moths and butterflies given in a list format in a Welsh Wicipedia article (« Rhestr gwyfynod a gloÿnnod byw » n.d.), which references Cymdeithas Edward Llwyd as a source, 171 Welsh names do not correspond to the name standardized by this group of experts in their dictionary published in 2009. That is over 16%. These include:

---

5   Source: Andrews and Prys 2010–2018. Image by Pearson Scott Foresman [Public domain], from Wikimedia Commons.

(i) *Trichiocercus sparshalli*: 'sidan cynffonnog' in the dictionary, 'sidan cynffonog' in Wicipedia

(ii) *Deilephila elpenor*: 'gwalch-wyfyn helyglys' in the dictionary, 'gwalchwyfyn yr helyglys' in Wicipedia

(iii) *Parnassius phoebus*: 'glöyn apolo bach' in the dictionary, 'glo dau-ddot yn Apolo bach' in Wicpedia

(iv) *Hada plebeja*: 'pali siswrn' in the dictionary, 'arennau disglair' in Wicipedia

(v) *Periphanes delphinii*: 'gwyfyn melynwellt porffor' in the dictionary, 'melyngoch porffor' in Wicipedia

(vi) *Fagivorina arenaria*: 'rhisglyn smotiog' in the dictionary, 'rhisglyn brych' in Wicipedia

(vii) *Alcis repandata*: 'rhisglyn brych' in the dictionary, 'rhisglyn brych' in Wicipedia

In (i) to (iii), the common names in the Wicipedia article have variant or non-standard spellings compared to those in the dictionary, and it seems that reproducing the accented character ö is also problematic. In (iv) and (v) the Wicipedia article uses completely different common names from those in the dictionary. In (vi) and (vii), the dictionary gives two different names to two different species, whereas Wicipedia uses the same name for both.

This may not be so important in certain general-language environments, but the nomenclature and classification of species as described in the scientific literature is a specialist, technical domain. When the LTU team examined the article-naming practices in Wikipedia, they saw that the Wiki goals include « recognisability » which is defined as « a name that someone familiar with, although not necessarily an expert in, the subject area will recognize » (« Wikipedia: How 2 title » n.d.). In the case of the names of species it is very possible that the more recognizable name for the lay person may be a less formal, non-technical name. In the Welsh Wicipedia naming goals they note:

> Yr hyn sy'n bwysicach na'r dewis o derm yw cofio rhoi'r termau amgen yn yr erthygl a chreu tudalennau ailgyfeirio o'r term amgen. (« Wicipedia: Arddull » n.d.)
>
> Translation: What is more important than the choice of term is remembering to include alternative terms in the article and creating redirect links from the alternative term.

The use of the phrase « choice of term » coupled with a desire to include all synonyms shows the fundamental difference in practice between the naming guidelines of Wikipedia and of terminological dictionaries, where only the prescribed form is given.

The repercussions of sharing a list of standardized terms or names with Wicipedia – and Wicipedia contributors then failing to include an indication of the standardized status of specific names – are of concern to terminologists and should also be of concern to domain experts. What was once a standardized list becomes a mixture of standardized and non-standardized names, with no indication of their relative status, as is the case now with the list of moths and butterflies. Their status is not clear to the reader unless he or she cross-references specific terms using both sources. Therefore, should a group involved in standardizing terminology be facilitating the fragmentation and editing of its term lists by the general public? The terminologists at the LTU are hesitant about adopting such an approach.

As the LTU had, however, benefited from the use of Wikimedia Commons and Wikidata, the team wanted to explore how they could best reciprocate with the Wikipedia family and contribute to its content. Given the worrying repercussions of releasing lists of standardized terms from the protective environment of a non-editable dictionary to an editable platform with different naming policies, it was felt that releasing definitions might be a better contribution. The obvious dictionary from which to do that was Geiriadur Termau'r Coleg Cymraeg Cenedlaethol, since it includes scholarly definitions, and has also itself benefited from incorporating Wikimedia Commons images. As the LTU team explored Welsh Wicipedia, they discovered that several Wicipedia articles included definitions which had been copied and pasted from this dictionary, or exclusively consisted of these definitions – in breach of the dictionary's copyright. Since bringing this to the attention of Wicipedia, these definitions have been adapted to avoid the licensing problem. The LTU understood from this discovery that contributors to Wicipedia already considered this dictionary's definitions useful starting points for articles, and that releasing these would benefit Wicipedia and lead to the creation of more Welsh content. The definitions copied and pasted were from earth sciences and biology. Therefore, the LTU explored the sciences as a promising starting point for their investigations into the possibilities which might be open to them for sharing content. The LTU also resolved to improve the notices on their website about licensing and copyright.

6. Releasing definitions to Welsh Wicipedia

The first step was to compare natural science entries from Geiriadur Termau'r Coleg Cymraeg Cenedlaethol with Wicipedia articles to see how many of the dictionary headwords did not have a corresponding Welsh article on Wicipedia. Of 1409 forestry entries, for example, only 93 had a Wicipedia entry, and of 272 biology entries, only 39 had a corresponding Welsh Wicipedia entry.

Even accounting for the type of headword that might not be appropriate as the headword of an encyclopaedic article, such as related word forms – an adjective, noun and verb – where perhaps only the noun might be an article topic, it appeared that the above-mentioned dictionary of terms for universities might help fill some blanks in Welsh Wicipedia content.

The LTU team soon encountered a hurdle however, namely, how to license the definitions. The university dictionary is currently divided into 15 domains and while it appears to the user as one dictionary, in the back end many of the terms for each domain originated in discrete dictionaries, each one with different licensing conditions. Some of these are works which the LTU were given permission to incorporate in this dictionary, subject to specific permissions. Domain-specific dictionaries incorporated in the dictionary include:

- three print dictionaries in the fields of forestry, law and psychology, digitized, revised and incorporated with the permission of its copyright holder, Bangor University, but including legacy data subject to prior licensing agreements;
- one French-Canadian biology dictionary adapted for Welsh by the LTU and incorporated with permission of its copyright holder, subject to certain restrictions;
- one geology dictionary by an individual expert, with permission to incorporate it into the LTU dictionary, but not to use it in further derivative works;
- others developed at Bangor University in collaboration with domain experts across Wales.

As there were so many sources included in the dictionary the team concluded that was impossible to license it in its entirety under one type of license. They therefore decided to experiment on a very small scale by licensing five psychology definitions – where there were no pre-existing licensing restrictions – as CC BY.

In order to be able to add new entries to Wicipedia, it was necessary to sign up as a contributor and make 10 edits to existing articles. Then the LTU began 5 new articles by following a link in an existing article to an as-yet unwritten article with an existing title and adding the definition from the dictionary and a reference to the dictionary in a footnote.

7. Incompatibilities between terminological definitions and Wikipedia articles

Fundamental incompatibilities between terminological definitions and encyclopaedic descriptions became apparent when the Wicipedia team informed the LTU that the submitted definitions did not meet the requirements of a Wicipedia article. Of these, the lack of outgoing hyperlinks and category information could be easily overcome, but the remaining issues, namely lack of encyclopaedic-level depth, lack of citations and shortage of references, were more profound. The LTU were advised that the quickest way to expand an entry was to translate the first paragraphs of the corresponding entry in another language to Welsh. This did not correspond with the LTU's aim to share its original Welsh definitions.

Within less than 12 hours, of the five entries created:

- one entry was rewritten by a Wicipedia editor, as an example to show how Wicipedia entries should be written should the LTU want to continue to contribute and comply with Wicipedia rules. This included the removal of the supplied dictionary definition.
- one entry had a warning applied to the article stating that it did not reach the necessary standard to be included in Wicipedia, and that it could be deleted within a week if it was not improved.
- three entries were unchanged, including one single-sentence article.

The LTU's intention was not to write or translate encyclopaedic-length entries in Wicipedia, but rather to share its definitions as a starting point for others to develop these into more in-depth encyclopaedic entries. Wikipedia notes that while a definition « may be enough to qualify as a stub, Wikipedia is not a dictionary » (Wikipedia: Stub. n.d.). Stubs are articles which are too short to provide encyclopaedic coverage but which can be expanded. The LTU continues to believe that its entries could serve as appropriate stubs to be expanded upon by others at a later date. The LTU also considered contributing term lists, much as Cymdeithas Edward Llwyd had done. Term lists within single articles are found throughout Wikipedia in different languages (for example « Rhestr pysgod » n.d., « Rhestr adar » n.d., « Roll laboused » n.d. and « Llista de minerals » n.d.). However, this would mean ceding editorial control of the term list's content to Wicipedia editors. As editorial control is an intrinsic part of term standardization it was decided that this would not a suitable course of action.

8. Conclusion

The LTU's experimentation with contributing dictionary entries to Welsh Wicipedia has served to highlight the need for terminological dictionaries and crowdsourced encyclopaedias to remain as separate and distinct resources with differing aims, whilst identifying areas where content can be shared between both types of resources. The LTU's terminological dictionaries have benefited enormously from the addition of images taken from Wikimedia Commons and Wikidata, although the team has had to pay close attention to the licensing terms so that the LTU does not transgress any pre-existing licensing conditions. Our experiences of sharing entries with Wicipedia were therefore somewhat mixed. Whilst there is merit in the idea of providing terminological definitions as a starting point for encyclopaedic articles, the success of such an endeavour would be reliant on Wicipedia administrators' interpretation of their own guidelines. Without the resources to expand concise terminological dictionaries into encyclopaedic descriptions (something that is not within the scope of the LTU's current terminological dictionaries), the risk remains that any terminological entries shared with Wicipedia will be rejected on the grounds that they are too concise to form an encyclopaedic article. The LTU has also realized that it needs to take a more granular approach to the copyright and licensing of its dictionaries and clarify this on the website so that there is absolute clarity in regard to what can legitimately be reused and repurposed by others.

The role of the terminology arm of the LTU is to create and disseminate standardized Welsh terms, rather than produce encyclopaedic entries, and this must remain its primary responsibility. The greatest concern of the team, as standardizers of terminology, is that the standardized terms are recognized and adhered to. As a result of this exercise, the LTU and Wicipedia are discussing ways of denoting a standardized term and linking it to its authoritative source. From a terminology standardization perspective, the inclusion of synonyms and colloquial or dialectical forms could be acceptable as long as the standardized form is clearly marked. This would make such entries more compatible with the form encouraged in an encyclopaedic entry, where there is much more scope for elaboration. It is envisaged that a template assigning an 'authority ID' to standardized terms and definitions would be used to facilitate this functionality, especially if the process of applying such a feature is to be automated. However, safeguards will also need to be put in place to ensure long-term consistency should changes be made to the article or the standardized term in the future.

Should a process for identifying standardized terms on Wicipedia using an 'authority ID' be established, this would allow the LTU to share suitable terms and definitions as stubs for Wicipedia entries. This would provide a useful basis for Wicipedia's community of volunteers to extend and build upon, secure in the knowledge that the identity of the standardized term and definition is acknowledged and referenced. In this way the environments of both the terminological dictionaries and Welsh Wicipedia would be enriched, and both would benefit from enhanced collaboration. Discussions to put such a process in place are underway.

References

Andrews, Tegau and Gruffudd Prys (2011) – « The Maes T System and its use in the Welsh-Medium Higher Education Terminology Project », *Proceedings of CHAT 2011: Creation, Harmonization and Application of Terminology Resources*, (Tatiana Gornostay; Andrejs Vasiljevs, eds); Tartu, Estonia: NEALT, p. 49–50.

Andrews, Tegau and Gruffudd Prys (2016) – « Terminology Standardization in Education and the Construction of Resources: The Welsh Experience », *Education Sciences 6*, retrieved 14 May 2018, from http://www.mdpi.com/2227-7102/6/1/2/htm.

Andrews, Tegau and Delyth Prys (2010–2018) – *Geiriadur Termau'r Coleg Cymraeg Cenedlaethol*, retrieved 10 May 2018, from http://termau.cymru/.

British Standards Institution (2001) – *Project management guidelines for terminology standardization*, (BS ISO 15188: 2001).

British Standards Institution (2009) – *Terminology work – Principles and methods*, (BS ISO 704: 2009).

Brown, Duncan, Twm Elias, Bruce Griffiths, Huw John Huws, and Dafydd Lewis (2009) – *Gwyfynod, Glöynnod Byw a Gweision Neidr / Moths, Butterflies and Dragonflies*, Cymdeithas Edward Llwyd, retrieved 01 November 2017, from http://termau.cymru/.

Brown, Duncan, Twm Elias, Bruce Griffiths and Selwyn Williams (2014) – *Buchod Cwta / Ladybirds*, Cymdeithas Edward Llwyd, retrieved 08 November 2017, from http://termau.cymru/.

Crystal, David (2000) – *Language Death*, Cambridge: Cambridge University Press, p. 141.

Fear, Davyth, Twm Elias, Eilir Evans, Bruce Griffiths and Duncan Brown (2015) – *Adar Y Byd / Birds of the World*, Cymdeithas Edward Llwyd, retrieved 08 November 2017, from http://termau.cymru/.

Karsch, Barbara (2015) – 'Terminology work and crowdsourcing: Coming to terms with the crowd', *Handbook of terminology: 1*, (Hendrik J. Kockaert; Frieda Steurs, eds); Amsterdam [u.a.]: Benjamins, p. 291–302.

List of Wikipedias (n.d.) – In: *Wikipedia, The Free Encyclopedia*, retrieved 14 May 2018, from https://en.wikipedia.org/wiki/List_of_Wikipedias.

Llista de minerals (n.d.) – In: *Viquipèdia l'enciclopèdia lliure*, retrieved on 18 May 2018, from https://ca.wikipedia.org/wiki/Llista_de_minerals.

Office for National Statistics (2012) – *2011 Census: Key Statistics for Wales, March 2011*, retrieved on 17 May 2018, from https://www.ons.

gov.uk/peoplepopulationandcommunity/populationandmigration/populationestimates/bulletins/2011censuskeystatisticsforwales/2012-12-11.

Prys, Delyth and Gruffudd Prys (2011–2018) – *Y Termiadur Addysg*, retrieved 08 November 2017, from http://termau.cymru/.

Prys, Gruffudd, Tegau Andrews, Dewi B. Jones and Delyth Prys (2012) – « Distributing terminology resources online: multiple outlet and centralized outlet distribution models in Wales », *Proceedings of CHAT 2012: Creation, Harmonization and Application of Terminology Resources*, (Gornostay, T., ed) ; Linköping, Sweden: Linköping University Electronic Press, p. 37–40, retrieved 16 May 2018, from http://www.ep.liu.se/ecp/072/005/ecp12072005.pdf.

Rhestr adar Prydain (n.d.) – In: *Wicipedia: Y Gwyddoniadur Rhydd*, retrieved 17 May 2018, from https://cy.wikipedia.org/wiki/Rhestr_adar_Prydain.

Rhestr gwyfynod a gloÿnnod byw (n.d.) – In: *Wicipedia: Y Gwyddoniadur Rhydd*, retrieved 08 November 2017, from https://cy.wikipedia.org/wiki/Rhestr_gwyfynod_a_glo%C3%BFnnod_byw.

Rhestr pysgod, molysgiaid, cramenogion ayyb (n.d.) – In *Wicipedia: Y Gwyddoniadur Rhydd*, retrieved 17 May 2018, from https://cy.wikipedia.org/wiki/Rhestr_pysgod,_molysgiaid,_cramenogion_ayyb.

Roll laboused Breizh (n.d.) – In: *Wikipedia, An holloueziadur digor*, retrieved 17 May 2018, from https://br.wikipedia.org/wiki/Roll_laboused_Breizh.

Safer, Morley (2015) – « Wikimania », *CBS News*, retrieved 14 May 2018 from https://www.cbsnews.com/news/wikipedia-jimmy-wales-morley-safer-60-minutes/.

The National Library of Wales (2017) – « *The National Library of Wales appoint UK's first permanent Wikimedian*, 2017 Press releases, retrieved on 16 May 2018, from https://www.library.wales/information-for-press-and-media/press-releases/2017-press-releases/the-national-library-of-wales-appoint-uks-first-permanent-wikimedian/.

Welsh Government (2017a) – *Cymraeg 2050: A million Welsh speakers – Work programme 2017–21*, retrieved 10 May 2018, from https://gov.wales/docs/dcells/publications/170711-cymraeg-2050-work-programme-eng-v2.pdf.

Welsh Government (2017b) – *Projects which Get Creative with Cymraeg announced*, retrieved 16 May 2018, from https://gov.wales/newsroom/welshlanguage/2017/projects-which-get-creative-with-cymraeg-announced/?skip=1&lang=en.

Wicipedia: Arddull (n.d.) – In: *Wicipedia: Y Gwyddoniadur Rhydd*, retrieved 08 November 2017, from https://cy.wikipedia.org/wiki/Wicipedia:Arddull.

Wikipedia: The perfect article (n.d.) – In: *Wikipedia, The Free Encyclopedia*, retrieved 08 November 2017, from https://en.wikipedia.org/wiki/Wikipedia:The_perfect_article.

Wikipedia: Introduction (n.d.) – In: *Wikipedia, The Free Encyclopedia*, retrieved 08 November 2017, from https://en.wikipedia.org/wiki/Wikipedia:Introduction.

Wikipedia: How2title. (n.d.) In: *Wikipedia, The Free Encyclopedia*, retrieved 08 November 2017, from https://en.wikipedia.org/wiki/Wikipedia:How2title.

Wikipedia: Stub (n.d.) – In: *Wikipedia, The Free Encyclopedia*, retrieved 08 November 2017, from https://en.wikipedia.org/wiki/Wikipedia:Stub.

Ioana-Rucsandra DASCĂLU

Université de Craiova

L'environnement diachronique des termes scientifiques (étude lexicographique)

Abstract: Both Latin and ancient Greek are an obvious reality in French, as in other modern languages. French has even been called « a twice Latin language » by heritage and by scholarly revival, while ancient Greek has been the basis of scientific terminologies.

I have decided to treat about a specific aspect of French scientific terms – the aspirated consonants – because these are so frequent, either in terms of Greek and of Latin origin or in words of other foreign origins: Hebrew, Aramaic, Arabic, Hindi, Chinese, Malaysian etc.

I have also emphasized the difference between false aspirated consonants, resulting from composition: fr. *adhésion* (< lat. *ad + haesio*), fr. *rédhibition* ou *rédhibitoire* (< lat. *red + habere*), fr. *abhorrer* (< lat. *ab + horrere*) and true aspirated consonants: *ch, th, ph, rh* (of the above mentioned origins).

Last but not least, I have commented upon several environmental terms: words composed with *éco-*, as opposed to *écho-* and fr. *typhon*.

Keywords: *scholarly words, scientific terms, aspirated consonants, graphemes, etymology*

1. Le grec ancien et le latin en français, entre héritage et influence savante

Il y a plusieurs concepts liés à la contribution des langues de culture, le latin et le grec, aux langues modernes, reflétant la diffusion de la langue et la propagation de la culture dans les territoires colonisés (Rey, Duval, Siouffi 2017 : 18), de même que leur persistance dans les langues modernes. Ainsi, les historiens de la langue ont-ils fait la distinction entre la latinisation comme adoption et imposition de la langue latine et la romanisation en tant que victoire de la civilisation romaine.

Les spécialistes ont écrit aussi sur la survivance du latin au sein des langues romanes et sur son *dédoublement* (Walter 2014 : 52), car cette ancienne langue de conquêtes militaires s'est maintenue premièrement par l'évolution spécifique de chaque idiome roman, par l'assimilation du fonds latin en tant qu'élément génétique, matérialisée comme héritage et deuxièmement par la reprise savante de cet élément latin, plus tardive, si bien qu'on a même pu parler de la *ressuscitation* du latin à certaines époques (Walter 2014 : 53). En nous rappelant la Renaissance carolingienne et la réintroduction de pas mal de formes latines *pures* pour combattre l'éloignement trop grand de la norme (Walter 2014 : 55), Henriette Walter appelle le français une langue *deux fois latine* (Walter 2014 : 55), par l'entremise de la filiation directe d'une part, et par l'entremise de l'emprunt savant, de l'autre.

Tout comme le latin, l'autre langue de culture, le grec se situe au fondement des terminologies scientifiques en langues modernes. Les historiens de la langue ont comparé l'influence ordinatrice et enrichissante du grec ancien sur le latin au temps de l'Antiquité à l'influence culte, voire savante du latin sur les langues modernes au Moyen-Âge. À cette époque-là, le grec ancien avait déjà été assimilé en latin et c'est par le biais du latin qu'il entrait dans les langues européennes.

On assiste pourtant à un retour de l'intérêt pour le grec classique à partir du XVIe siècle, lorsqu'on y emprunte des mots directement afin de désigner des concepts du langage scientifique. Henriette Walter croit à la permanence du grec classique et elle regarde cette langue comme *une source de renouvellement* (Walter 2014 : 65). Après la massive latinisation au Moyen-Âge, pendant la Renaissance on s'est beaucoup penché sur le grec pour bâtir la terminologie moderne des sciences (Guiraud 1978 : 8).

Il y a beaucoup plus de termes d'origine grecque qui contiennent des aspirées que des termes d'origine latine. Au XVIe siècle, le français a emprunté au grec ancien des mots cultes comme *enthousiasme, épithète, sympathie* (Walter 1998 : 72).

À l'époque ancienne, les consonnes aspirées du latin proviennent du grec, étant simplifiées ou étant conservées, selon le cas. Le grec ancien gardait les consonnes aspirées indo-européennes ; le latin les maintenait exclusivement dans les emprunts au grec, dans des mots comme *thesaurus* (fr. trésor), *amphora* (fr. amphore), *bracchium* (fr. bras), dans d'autres mots, plus courants, les transformant en consonne fricative (*f*) (Costa 2008 : 62)

PIE *b^her* – lat. fero, gr. **phéro**

ou les réduisant à de simples consonnes occlusives :

PIE *alb^ho* – lat. *albus*, gr. **alphós**

PIE *wrd^h* – lat. *uerbum* (Costa 2008 : 63).

J'ai décidé de traiter des consonnes aspirées dans les textes de spécialité parce que, en dépit de leur fréquence dans les termes scientifiques, il y n'y a virtuellement pas de synthèses à ce sujet, dans les bibliographies.

2. Mots d'origine étrangère, hormis le latin et le grec

Dans cet article, j'ai systématiquement distingué entre le fonds gréco-latin du vocabulaire français moderne d'un côté, qui participe premièrement à la création du langage scientifique et les mots français d'origine étrangère de l'autre côté, qui témoignent des échanges et des influences que le français reçoit au long du temps, soit de nature culturelle, soit de nature commerciale : des mots d'origine hébraïque, araméenne, arabe, hindoue, chinoise, malaise, etc.

3. Le christianisme et l'invasion des Francs comme sources de mots à consonnes aspirées

Au IVe-Ve siècles apr. J.-C., la Gaule conquise par les Romains est confrontée à une double influence : la propagation du christianisme, dont la langue officielle était le latin, à partir du IVe siècle et l'invasion des Francs, parlant une langue germanique, au Ve siècle.

Dans le latin des chrétiens on retrouve beaucoup de mots contenant des aspirations, d'origine grecque (Rey, Duval, Sioufﬁ 2017 : 31) : *Christ, archange, catéchisme, catholique, eucharistie, patriarche*, mais aussi d'origine hébraïque ou araméenne, tels : *pascha* (Pâques), *cherub* (chérubin), *Ezéchiel, Joachim, Jonathan, Joseph, Mathusalem, Ruth*.

Parmi les 600 à 700 mots empruntés au francique, divisés par Max Pﬁster en trois catégories, il y a les éléments distribués sur tout le territoire de la Gaule, intégrés aussi dans le latin mérovingien, au nombre de 51, qui contiennent également des consonnes aspirées, en français de même qu'en espagnol, mais pas en ancien francique, où on retrouve le groupe **ka* :

> fr. *chambellan* – it. *ciambellano/ciamberlano* – esp. *chambelán*, de l'ancien francique **kamerling*
> fr. *flèche* – it. *Freccia* – esp. *Flecha* – port. *frecha*, du francique **fliukka*
> fr. *sénéchal* – it. *Siniscalco* – esp. et port. *senescal*, de l'ancien bas francique **siniskalk*
> (Rey, Duval, Sioufﬁ 2017 : 46).

4. Les consonnes aspirées au Moyen-Âge

L'aspiration des consonnes occlusives a joué un rôle dans l'histoire du français ; au huitième siècle, pour marquer la prononciation mouillée de la consonne latine *t* placée entre deux voyelles, le français l'a transcrite par le graphème *dh* : lat. *mutare* > fr. *mudhare* > fr. *mudher* > fr. *muer*. Ce graphème français *dh* a cessé d'exister au XIe siècle.

L'aspiration de la consonne dentale voisée était fréquente au Moyen-Âge. Elle pourrait faire l'objet d'une ambiguïté de formation, pouvant être soit le résultat de la composition avec des préverbes, par exemple avec le préverbe *ad* :

> *adhérer* (< lat. *adhaerere*),
> *adhésion* (< lat. *adhaesio*),
> *adhésif* (< lat. *adhaesio*),
> *adhorer* (< lat. *adhorare* « arriver à temps »)
> (FEW)

soit de la transformation de la consonne non-voisée *t* intervocalique en *dh* au Moyen-Âge. Ainsi, le très connu pronom *chacun* a son étymologie dans la préposition grecque *cata* + le numéral « un », la lettre *t* devenant *dh* : a. fr. *cadhuna* « chaque » (féminin) – *ibidem*. À Waadt, en Suisse, le nom latin *sanitas* a été employé comme « courte salutation usitée sur les grands chemins » sous la forme *seindha*, avec la sonorisation et l'aspiration de *t* en *dh* – *ibidem*.

Ensuite, au Moyen-Âge, en Normandie, on retrouve aussi une distinction entre le Sud, qui garde le groupe latin *ca-/ga-* et l'Ouest, qui le transforme en consonnes chuintantes par palatalisation :

> lat. **carpentarium*-normand *carpentier*-fr. *charpentier*
> lat. **caprionem*-normand *quevron*-fr. *chevron*
> (Rey, Duval, Siouffi 2011 : 92).

Le même phénomène phonétique typiquement normand se retrouve au XIe siècle, quand le mot normand *caillou* l'emporte sur *chaillou* et le normand *crevette* substitue *chevrette,* probablement un mot d'origine saintongeaise (Rey, Duval, Siouffi 2011 : 109). Dans ce cas, du point de vue graphique les consonnes sont des occlusives aspirées, produits de la palatalisation, mais du point de vue de la prononciation il s'agit de consonnes chuintantes.

5. Les mots orientaux qui contiennent des aspirations

L'aspiration n'est pas un phénomène phonétique exclusif du grec et du latin. Elle persiste aussi dans les langues modernes dans les emprunts aux langues orientales. Au Moyen-Âge, des mots d'origine arabe du latin médiéval sont passés en français ; c'est depuis lors qu'on utilise des mots comme *camphre* de l'arabe *kafur* (XIIIe siècle), *almanach* de l'arabe d'Espagne *al mânach* (XIVe siècle), *nénuphar*, avec la variante à consonne fricative *nénufar* (XIIIe siècle), à partir de l'arabe *nînufar*, *alchimie* emprunté à l'arabe *al kimiyâ*. Tous ces mots ont été transmis au français par le biais du latin médiéval (Walter 1998 : 70).

De même, le français *chaos*, qui est défini dans les dictionnaires comme un concept d'origine gréco-latine, a été emprunté au grec par le moyen de la langue latine (TLF*i*)[1]. Pareillement, l'élément formant *sacchar(o)-*, qui provient du latin *saccharum*, remontait en fait jusqu'au mot du grec ancien *sácharon*, générant une entière série de mots composés : *saccharine, saccharomyces, saccharose*, etc.

Les mots peuvent avoir d'autres intermédiaires en dehors du latin : *chérif*, reçu au XVIe siècle de l'italien, *luth* entré dès le XIIIe siècle par l'entremise de l'ancien espagnol et du portugais. Plus tard, au XVIIe siècle, le mot *cheick* est assimilé en français directement de l'arabe.

Il en va de même pour les mots provenant du hindi et renvoyant à des découvertes spécifiques à l'Inde : *châle*, par exemple, par intermédiaire anglais. De l'hébreu on conserve surtout des noms propres et communs, de souche biblique, qui recèlent des consonnes aspirées : *Ezéchiel, Joachim, Jonathan, Joseph*.

Il est aussi possible que les mots exotiques soient rapportés grâce aux récits des marins, comme le chinois *litchi*, par le biais de l'espagnol et du portugais.

6. La contribution gréco-latine à la formation des mots

La contribution des langues classiques, le latin et le grec ancien, à la formation des mots est premièrement mise en œuvre à l'aide des affixes, qui étaient à leur origine des prépositions, utilisés comme préfixes ou suffixes dans le vocabulaire savant. Les affixes d'origine latine n'ont pas de consonnes aspirées. Parmi les préfixes d'origine grecque on ne retrouve que *amphi-* (« autour de »), dans des mots comme *amphibie, amphimixie* ou *amphithéâtre*.

Il y a aussi des mots autonomes gréco-latins qui sont devenus des éléments figés dans la formation des mots dans les langues modernes. Dans les livres de spécialité, ils sont appelés comme des opérateurs, soit suffixés, soit préfixés (Guiraud 1978 : 59), étant aussi désignés traditionnellement par le nom d'affixoïdes, soit préfixoïdes, soit suffixoïdes. Plus récemment, ces mots qui étaient autonomes dans l'Antiquité, mais qui ne le sont plus à présent, ont été appelés des bases gréco-latines non autonomes (Mortureux 2008 : 56). Parmi les bases gréco-latines seuls les éléments grecs portent des aspirations.

Les bases d'origine gréco-latine forment des termes de n'importe quel domaine scientifique, leur propriété essentielle étant celle d'être partagées par toutes les terminologies. Elles peuvent être classifiées aussi selon la partie du discours à laquelle elles appartiennent :

---

1 Le Trésor de la Langue Française informatisé: http://atilf.atilf.fr/tlf.htm.

Bases nominales	Bases verbales
anthropologie, anthropoïde anthropocentrisme, anthropologue bibliothèque, bibliologie, bibliographe polytechnie, pyrotechnie, zootechnie chlorique, chlorophylle, chlorhydrate, chlorofibre bibliophile, francophile mégalomanie, piromanie, nymphomanie	géographie, sténographie, calligraphie xylophage, œsophage anthropophage, sarcophage

Certains de ces constituants peuvent jouer le double rôle d'éléments préfixés, aussi bien que suffixés.[2]

Eléments préfixés	Eléments suffixés
technologie, technocratie, technopôle, technologue	Polytechnie (vx.[2]), zootechnie
graphomanie, graphologie	géographie, topographie, démographie, bibliographie, bibliographe
phagocyte, phagocyter	sarcophage, anthropophage
philanthropie, philharmonie, philologie	bibliophile, francophile

De l'adaptation orthographique aux langues modernes résultent des paires de bases très semblables, mais pas identiques, différenciées seulement par une ou deux lettres. Il est aussi possible de constater la quasi-homonymie de certains éléments de formation, qui paraissent provenir de la même racine gréco-latine, mais qui, en réalité, sont formés à partir de racines totalement distinctes :

antho- : *antho*logie (< gr. *anthos* « fleur »)
antract(o)- : *anth*racite (< gr. *anthrax, -akos* « charbon »)

biblio- : *biblio*thèque (< gr. *biblion* « livre »)
bio- : *bio*logie (< gr. *bios* « vie »)

Je signale aussi les racines anciennes qui ne se différencient que par une seule lettre (un seul graphème) semblant avoir la même source :

---

2 Le terme n'est pas recensé dans le TLFi, mais *est* recensé dans d'autres dictionnaires, en tant que terme obsolète (vx.) de sens collectif « ensemble des techniques ». Voir par exemple https://www.cordial.fr/dictionnaire/definition/polytechnie.php (dernière consultation le 10 novembre 2017).

chéilo-* /*chilo- : *chilo*pode (< gr. *cheilos* « lèvre »)
cheiro-* /*chir(o)- : *chiro*mancie, *chir*urgie (< gr. *cheir* « main »)

métrite, métropole (< gr. *mêtra* « matrice »)
métrologie, métrique (< gr. *metron* « mesure »).

7. Termes gréco-latins inadaptés en français

Peu de mots, en raison de leur caractère scientifique, ont conservé leur forme initiale, selon la déclinaison grecque ou latine, sachant que les deux langues ont bâti les langages de spécialité dans l'Europe moderne.

De la famille du grec *katharos* (fr. pur), à part le mot savant *cathare*, on a également le mot inadapté *katharsis*, utilisé comme concept psychologique. Toujours dans le domaine de la psychiatrie ressortit *thanatos*, inaltéré dans le vocabulaire de la psychanalyse. Dans cette catégorie j'inclus aussi le mot *thorax*, du grec ancien *thorax, akos* (fr. cuirasse), avec son composé *pneumothorax* et un autre terme toujours médical, *thrombus*, arrivé en français sous forme latinisée, originairement du grec ancien *thrombos*.

Une autre fausse apparence qu'il est nécessaire de démanteler est l'origine du mot *absinthe*, qui pourrait être interprété comme un composé à l'aide de la préposition latine *ab*, alors qu'il est en fait un mot grec *apsinthion*, non-composé, de souche méditerranéenne.

8. Étude de cas des termes sur le climat

Toujours une fausse apparence différencie les composés avec *éco-* et ceux avec *écho-*, leur provenance ancienne dévoilant deux mots distincts: le nom grec *echo* (fr. bruit, écho) a généré beaucoup de mots scientifiques composés: *échographie, échocardiogramme, écholocation* et le mot grec *oîkos* (fr. maison) a été translittéré avec la réduction de la diphtongue *oi*, contribuant à la formation d'une entière série de termes de l'environnement : *écologie, écosystème* et même du mot *économie*. Dans le Robert 2017 ont été introduits des mots nouveaux du domaine de l'environnement comme par exemple *écocité, écoconception*.

Le mot grec *typhôn* a été diffusé dans plusieurs langues, anciennes et modernes; il est d'abord passé en latin, ensuite en arabe (et de l'arabe en portugais), de même qu'en turc, en persan, dans les langues de l'Inde, en malais – *ibidem*.

9. Conclusions

À l'écrit, il y a des groupes de lettres qui contiennent la lettre *h*, qui ne se ressent pas du tout dans la prononciation : *bh-abhorrer, dh-adhérer, th-thym*, *rh-rhumatisme*. Le groupe *ch* est le seul à subir des prononciations différentes, tantôt [ʃ], tantôt [k]. De même que les groupes *bh* ou *dh*, qui proviennent de la composition entre les prépositions latines *ab* ou *ad* (des mots commes *abhorrer* ou *adhérer*), le groupe *rh* peut être source d'ambiguïté, les mots d'origine grecque ayant la consonne aspirée *rh* (*rhumatisme, rhume*), alors que dans les mots d'origine latine il s'agit du préverbe latin signifiant le renouvellement : *red-rédhibition* (en langage juridique « annulation d'une vente »), *re-rhabiller* (habiller de nouveau).

Le but principal de cette recherche, à savoir d'expliquer l'origine et l'utilisation des consonnes aspirées en français contemporain (en particulier scientifique), a supposé des fouilles dans le vocabulaire de plusieurs époques de dans l'histoire du français, depuis le latin des Chrétiens, la langue germanique des Francs, et l'ancien et le moyen français jusqu'aux langues de spécialité modernes, compte tenu y compris des mots gréco-latins peu ou prou adaptés au système morpho-phonologique du français. Afin d'y parvenir, j'aurai puisé dans plusieurs types de ressources : des ouvrages sur l'histoire de la langue française, des traités de phonétique et de linguistique, des ouvrages lexicographiques.

Références bibliographiques

Costa, Ioana (2008) – *Fonetică istorică latină*, 2ᵉ édition revue et augmentée, București : Editura Universității din București.

Guiraud, Pierre (1978) – *Les mots savants*, 2ᵉ édition, Paris : PUF.

Léon, Pierre (2014) – *Phonétisme et prononciations du français*, 6ᵉ édition, Avec des travaux pratiques d'applications et corrigés, Paris : Armand Colin.

Mortureux, Marie-Françoise (2008) – *La lexicologie (Entre langue et discours)*, 2ᵉ édition revue et actualisée, Paris : Armand Colin.

Picoche, Jacqueline (2009) – *Dictionnaire étymologique de français*, Paris : Le Robert.

Rey, Alain ; Duval, Frédéric ; Siouffi, Gilles (2011) – *Mille ans de langue française* (Histoire d'une passion), Tome I : Des origines au français moderne, Paris : Éditions Perrin.

Rey-Debove, Josette ; Rey, Alain (sous la dir. de, 2017) – *Le Petit Robert*. Dictionnaire alphabétique et analogique de la langue française, Paris : Le Robert.

Vişan, Viorel (2000) – *Phonétique française et exercices*, București : Editura Universității din București.

Walter, Henriette (1998) – *Limba franceză în timp și spațiu*, traduction de Maria Pavel, Iași : Casa Editorială « Demiurg ».

Walter, Henriette (2014) – *L'aventure des mots français venus d'ailleurs*, Paris : Editions Robert Laffont.

Le Trésor de la Langue Française informatisé : http://atilf.atilf.fr/.

von Wartburg, Walther – *Französisches Etymologisches Wörterbuch (FEW)* : https://apps.atilf.fr/lecteurFEW /.

Mehdi ZERZAIHI

Université de Lyon, France Laboratoire ICAR

Mohamed HASSOUN

Université de Lyon, ENSSIB, France Laboratoire ICAR

Prototype d'une base de données terminologique scientifique trilingue arabe/français/anglais

Abstract: This paper presents a part of the fruit of our terminotics works, in the context of the automatic processing of the natural language and more particularly the Arabic. This paper proposes a conception of a trilingual terminology database: Arabic, French and English, based on terminological specifiers, focused mainly on the Arabic language and its specificities; the vowel-less writing, the phenomenon of versatility and especially the agglutinative structure of names. In addition, the morphosyntactic construction of simple and complex terminological units allows us to adopt specifiers at the level of the word group, in order to study the relationships between set of the terminological units. The goal of this work is to set up an architecture for a terminology database (TDB) fed by validated, well-organized terms that can be used in order to find the most coherent equivalents and also in order to facilitate the search for mono and multilingual information in the text.

Keywords: *Database, terminology, automatic processing of natural language, multilingualism, contemporary Arabic language*

1. Introduction

Une base de données terminologique doit opérer comme un référentiel central permettant :

a) la gestion systématique des termes validés à la fois dans les langues sources et cibles ;

b) une traduction plus précise et plus cohérente des textes dans la spécialité concernée (Base de données terminologique utilisée alors en complément de l'environnement de traduction habituel)

c) et le repérage automatique des textes appartenant à un domaine donné, dans le cadre de la fouille de textes, notamment pour les corpus textuels multilingues (Raheel et Dichy, 2010).

Ce travail de recherche fait le point sur les développements les plus récents en terminologie, en conjonction avec d'autres disciplines (traitement automatique des langues – TAL –, fouille de textes, fouille de données, extraction de connaissances à partir de bases de données textuelles, etc.), et s'attachera à déterminer l'impact de ces échanges interdisciplinaires sur les principes fondamentaux de la terminologie elle-même. Il s'inspire de travaux précédents (Hassoun 2012), de leur cadre théorique et de projets mené à terme au sein du laboratoire ICAR, tel celui de l'équipe de recherche **SILAT** (http://silat.univlyon2.fr). Parmi ces travaux, mention doit être faite de la base de données lexicale **DIINAR 1** (**DI**ctionnaire **IN**formatisé de l'**AR**abe version1)[1], qui représente un des meilleurs exemples d'automatisation de la langue arabe, et qui est aujourd'hui une référence internationale (Hassoun 1987 ; Dichy 1990, 1997 ; Dichy *et al.* 2002 ; Zaafrani 2002 ; Abbès 2004).

L'objectif principal de notre projet est de mettre en place un outil informatique qui permet de gérer l'un des problèmes fondamentaux du traitement automatique des langues naturelles (TAL), en l'occurrence, l'accès à des connaissances préalables quasi équivalentes à celles dont dispose l'homme quand il procède au traitement du langage et – de manière plus générale – la reproduction de la capacité de l'homme à acquérir les habiletés nécessaires à l'exécution de tâches telles que la rédaction technique, la recherche d'information mono- ou multilingues, la traduction, etc.

Dans cette perspective, notre travail consiste à concevoir, construire et mettre à disposition une base de données terminologique trilingue arabe /français / anglais centrée sur la l'arabe, qui a pour ambition d'offrir, à partir du domaine de l'optique et de la base **OPTAR** (**OPT**ique **AR**abe), compilée par Xavier Lelubre (Lelubre 1995, 2001, 2003, 2009), un modèle général de bases de données

---

1   **DIINAR 1:** *DIctionnaire INformatisé de l'ARabe est* l'une des bases de données lexicales les plus importantes dans le domaine du TALN traitant la langue arabe. Elle comprend environ *129.000 entrées*, soit autour de *20.000 entrées verbales, 79.000 entrées déverbales, 29.000 entrées nominales* (près de *10.000 formes de pluriel 'brisé'* sont en outre associées aux noms correspondants), *1.000 noms propres* et près de *200 mots-outils*, ainsi que l'ensemble complet des enclitiques, proclitiques, préfixes et suffixes de cette langue. DIINAR permet la réalisation d'un analyseur syntaxique d'un premier concordancier et d'un système de reconnaissance automatique du domaine dont relève un texte.

terminologiques (BDT) trilingues centrées sur le vocabulaire arabe. Une BDT qui comporte un ensemble fini de spécificateurs associé à chacune des unités lexicales ou terminologiques. De tels spécificateurs morphosyntaxiques, et – dans les textes de spécialité – terminologiques constituent en effet un outil particulièrement intéressant de gestion de la complexité linguistique.

2. Aspect linguistique de la base de données terminologique

2.1. L'arabe technique

Dans la grammaire classique de l'arabe, on distingue trois catégories grammaticales qui sont la particule الحرف (alḥrf[2]), le verbe الفعل (alfʿl) et le nom (alism) (Al-Dahdah 1996; Al-Ghulayaini 2006).

Dans notre BDT la plupart des termes (soit unité terminologique simple UTS ou complexe UTC) sont des noms, des adjectifs et des prépositions. Les noms arabes sont regroupés, principalement, en deux catégories (voir (1) plus bas) : noms solides أسماء جامدة (asmaʾ jamdt) qui échappent généralement à toute dérivation et noms déverbaux أسماء مشتقة (asmaʾ msḫtqt) qui dérivent d'une racine verbale :

- **nom solides :** la morphologie nominale arabe classe les noms solides en plusieurs sous-catégories, parmi lesquelles les pronoms, les nombres, les noms interrogatifs, les adverbes, les noms propres et les noms communs (Neyreneuf et AL-Hakkak 1996).
- **noms déverbaux :** contrairement aux noms solides, les déverbaux connaissent la flexion et une dérivation régulières. Ils sont dérivés de verbes ; en effet, chaque verbe fournit neuf types de déverbaux (Al-Ghulayaini 2006). Chacun d'eux correspond à une certaine relation sémantique entre le verbe et le déverbal.

L'adjectif par exemple est considéré comme nom dans cette classification. En effet, l'adjectif possède les mêmes traits morphologiques que les noms, tels que l'état.

    (1) Principales catégories de noms en arabe
        a. Noms solides :
           i. nom interrogatif
           ii. nom numératif/ quantificatif
           iii. nom personnel/ démonstratif

---

2 Dans cet article, nous employons la norme de translittération ISO 233-2/ 1993.

  iv. nom propre
  v. nom commun
 b. noms déverbaux :
  i. participe actif
  ii. participe passif
  iii. informe infinitif
  iv. nom du lieu
  v. nom du temps
  vi. nom de l'instrument
  vii. adjectif analogue
  viii. adjectif comparatif
  ix. forme exagérée

L'unité terminologique simple (UTS) peut être classée selon la structure de traits morphologiques du nom (voir (2) plus bas) :

- **Genre :** masculin ou féminin.
- **Animéité :** humain ou non humain.
- **Nombre :** singulier, duel ou pluriel.

 (2) Exemples de classification morphologique des noms – cas des UTS :
  امرأة (amra't) *femme* (féminin ; humain ; singulier) ;
  نساء (nsa') *femmes* (féminin ; humain ; pluriel) ;
  رجلان (rjlan) *deux hommes* (masculin ; humain ; duel) ;
  ورقة (wrqt) *feuille* (féminin ; non humain ; singulier).

2.1.1. Voyellation en arabe

Dans l'écriture arabe courante, l'absence des signes diacritiques secondaires (voyellation) pose d'énormes problèmes sur le traitement automatique de cette langue. Elle entraîne la non-notation des voyelles brèves, de la gémination des consonnes, des marques casuelles incluant une consone « التنوين » (tanwyn), etc., ce qui pose un problème d'ambiguïté graphique. Sous (3) ci-contre nous présentons le cas du terme : سلم 'slm' (sans voyelles), qui a quatre (04) valeurs différentes selon ses voyellations.

 (3) Les équivalents français et anglais du terme سلم (slm) selon ses voyellations :
  (01) سِلْمٌ (silmu^n) ; équivalent français : *paix* ; équivalent anglais : *peace*
  (02) سُلَّمٌ (sulāmu^n) ; équivalent français : *échelle* ; équivalent anglais : *ladder*
  (03) سَلَمَ (salāma) ; équivalent français : *a transmis* ; équivalent anglais : *transmitted*
  (04) سَلِمَ (salima) ; équivalent français : *est guéri* ; équivalent anglais : *is cured*

2.1.2. Détermination par l'article

L'absence de de la hamza (ء), '^ء' soit همزة الوصل (hamza alwaṣl) ou همزة القطع (hamza alqatᶜ) dans certains termes indéterminés qui commencent par ال 'al' (la, le, l', les), soulève le problème de l'ambiguïté avec la détermination par l'article (voir (4) ci-contre), que ce soit dans le traitement automatique des termes ou dans la recherche des équivalents.

    (4) Exemples d'ambiguïté de la détermination par l'article :
Terme arabe indéterminé : الِتواء (al̲tiwa') / terme arabe déterminé par l'article (ال) (al̲altiwa') ; équivalent français : *torsion* ; équivalent anglais : *tortion*
Terme arabe indéterminé : الِكترونيات (al̲ktrwnyat) / terme arabe déterminé par l'article (ال) : الِالكترونيات (al̲alktrwnyat) ; équivalent français : *électronique* ; équivalent anglais : *electronics*

Dans ce cas nous proposons deux solutions pour résoudre ces problèmes :
- l'ajout d'un champ dans la base de données 'valeur nettoyée' et un algorithme derrière qui traite ces cas,
- un moteur de recherche doté d'une fonction de saisie semi-automatique, qui permet d'entrer seulement les trois premiers caractères d'un terme, pour obtenir automatiquement dans un menu déroulant, les termes qui commencent par ces caractères.

Plus le nombre de caractères saisis augmente, plus la liste de termes proposés se restreint. Sachant que les signes diacritiques : accents, voyelles, *al-hmza* (ا , ! , إ), déterminé par l'article ال 'al tᶜryf' et 'alsẖāt' ' ة ' sont tous pris en compte.

2.1.3. Phénomène de polyvalence

Dans le monde arabe, les terminologies scientifiques et techniques sont en évolution pour suivre le progrès technologique mondial. La langue arabe, ancien véhicule de sciences, essaie de rattraper son retard en utilisant plusieurs procédés tels que la dérivation, la composition, l'emprunt et le calque, etc., pour créer des nouveaux termes. Ces procédés mènent à la synonymie (voir (5) ci-après), d'où le phénomène de polyvalence (Lelubre 2014). Pour le terme de *microscope* (que ce soit en français ou en anglais), il y a au moins sept (07) équivalents en arabe, selon les pays ou les zones géographiques.

    (5) Les équivalents arabes du terme *microscope* – phénomène de polyvalence
Microscope (terme anglais) / *microscope* (termes français)
Équivalents arabes :
(01) مجهار (mjhār)
(02) مجهر (mjhr)

(03) جاهرة (jāhrt)
(04) مكروسكوب (mkrwskwb)
(05) مكرسكوب (mkrskwb)
(06) ميكروسكوب (mykrwskwb)
(07) عدسة معظمة ('dst mʿẓmt)

Ce phénomène conduit à certaines productions terminologiques de qualité médiocre et constitue un obstacle pour la communication scientifique en arabe.

2.2. Spécificateurs linguistiques

Le mot graphique arabe comporte une structure d'objet complexe (Dichy et Hassoun 1989) : proclitiques, préfixes, suffixes et enclitiques sont attachés au radical (ou base) du mot et forment ensemble un mot maximal (Cohen 1970, Dichy 1990, 1997).

Il s'ensuivra que, pour un seul mot arabe (UTS), les équivalents français et anglais en comporteront, eux, assez souvent, plusieurs (UTC -voir Dichy et Hassoun 1989, Daille 1994) :

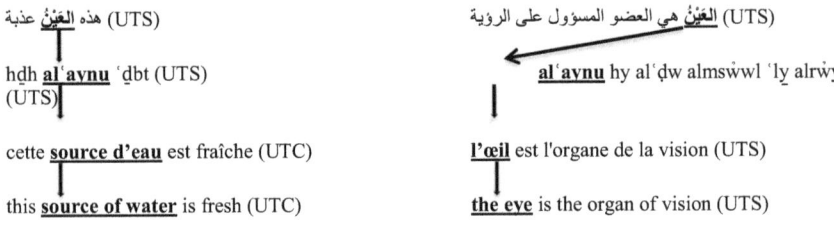

Le même terme en arabe peut par ailleurs avoir plusieurs équivalents différents en français ou en anglais (UTS ou UTC) selon le contexte du terme.

D'où la nécessité, pour assurer l'analyse du mot, d'une base de données (Dichy et Hassoun 2005) dans laquelle les entrées soient associées à des **spécificateurs morphosyntaxiques** « gérant » la relation entre le noyau lexical du mot et les morphèmes situés avant ou après lui dans le mot-forme (Dichy 2000, 2005).

Les spécificateurs syntaxiques gèrent le comportement des relations internes[3] et externes[4] de l'unité terminologique complexe. On distingue donc deux types

---

3   Les **relations internes** sont pour leur part, des dépendances entre les constituants d'un nom composé. Afin de déterminer les rapports établis entre chaque composant de l'UTC elle-même.

4   Les **relations externes** concernent le comportement du nom composé (UTC) au niveau de la phrase.

Prototype d'une base de données terminologique 361

de spécificateurs syntaxiques : (a) les **spécificateurs syntaxiques du groupe du mot** (qui gèrent les relations internes au niveau de l'UTC) et (b) les **spécificateurs syntaxiques de la phrase** (qui gèrent les relations externes de l'UTC avec les autres composants de la phrase). Dans ce travail, nous nous basons sur les spécificateurs syntaxiques du groupe du mot. Selon la structure élémentaire de celui-ci, on peut distinguer :

(6) **Type Nom Adjectif (N + A)**
Ce type de terme complexe est formé d'un nom et d'un adjectif, dont l'adjectif s'accorde avec le nom :
طيف عادي (Tyf$_N$ 'adÿ$_A$), équivalent français : *spectre normal* ; équivalent anglais : *normal spectrum*

(7) **Type Nom Nom (N + N)**
Ce type de terme complexe est formé de deux unités lexicales (noms), et il est défini par une relation d'annexion (*al aḍaft*) entre ces deux unités :
انبعاث الإشعاع (anb'ath$_N$ alashʿa'$_N$), équivalent français : *émission de radiation* ; équivalent anglais : *emission of radiation*

(8) **Type Nom Marqueur Nom (N + X + N)**
Ce type de terme complexe est formé de deux unités lexicales (noms) et d'un marqueur (ذو) 'ḍū' :
مطياف ذو محزوز (mṭyaf$_N$ ḍū$_X$ mḥzwz$_N$), équivalent français : *spectroscope* ; équivalent anglais : *grating*

(9) **Type Nom Préposition Nom (N + Q + N)**
Ce type de terme complexe est formé de deux unités lexicales (noms) et d'une préposition (ب 'b', ل 'l', من 'mn') ou quasi préposition (ظرف) 'ẓrf' :
قابل للتلوين (qabl$_N$ l$_Q$ ltlwyn$_N$), équivalent français : *colorable* ; équivalent anglais : *colourable*

(10) **Type Nom Coordonnant Nom (N + C + N)**
Ce type de terme complexe est formé de deux unités lexicales (noms) et d'un coordonnant (و) 'w' :
الألوان والأصباغ (ala'lwan$_N$ w$_C$ ala'ṣbagh$_N$), équivalent français : *couleurs et pigments* ; équivalent anglais : *colours and pigments*

(11) **Types composés** (structures complexes et composées, formés de trois unités lexicales ou plus)
  a. <<N + A> + A> : تحليل مغناطيسي ضوئي [[tḥlyl$_N$ mighnaṭysÿ$_A$] ḍawÿÿ$_A$] ; équivalent français : *analyse magnéto-optique* ; équivalent anglais : *magneto-optical analysis*
  b. <N + <N + N>> : تضاعف نشاط البصر [tḍa'f$_N$ [nshaṭ$_N$ albṣr$_N$]] ; équivalent français : *exaltation optique* ; *exaltation optique*
  c. <N + <A + N>> : شركة متعددة الجنسيات [shrkt$_N$ [mt'ddt$_A$ aljnsyat$_N$]] ; équivalent français : *société multinationale* ; équivalent anglais : *multinational company*

d. <N + <N + A>> : انعكاس التوزُّع السُّكّانيّ [anʿkas $_N$ [altwzʿ $_N$ alsukanŷ $_A$]] ; équivalent français : *inversion de population* ; équivalent anglais : *population inversion*
e. <<N + N> + A> : جواز سفر عاديّ [[jwaz $_N$ sfr $_N$] ʿady $_A$] ; équivalent français : *passeport normal* ; équivalent anglais : *ordinary passport*
f. <N +X + <N + A>> : تداخُل ذو أمواج متعدّدة [tdakḫul $_N$ dū $_X$ [amwaj $_N$ mtʿddt $_A$]] ; équivalent français : *interférence à ondes multiples* ; équivalent anglais : *multiple-beam interference*
g. <<N + A > +Q + N> : إثارة ضَوْئيّة للذّرّة [[atḥart $_N$ ḍwŷŷt $_A$] l $_Q$ ldḫrt $_N$] ; équivalent français : *excitation optique des atomes* ; équivalent anglais : *optical excitation of atoms*
h. <N + Q + <N + N>> : إبصار بمَخاريط الشَّبَكيّة [abṣar $_N$ b $_Q$ [mkḫaryṭ $_N$ alshbkŷt $_N$]] ; équivalent français : *vision photopique* ; équivalent anglais : *photopic vision*
i. <N + Q + <N + A>> : حَيْد بفَتْحة دائريّة [ḥyd $_N$ b $_Q$ [ftḥt $_N$ dayrŷt $_A$]] ; équivalent français : *diffraction à une ouverture circulaire* ; équivalent anglais : *circular aperture diffraction*
j. <<N + N>+ Q+ N> : أَثَر السِّراب إلى الأعْلَى [[atḥr $_N$ alsrab $_N$] aly $_Q$ alaʿly $_N$] ; équivalent français : *effet de mirage vers le haut* ; équivalent anglais : *looming*

Le type composé représente souvent l'ensemble des termes du domaine.

3. La base de données terminologique

3.1. Conception de la BDT

Dans le cadre de l'évaluation d'un analyseur automatique de l'arabe, l'absence d'une telle base de données est généralement considérée comme un point faible (Dichy et Kanoun 2013). À cet égard, nous proposons une conception générale d'une BDT, basée sur les travaux d'OPTAR.

La réalisation de la BDT commence par l'exécution des tâches suivantes (Figure 1) :

a) **L'extraction des données terminologiques** : la plupart des dictionnaires terminologiques sont stockés sous forme des fiches terminologiques en format papier ou électronique (Word, Excel, PDF, etc.). Pour faire migrer ces fiches terminologiques vers notre base de données, nous avons besoin d'extraire les termes, leurs correspondants (équivalents) dans les autres langues et les informations descriptives sur l'entrée terminologique dans son ensemble et sur les termes individuels correspondants.

Le même concept peut être désigné par différents termes dans la même langue, ce qui pose le phénomène de la polyvalence. Donc, on choisit un *terme harmonisé* (ou : terme-vedette), en ferons le « nom du concept », et les autres termes seront représentés en tant que *synonymes non harmonisés* de celui-ci, afin d'aider les auteurs et les traducteurs à repérer le terme correct. Soit X, un terme-vedette arabe, Y, son correspondant direct en français, et Z, son correspondant en anglais. Nous représenterons les liens de traduction entre les termes arabe(s), français et anglais par la formule :

(12) $X \Leftrightarrow \{y_1, y_2, ..., y_n\} \Leftrightarrow \{z_1, z_2, ..., z_m\} / n, m \geq 1$

où $\{y_1, y_2, ..., y_n\}$ note l'ensemble non nul des synonymes non harmonisés de Y, $\{z_1, z_2, ..., z_m\}$, l'ensemble non nul des synonymes non harmonisés de Z, et X lui-même peut bien disposer lui aussi d'un ensemble non nul de synonymes (notés, le cas échéant, par $\{x_1, x_2, ... x_L\}$).

b) La **manipulation des données terminologiques** : après l'extraction des données terminologiques brutes, qui sont parfois hétérogènes (des lignes non servies, des termes pluriels dans le champ singulier, etc.), on applique un algorithme qui traite ces cas, puis on élimine aussi les redondances des termes.
c) L'**alimentation de la base de données** : enfin, on importe ces données pour alimenter la base de données.

Figure 1: La migration de la BDT

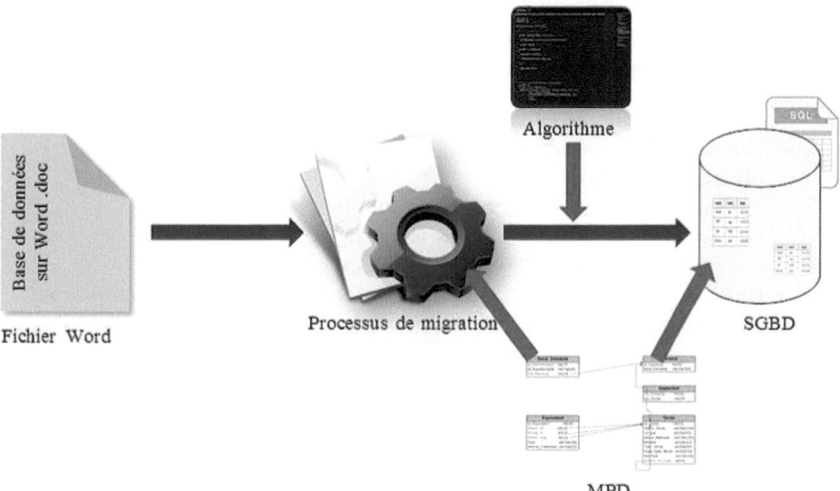

3.2. Architecture générale de la BDT

La plateforme générale de la BDT est organisée en une architecture 3-tiers (trois niveaux) classique :

- la **couche de présentation** : correspondant de l'interface homme-machine pour l'affichage et la navigation (interface de service Web (API[5])) ;
- la **couche de traitement** : fournit les services par la mise en œuvre de l'ensemble des règles de gestion (validation des données ; gestion des requêtes ; gestion des utilisateurs) ;
- la **couche de données** : est responsable du stockage des données persistantes (dictionnaire de données ; utilisateurs ; informations) ; utilise un pilote JDBC (Java Database Connectivity).

En amont, la **plateforme de la BDT** communique avec un **serveur http** (qui lui-même communique avec les clients), et en aval, avec la **BDT** :

{Client 1/ Client 2…} ←→ SERVEUR HTTP → plateforme BDT {couche présentation → couche traitement → couche données} ←→ BDT

L'interface de la BDT offre plusieurs fonctionnalités aux utilisateurs (13). À partir du **menu principal**, l'utilisateur peut interroger la BDT, que ce soit en mode **consultation multilingue** (à partir d'un terme en langue X, l'utilisateur pourra retrouver ses équivalents en langues Y, Z et les informations correspondantes), ou bien en mode **reconnaissance des termes** dans les textes (en mode monolingue ou bien multilingue). Les autres fonctionnalités d'offertes sont l'**enrichissement** (l'ajout des nouveaux termes, la modification/ correction ou la suppression) par des personnes autorisées et enfin, la **veille terminologique** qui remet à jour la BDT (proposition d'un nouveau terme, demande de correction, commentaire). Soit :

(13) L'architecture de base de la BDT
 MENU PRINCIPAL
 a. Consultation de la BDT (→ multilingue)
 b. Reconnaissance dans le texte (→ monolingue/ → multilingue)
 c. Enrichissement de la BDT (ajout/ modification/ suppression)
 d. Veille terminologique (proposition nouveau terme/ demande correction/ commentaire)

4. Conclusions

Dans cet article nous présentons quelques repères du cadre théorique à l'intérieur duquel se situe notre recherche portant sur la conception d'une base de données terminologique trilingue arabe, français et anglais, fondée sur la langue arabe et ses spécificateurs terminologiques. Elle offre à l'utilisateur final de nombreuses

---

5 En français : interface de programmation applicative. L'interface de service web est un type d'API.

fonctionnalités (consultation, reconnaissance dans le texte, enrichissement de la BDT et veille terminologique), et représente un auxiliaire de choix pour les linguistes et pour d'autres langagiers (terminologues, traducteurs, rédacteurs techniques, documentalistes), ainsi que pour les auteurs de logiciels d'indexation documentaire : à force de rendre plus aisée la recherche d'information, la veille, etc., notre BDT contribuera en effet à améliorer la qualité du travail de tous ces professionnels et à en réduire le coût, en leur permettant de gagner du temps.

Elle se laisse exploiter également pour le résumé automatique, parce que la plupart des algorithmes de résumé automatique ne font qu'extraire les phrases importantes du texte lui-même (Mani et Maybury 1999 : 271-274).

Grâce à la combinaison de cette base terminologique avec une base lexicale, telle DIINAR 3.0 on pourra obtenir des résultats encore meilleurs.

Références

Abbès, Ramzi (2004) – *La conception et la réalisation d'un concordancier électronique pour l'arabe*, thèse de doctorat. Lyon, ENSSIB/INSA.

Al-Dahdah, Antoine (1996) – معجم قواعد اللّغة العربية في جدول و لوحات (*mʿjmqwaʿd allġht alʿrbyt fy jdwl w lwḥat*) مكتبة لبنا ناشرون ، بيروت ، لبنان (mktbt lbnan nashrwn), Beyrouth, Liban.

Al-Ghulayaini, Mohammed (2006) – جامع الدروس العربية (*jamʿ aldrws alʿrbyt*), Part II دار الكتب العلمية ، بيروت ، لبنان, (dar alktb alʿlmyt), Beyrouth, Liban.

Codd, Edgar Frank (1970) – *A Relational Model of Data for Large Shared Data Banks*, vol. 13 Juin 1970, https://www.seas.upenn.edu/~zives/03f/cis550/codd.pdf (consulté le 20 novembre 2017).

Cohen, David (1970) – « Essai d'une analyse automatique de l'arabe », *Etude de linguistique sémitique et arabe* (David Cohen, éd.), Paris-The Hague : Mouton, p. 49–78.

Daille, Béatrice (1994) – *Approche mixte pour l'extraction de terminologie : statistiques lexicales et filtres linguistiques*, Thèse de Doctorat, Université de Paris 7, France.

Dichy, Joseph (1990) – *L'écriture dans la représentation de la langue : la lettre et le mot en arabe*, Thèse pour le doctorat d'État, Université Lyon 2, vol. 2.

Dichy, Joseph (1997) – « Pour une lexicomatique de l'arabe : l'unité lexicale simple et l'inventaire fini des spécificateurs du domaine du mot », *Meta : Journal des traducteurs/ Meta: Translators Journal* 42 (2), p. 291–306. www.erudit.org/revue/meta/1997/v42/n2/002564ar.pdf (dernière consultation le 20 décembre 2017).

Dichy, Joseph (2000) – « Morphosyntactic Specifiers to be associated to Arabic Lexical Entries Methodological and Theoretical Aspects », Proceedings of ACIDA 2000 (Monastir, Tunisia, 22-24.03.00), *Corpora and Natural Language Processing* volume: 55–60.

Dichy, Joseph ; Braham, Abdelfattah ; Ghazali, Samlem (2002) – « La base de connaissances linguistiques dinaar1 », *Colloque international sur le traitement automatique de l'arabe*, p. 45–56, Tunisie : Université de la Manouba.

Dichy, Joseph (2005) – « Spécificateurs engendrés par les traits [±animé], [±humain], [±concret] et structures d'arguments en arabe et en français », *De la mesure dans les termes*, Actes du colloque organisé en hommage à Philippe Thoiron (Henri Béjoint et François Maniez, éds), Université Lumière Lyon 2, 23–25 septembre 2004, Lyon : Presses Universitaires de Lyon, p. 151–181.

Dichy, Joseph et Hassoun, Mohamed (2005) – « The DIINAR.1-« معالي » Arabic Lexical Resource, anoutline of contents and methodology », *The ELRA Newsletter*, Vol. 10, n°2, April-June 2005, p. 5–10.

Dichy, Joseph et Kanoun, Slim (2013) – « Arabic Text and Character Recognition, special issue of Linguistica Communicatio, Al-TawâsSul al-lisânî », *Linguistic Information Integration* (Joseph Dichy & Slim Kanouon, eds), vol. 15, n°1–2, Fez (Maroc).

Hassoun, Mohamed (1987) – *Conception d'un dictionnaire pour le traitement automatique de l'arabe dans différents contextes d'application*, Thèse d'État, Université Lyon 1.

Hassoun, Mohamed (2012) – « Traitement automatique de la langue arabe et ses applications au sein de l'équipe SILAT : De la recherche scientifique à la valorisation industrielle ». Colloque International : *Les langues de moindre diffusion sur le web : numérisations, normes et recherches*, Boumerdés, Algérie, Hal-00819053.

Lelubre, Xavier (1995) – « Conception d'un dictionnaire terminologique et phraséologique trilingue anglais/ français/ arabe dans le domaine de l'optique », *Actualité Scientifique*, Actes du Colloque de Lyon 1995, *Lexicomatique et dictionnairique* (André Clas, Philippe Thoiron, Henri Béjoint, sous la direction de), Montréal : AUPELF-UREF/ / Beyrouth : FMA, p. 163–172.

Lelubre, Xavier (2001) – « A Scientific Arabic Terms Data Base: Linguistic Approach for a Representation of Lexical and Terminological Features », *39th Annual Meeting and 10th Conference of the European Chapter, Workshop proceedings: Arabic Language Processing: Status and Prospects*, July 6th 2001, Association for Computational Linguistics /CNRS – Institut de Recherche en Informatique de Toulouse/ Université des Sciences Sociales. Toulouse, p. 66–72.

Lelubre, Xavier (2003) – « Catégories conceptuelles et modes de formation des termes scientifiques au IIIe siècle (domaine de l'optique) », *Revue de la Lexicologie*, Actes du Colloque organisé par le CMU (02 F 0206), 16-17 octobre 2003 à la Faculté des Langues, Université Lumière – Lyon 2 (France), Association de la Lexicologie Arabe en Tunisie (ALAT), N°20.2005, p. 71-88, Hal-00377778.

Lelubre, Xavier (2009) – « La métaphore dans la formation des termes arabes de la physique : aspects diachroniques », *La métaphore en langues de spécialité. Travaux du CRTT* (Pascaline Dury *et al.* éds), Grenoble : Presses de l'Université de Grenoble, p. 143-159 ; HAL 00377765 (version 1).

Lelubre, Xavier (2014) – « Introduction à la terminologie arabe », cours de DEA *Lexicologie et Terminologie Multilingues*, Traduction, université Lumière Lyon 2.

Mani, Inderjeet & Maybury, Mark T. (eds, 1999) – *Advances in Automatic Text Summarization*, MIT Press, Natural Language Engineering, volume 7, issue 3.

Neyreneuf, Michel ; Al-Hakkak, Ghalib (1996) – *Grammaire active de l'arabe littéral*, Paris : LGF (Livre de poche).

Raheel, Saaed & Dichy, Joseph (2010) – « An Empirical Study on the Feature's Type Effect on the Automatic Classification of Arabic Documents », *Computational linguistics and intelligent text processing* (Alexander Gelbukh, ed.), Proceedings of the 11th international conference CICling 2010 (Iași, Romania, March 2010), Berlin/Heidelberg/New-York: Springer-Verlag, p. 673-686.

Zaafrani, Riadh (2002) – *Développement d'un environnement interactif d'apprentissage avec l'ordinateur de l'arabe langue étrangère*, thèse de Doctorat, Université Lyon2, Lyon, France.

Environnement institutionnel des termes (infrastructure du travail terminologique)

Henrik NILSSON

Terminologicentrum TNC/ C.A.G Next

Être ennuyeux : nouvelles perspectives sur la responsabilité terminologique du traducteur dans le contexte européen

Abstract: his article presents and discusses the concept of terminological responsibility and some recent trends in terminology work which affects this responsibility. It also presents statements and questions aiming to pinpoint the terminological responsibility of a translator, e.g. knowing terminology principles, using established terms from reliable sources, storing and re-using terminology – and being boring!

Keywords: *terminology work, translator, terminological responsibility, terminology standards*

1. Introduction : « être ennuyeux »

En préparant la traduction d'un document de l'UE[1] de l'anglais en suédois, un des traducteurs s'est heurté à des problèmes relatifs à la terminologie utilisée dans le document : le document anglais présentait quelques variations terminologiques qui créaient un peu de confusion chez le traducteur. Dans le document, il y avait les trois termes suivants (avec leurs équivalents français entre parenthèses[2]) : *environmental accounts* (*comptes de l'environnement*), *environmental economic accounts* (*comptes économiques de l'environnement*) et *environmental accounting* (*comptabilité environnementale*). Le traducteur a posé une question, demandant la raison de la variation entre les termes anglais dans le texte, vu qu'en suédois on n'utilise qu'un seul terme (*miljöräkenskaper*) selon l'autorité Naturvårdsverket (Agence suédoise de la protection de l'environnement). Cette situation terminologique entre deux langues n'est pas du tout unique mais pour une fois, la réponse de la personne qui avait commandé la traduction a été claire

---

1 Proposal for a Regulation of the European Parliament and of the Council on European environmental economic accounts (Text with EEA relevance) /* COM/2010/0132 final – COD 2010/0073 */.
2 Tels qu'attestés dans de la *Proposition de règlement du Parlement européen et du Conseil relatif aux comptes économiques européens de l'environnement* (Texte présentant de l'intérêt pour l'EEE) /* COM/2010/0132 final – COD 2010/0073*/).

et révélatrice : « Il n'y a pas de différence technique. Nous utilisons les termes d'une façon interchangeable pour éviter une répétition. » Voilà le contexte du travail des traducteurs, et ce, dans un environnement où les guides de rédaction (et le document interne *Translation Quality Guidelines* du DGT) disent que « Les mêmes concepts sont exprimés par les mêmes termes »[3].

Ce bref exemple ne montre qu'une des situations complexes auxquelles sont habituellement confrontés les traducteurs, mais aussi le professionnalisme du traducteur en question, qui a découvert la variation terminologique et qui a soupçonné qu'il y avait d'autres motifs que la clarté derrière cette variation. Le traducteur a été « responsable » puisqu'il a voulu créer un texte en langue cible aussi bon que possible, qui respecte l'usage terminologique de la langue source – et qu'il y soit parvenu en étant ennuyeux, en ne variant guère, plutôt que de créer des équivalents non-existants. Bien qu'elle soit mentionnée dans le titre de cet article comme quelque chose de bien connu et établi, est-ce possible de parler d'une *responsabilité terminologique* ? Et une telle responsabilité, en quoi consiste-t-elle au juste ? Qui va l'assumer et dans quelles situations ?

2. Terminologie – la responsabilité de qui ?

L'Unesco a constaté que l'« on doit reconnaître que la terminologie est incontestablement la composante majeure de la LS. Elle joue un rôle essentiel partout où des renseignements et des connaissances propres à une spécialité sont : […] [t]raduits et interprétés. » (Unesco 2005). Ce document ne mentionne pas de *responsabilité terminologique* du tout, or, à la réflexion, il y a plusieurs groupes qui pourraient en assumer une : les gouvernements (à travers financements, politiques etc.), les sociétés privés et les ONG, tous ceux qui produisent des documents, les terminologues en soi, mais aussi d'autres groupes professionnels tels que les journalistes, « les métiers légaux », les éditeurs, les enseignants– ainsi, évidemment, que les traducteurs et les interprètes.

Au Centre suédois de terminologie TNC, une série de séminaires a été organisée dans le cadre d'un projet à plus long terme portant sur la *responsabilité terminologique* de diverses professions. Les premières professions étudiées furent celles des traducteurs (y compris les sous-titreurs) et des interprètes, suivies de près par les professions juridiques et par les journalistes.

---

3   Guide pratique commun du Parlement européen, du Conseil et de la Commission à l'intention des personnes qui contribuent à la rédaction des textes législatifs au sein des institutions communautaires, 2003.

2.1. Le traducteur-terminologue

La plupart des traducteurs, et en particulier ceux qui travaillent avec des textes en langue de spécialité (LSP), passent beaucoup de temps à faire du travail terminologique : 20-25% pour les traducteurs expérimentés et 40-60% pour les traducteurs inexpérimentés selon une étude de 2004 (Bowker 2015 : 311). Leur savoir terminologique pourrait donc être considéré comme relativement élevé par rapport à celui des autres professions. Mais pas explicitement leur « compétence terminologique » telle que décrite par exemple dans Faber Benítez et Montero Martínez (2009 : 91 ss, voir aussi ci-dessous) en tant que « sous-compétence terminologique » du traducteur :

> ...one of the factors that contribute to a good translation is terminological subcompetence, which includes processes that range from terminographic search and documentation strategies to the partial reconstruction of specialized knowledge domains.

Le traducteur n'est souvent pas seulement un consommateur passif des produits du terminologue, de la méthodologie ou de la connaissance des experts, mais aussi un producteur actif de termes, d'articles terminologiques et de bases de données terminologiques entières, de mémoires de traduction (qui contiennent des termes) et, bien évidemment, de textes de spécialités (en langue cible).

Fischer (2010) l'a aussi souligné et elle a montré que les traducteurs (1) font du travail terminologique dans le cadre de leur travail de traducteur ou (2) en tant que terminologues, et diverses enquêtes ont montré qu'une partie substantielle du temps utilisé pour une traduction est consacrée à la terminologie. Il est donc motivé de considérer le traducteur comme terminologue, au moins pendant une bonne partie du son temps de travail. Par contre, il y a des différences entre les terminologues et les traducteurs, par exemple dans la façon de travailler. Thelen (2015) situe la *terminologie axée sur la traduction* entre la *terminologie axée sur la theorie* et la *traduction* tout court, et y voit une façon de travailler plutôt *ad hoc* que systématique, bien qu'elle partage aussi beaucoup de caractéristiques avec la terminologie « pure », axée sur la théorie. Il ne s'agit pas de travailler avec tout un domaine et avec beaucoup de concepts (ce que Thelen nomme *travail terminologique théorique* même si le travail est en soi très souvent de nature plutôt pragmatique, en dépit de sa visée conceptuelle/ théorique), mais plutôt d'adapter une méthodologie terminologique à une partie d'un système de concepts seulement. Arntz (1993 : 6), lui aussi, a souligné cet aspect :

> However, in day-to-day translation practice it is not always possible to carry out terminological investigations which completely cover a subject area, no matter how small, and which then result in a glossary.

> A detailed study of an individual phenomenon is often necessary in order to solve an acute translation problem. Investigations of this kind will frequently mention the neighbouring concepts without going into more detail, so that only a part of the field or system of concepts is handled.

La norme ISO 11669 (2012), qui contient des lignes directrices générales pour des projets de traduction, souligne l'importance du travail terminologique pour chaque phase d'un tel projet :

> Sometimes terminology tasks (identifying terminology, harmonizing terms within a terminology database, and ensuring consistency) are neglected as separate tasks in a translation project, and terms are simply dealt with as they are encountered. The consequences of this neglect vary according to factors such as the volume of the source content and the number of translators involved in the project. A relevant glossary or terminology database, however, helps prevent terminology errors and inconsistencies, particularly when large project teams or large volumes of source content are involved. Terminology work is crucial to nearly all translation projects and at all stages of the translation project.

Dans leur manuel de terminologie (écrit pour un contexte macédonien), Lušicky et Wissik (2015) décrivent le rôle du *traducteur-terminologue* (à côté des rôles du terminologue et du coordinateur de terminologie) :

> The scope of translators' role is two-fold. On the one hand they are translators proper, who act as users of terminological products, and on the other hand they are translator-terminologists, who conduct terminological research, form new terms, document terminology Apart from the translation, the product of their work is an extraction of terms with a documented terminological research in a form and format that allows traceable and streamlined processing by the reviser and terminologist.

Parmi les tâches du traducteur-terminologue se trouvent aussi (à part l'extraction des termes, l'usage des sources fiables et le choix ou la création des équivalents) la participation dans le développement des systèmes de concepts, la proposition des définitions, la documentation de la recherche terminologique menée pour trouver les bons équivalents, l'évaluation de la qualité du contenu et des fonctions des systèmes de gestion terminologique et la proposition de nouveaux projets terminologiques (voir Lušicky et Wissik 2015).

2.2. Tendances et responsabilité ?

En 2015, la terminologue Kara Warburton a présenté des tendances générales en terminologie qui sont intéressantes en soi, mais aussi dans un contexte dit « traductionnel », en regardant de plus près celles de ces tendances qui ont un effet sur le travail terminologique du traducteur. Entre autres, elle a mentionné les aspects suivants :

- le concept même de *terme* s'est élargi et plus d'unités textuelles sont maintenant acceptées comme des termes que par le passé ;
- on a développé une gamme d'outils et de systèmes de gestion terminologique plus vaste ;
- le rôle du texte est devenu plus important, d'où un intérêt augmenté pour l'usage des corpus dans le travail terminologique ;
- l'approche sémasiologique jouit désormais de reconnaissance, et l'on adopte souvent les méthodes de la lexicographie, dans des situations adéquates ;
- le domaine d'application de la terminologie s'est élargi (TAO, rédaction contrôlée, systèmes gestion de contenus (CMS), campagnes de marque globales (*global branding*), gestion de processus commerciaux (BMP), optimisation de moteurs de recherche, vérifieurs d'orthographe, fonction d'auto-complétion, TA, indexation, fouille de données et de textes, investigation digitale) ;
- il y a plus d'applications en TALN (traitement automatique du langage naturel) et plus de contextes commerciaux d'usage de la terminologie.
- les rôles de la cognition et de la communication sont désormais reconnus, et le travail terminologique comporte aussi des aspects de plus en plus pragmatiques ;
- le besoin se fait sentir d'approches *ad hoc*, à côté des approches systématiques ;
- la production participative (le « crowdsourcing ») s'est petit à petit introduite aussi dans le travail terminologique : il y a de plus en plus d'appels au grand public à participer, voter etc. pour des néologismes.

Ces tendances en terminologie contemporaine ne vont pas toutes être traitées en profondeur ici, mais certaines d'entre elles sont intéressantes à prendre en compte dans un contexte traductionnel.

L'importance accrue du rôle du texte dans le travail terminologique a également eu un effet sur le concept de *terme* : de nouvelles définitions du *terme* ont été présentées compte tenu de l'apparition des corpus ainsi que de l'adéquation du terme au produit ou au contexte où il va être utilisé. Que le concept de terme se soit élargi n'est peut-être pas surprenant ; beaucoup de traducteurs ont eu besoin d'enregistrer comme unités terminologiques, dans des bases de données terminologiques ou dans des mémoires de traduction, des phrases entières etc. (soit des unités plus larges même que des termes complexes tel *verre de silicate sodo-calcique de sécurité trempé et traité Heat Soak*[4]) – des unités fort différentes de celles qui apparaissent dans des dictionnaires terminologiques. Il s'ensuivra que la distinction entre une mémoire de traduction et une base de données terminologiques peut devenir un peu moins nette – est-ce un terme, une définition ou un contexte qui est enregistré ? En tout cas, quelle que soit (la taille de) l'unité enregistrée, son ou ses équivalents devront être recensés par le traducteur, alors même qu'ils ne figureraient pas dans un dictionnaire fait par le terminologue.

Même si le travail terminologique se base sur le concept (l'approche onomasiologique), des éléments textuels y jouent un rôle de plus en plus important, surtout dans les premières phases, où l'on commence souvent par des termes, des définitions, des extraits, des contextes définitionnels etc. – bref, par des éléments plutôt d'ordre semasiologique qu'onomasiologique. Et pour un traducteur qui se trouve face à des éléments textuels auxquels il faut trouver des équivalents, cela peut paraître plus naturel.

Les extracteurs et les outils de traitement de texte peuvent d'autre part aider à préparer des textes à traduire et conséquemment, le traducteur aura plus de temps pour les aspects dits onomasiologiques, il pourra prendre son temps pour vraiment comprendre le concept derrière les termes en langue source, afin d'en trouver les meilleurs équivalents en langue cible.

La production participative a peut-être un rôle à jouer dans la traduction (le domaine du *fansubbing* où n'importe qui peut ajouter des sous-titres à un film etc. s'est déjà établi dans le monde de la traduction et ne vas plus être discuté ici), mais pour le côté terminologique du travail du traducteur il subsiste peut-être encore quelques doutes à son égard (voir Nilsson 2015).

Même si la plupart des outils de traduction automatique s'améliorent avec les corrections et les ajouts des utilisateurs, il y a des situations, par exemple en travaillant avec des glossaires ou des textes spécialisés, quand le recours aux experts du domaine de référence s'impose, dans la recherche des équivalents, surtout si l'on considère la définition du concept d'expert lui-même : « <au sens large du terme> personne qui, par ses connaissances ou son expérience, a la compétence requise pour fournir un avis dans les domaines sur lesquels elle est consultée » (ISO 13302 : 2003). Ceci dit, il ne faut pas diminuer l'importance des collègues et des réseaux de traducteurs qui pourraient constituer une aide précieuse pour trouver les équivalents cherchés.

---

4   Exemple attesté dans : NF EN 14179-1:2005 *Verre dans la construction – Verre de silicate sodo-calcique de sécurité trempé et traité Heat Soak – Partie 1 : définition et description.*

En plus de ces tendances, il y en a d'autres qui affectent aussi le travail du traducteur : le développement de glossaires plus adaptés aux besoins des traducteurs, l'essor des bases de données terminologiques, d'envergure souvent « nationale », et la reconnaissance des aspects à proprement parler terminologiques du métier de traducteur, mieux représentés de nos jours dans les curricula académiques et dans la formation des futurs traducteurs en général.

3. Assumer la responsabilité terminologique…

Il n'y a pas de définition fixe de la *responsabilité terminologique*, mais en regardant les définitions existantes de *responsabilité*, on trouve des expressions comme « être responsable de ses actes, accepter sa responsabilité pour ses actes, expliquer l'acte, répondre à une autorité et accepter des conséquences ou pénalités »[5] ou « état d'être responsable en ce qui concerne une entité, une fonction, un système, un service de sécurité ou une obligation ». Peut-être est-ce moins une question de définition que de savoir s'il existe vraiment une telle responsabilité, ce que cela pourrait impliquer et comment cela pourrait être envisagé.

Certains des aspects qui pourraient faire partie de l'attribution d'une responsabilité terminologique font déjà indirectement partie des listes de compétences nécessaires du traducteur telles qu'énoncées par exemple dans la norme ISO 17100 (2015) : compétence de traduction, compétence linguistique et textuelle en langue source et en langue cible, compétence de recherche, acquisition et traitement de l'information, compétence culturelle, compétence technique. Dans la littérature sur le profil du terminologue (Quirion, Caignon & Mareschal, 2004 ; OTTIAQ ; RaDT ; Termcoord) sont présentées les tâches et les compétences du terminologue, mais mention y est rarement faite de tâches qui aient à faire uniquement avec la traduction ou avec le travail terminologique multilingue.

Cet article essayera d'évoquer quelques scénarios possibles selon lesquels les traducteurs pourraient assumer une responsabilité terminologique. Le point de vue adopté est celui d'un terminologue mais aussi d'un formateur de traducteurs, et le texte fournira plutôt matière à réflexion et à discussion que des solutions ou

---

5 Traduit de l'anglais : **responsibility** condition of being accountable for your actions, accepting responsibility for one's actions, explaining the act, and answering to an authority and accepting any consequences or penalties.
ISO 9076-2: 2008 (en), § 3.17
responsibility
obligation to act and take decisions to achieve required outcomes
ISO/IEC 38500: 2015 (en), § 2.22.

des réponses directes aux questions et problèmes que soulève le thème à l'étude. Dans cette logique, la suite de ce chapitre enchaînera sur diverses suites à donner à la question[6] : « **Vous, en tant que traducteur, assumez-vous une responsabilité terminologique si/ quand vous … ?** ».

3.1. … travaillez d'une façon méthodologique avec la terminologie (du texte-source) ?

Le fait qu'une formation terminologique puisse être utile aux traducteurs a déjà été démontré et ne doit pas être davantage motivé ici. Cependant, Bowker (2015 : 316) souligne que les formateurs de traducteurs « need to be sure to also address the more specific translation-oriented needs of their students which, in this increasingly computerized age, appear to be diverging in a number of respects from the conventional approaches practiced by terminologists ».

Comparé au travail terminologique des terminologues, qui est normalement un travail systématique portant sur une grande quantité de concepts, voire sur un domaine entier, dans le but d'arriver à des définitions et à des termes recommandés, le travail terminologique du traducteur est un travail plutôt ponctuel, ne couvrant que quelques concepts (même une analyse conceptuelle d'un concept unique en comporterait normalement au moins deux autres concepts) exprimés par des termes dans le texte de la langue source. La « façon méthodologique » devrait donc être interprétée de manière différente, plus *ad hoc*, par des traducteurs que par des terminologues (voir Thelen 2015).

3.2. … séparez le terme du concept (c'est-à-dire si vous connaissez les fondements théoriques de la terminologie) ?

Le mot *reponsabilité* a été mentionné en relation avec la théorie de traduction et avec la traduction juridique, mais pourrait à notre avis être appliqué à n'importe quel traducteur :

> It is the responsibility of legal translators and drafters to permanently update their translation strategies according to the most recent legal translation theories. Apart from being well-informed as regards the latest approaches to legal translations, they

---

6   Question (ou plutôt : ensemble de questions) adressée(s), à l'origine, à un public d'apprentis-traducteurs ou de traducteurs professionnels, lors de diverses formations que j'ai animées, adressée ensuite aux participants aux travaux en plénière du Colloque Terminologie(s) et Traduction de Bucarest, et que j'adresse, ici, directement, aux lecteurs de mon article.

may also use these theoretical sources of information to improve the quality of their practical work.

Le travail terminologique axé sur la traduction peut être illustré sous la forme d'un modèle en escalier à trois étapes (en accord avec d'autres modèles, par exemple celui de Muráth 2014 : 99, cité par Fischer 2014) :
1. identifier les termes dans le texte tout en identifiant le domaine du texte ;
2. analyser le concept « derrière » ces termes ;
3. trouver/ choisir/ créer l'équivalent dans la langue cible, dans le même domaine

L'idée de cette méthodologie serait qu'un traducteur prenne le concept comme point de départ, ou plutôt comme un fil conducteur, en traduisant, sans se laisser piéger par la surface linguistique (le signifiant) et donc sans tomber dans la tentation de « termes issus *de* la traduction » (un *fauteuil roulant* n'est pas un type de meuble bien qu'il s'appelle *fauteuil*). Bien sûr, la traduction mot-à-mot pourrait très bien fonctionner à certains moments, mais le risque de produire un texte en langue cible défectueux n'est pas pour autant éliminé. Le point de départ de toute traduction serait naturellement toujours le texte en langue source, c'est-à-dire que le terme précèderait encore le concept, mais l'idée est d'utiliser le concept comme une lumière directrice tout au long du processus de traduction. L'équivalent de traduction devrait en effet couvrir le même concept (équivalence sémantique) mais devrait également pouvoir être utilisé à la même époque, dans le même lieu géographique, au niveau de style etc. que le terme-source (équivalence pragmatique donc aussi).

Connaître les fondements théoriques de la terminologie inclurait également la maîtrise de l'analyse conceptuelle de base et la consommation (et la production) de définitions. Cependant, cela ne signifie pas nécessairement pour le traducteur d'assumer le rôle de l'expert ou du terminologue à part entière. Faber Benítez et Montero Martínez (2009 : 91) l'ont bien exprimé dans leur article sur l'enseignement de la terminologie aux futurs traducteurs :

> It is not the job of the translator to standardize terminology, but rather to create seamless texts in which terms are used the same way as experts in the field would use them. Even though it would be desirable for translators to have the time to do more systematic terminographic work, they are generally obliged to reconstruct partial conceptual systems for each translation job.

Elles décrivent ensuite (2009 : 91 ss) les facteurs qui contribuent à une bonne traduction, dont l'un est la « sous-compétence terminologique, un module de compétence générale en traduction », composé par différentes compétences du traducteur :

> The ability to recognize concept systems activated by terms in context does not transform translators into experts within the field, but provides them with the knowledge necessary to facilitate understanding and succeed in the process of information transfer and communication [...]. Consequently, terminological subcompetence does not refer to the acquisition of a list of terms, but rather to the ability of the translator to acquire the knowledge represented by these terms. [...] For example, translators should be able to identify the most relevant conceptual relations and their lexical formalizations in the discourse. They should also be able to extract recurrent semantic and syntactic patterns or templates in both languages.

La méthode terminologique, telle que décrite par exemple dans ISO 704 (2009), contient des éléments comme l'analyse de concepts, l'étude de relations conceptuelles, la rédaction de systèmes de concepts et de définitions et, finalement, le choix de termes ou la création de termes. Ces éléments peuvent sembler relever plutôt d'un travail de terminologie systématique, mais il y a de nombreux avantages pour un traducteur à en savoir au moins *un peu* plus. La rédaction de systèmes conceptuels peut être très utile lorsqu'ils sont envisagés pour deux langues en parallèle, de sorte à pouvoir ensuite être comparés et servir de base à l'établissement de niveaux d'équivalence entre les termes en langue source et en langue cible. Cela peut aussi être un moyen de vérifier la qualité d'une source terminologique ; si un système conceptuel ne peut pas être « créé en arrière » à partir des définitions de la source, il ne devrait peut-être pas être considéré comme suffisamment fiable. Les définitions, si elles sont rédigées correctement, ne peuvent pas seulement être utilisées comme compléments ou remplacements de termes; elles représentent aussi un bon moyen d'évaluer le degré d'équivalence.

3.3. ... interrogez le bien-fondé terminologique du texte en langue source ?

Ce genre de « scepticisme sémantique » vise à l'identification des synonymes et homonymes dans le texte en langue source et à la manipulation de ceux-ci dans le texte en langue cible. Cela pourrait également signifier que le traducteur en vienne à demander des explications à l'auteur du TS au sujet de variations de termes possiblement inutiles, voire qu'il remette carrément en cause, à coup d'arguments solides, partie de la nomenclature (collection de termes) du client (l'exemple de *comptabilité environnementale* etc. ci-dessus).

3.4. ... êtes ennuyeux (c'est-à-dire, si vous évitez la variation terminologique) ?

Ce point en particulier, qui fait suite à l'interrogation terminologique du texte en langue source, n'a rien à voir avec le rôle du traducteur à proprement parler, mais plutôt avec le rôle de l'auteur/ rédacteur du texte source et avec la rédaction du texte en langue cible. Être ennuyeux s'appliquerait principalement à la traduction en langues de spécialité (LSP), où l'envie de l'auteur de varier les tours employés pour éviter les répétitions réputées fâcheuses dans une certaine tradition stylistique risque non seulement de prolonger le processus de traduction par des analyses terminologiques inutiles de la part du traducteur – qui doit savoir si plusieurs termes dénotent le même concept ou si le même terme est utilisé pour désigner plusieurs concepts – mais risque aussi, à travers un processus de création de termes indésirables[7], de dérouter le lecteur. Or mieux vaut un lecteur ennuyé qu'un lecteur confus !

Aussi surprenant que cela puisse paraître, l'idée que la traduction signifie le même nombre de termes dans le texte source et dans le texte cible peut souvent être avérée et se laisse vérifier au ras des textes cibles. Le temps utilisé par le traducteur pour recréer le même nombre de termes que dans le texte source, termes dont certains n'étaient là que pour des raisons non-motivées, stylistiques, c'est du temps perdu. Un exemple où cela a été prouvé est l'exemple déjà cité dans l'introduction ci-dessus quand un traducteur suédois a commenté le texte source anglais, et a posé des questions sur la variation des termes anglais. La réponse était honnête : il n'y avait pas de différence ; les différents termes avaient été utilisés juste pour des raisons de variation stylistique. Autrement dit : l'auteur du texte n'assumait pas de responsabilité terminologique, mais c'est une autre question... Donc, être ennuyeux signifierait en pratique (pour quiconque rédige un texte en langue de spécialité, pas seulement pour un traducteur) choisir un terme pour chaque concept et l'utiliser tout au long du texte, indépendamment de l'existence et de l'utilisation de synonymes dans la langue en question.

3.5. ... ne créez de termes que lorsque cela est vraiment nécessaire (et en tenant compte des principes de formation des termes) ?

Crystal (1982 : 5) dit à propos d'une responsabilité terminologique et de l'universalité des termes :

---

7 Processus qui revient à augmenter le nombre de termes employés dans le texte en langue source.

> All of us have terms which are dear to us, either because we grew up with them, or invented them, or remember the personality of those who used them. But terms, and the concepts they represent, transcend their creators or at least, they should. They must be judged according to criteria which, as far as possible, should be universally applicable

Face à la situation où le terme en langue source ou le concept en culture source n'existent pas dans la langue ou la culture cibles, plusieurs stratégies (voir Niska et Frøili 1992) sont disponibles (qui pourraient être plus ou moins utiles selon le contexte de traduction, les langues impliquées et le type de texte) : l'omission, la généralisation, l'emprunt (« direct » ou « adapté »), le calque, la traduction de la définition ou la création d'un nouveau terme en langue cible (néologisme) – ou une combinaison de ceux-ci (par exemple nouveau terme + calque + traduction de définition).

Si c'est la voie du néologisme qui est prise, il existe un certain nombre de principes généraux qui doivent être considérés et comparés pour chaque cas : motivation ; cohérence ; adéquation ; économie linguistique ; dérivabilité et composabilité ; correction linguistique ; prédominance de la langue maternelle (ISO 704 2009 : 39). Par contre, ces principes se recoupent et se contredisent et il est difficile de les suivre tous dans le cas d'un seul et même néologisme. Pour quelques domaines ou langues il y a aussi de fortes traditions qui jouent, par exemple l'utilisation de formes latines dans certains domaines comme la médecine. Bien que certains d'entre eux soient de nature générale et donc internationaux, de tels termes sont souvent affectés par des caractéristiques nationales, liés par exemple aux politiques linguistiques et aux attitudes envers les emprunts. En tout cas, savoir identifier les critères utilisés et pouvoir motiver ses choix pourraient être considérés comme des moyens d'assumer la responsabilité terminologique.

3.6. ... utilisez des ressources terminologiques établies, évaluées et fiables ?

Si l'on considère le côté pratique du travail de traduction, on pourrait prétendre qu'on ne doive pas être trop pointilleux : la simple existence d'un terme de langue cible dans n'importe quel type de ressource serait utile. D'un point de vue général, en fait de responsabilité terminologique, un traducteur devrait « tout utiliser et se méfier de tout ».

Cette perspective éminemment pragmatique ne doit cependant pas empêcher une vision plus approfondie de la critique des ressources, ni faire écran à une réflexion au cas par cas sur la fiabilité des ressources que le traducteur utilise dans son travail, seule à même de lui permettre de toujours savoir pourquoi il aura eu recours à une ressource donnée.

Souvent, il existe une relation inversée entre l'accessibilité et la précision des ressources terminologiques, c'est-à-dire que les dictionnaires spécialisés nécessaires ne sont pas faciles à trouver – et ceux auxquels on a accès ne sont pas assez précis pour la tâche terminologique. Naturellement, l'accès est devenu beaucoup plus facile avec les efforts de numérisation, les sources Web, les grands corpus parallèles en ligne et les communautés en ligne. Cependant, il reste nécessaire d'évaluer la qualité des sources utilisées. Tarp et Fuertes-Oliveira (2014) donnent un avis très critique quand ils constatent que « [t]o the best of our knowledge [...] the translation of terminological theories into real and working terminographical products, has so far a lot left to be desired. ». Des études ont aussi montré que de plus en plus de ressources ouvertes de qualité parfois douteuse sont utilisées (Bowker, 2015 : 312) et que la nécessité d'une formation et d'une pratique pour évaluer la qualité des ressources terminologiques est devenue nécessaire. La norme internationale ISO 23185 (*Critères d'évaluation comparative des ressources terminologiques – Concepts, principes et exigences d'ordre général*) présente certains attributs d'utilisabilité liés à l'accessibilité des données terminologiques et de leur contenu, mais la norme ne donne pas d'indications plus précises sur ce qu'il faut rechercher spécifiquement lors de l'évaluation de la qualité d'une ressource terminologique. En dehors des aspects généraux (autorité de l'éditeur, but, objectivité, groupe(s) cible(s)), certaines caractéristiques liées à la validation des ressources spécifiquement terminologiques pourraient être les suivantes :

– Y a-t-il des définitions ? Qualité ? Concepts superordonnés raisonnables ?
– Y a-t-il d'autres informations (notes, commentaires, contextes etc.)?
– Y a-t-il des relations exprimées avec d'autres concepts ? Les systèmes conceptuels sont-ils donnés en tant que schémas conceptuels ?
– Comment les synonymes et les homonymes sont-ils traités ?
– Le domaine, est-il clairement délimité ? Chaque terme est-il attribué à un domaine ?
– Les termes sont-ils fournis avec des statuts (recommandés, acceptés, déconseillés, obsolètes etc.) ?
– Y a-t-il des commentaires sur l'équivalence entre termes dans différentes langues ?

3.7. ... sauvegardez et réutilisez la terminologie ?

Comme le travail terminologique prend du temps, ses résultats devraient être réutilisés autant que possible. Cela nécessite un stockage et une structuration à l'aide d'un outil. Encore une fois, une distinction pourrait être établie entre les terminologues (qui construiraient des bases de données terminologiques complètes en utilisant des outils de gestion terminologique spécifiques et un grand choix de catégories de données standardisées), et le traducteur, qui pourrait sauvegarder ses termes avec des outils divers, des logiciels comme Microsoft Excel aux bases terminologiques plus élaborées, si ce n'est en utilisant des modules de terminologie intégrés aux outils de TAO (voir Bowker 2015). D'une manière ou d'une autre, la structure (de préférence suivant un format standardisé tel que le TBX) est de la plus haute importance si les données vont être réutilisables. Il en va de même du stockage d'informations complémentaires, que le traducteur pourrait peut-être juger utiles : les contextes et les définitions sont par exemple des données importantes à sauvegarder, qui jouent à plein dans les phases comparatives du travail terminologique axé sur la traduction, et en particulier lors de l'établissement de l'équivalence interlinguale/ interculturelle et lors de l'évaluation du degré d'équivalence.

4. Conclusion

Cette discussion sur une éventuelle *responsabilité terminologique* des traducteurs n'a fait que commencer, et les « questions et réponses » ci-dessus pourraient être considérées comme une base de discussions ultérieures. Probablement, de nombreux traducteurs admettraient que la responsabilité terminologique existe et qu'ils l'assument comme une partie de leur travail, mais ses limites et les moyens de l'assumer pourraient être discutés plus en détail. Tout comme la question de savoir comment les traducteurs et les représentants d'autres professions peuvent être aidés à assumer cette responsabilité – ce qui justement fait partie de la responsabilité terminologique des terminologues eux-mêmes ...

Références

Arntz, Rainer (1993) – « Terminological equivalence in translation », *Terminology. Applications in interdisciplinary communication*, Amsterdam: John Benjamins, p. 5–19.

Bowker, Lynne (2015) – « Terminology and translation », Kockaert, Hendrick et Steurs, Frieda (éds.), *Handbook of Terminology*, Amsterdam : John Benjamins, p. 304–323.

Crystal, David (1981) – « Terms, Time and Teeth », *British Journal of Disorders of Communication*, vol. 17.1, Routledge : London, p. 3–19, http://www.davidcrystal.com/?fileid=-3904.

DGT (2015) – *DGT Translation Quality Guidelines*.

http://ec.europa.eu/translation/maltese/guidelines/documents/dgt_translation_quality_guidelines_en.pdf (déchargé le 3 novembre 2017).

Fischer, Márta (2010) – *The translator as terminologist, with special regard to the EU context*, Eötvös Loránd University: Budapest. (English summary).

Fischer, Márta (2014) – « Terminology in support of LSP lexicography », *Hungarian Lexicography III. LSP Lexicography* (Muráth, Judith, éd.), p. 93–121.

Council of the European Union, European Parliament, European Commission (2003) – *Guide pratique commun du Parlement européen, du Conseil et de la Commission à l'intention des personnes qui contribuent à la rédaction des textes législatifs au sein des institutions communautaires*, EU Publications.

ISO (2012) – ISO/TS 11669 : 2012, *Projets de traduction – Lignes directrices générales*.

ISO (2003) – ISO 13302 : 2003 (2003), *Analyse sensorielle – Méthodes pour évaluer les modifications de la flaveur des aliments causées par l'emballage*.

ISO (2015) – 17100 : 2015, *Services de traduction – Exigences relatives aux services de traduction*.

ISO (2009) – ISO 23185 : 2009, *Critères d'évaluation comparative des ressources terminologiques — Concepts, principes et exigences d'ordre général*.

ISO (2009) – ISO 704 : 2009, *Travail terminologique – Principes et méthodes*.

Kivilehto, Marja (2008) – « Översättaren som textredigerare », *Kännösteoria, ammattikieletja ja monikielisyys VAKKI : n julkaisut* 35, Vasa : Vaasan yliopisto, p. 78–87.

Lušicky, Vesna et Wissik, Tanja (2015) – *Procedural manual on terminology. Translation-Oriented Terminology Work*. Secretariat for European Affairs. Government of Republic of Macedonia.

http://www.sep.gov.mk/data/file/Preveduvanje/Procedural_Manual_on_Terminology_final_version.pdf (déchargé le 3 novembre 2017).

Montero Martínez, Silvia et Faber Benítez, Pamela (2009) – « Terminological competence in translation », *Terminology* 15: 1 Amsterdam: John Benjamins, p. 88–104.

Nilsson, Henrik (2015) – « Everyone's expertise in terminology work: top or bottom ? », *VII EAFT Terminology Summit 2014 – Proceedings*, Barcelona: Termcat, p. 96–105, http://www.termcat.cat/docs/AET/Pdf/VII-Cimera-AET-2014_Actes.pdf.

Nilsson, Henrik (2012) – « TERMINTRA – a summary from an international seminar on national termbanks », *Terminologi – ansvar og bevissthet, Terminologen*, Oslo: Språkrådet, p. 194–207.

Niska, Helge et Frøili, Jorunn (1992) – « Tolkordlistor på invandrarspråk », *Nordiske studier i leksikografi –rapport fra Konferanse om leksikografi i Norden 28.–31. mai 1991* (Ruth Vatvedt Fjeld, éd.), Oslo : Nordisk forening for leksikografi.

Rădulescu, Adina (2012) – « Dealing with 'terminological incongruency' in legal language », *Contemporary Readings in Law and Social Justice*, vol. 4(2), New York: Addleton Academic Publishers, p. 591–602.

Rădulescu, Adina (2012) – « TermCoord and IATE's Roles in the Age of Computer-assisted Translation Tools », *Contemporary Readings in Law and Social Justice*, vol. 4(2), New York : Addleton Academic Publishers, p. 735–741.

Šarčević, Susan (1989) – « Conceptual Dictionaries for Translation in the Field of Law », *International Journal of Lexicography*, Oxford: Oxford Academic, p. 277–293.

Tarp, Sven et Fuertes-Oliveira, Pedro A. (2014) *Theory and practice of specialised online dictionaries. Lexicography versus terminography* Lexicographica Series Mayor 146, Berlin: De Gruyter.

TermCoord (2017) – *Professional profile for terminologists*, http://termcoord.eu/why-terminology/31318-2/.

Thelen, Marcel (2015) – « The Interaction between Terminology and Translation. Or Where Terminology and Translation Meet », *trans-kom* 8 [2], Berlin: Verlag Frank & Timme, p. 347–381, http://www.trans-kom.eu/bd08nr02/trans-kom_08_02_03_Thelen_Terminology.20151211.pdf (dernière consultation le 20 mars 2018).

Unesco (2005) *Principes directeurs sur les politiques en matière de terminologie*, Vienna : International Information Centre for Terminology, http://unesdoc.unesco.org/images/0014/001407/140765f.pdf (dernière consultation le 20 mars 2018).

Warburton, Kara (2015) *New Frontiers in Terminology Work* (présentation faite le 25 septembre 2015 à la conférence « Making Terms Matter! » organisé par InterverbumTech), http://www.nescit.se/news/blog/making-terms-matter-2015/ (dernière consultation le 20 mars 2018).

Imanol URBIETA

UZEI Terminologia eta Lexikografia Zentroa

Mission, activités et produits du Centre de Terminologie et Lexicographie Basque UZEI

Abstract: The Terminology and Lexicography Center UZEI, is a private entity that since 1978 has been a fundamental agent in the normalization of the Basque language, Euskera. The aim of UZEI is to ensure that Basque can be used in all areas. To this end, UZEI carries out translation, lexicography, terminology and linguistic engineering work in collaboration with other Basque standardization agents. In order for Euskera to be used in any area of knowledge, UZEI works for the unification of Euskera, including areas of specialization, making terminological dictionaries and developing resources and basic tools for the processing of natural language (PNL). It also seeks to ensure that this is done in accordance with an innovation and development strategy for its region within the European Union.

Keywords: *standardization, lexicography, terminology, strategy, PNL*

UZEI est le centre de terminologie et lexicographie du Pays Basque. Nous sommes une **association** à but non lucratif qui, en raison de l'utilité sociale de son travail de recherche, est déclarée d'intérêt public par le Gouvernement Basque.

Selon notre charte fondatrice (1977), la mission d'UZEI est de répondre aux besoins de la société basque pour ce qui est de l'usage standard de l'*euskera* (la langue basque) dans tous les domaines. Ce travail est fait en collaboration avec des organismes impliqués dans la normalisation de la langue basque.

Cet aspect de la normalisation est fondamental pour l'activité d'UZEI, et nous développerons cette idée plus tard, lorsque nous traiterons des plans et des processus de normalisation de la langue basque, en particulier dans le domaine de la terminologie.

Avant de commencer à parler d'UZEI, je veux parler de quelques particularités de l'euskera parce que la langue basque est différente des langues de son entourage (géographique). Ces différences ont conditionné la normalisation de la langue et donc, l'activité et les objectifs d'UZEI.

La langue basque est une langue antérieure aux langues indoeuropéennes, et elle est entourée de langues très différentes et fortes, comme le français et l'espagnol.

> C'est le seul **isolat linguistique** en Europe (il n'a de parenté avec aucune autre langue), et les scientifiques se posent toujours la question de son origine et de sa classification linguistique la majorité s'accordent à dire qu'il provient d'un ancien substrat d'Europe occidentale : il serait ainsi la plus vieille langue d'Europe, il aurait ses origines au Néolithique, avant l'arrivée des Indo-Européens. (Dazéas 2012 : 81)

Sans entrer ici dans le débat (qui est loin d'être clos) au sujet de l'origine du basque, je ne saurais m'abstenir d'évoquer certaines de ces hypothèses. Philologues, historiens et linguistes auront en effet rapproché le basque tantôt de la langue ibère, ancienne langue non indo-européenne d'Hispanie (théorie dite du basco-ibérisme, défendue par Wilhelm von Humboldt), tantôt de la famille des langues caucasiennes (langues ergatives, à l'instar du basque), voire du berbère ou des langues finno-ougriennes, du chinois ou des langues paléo-sibériennes, du kikuyu (langue parlée au Kenya), de la langue des anciens Pictes ou de la macro-famille na-dene des langues d'Amérique du Nord... On a même formulé l'hypothèse selon laquelle la langue des premières populations européennes serait une forme très ancienne de l'euskara, appelée *proto-basque* (Vennemann 2003)[1].

En économiste prudent, je vais me rallier aux avis de l'Institut Basque Etxepare, dont les représentants maintiennent que :

> La seule chose que l'on puisse affirmer avec certitude à ce jour, c'est le lien qui unit la langue basque actuelle à la langue des anciennes inscriptions aquitaines, datées entre les Ier et IIIe siècles après J.-C., et qui contiennent quelque 400 anthroponymes et environ 70 théonymes. Cette langue aquitaine, utilisée alors à la fois au Nord et dans certaines zones méridionales des Pyrénées était une forme ancienne de l'euskara, comme en témoignent les correspondances structurelles que l'on peut apprécier dans les deux systèmes, et comme le prouvent certains mots figurant dans ces inscriptions : *nescato* fillette », *cison* « homme », *sembe* « fils », *andere* « dame », *ombe* et *umme* « enfant », et également le suffixe d'appartenance -tar/-thar (Igartua et Zabaltza 2016 : 34)

L'utilisation de la langue basque a diminué depuis le VIe siècle et pratiquement disparu sous la dictature franquiste. De nos jours, dans la Communauté Autonome du Pays Basque ou Euskadi le basque est langue officielle, à côté de l'espagnol (le castillan), et un peu plus d'un tiers des habitants déclarent savoir le parler (37% pour faire exact), mais à peine un habitant sur cinq l'utilise régulièrement (soit environ 400 000 personnes sur les plus de 2 000 000 d'habitants d'Euskadi).

Par ailleurs, le basque est parlé dans **trois réalités** politiques différentes : dans la Communauté Autonome Basque (CAV) et la Communauté Forale de Navarre

---

1 Les arguments de ce paragraphe ont été empruntés (pour l'essentiel) à Igartua et Zabaltza 2016, référence à laquelle nous renvoyons pour détails sur l'histoire du basque.

(CFN) dans l'État espagnol, et dans la Communauté d'agglomération du Pays Basque au sein de l'Etat français. La situation de la langue basque est fort différente dans les trois territoires. Si dans la CAV, l'euskara est langue officielle avec l'espagnol, dans la CFN il n'est langue officielle que dans une partie du territoire, et en Pays Basque français seule le français est langue officielle. Pourtant, le basque y est enseigné à l'école :

> (…) l'enseignement du basque à l'école a progressé en *Iparralde* [en Pays basque français ou: Pays Basque Nord] depuis une trentaine d'années (…). Il existe trois filières d'enseignement du et en basque: enseignement public (Ikas-bi), enseignement privé confessionnel (Euskal Haziak), enseignement assocaitif et privé (Ikastola). (Pierre 2013 : 105)

La langue basque est une langue agglutinante, qui a une grammaire des plus complexes : langue à flexion casuelle très riche (ergatif-absolutif plutôt que nominatif-accusatif, à la différence des langues romanes), langue sans trait de genre dans le domaine nominal, mais pourvue d'une conjugaison dite allocutive qui comporte, elle, des paradigmes différents selon le genre de l'interlocuteur[2], langue à ordre syntaxique sujet-objet-verbe et sans prépositions (à postpositions), le basque est tout ce qu'il y a de plus différent des langues romanes dans son entourage géographique immédiat.

La langue basque a en outre beaucoup de dialectes (« *euskalkis* »). Au XVIII siècle, Louis Lucien Bonaparte a réalisé une carte qui représente les différents dialectes basques (8 dialectes, 26 sous-dialectes et 50 variétés locales, en tout et pour tout, selon ce linguiste français). Cette différenciation classique des dialectes de Bonaparte est restée globalement inchangée jusqu'à aujourd'hui, bien que ces dernières années le dialectologue Koldo Zuazo ait proposé quelques mises à jour.

Pour qu'une langue comme la nôtre puisse survivre, une écriture standard était nécessaire. Aussi l'Académie de la langue basque –créée, en 1919, pour la promotion et la défense de la langue – a-t-elle démarré, dès 1968, le processus d'unification de la langue standard.

Les piliers de ces premières étapes de l'unification étaient basés sur l'établissement de la norme des formes verbales, en particulier les formes des verbes auxiliaires, et sur l'établissement de certains critères fondamentaux pour la normalisation du lexique.

En 1977, une fois créée l'Université Publique basque le besoin se fit sentir de lexiques spécialisés en euskara, ce qui a fini par donner naissance à UZEI.

---

2   Ainsi, en euskara, « j'ai lu ce livre » se dit différemment si l'on s'adresse à un homme (*liburu hau irakurri diat*) ou à une femme (*liburu hau irakurri dinat*).

Les activités d'UZEI

Les activités d'UZEI ont traditionnellement été basées sur les domaines de la terminologie et de la lexicographie, atteignant ainsi l'objectif professionnel de sa fondation.

Le travail terminologique a été, comme on l'a dit, la raison de sa création. Comme l'euskera est une langue minoritaire dans le processus de normalisation, il a été considéré comme une tâche fondamentale de développer l'euskera de telle sorte qu'il puisse couvrir n'importe quel domaine spécialisé, tant dans le domaine de l'éducation que dans le domaine de l'emploi.

> Une langue dont les domaines d'utilisation sont retreints, ou se restreignent peu à peu, à cause de la concurrence d'une autre langue qui s'accapare les domaines les plus prestigieux perd de sa vitalité, s'appauvrit, se déteriore, se folklorise. À terme, elle disparaît ou se créolise (P. Vachon-L'heureux 1997).

Au cours des premières années d'activité d'UZEI, 50 grands dictionnaires généraux ont été publiés. Le besoin de terminologie en basque était énorme à l'époque et il fallait d'abord établir la terminologie de base dans chacun des domaines du savoir. Chacune d'entre elles était composée de milliers d'entrées terminologiques. Parmi ces premiers grands dictionnaires généraux se trouvaient les dictionnaires de physique, de droit, de biologie, de philosophie, de philosophie, d'art, etc.

En 1986, ces premiers dictionnaires ont été intégrés dans Euskalterm, une base de données terminologiques, qui a également été créée par UZEI et qui est une référence en terminologie basque. Cette base de données terminologiques est devenue, en 2001, la Banque Publique de Terminologie du Gouvernement Basque.

Cette démarche du Gouvernement Basque s'inscrit dans le cadre des objectifs fixés dans son Plan de Revitalisation de la Langue Basque (Gouvernement Basque, 1999) pour la terminologie et sa normalisation[3].

Le Département de Politique Linguistique du Gouvernement Basque a créé en 2002 une Commission de Terminologie, composée des principaux agents liés à l'euskera. Des experts des trois territoires où le basque est parlé sont membres de la Commission de Terminologie, et c'est là un acquis très important pour l'unification des standards linguistiques et terminologiques. La principale fonction

---

3 Suivant, en termes généraux, l'idée de normalisation proposée par Auger (Auger 1984).

de La Commission de terminologie est d'établir les priorités dans le domaine de la terminologie. En clair :

- Proposer les travaux à intégrer dans les plans annuels
- Fournir les critères à appliquer pour les travaux terminologiques
- Proposer le terme prioritaire entre plusieurs termes concurrents
- Approuver les travaux terminologiques
- Proposer des voies pour la diffusion de la terminologie
- Recommander l'utilisation de la terminologie approuvée

Pour guider le travail de la Commission, le Gouvernement a entrepris trois travaux préliminaires :

- Le Manuel de méthodologie de travail terminologique, préparé par l'UZEI, a été publié (Gouvernement Basque, 2002).
- Les critères de travail terminologique – lexical, terminologique, pragmatique, prêt, etc. – ont été définis dans un document.
- et des plans d'action réguliers – 2006–2009, 2009–2012, 2014–2016, 2018–2020 – sont élaborés pour anticiper le vocabulaire ou les autres travaux à effectuer dans chaque période.

Près de 60 nouveaux dictionnaires ont été produits à la suite de ce processus, qui sont finalement intégrés dans la base de données terminologique Euskalterm, la Banque Terminologique Publique du Pays Basque, qui est le meilleur moyen de socialiser la proposition terminologique normalisée de la Commission.

Elle contient environ 120 000 fiches terminologiques en espagnol, français, anglais, euskera, et en latin pour les taxonomies.

Dans la mesure où il s'agit d'une langue minoritaire, l'euskera est une langue en voie de normalisation. La Commission de terminologie établit différents niveaux d'acceptabilité des termes, afin que l'utilisateur puisse obtenir une meilleure information sur les préférences et les recommandations de la Commission :

- 0 Terme rejeté (non accepté par la Commission de Terminologie)
- 3 Terme toléré (mais pas préféré, puisque la Commission de Terminologie en propose un autre).
- 4 Terme provisoirement normalisé/recommandé (dans l'attente de l'approbation de la Commission de Terminologie)
- 4 ᴱᵁ Terme normalisé/recommandé.

La tâche principale du département de terminologie d'UZEI est d'alimenter et de maintenir la banque terminologique Euskalterm, la banque terminologique publique du Pays Basque.

Presque tous les 60 nouveaux dictionnaires mentionnés ci-dessus ont été développés par UZEI. Le Gouvernement Basque organise des <u>commissions techniques</u> avec des experts et des linguistes pour chaque domaine de spécialité, afin d'analyser les dictionnaires réalisés par UZEI. Les décisions adoptées par les commissions techniques sont soumises à la Commission de Terminologie. Une fois approuvés par la Commission de Terminologie, les dictionnaires seront intégrés dans Euskalterm. Ces travaux sont financés par le Sous-Ministère de la Politique Linguistique et par l'Institut Basque de l'Administration Publique (IVAP).

De nos jours, il existe de nombreuses organisations qui créent des termes : presse, universités, maisons d'édition, Administration,... UZEI travaille à partir de corpus récoltés auprès de ces organisations, ou directement en collaboration avec elles, pour compiler les dictionnaires demandés par la Commission de Terminologie du Gouvernement Basque. De plus, UZEI fait un travail de charnière entre ces agents/ organisations, parce que, de toute évidence, dans le traitement de néologismes, chaque organisation peut prendre des décisions différentes. UZEI va faciliter la standardisation entre les différentes propositions enregistrées.

Les **travaux lexicographiques** sont des travaux de secrétariat pour l'Académie de la langue basque, Euskaltzaindia. Le département de lexicographie d'UZEI assure la coordination du Dictionnaire de l'Académie, ainsi que dresse les rapports préliminaires pour les prises de décision des académiciens au sein de la commission du dictionnaire unifié de la langue basque. De la même manière, UZEI participe à l'élaboration et au traitement des différents corpus de l'Académie Basque, tant ceux qui recueillent l'usage historique de la langue que ceux qui sont utilisés pour recueillir de nouvelles utilisations lexicales à l'époque contemporaine.

Par conséquent, UZEI est en contact direct avec les informations actualisées des critères et des décisions formulées dans le travail lexicographique de l'Académie Basque. En même temps, UZEI participe activement aux travaux terminologiques de la Commission Terminologie du Gouvernement Basque. De cette façon, UZEI dispose des meilleures sources mises à jour pour assurer la cohérence dans le processus d'élaboration des propositions, tant dans le lexique général que dans le lexique spécialisé.

En plus des fonctions principales dans le domaine de la terminologie et de la lexicographie, l'UZEI fournit des services de traduction.. Nous courons le risque d'entrer en concurrence avec des bureaux de traduction, aussi n'assurons-nous ce type de prestations que pour équilibrer le bilan. Parfois, nous recevons des commandes de la part de l'Administration pour faire de traductions considérées comme stratégiques par le Gouvernement Basque. Il en va ainsi (entre autres) de la localisation de logiciels comme Windows, MS Office, ou de la loi du droit de la procédure civile.

Récemment, UZEI a développé une activité intense au sein de sa section dédiée à l'ingénierie linguistique et au traitement des langues naturelles.

Depuis 2004, UZEI est membre du Réseau Basque de Science, Technologie et Innovation (RVCT).

Cela signifie que le Gouvernement Basque nous considère comme un centre technologique possédant la capacité de gérer la R&D (l'activité de Recherche & Développement). Depuis lors, nous faisons de la recherche de façon systématique.

Voici quelques exemples de projets développés par les ingénieurs linguistiques d'UZEI:

- *Système d'information pour vérifier la mise en œuvre des termes*
- *Diagnostic terminologique. Détection de termes normalisés*
- *Trieuse (classification) automatique de documents*
- *Identificateur de néologismes*
- *Création de lexiques parallèles à partir de Mémoires de Traduction*
- *Vérification de l'utilisation correcte d'un lexique dans une traduction.*

Ce n'est peut-être pas un problème dans d'autres langues, mais en basque, un nom peut avoir 275 formes fléchies[4]. Un lexique de 50 000 entrées peut avoir plus de 13 000 000 de formes différentes. C'est pourquoi en basque, il n'est pas possible de travailler avec une liste de mots. Vu la complexité du basque, un lemmatiseur s'avère donc être essentiel dans le traitement automatisé de notre langue.

Le lemmatiseur inclut un lexique créé par UZEI, qu'on appelle *euLEX*. Ce lexique comprend plus ou moins, tout le vocabulaire de la langue basque normalisée, ainsi que toute l'information dont dispose UZEI pour analyser le basque. Il est composé d'un analyseur morphologique, qui est un module pour éliminer les ambiguïtés. Le lexique *euLEX* compte plus de 150 000 registres et il est contrôlé par le département lexicographique d'UZEI. Tous les outils d'UZEI utilisent ce lexique, que nous tenons à jour. De plus, nous pouvons ajouter le lexique spécifique qui intéresse chaque projet.

Il est à noter que la vocation originelle et principale d'UZEI est centrée sur la normalisation du basque et, par conséquent, ses principaux atouts dans le domaine technologique sont ces ressources développées pour notre langue. Cependant, étant situé dans un territoire bilingue, avec une grande influence des langues

---

4 Etxe, etxea, etxera, etxetik, etxearentzat, ... (= maison, la maison, à la maison, de la maison, pour la maison,...).

romanes dominantes dans son environnement, UZEI a élargi son rayon d'action et a également développé un lemmatiseur et un analyseur d'espagnol, ressources qui sont utilisées pour des outils technologiques parallèles à la langue basque.

Que fait UZEI dans le domaine des technologies de la langue ?

L'association développe des outils linguistiques de base, des outils de stockage et de récupération des informations (dans le domaine de mémoires de traductions), et des outils pour le traitement de texte.

Depuis 2005, la recherche a donné comme résultats des outils de base, des outils pour améliorer des processus internes d'UZEI et des outils à commercialiser. Voici trois exemples de produits commercialisés par UZEI :

- **HOBELEX** : c'est un **correcteur orthographique et de lexique**, développé pour plusieurs versions de MS Office et de Libre Office. Il corrige non seulement l'erreur orthographique, il détecte également les lexiques non recommandés et propose la forme recommandée par l'Académie.
- **ELENA** : Le système enregistre les textes d'origine et les traductions correspondantes dans une **base de données plurilingue de documents**. Il présente actuellement deux caractéristiques principales (Etxebeste 2012):
  - Stockage complet des documents traduits : Les traductions sont stockées dans un format sécurisé, tout en préservant leur texte en leur intégrité, et les informations associées à chaque unité de traduction.
  - Génération de mémoires de traduction : à partir des traductions précédentes, il est possible d'extraire des mémoires sélectives pour faciliter de nouvelles traductions. Celles-ci seront à leur tour, intégrées dans la base de données.

Le logiciel permet de stocker toutes les traductions dans une base de données documentaire. Ceci permet des recherches simples dans les documents traduits. Le logiciel est fourni par des utilitaires pour réutiliser les traductions à l'aide des outils pour la traduction assistée par ordinateur (Wordfast, SDL, MEMOQ,..).

Nous pouvons souligner quelques avantages de ce système :
- Il fonctionne comme une base de données documentaire multilingue. Il peut supporter une seule langue source, et d'innombrables langues cibles.
- Chaque document garde les informations nécessaires pour sa récupération ultérieure (métadonnées): code, client, sujet,......
- Il n'y a pas de limite pour accumulation de volume d'information.
- Le système ne perd pas d'information concernant les unités de traduction. Les unités de traduction prennent en charge plusieurs segmentations, au niveau de la phrase ou du paragraphe.

- A partir des documents, les mémoires peuvent être créées pour travailler avec des applications de TAO (Trados, Wordfast,...)
- Lorsque nous nous préparons à traduire, nous pouvons choisir les textes déjà traduits et créer une mémoire adaptée au travail que nous allons faire, utilisant ainsi des mémoires sélectives qui s'adaptent au client, au sujet, etc., en n'utilisant que des informations pertinentes et mises à jour.
- Les documents de la base de données peuvent être récupérés et mis à jour. Des fonctionnalités sont fournies pour échanger des informations entre la base de données et les mémoires.
- La seule condition pour l'utilisateur est de disposer d'un navigateur Internet. L'application peut s'exécuter sur Internet afin que vous puissiez travailler à distance à partir de différents terminaux.
- Le système vous permet d'effectuer des recherches comme dans une base de données de documents.
- De nouveaux documents peuvent être importés dans la base de données et exportés depuis la base de données.
- **IDITE** : le logiciel IDITE est capable d'analyser de grandes masses de texte (Zapirain 2013). En plus de l'analyse purement orthographique, il détecte l'utilisation des mots qui en basque standard ont les marques d'usage ou de préférence, et propose les formes recommandées à leur place. En plus du lexique général, il prend également en compte la terminologie normalisée et les termes à éviter.

Le logiciel s'appuie sur *euLEX*, la base de données lexicale du lexique général en basque, et sur *UTH*, la base des décisions terminologiques d'UZEI. Bases qui sont continuellement mises à jour, de sorte qu'IDITE est constamment actualisé lui-même, en ce qui concerne les règlements du lexique, général et spécialisé.

Pour preuve de son efficacité, l'Académie Basque, Euskaltzaindia, a choisi IDITE afin de vérifier la concordance de ses textes avec ses propres normes. Plusieurs institutions utilisent IDITE pour garantir la justesse de leur production : Euskaltzaindia, le Gouvernement Basque, les administrations locales, la presse (le journal BERRIA), différentes maisons d'édition, et ainsi que des services de traduction.

Parmi les avantages de ce système, mention doit être faite de son extension et de sa flexibilité. Les bases de données d'UZEI recouvrent en pratique toute la langue basque standard. L'outil IDITE vous informe de tout ce qu'IDITE ne reconnaît pas. Dans ce cas, il peut arriver que :
   a) que le mot soit mal orthographié (c'est donc une erreur) ;

b) que le mot soit correct mais qu'il soit très spécialisé (ou bien que ce soit un mot étranger)
c) que ce soit un acronyme ou une abréviation ;
d) que l'outil ne reconnaisse pas le mot parce qu'il s'agit d'un texte rédigé dans une autre langue.

UZEI est un agent technologique au sein de la Communauté Autonome Basque et doit donc suivre une stratégie d'innovation selon les critères de la région.

Les RIS3 (ou : Stratégies nationales et régionales pour une spécialisation intelligente) sont des programmes de transformation économique territoriaux mis en place par la Commission européenne, qui « concentrent l'aide et les investissements de la politique sur les priorités, défis et besoins essentiels au niveau national et régional pour un développement axé sur la connaissance, (…), tablent sur les points forts, les avantages concurrentiels et le potentiel d'excellence de chaque pays et région, (…°favorisent l'innovation tant technologique que basée sur la pratique et visent à stimuler l'investissement du secteur privé » (CE 2014).

L'objectif des RIS3 est de favoriser la concentration des ressources et des investissements dans les domaines du développement technologique et industriel là où il existe des synergies évidentes avec les capacités productives existantes et potentielles de la région. Sa mise en œuvre repose sur une gouvernance public-privé et un déploiement international.

Le RIS3 Euskadi (Communauté Autonome Basque), intégré dans le Plan 2020 pour la Science, la Technologie et l'Innovation, définit 3 priorités pour une spécialisation intelligente d'Euskadi : la fabrication de pointe, l'énergie et les biosciences/santé ainsi qu'une série de niches d'opportunités liées au territoire.

En tant qu'agent du Réseau Basque pour la Science, la Technologie et l'Innovation, UZEI a pour objectif de s'assurer que sa R&D soit alignée avec cette stratégie.

En guise de conclusion, rappelons les points essentiels de cette présentation à vol d'oiseau de la mission et des produits de notre association : les activités d'UZEI visent à normaliser/standardiser l'euskera, de sorte à en faire un langage unifié, apte à la transmission des connaissances et utilisable dans les nouvelles technologies. En outre, l'activité de R&D de l'UZEI doit être alignée sur la stratégie de la région.

Toutefois, bien que ce soit l'euskara qui est au centre de nos activités et missions spécifiques, en raison des besoins du marché, et après réflexion stratégique, depuis 2009 nous faisons du développement technologique et de la recherche aussi en espagnol.

Références

Arrate, Bego. (2017) (in press) – « A diachronic perspective of the terminological normalization and planning in Basque language », *Actes du colloque international « La terminologie dans les langues peu dotées : élaboration, méthodologie et retombées »*. Rabat, 14–15 décembre 2017, Rabat : Institut Royal de la Culture Amazighe (IRCAM), Centre de l'Aménagement Linguistique (CAL).

Auger, Pierre (1984) – « La Commission de terminologie de l'Office de la Langue Française et la normalisation terminologique », *Terminogramme*, 26–27.

Baggioni, Daniel (1995) – « Normalisation/standardisation des langues nationales dans l'espace européen », *Archives et documents de la Société d'histoire et d'épistémologie des sciences du langage*, Seconde série, n°11, *La genèse de la norme. Colloque* de la SHESL, janvier 1994 (textes réunis par Francine Mazière), p. 73–86, doi : 10.3406/hel.1995.3406, http://www.persee.fr/doc/hel_0247-8897_1995_num_11_1_3406.

Dazéas, Benoît (2011) Euskaltzaindia/Real Academia de la Lengua Vasca – *Étude de faisabilité de création d'un organisme de régulation de la langue d'Oc*, Narbonne: APORLÒC, traduction en français par Éric Gonzale, p. 80–103.

Commission Européenne (2014) – *Stratégies nationales et régionales pour une spécialisation intelligente RIS3*, mars 2014, http://ec.europa.eu/regional_policy/sources/docgener/informat/2014/smart_specialisation_fr.pdf [CE 2014].

Díaz de Lezana, Araceli (2002) – « Terminologia eta normalizazioa Euskal Autonomia Erkidegoan », *in* Espezialitateko hizkerak eta terminologia. Ugarteburu terminologia-jardunaldiak (I), UPV/EHU (Université du Pays Basque).

Etxebeste, Iker (2012) – « Otras formas de explotación de las memorias de traducción (eLENA) », *in* XIII. Simposio RITerm « Terminología, traducción y TIC: interacción social y trabajo colaborativo para la construcción y difusión del conocimiento ». Universidad de Alicante, 24–25 octubre 2012.

Gouvernement Basque (1999) – *Euskara Biziberritzeko Plan Nagusia*. Vitoria-Gasteiz : Gouvernement Basque.

Gouvernement Basque (2002) – *Terminologia-lanaren metodologiako eskuliburua*. Vitoria-Gasteiz : Gouvernement Basque.

Igartua, Iván et Zabaltza, Xabier (2016) – *Euskararen historia laburra/ Brève histoire de la langue basque/ A Brief History of the Basque Language*, Donostia : Institut Basque Etxepare (traduit en français par Kattalin Totorika, English translation Cameron Watson).

Pierre, Thomas (2013) – « L'officialisation de la langue basque en France : du droit à la différence au droit à l'égalité ? », *Langage et société* 2013/3 (N° 145), p. 103–119. DOI 10.3917/ls.145.0103.

Vachon-L'heureux, Pierrette (1997) – « Standardisation, normalisation et officialisation en aménagement terminologique au Québec ». In *Nazioarteko Terminologia Biltzarra*. Donostia: HAEE-IVAP; UZEI.

Vennemann, Théo (2003) – *Europa Vasconica – Europa Semitica*, Berlin/New York: Walter de Gruyter.

Verreault. Carole (2001) – *Terminologia Mintegia*, Gouvernement Basque et *Office québécois* de la *langue française*, Miñao (Araba).

Zapirain. Joxean (2013) – IDITE, espezialitate-testuetan terminologia egiaztatzeko tresna, *in* Terminologia naturala eta terminologia planifikatua euskararen normalizazioari begira Ugarteburu Terminologia Jardunaldiak (V), UPV/EHU (Université du Pays Basque).

Zuazo, Koldo (2010) – *El euskera y sus dialectos*, Irun: Alberdania

www.ingramcontent.com/pod-product-compliance
Ingram Content Group UK Ltd.
Pitfield, Milton Keynes, MK11 3LW, UK
UKHW041924210426
5322IPUK00002B/51